U0397366

明代官式建筑大木作

（第2版）

郭华瑜 著

THE SYSTEM OF MAJOR CARPENTRY IN OFFICIAL BUILDINGS OF MING DYNASTY

GUO Huayu

东南大学出版社
SOUTHEAST UNIVERSITY PRESS
·南京·

序

中国古代有两部官式建筑的经典著作：一是宋代的《营造法式》，二是清代的工部《工程做法》。明代虽是我国古代建筑发展的一个高峰期，却未留下任何官式建筑的相关典籍，这不能不说是中国建筑史上的一件憾事。

明代营建皇家建筑的匠师有高超的技术水平。据记载，明嘉靖三十六年（1557 年）四月，北京宫殿遭火灾，前朝三殿（奉天、华盖、谨身），两侧的文楼、武楼以及前面的奉天门都被焚毁。为了尽快恢复一处可供朝谒之所，明世宗朱厚熜要求首先把奉天门重建起来，可是当时的工部尚书庸弱无能，久久未能动工。一怒之下，朱厚熜另任工部尚书，并令工部侍郎雷礼率木工徐杲董成其事，一年之后，奉天门成，接着又完成了三殿的主体工程。嘉靖四十年十一月，朱厚熜所住的西苑永寿宫灾，徐杲、雷礼又奉旨用三殿余材予以修复，仅“十旬而功成”（《明史·徐阶传》）。永寿宫原是永乐迁都北京之前所建，专供大内宫殿未成时皇帝驻跸、朝觐之用，所以规制虽不及大内，但殿宇众多，朱厚熜爱其僻静而长期居住于此。徐杲等仅用一百天的时间就把如此规模的宫殿重新建造起来，充分显示了他的卓越技能。作为一名木匠，他也因这两项工程而被明世宗“超擢”为二品的尚书。这是中国历史上因工程实绩而被皇帝提升职位最高的匠师。

徐杲能够在很短的时间内完成如此巨大的工程，如果不是精通官式建筑做法、有一套成熟的工程经验，那是不可能达到这种地步的。据记载，前朝三殿受灾后，工部竟无一人知道殿宇旧制，而徐杲却能“以意料量”，“比落成，竟不失尺寸”（明《世庙识余录》）。永寿宫被火毁后，徐杲亲自踏勘相度，“第四顾筹算，俄顷即出，而断材长短大小，不爽锱铢”（沈德符《万历野获编》卷二）。说明徐杲确有一套宫殿建筑做法的成规。只是由于在当时社会条件下，工程技术不被重视，而匠家的门户保守又使技术局限于师徒相授。因此，明代匠师们的高超建筑技艺，竟无系统的文字记录可检。

关于明代匠师技术保守的突出例子是明末冯巧传技于梁九的故事。据王士禛《梁九传》：“明之季，京师有工师冯巧者，董造宫殿。自万历至崇祯末，老矣。（梁）九往，执役门下数载，终不得其传，而服事左右，不懈益恭。一日，九独侍，巧顾曰：'子可教矣。'于是尽传其奥。巧死，九遂隶籍冬官（即工部），代执营造之事。"

宫廷建筑工程执事者们的技术就这样在师徒间秘密传授着。他们之间也许有成文的手抄本术书，也许只有简单的要诀笔录，也许连片纸只字都没有。但不管怎样，如果不得其"奥"，则是无法去"执宫中营造之事"的。这个"奥"，就是一套成熟的工程做法。

如果从明代遗存的大量官式建筑考察，明初至明末，各个阶段的建筑风格仍有一些变化：大体说来，明初与宋、元相近；明中期则已形成严谨、凝练的典型明朝特色；明末则趋于繁琐。形成这种变化的直接原因应该就是匠师所掌握的工程做法的变化。

现在我们既然已无法获得当时匠师们的那些"奥"的记录，也就只剩下通过考察实物来归纳、总结当时的工程做法一途了。

本着弥补中国建筑史缺憾的想法，我在20世纪90年代提出了"明代官式建筑范式"的研究课题，并以之列入了"九五"国家出版计划。本文作者郭华瑜同志分担了大木作部分的研究。通过数年艰苦努力，调查了大量明代官式建筑遗例，完成了《明代官式建筑大木作研究》的博士论文，也为该研究项目提供了高质量的成果。据我所知，这是目前所见关于明代大木作做法的最有分量的学术论著，对深入掌握明代建筑的特征和认知宋、清之间中国建筑技术传承与转变具有重要参考价值。

本书的特点为所有的结论都建立在可靠的实证基础之上。例如对北京明清太庙建筑的年代认定，是作者利用测绘太庙的机会，对天花板以上的梁架进行仔细考察、认真分析之后得出的判断。可说是依据确切，结论可信，纠正了过去认为太庙已在乾隆大修时全面改造，因而已是清代建筑而不是明代建筑的误判。这种以历史事实为基础、从调查实物入手的研究方法，无疑是非常值得赞赏并提倡的。

历史是由已经发生了的事实构成的。用某种固定格式来推导历史，或根据某种预期目标来武断历史，都不是我们应采取的科学研究态度与方法。

潘谷西写于南京兰园

二OO四年九月

前　言

中国古建筑发展历史悠久。以木结构为主体的建筑体系自形成以来，通过历代能工巧匠的不断创造、发展，日臻完善。明代作为我国古建筑历史发展的最后一个高潮阶段，在近三百年的漫长岁月中，其建筑在形式、构造方式、工艺技术及制度等各方面都形成了独特的风格和做法。然而长期以来，明代建筑的成就与价值一直被忽视，建筑界乃至整个社会都习惯性地把明代与清代建筑放在一起而笼统称为“明清建筑”。结果名为“明清建筑”，实际上说的只是清代建筑，明代建筑则被掩盖了。而从建筑演进的历程看，明代是我国古建筑历史上重要的转型时期，作为风格迥异的唐宋建筑与清代建筑之间的重要环节，它的变化发展乃至风格的形成都有其独特的政治制度与文化背景。明代的工官制度、文化及工艺技术的传承都为其大木作技术的孕育与形成作了良好的铺垫。而明、清两代前后相续，明代建筑成果极大程度地为清代所继承。以清掩明无疑造成了历史的扭曲。因此展现明代建筑的真实价值，还其本来面目，对正确了解中国建筑技术史发展的环节及纠正已形成的错觉是大有裨益的。

中国古代建筑技术见诸文字典籍的，宋代有《营造法式》，清代有工部《工程做法》。它们是关于建筑用材、标准做法、构造尺寸及施工工料定料等各方面的总结性官修文献。而明代作为营造活动频繁、建筑水平高超的高峰时期，却并未有一套类似的关于建筑典籍制度的文献留传，为后人了解、研究明代建筑带来了诸多不便。好在明代于近三百年的漫长岁月中，留下了很多珍贵的建筑实物。其遗构遍布全国各地，通过调查整理当可弥补此憾。鉴于此，本书力图从大量的建筑实例入手，通过对原始资料与数据的分析及其与宋、元、清各代官式建筑做法的比较研究，归纳出明代官式建筑大木作的范式特征及其形成的来龙去脉，为明代建筑的保护与维修提供参考与依据。

目 录

第一章　明代官式建筑大木作技术发展概况

第一章　明代官式建筑大木作技术发展概况

1.1　明代官式建筑大木作范式的含义与界定

1.1.1　“明代官式建筑”的含义

官式建筑，是指由工部主持营造或派员督造的官方建筑。它是相对于地方建筑而言的。官式建筑在设计、预算、施工上都由工部统一掌握，不论建筑造于何地，都有图纸、法式、条例加以约束，工部还可派工官和工匠去外地施工，所以建筑式样统一，没有地区性差别。由于人力、财力和技术的集中，这些建筑往往是一个时代布局规划最正规、完善，比例制度与结构体系最成熟的一类建筑，代表了当时建筑发展的最高水平。

所谓工部，是指掌管国家城市与建筑设计、征工征料与施工组织管理的机构。“工”一词最早见于商朝的甲骨卜辞中，是指当时管理工匠的官吏，此后这一职位延续并不断增加内涵。北宋著名的官修建筑文献——《营造法式》的编撰者李诫就是工部的将作监丞。工部的设立由来已久。中国由两晋南北朝至唐、宋、金、元，均设有这种掌管工程营建事务的机构。这一设置所衍变形成的中国特有的工官制度，是中国历代国家机构组织形式中的重要部分。

明代也设立工部[1]，所属管理营造事务的为营缮司，下有营缮所。工部负责营建的工程多属宫殿、坛庙之类的皇室建筑和皇帝敕建的寺庙祠观等。官式建筑遗留最多的地方是明都北京。不仅有明代皇宫紫禁城，以及帝王祭祀祖先的太庙、祭祀社稷之神的社稷坛、祭天的天坛、祭农神的先农坛等一系列坛庙建筑，还有位于京郊昌平的明代帝王陵寝十三陵，以及法海寺、智化寺、大慧寺等太监建造的功德寺等。宫殿、坛庙、陵墓作为皇家的基本建筑是当然的官式建筑自不必说，而那些皇帝敕建的寺庙从布局、木构、彩画等各方面同样反映了明代官式建筑技术与艺术的特点。北京之外的明代官式建筑还有湖北武当山道观建筑群，孔子故里山东曲阜孔

1　明代设立吏、户、礼、兵、刑、工六部。其中，工部掌管全国工程、制造、山泽屯田及舟车道路之事。工部下辖营缮、虞衡、都水、屯田修建四个清吏司。凡经营兴作之事，王府邸等工程，均由营缮司管理运作。营缮司下有营缮所，皆以诸将作之精于本艺者充任。木工蒯祥、蔡信，瓦工杨青，都曾为营缮所官员。

庙、孔府以及青海乐都瞿昙寺等，它们均属工部主持或派员督造的官式建筑。湖北武当山道观的兴建是因永乐皇帝朱棣特别尊崇北方之神真武大帝，而于明永乐十年（1412 年）命工部侍郎郭琎等督率军夫 30 万人建造的一批道教宫观群。其中的金殿[2]更是工部在将各构件铸造完成后，运抵武当山安装完成的。它完整、真实地表现出明代官式建筑的面貌。山东曲阜孔庙、孔府的扩建则是于明中期弘治年间进行的。现存遗构是在弘治年间部分毁于火灾后，“征京畿及藩府之良者”[3]重建完成，反映出明代中期官式建筑的最高水平。而青海乐都瞿昙寺与四川平武报恩寺建筑群虽地处偏远，并且建筑中不乏地方做法遗存，但主要殿堂之大木构架中官式建筑的特征仍极为突出，清晰地反映了明代官式建筑的大木技术特征。

1.1.2　明代官式建筑与地方做法的关系

如前所述，官式建筑的本身由于是严格按照官府规定的“做法”、“则例”一类规则建造，已经定型，因此本身并无地方做法特色。但是，官式建筑的技术都是来源于民间建筑，可以说正是民间建筑的技术发展、积累到一定阶段以后，通过工匠的迁徙、交流、发展、定型，才逐渐形成了某一时期官式建筑的独特特色。

明代官式建筑技术来源及形成特点有力地说明了上述论断。明初建都南京，所用文臣多为江浙文士。由于他们长期生长于斯，故继承的均是南宋以来的江南文化传统。同时营建皇宫所用建筑工匠也多是在地方建筑实践中涌现的行家里手，他们熟知江南地方建筑的一切做法。据史载，明初洪武年间营建南京宫殿时，曾征集工匠 20 余万户，且多为江南一地之工匠，其中著名者如陆贤、陆祥兄弟[4]等。因之可以推断，明初南京宫殿之官式做法是在吸收了江浙地方建筑传统基础上形成的。而后营建北京宫殿时，由于已有了南京宫殿的基础，同时很多主要技术工匠又受命北上，因此北京皇宫所体现的官式做法可谓是在南京宫殿官式基础上形成的。由于北京建设宫殿时“凡天下绝艺皆征”[5]，在全国征集约 30 万工匠及百万地方民工为役作，而他们又“悉遵信绳墨”，即听江南工匠出身的工部官吏蔡信[6]的指挥调度。因此，通过南北工匠在技术上的交流融合，深具江南建筑传统的官式建筑在不断规范化的同时，又吸纳了一些北方地区建筑传统的特点，进而使北京宫殿成为融南北地方建筑做法共存一身的北方官式建筑。至此，代表明代官式建筑的基本模式也被确定下来了。

如前所述，官式建筑技术一经形成，做法本身并无区别。它们

2　湖北武当山金殿：明永乐十四年（1416 年）建，三间重檐庑殿顶仿木构铜殿，是明初大木、琉璃、彩画、装修等方面做法的真实表现。

3　参见南京工学院建筑系、曲阜文物管理委员会合著《曲阜孔庙建筑》P40，李东阳《重建阙里孔子庙图序》，中国建筑工业出版社，1987 年。

4　陆贤、陆祥兄弟，明直隶无锡县（今江苏无锡市）人，石工，其先人曾在元朝任负责营缮工程的官员，洪武初年，朱元璋建造南京和临濠中都宫殿时，陆氏兄弟应招入京。（详见潘谷西主编《中国古代建筑史 第四卷 元、明建筑》）

5　光绪《武进阳湖县志》卷二六“艺术”。

6　蔡信：明直隶武进阳湖（今江苏常州市武进区）人，幼习建筑技艺，明初任工部营缮司营缮所所正（正九品），后升工部营缮司主事（正七品）。永乐年间北京营造宫殿时，蔡信是工程负责人之一，他是以实绩入仕途，官至工部侍郎的（详见潘谷西主编《中国古代建筑史 第四卷 元、明建筑》）。于此可见江南建筑技艺对北京官式建筑产生的重大影响。

能以相同或相似的面貌区别于各地的民间地方建筑。但官式建筑的规定与做法并不能涵盖建筑的所有方面。在一些官式则例未涉及的地方，也不乏地方做法的影响。当然这都是在不影响整体效果的情况下被用于官式建筑之中的，比如在观赏殿堂建筑时目力不及的草架之上，或法规未及的细部构造中，就常有地方做法的影响。四川平武报恩寺[7]作为皇帝敕建、京畿工匠施工建造的寺庙建筑，其大雄宝殿、万佛阁等在天花以下的明架部分多恪守工部则例，采用规整的抬梁构架，而在草架中则采用四川地区民间建筑中常用的穿斗构架（见图 1-1），表现出工匠对于建筑标准掌握与处理的灵活性。

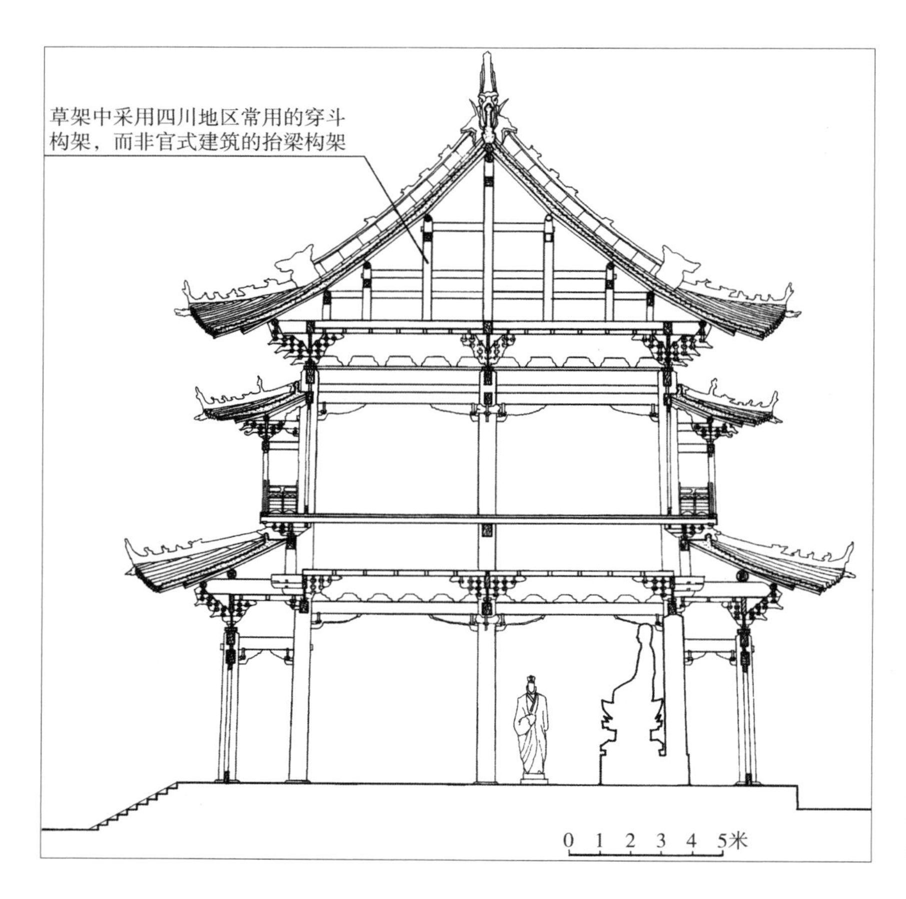

图1-1 四川平武报恩寺万佛阁剖面图（选自潘谷西主编《中国古代建筑史 第四卷 元、明建筑》）

另外，斗栱的构造做法中也存在类似情况。由于明代初期建筑尚未对间广、进深大小的确定形成定制，间广、进深大小与斗栱间距的关系也未形成明确对应，因而一座建筑中各开间内斗栱档距常有不等。在山东曲阜地区的一些建筑中，通常会在不同的开间、进深里，以斗栱的不同栱长来调节档距，即柱头科斗栱在明间一侧的栱长较次间的栱长明显加大。这种地方性的较为灵活的立面处理方式在曲阜孔庙、孔府的许多建筑中也得以运用，例如孔庙的奎文阁、同文门等，可谓地方做法在官式建筑中的活用之例（见图

7 四川平武报恩寺：始建于明正统五年（1440 年），完成于正统十一年（1446 年）。是明代龙州（平武）土官佥事王玺奏请朝廷为报答皇恩所建。由于当时王玺进京朝贡获准建庙之时，正值紫禁城内一项大型工程竣工，因此得以招聘一批熟谙官式做法的工匠来到龙安。该寺建筑表现出明代官式建筑风格。现存明代遗构主要有大雄宝殿、万佛阁等。

8　参见朱光亚《探索江南明代大木作法的演进》,《南京工学院学报》1983年建筑学专刊。

1-2、图 1-3）。还有在屋面坡度的确定上，宋代在《营造法式》中明文规范并采用的举折之法在明代官式建筑之中逐渐式微。明代后期的万历年间，江南地区已逐渐采用简捷有效的举架法代替了举折法[8]，而举架法在明代后期官式建筑中逐渐被广泛采用，并酝酿完成了这一转变。进而举架法在清初工部《工程做法》中被明文规定，成为清代官式建筑则例的主要内容之一。由此可见，地方做法一直在不断补充和发展着明代官式建筑建造法式。

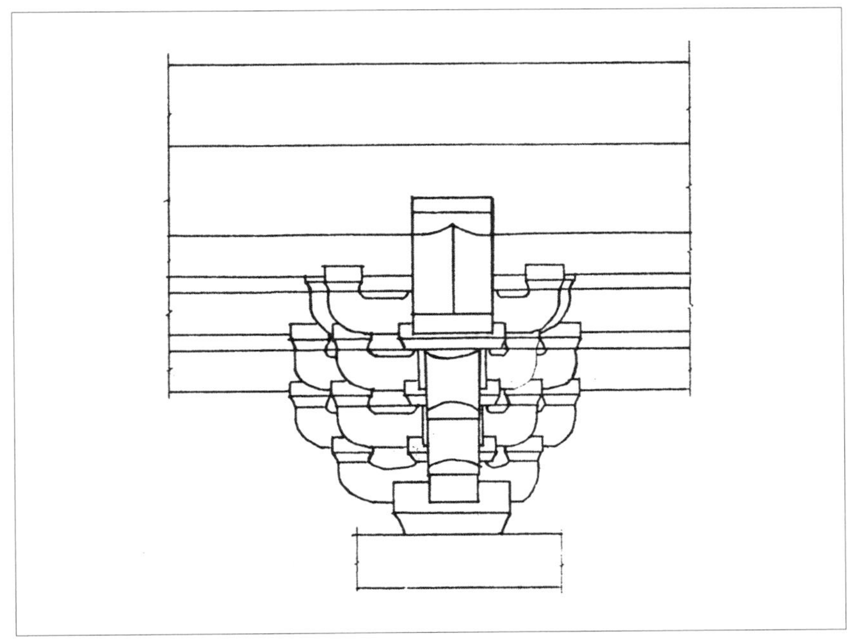

图1-2　曲阜孔庙奎文阁上檐柱头科立面（选自南京工学院建筑系、曲阜文物管理委员会合著《曲阜孔庙建筑》）

图1-3　曲阜孔庙奎文阁楼下外檐斗栱（作者拍摄）

1.1.3 明代大木作技术与宋、元、清三代的关系

明代是自唐代以后，中国从长期分裂及少数民族统治又一次转入以汉族为中心建立的全国统一政权。故立国之初，明朝统治者极力宣扬大汉文化，事事仿唐宋，力求以汉族传统文化重建一代制度。因此在大木技术上大量吸收和沿用了宋《营造法式》的建筑规范及技术特点。如木构架形式总体承袭宋《营造法式》制度，殿阁式、厅堂式、柱梁作仍为其基本结构形式；大木构件的加工与制作也力求精致、美观。尤其榫卯的加工制作，在构造、形状、尺度各方面都表现出加工精细、搭接严密的特点，与宋代榫卯很相似。一些较复杂的如螳螂头口之类的榫卯和柱的收分、卷杀等美化室内空间形象的做法在明代仍被使用。

然而，在用材制度上明代却并未沿用宋代的材份制。这是因为明代大木构架的发展与变化已不适应材份制的要求，致使材份制所要求的"材·栔·分°"三级模数制由在元代建筑中制约能力逐渐减弱，到明代趋于瓦解而告终。

元代由于是少数民族掌握政权，故域外文化以空前规模进入内地。但由于蒙古族长期处于游牧社会，善骑射、崇尚武功，而经济文化比较落后，因此在建筑文化传承上多继承自金朝，而金又继承辽、宋，故元代的官式建筑实际是在宋、辽、金北方建筑基础上发展而来的。对于南方，由于广大汉族聚居区深受异族的压制，虽有先进的建筑技术，但并未受官方重视，只能在地方上流传，如元代江南地区建筑在梁架体系、斗栱用材、翼角做法等方面均发生了较多改变与突破，其中很多技术已逐步秩序化，但这些均未能融入官式之中。

元代在建筑上通过长期的生产实践也有了一些改变。首先在用材方面，元代建筑中已开始出现斗栱尺度大幅减少的趋势，同等规模的建筑用材取值较宋制下降了多个等级，如山西芮城永乐宫的四座建筑[9]将所用的材降低二等，而南方的浙江武义延福寺大殿[10]和上海真如寺大殿[11]则降低了四等。至明代，这种趋向更为明显，斗栱取材比宋制又降低 4~5 级（见表 1–1）。其次在大木构架上，挑尖梁头伸出承檩的做法也是首先在元代建筑中出现继而流传下来的。但元代的挑尖梁头尚不发达，往往仅略大于平身科的耍头，形状仍做成耍头状。挑尖梁头大小与形式的最终定型也是在明代才完成的。在翼角做法中，元代发展起来的抹角梁法被明代广泛继承，成为翼角结角的主要形式之一。

但是，元代北方地区一些建筑中所表现出的粗率、随意的建筑

9 即永乐宫无极门、三清殿、纯阳殿、重阳殿四座大殿。

10 参见中国科学院自然科学史研究所编《中国古代建筑技术史》，科学出版社，1990 年。

11 参见刘敦桢《真如寺正殿》，《文物参考资料》第 1 卷第 8 期，1951 年。

表 1-1　历代斗栱用材演变表（表内尺寸为毫米，斜线下为架高）[1]

	宋材等尺寸	《营造法式》规定	唐、五代	辽、宋、金	元	明	清
一等材	9×6寸（288×192）	九~十一间殿	山西五台山佛光寺东大殿七间殿堂	辽宁义县奉国寺大殿九间殿堂290×240			
二等材	8.25×5.5寸（264×176）	五~七间殿	山西五台山南禅寺正殿三间厅堂240×170	山西应县佛宫寺释迦塔255×170/110~130；山西大同善化寺三圣殿五间260×165/105			
三等材	7.5×5寸（240×160）	三~五间殿		天津蓟州独乐寺观音阁五间殿堂240×165/105；山西广济寺三大士殿五间255×160/120；山西大同华严寺薄伽教藏殿五间235×170/105			
四等材	7.2×4.8寸（230×154）	三间殿堂五间厅堂	山西镇国寺大殿三间220×160/100	浙江宁波保国寺大殿三间[2]215×145/87			
五等材	6.6×4.4寸（211×141）	小三间殿，大三间厅堂		江苏苏州瑞光塔底层190×140	山西芮城永乐宫三清殿五间207×135		
六等材	6×4寸（192×128）	亭榭或小厅堂			山西芮城永乐宫纯阳殿五间180×125；定兴慈云阁三间180×120	北京太庙大殿十一间，二、三殿九间，戟门五间栱厚125；社稷坛前、后殿五间栱厚125；北京故宫神武门城楼七间栱厚125	城门楼（未见实例）
七等材	5.25×3.5寸（168×112）	小殿及亭榭			山西洪洞广胜上寺弥陀殿五间165×110/65，浙江金华天宁寺大殿三间170×105/60	北京先农坛太岁殿、拜殿七间栱厚110；青海乐都瞿昙寺隆国殿殿身五间栱厚110	
八等材	4.4×3寸（141×96）	殿内藻井或小亭榭			上海真如寺大殿三间135×90/52；浙江武义延福寺大殿三间155×100/60	昌平长陵祾恩殿九间栱厚95~100；北京大慧寺大殿五间栱厚95；北京故宫协和门三间栱厚95	北京故宫太和殿十一间、坤宁宫九间、乾清宫九间栱厚均90，太和门七间栱厚90
等外材						北京智化寺万佛阁五间栱厚80，藏殿、天王殿三间栱厚70；北京故宫钟粹宫五间栱厚75，中和殿五间正方、保和殿九间栱厚80；北京先农坛庆成宫前后殿五间栱厚80	北京故宫体仁阁七间栱厚70；多数清式建筑斗口小于80，属宋之等外材

注：[1] 由《中国古代建筑史》（多卷集）表 9-1 增补而成。

[2] 浙江宁波保国寺大殿现状为面阔七间，进深六间，其核心部位面阔、进深均三间，为宋代所建。添加的副阶周匝部分为清康熙二十三年（1684 年）增建。

风格至明代则未被沿用而趋近消亡。大木构架中的减柱、移柱的平面柱网于明代已极少见到，斜梁、大横额的做法也被明代规整的梁架与柱网结构所代替。因此，元代虽在中国历史上统治了将近一个世纪，但并不是一个具有稳定成熟的建造风格与特点的时期。虽然元代也有一些木构架做法为明代所继承，如屋角的隐角梁做法及梁栿舍弃月梁而作直梁直柱的做法等。但从建筑技术发展上来说，元代更应被认为是从宋、金到明代的过渡。而元代江南地区的建筑做法则与明官式之间有着直接而密切的传承关系。

明代与清代建筑的传承关系更为密切。一方面，两代前后相续，二者间有明确的承继关系；更重要的是，清朝建国立都之初，几乎沿用了一切明代北京城的旧制与设施。宫殿、坛庙、衙署等均继承原制，仅在旧基上做了一些翻修。雍正年间工部颁布的《工程做法》，实际也是对明代尤其是明中后期及清初建筑制度、做法的总结。书中内容很多，在如此短期内成书，沿袭前朝旧制和参考前朝旧档是不可避免的，如书中关于官工物料名制规格、产地供应等项，多是从明代刊行的《工部厂库须知》一书中引录的[12]，明显可见清代与明代建筑之间的继承关系。

另外，清初主持宫廷大工的匠作高手的经验、技术也是自明代匠师传袭下来的。中国古代建筑技术诀窍通常以师徒相授留传下来，因此从明清主持宫廷役作的匠师更迭上亦可找出前后时期建筑上的继承关系。例如冯巧与梁九[13]。冯巧是明代万历、天启年间在内廷服役的一位皇家建筑师，在其终老之际，方将其掌握的一套技术诀窍传授给经他多年考察，认为"子可教矣"的徒弟梁九。深得冯巧技术精髓的梁九作为明朝最后一代皇家建筑师，清初又成为宫廷建筑的主持者，负责大内各项工程兴造。康熙间两次重修太和殿时，他都曾亲与其役，并以"掌握尺寸匠"身份始终主持现场施工。因此，清初建筑所表现出的与明代末期官式建筑在大木作技术做法上的极其相似由此亦可得到印证。

虽然明清建筑在用材制度与做法上均有明显的承继关系，但是由于两代均历时近 300 年，随着时代的更迭，其间的变化与不同之处也清晰可见。例如清代建筑大木构架就比明代更趋简化，在屋架各处节点多采用简洁实用的柱梁相承，摒弃了明代以十字科、檩下斗栱等承托节点的做法，加强了构架的整体性。同时在装饰上更加增繁弄巧，将构架与装修较为彻底地区分了开来。在大木加工上更是不若明构细致、精巧，这不仅从榫卯的简化中得到印证，而且柱的收分、卷杀等做法的消失也证明了这一点。

总之，明代大木技术特点的形成是在宋代建筑基础上，又根据

12　参见王璞子主编《工程做法注释》P7，中国建筑工业出版社，1995 年。

13　冯巧与梁九：见于清初王世禛的《梁九传》："明之季，京师有工师冯巧者，董造宫殿，自万历至崇祯末，老矣。（梁）九往，执役门下数载，终不得其传，而服事左右，不懈益恭。一日，九独侍，巧顾曰：'子可教矣。'于是尽传其奥。巧死，九遂隶籍东官（即工部），代执营造之事。"

自身大木构架的特点及当时客观条件的制约而有新的发展，从而给清代留下了弥足珍贵的建筑遗产，使清代有能力在此基础上对建筑的各方面精益求精。

1.1.4 从明代大木作技术发展的阶段看“范式”的形成

明代大木作技术发展大致可分为三个阶段：

第一：明朝初年，从洪武历建文、永乐、洪熙到宣德的五朝近 70 年间。这一时期主要是朱元璋营建京师南京、中都临濠至永乐皇帝朱棣迁都后在北京营建宫殿。这一时期尤其是洪武年间，由于尚处于经济、生产及秩序的恢复阶段，整个社会有一种弃元扬宋、克己复礼的复古之风。但同时，洪武时期也大刀阔斧进行了两京的营建，大礼制的制定使得建筑的营建上自我作古，开创新制之风盛行。反映在建筑上即虽简化装饰，但整体风格朴实雄浑，逐渐形成了自身特征，为后来的永乐以后奠定了基调和基础。至永乐年间，社会日趋安定繁荣，大规模的营建活动很多。北京皇家宫殿、坛庙建筑群，湖北武当山道观及南京报恩寺塔等就是此时最重要的建筑。这些建筑群的完成表明此时的建筑在规格、尺度、形式、质量等各方面都达到了很高水平，已形成了严格的等级秩序和制度。从大木作技术角度看，大木构架简洁有序，整体性得到了加强，建筑尺度雄伟，装饰华丽大方，用材较后期为大。在大木构件的制作与加工上较多继承了宋《营造法式》制度，榫卯严丝合缝、细腻精致，形式亦多仿宋制。经过这一阶段的奠造，明代官式做法已基本确立。

第二：宣德至嘉靖的近 100 年间。这一时期是明代社会太平、富庶的上升阶段，也是明代官式建筑的发展、成熟期。佛教建筑的兴建、弘治间曲阜孔庙的修建及嘉靖间一系列皇家建筑的重建与改建是其重点。从大木作技术上看，宋《营造法式》所载材份模数制对建筑用材、大木加工及构造等各方面的制约均已瓦解。明代营造范式逐渐形成，较之明初，构架的整体性加强，受力传载路线明确、直接，构件在用材、构造、做法及形式上更趋规范与制度化。

第三：明嘉靖以后，经万历至明末并延及清初康熙、雍正的 100 多年间。这一阶段的建筑崇尚奢华，装饰技巧充分发展，大木结构与装饰分化加剧，即大木结构日趋简洁、实用，装饰日趋增繁弄巧。建筑用材较前更趋减小。斗栱整体尺度大为减小，屋顶举折做法在官式建筑中初见使用。

1.2 明代用材制度的激变与特征

明代大木作技术的变化主要表现在斗栱、梁架等大木构架的做法与形式上。如斗栱尺度减小、用料细化及悬挑功能的改变，梁架简支体系的成熟和装饰与结构的分化加剧等。而这些变化产生的根源则在于明代大木构架在用材制度上的改变，即材份模数制的解体与斗口模数制的建立与运用。

1.2.1 材份制在明代的解体

材份制明确记载于宋《营造法式》卷五大木作制度中。它的突出特点是“材·栔·分°”三级模数制。木构架的巨细尺寸都可用这三个单位来表示。而材作为建筑中重复并有规律地使用最多的枋料，反映出宋代木构件接近等应力工作状态的特性。因此其构件截面取值也要求与材一致，为 3：2 的比例关系。至明代，随着大木构架的发展及用材特征的变化，材份制越来越显示出对工程实际发展需要的不适应性，这些表现最终导致了材份制的解体。

第一“材分八等”对用材失去制约作用。

“材分八等”是宋式建筑铺作的关键，但并未沿用于明初官式建筑斗栱用材的划分中。调查资料显示，明代斗栱用材与材份制所定之值相去甚远，明代前期与中后期在斗栱取值规律上也存在差异。从所测实例看，明代建筑的用材尺寸通常较宋《营造法式》的规定下降 4~5 个等级。如明初至明中期，即使最大的建筑物之一，面阔十一间的北京太庙正殿，斗口也只取 4 寸（1 营造寸≈ 3.175 厘米）左右，仅相当于宋制之六等材，即《营造法式》规定的亭榭及小厅堂使用的用材尺寸。一般大殿的取值多在 3~3.4 寸之间，如湖北武当山紫霄殿、青海乐都瞿昙寺隆国殿等；更多殿宇建筑斗口仅取 2.5 寸，只相当于宋制等外材的宽度。明代后期建筑中，斗口尤多采用 3 寸、2.5 寸及更小数值，明初的 3.6 寸、3.3 寸之例已较少见到。同等规模、等级的建筑较之明代前期又有所下降，如明末重建的北京紫禁城（又称故宫，下文依此称谓）中和、保和二殿，既处故宫中轴线上，又同属外朝三大殿，按理应当施用较高等级的斗栱，但实际斗口仅 2.5 寸，只合宋代材份制等外材宽度；又如北京故宫午门城楼正殿（1647 年重修）斗口为 3 寸，与同为城楼而地位稍逊的明初所建故宫神武门城楼（1420 年建成）相比也减小 1 寸之多。可见，随着明代斗栱用材取值的急剧减小，其与宋制之“材分八等”在取值上、对建筑尺度的制约上、等级含义上已无延续性可言。另外，明代初期建筑各等级斗口之间多以 0.2~0.3 寸为等差值，并多在 0.25 寸左右，虽未完全定型，但比《营造法式》材份制之以 0.5 寸（少数 0.2 寸、0.4 寸）等级划分则更趋细密。

因此可见，材份制之“材分八等”并未沿用于明初官式建筑之斗栱用材的划分中。明代中后期，斗口取值更加减小，不论是在同等规模建筑取值的对比上，还是在各材等间的差值上都与宋制迥异，可见在明构中宋代材份制之材等已失去制约力。

第二，栔的概念取消。

在材份制中，材、栔组合的构造方式是铺作节点构造的基本格局。使用材栔组合目的在于以小料拼成足材，可节约用材。如一等材足材为 12.6×6 寸，就可用 9×6 寸＋ 3.6×2.4 寸代替。然而在明代，随着斗栱用材的急剧减小及足材高度大为降低，就不必再以单材加栔拼合成足材，而是直接采用整料更方便快捷。因此在明代实例中出现了大量足材的正心万栱、正心瓜栱，其间并无散斗垫托的方式来取代材栔组合构造。这表明，栔的概念在明代逐渐被取消了。

第三，分°的意义与作用丧失。

分°是材份制中主要用来表征月梁、梭柱、栱头等构件卷杀尺寸的细小模数，它体现的是宋代建筑对形象细节的关注。在明代，随着大木加工趋于简化，梁柱也多采用直梁、直柱形式，因此不仅梁栿取消了月梁做法，仅边缘抹圆角，而且柱子亦不做梭柱，只在柱头处斜抹，不做卷杀。这样，分°所控制的构件细节做法也在明代建筑中失去了作用与存在意义，因此最终被取消了。

第四，3 : 2 截面取材概念的变化，促使“材”的概念瓦解。

材份制要求大木构件截面高宽比例应与材等截面相同为 3 : 2。从而材等对构件截面取值具有双重制约作用。因此在宋代，3 : 2 的比例是一个普遍原则，不仅栱枋如此，大到梁栿，小到栔，都采用这一比例关系。但是在明代，随着木材日益紧缺及大料获取困难，致使构件截面取材越来越受到木材出材率的影响，即圆料在截取时，须加大宽度方能获得足够的截面积。因此，构件截面从明初始即摒弃了宋材份制 3 : 2 的窄长比例关系，转而趋向方整。明初的北京故宫钟粹宫、宫城角楼等建筑中，梁栿断面高宽比例尚多为 10 : 7.5 左右；明中期的北京先农坛太岁殿、拜殿，北京智化寺万佛阁等建筑中，梁栿断面比例更趋方整，既有 10 : 8.5 左右稍大于清制者，亦有如智化寺万佛阁之五架、七架梁断面高宽比达 10 : 9.5，几成方形之例。这说明，梁枋截面比例从明初开始即向 10 : 8 靠拢，中期以后更趋方整。与此同时，在斗栱中 3 : 2 的栱件截面比例也逐渐消失，为了使足材栱高取值为整数 2 斗口，单材栱高度也改 15 分°

（1.5 斗口）为 14 分°（1.4 斗口）。这样，宋构中普遍用于大木构件截面取材的 3∶2 比例概念，在明代已不再具有约束力。它标志着材份制的材等概念与作用在明代彻底瓦解了。

1.2.2 斗口制在明代的建立

斗口制明确记载于清初颁布的工部《工程做法》中，但它并非直到清代方才出现。就如同材份制的产生与运用早于宋代一样，斗口制也萌芽、孕育并发展成熟于清以前的元明时期建筑之中。正是由于明代建筑大木构架的发展与客观条件制约的双重作用，才使得斗口制适用的条件逐渐成熟，从而得以运用与发展。虽然明代文献中未留有斗口制的有关记载，但通过对大量建筑遗构用材情况的总结是可以得出这样的结论的。

现试从下列几方面论证明代已建立了斗口制。

（1）从明清建筑继承关系来看

如前所述，北京故宫是明清两代王朝官工经营的重点。清朝建都北京初年，一切设施多沿用明代旧制。康熙朝两修故宫太和殿，都是在明皇极殿旧基上翻建。雍正帝继位后，政局稳定，经济快速发展，官工营造活动随之增多。在此形势要求下，才在雍正十二年（1734 年）颁布了工部《工程做法》。这部法规内容比较全面，是清代最早的官刊工籍。从成书时间上可以看出，它实际是对明代及清初建筑制度与做法的归纳和总结。从《工程做法》所载内容来看，多是录自有经验的匠作高手。由于中国古代建筑的技术诀窍常常是通过匠师的师徒相授流传下来，明清主持宫廷役作的匠师间亦有明确的师承关系，例如前述之冯巧与梁九。因此明代与清初建筑在大木作技术与制度上有着密切的前后因袭关系。而把工部《工程做法》所应用的木构技术的关键性措施——斗口制视为明代遗制的继续则是顺理成章的事。

（2）从柱头斗栱与梁架构造配合的改变来看

宋《营造法式》材份制要求斗栱层在与梁、枋等构件叠接时，二者间应有密切相契的尺度配合。而明代建筑由于斗栱用材骤减，梁栿与斗栱尺度对比日趋悬殊，促使柱头科与梁架在构造配合上不可避免要产生变化（见图 1–4）。

首先，由于明代建筑在屋架部分取消了叉手、托脚等斜撑构件，代之以柱梁相承的简支承重体系传递上部荷载，柱头科与梁栿的交接也摒弃了以栱、昂悬挑出檐的方式，采用了加大梁头直接伸出承托檐桁与挑檐桁，斗栱后尾以平盘斗或踏头形式附于梁底的方

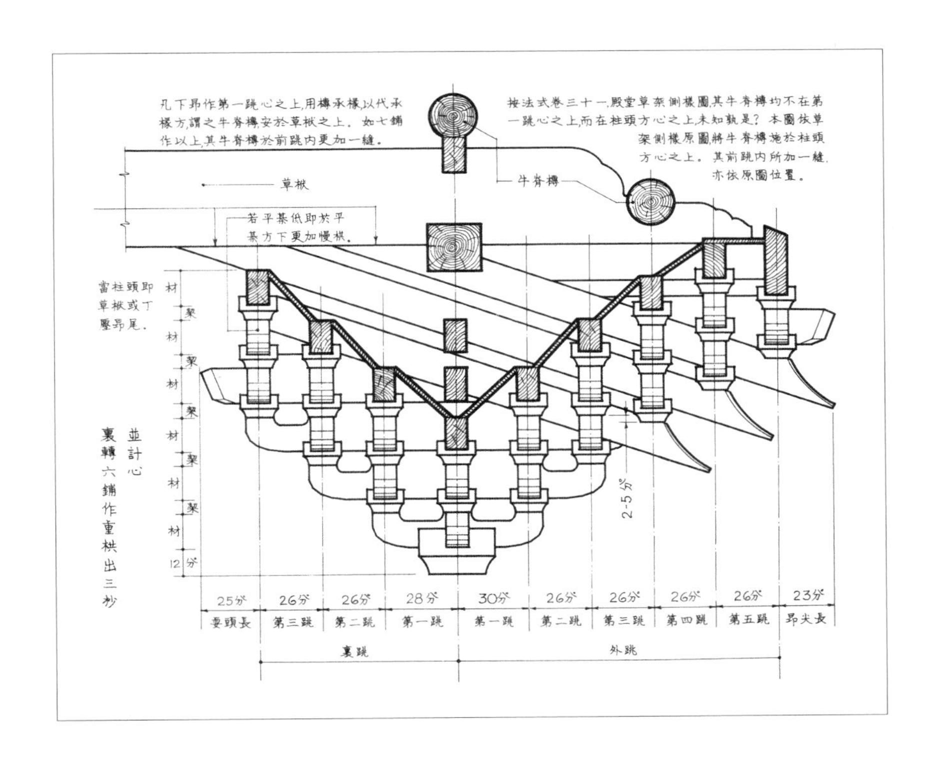

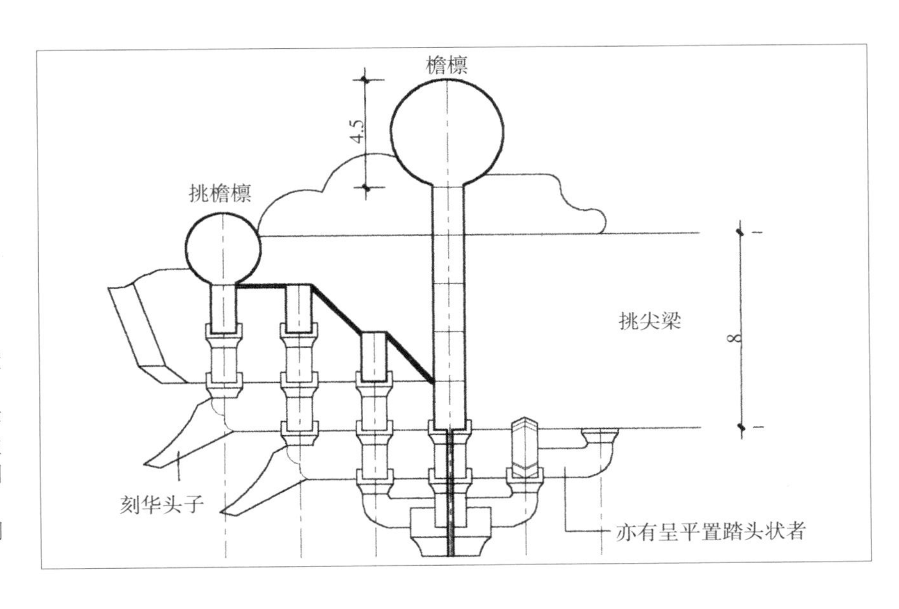

图1-4　宋、明柱头斗栱与梁栿交接构造比较
上图：宋《营造法式》柱头铺作侧样［选自梁思成《营造法式注释（卷上）》P246八铺作，中国建筑工业出版社，1983年］
下图：明官式建筑七踩柱头科侧样（作者绘制）

式。因此，梁枋与斗栱间的荷载传递多为竖向正心传递，几无悬挑承载配合。这样，斗栱与梁架的构造配合解除了相互间尺度上的制约关系，并且与宋《营造法式》所载材份制产生与运用的制约条件不同，而符合斗口制的使用特点。

其次，由于梁栿与斗栱尺度相差较大，为使外观协调，明构将柱头科正心一线各栱、翘、昂等构件由下至上逐层加大宽度，以与上载梁底宽度协调。因此柱头科与平身科在外观上出现较大分化，柱头科中加宽的栱、斗、翘、昂的尺寸设定也不再遵循材份制规定，而符合斗口制的取材规律。

因此，柱头斗栱与梁架间构造配合的改变及柱头科与平身科分化的现象表明，明代建筑的这一变化与斗口制建立的构造基础是一致的。

（3）从足材概念的改变来看

材份制规定单材高 15 分°（合 1.5 斗口），足材高 21 分°（合 2.1 斗口）；斗口制规定单材高 1.4 斗口（合 14 分°），足材高 2 斗口（合 20 分°）；它们之间的差别仅为 1 分°。虽然数值仅有微差，但在构造概念上却有明显不同。前者是“材＋栔＝足材”，是一个复合数值；后者则是单一数值“斗口”的 2 倍。

首先，在单、足材的材高上：从所调查的实例看，斗栱足材栱高为 2 斗口、单材栱高为 1.4 斗口的现象在明初即已出现，如青海乐都瞿昙寺隆国殿（1427 年），斗栱单材高合 1.32 斗口，足材高合 1.90 斗口[14]，基本同于斗口制所定单、足材尺寸（考虑木材的缩水）。此后，这种情况更频繁出现，在明永乐年间建的北京社稷坛前殿、正殿，明正统八年（1443 年）建的北京智化寺万佛阁，明嘉靖十一年（1532 年）建的北京先农坛太岁殿、拜殿，以及明正统四年（1439 年）建的北京法海寺大殿等建筑中，足材栱高均为 20 分°（2 斗口），单材高为 14 分°（1.4 斗口）。由此可见，明代斗栱单、足材高均异于材份制规定，而与清初工部《工程做法》所载的斗口制特点相同。

其次，从构造关系上看：斗栱的正心万栱、瓜栱俱用 2 斗口高的足材，其间并无散斗垫托的方式从明初即已出现并广泛运用了。

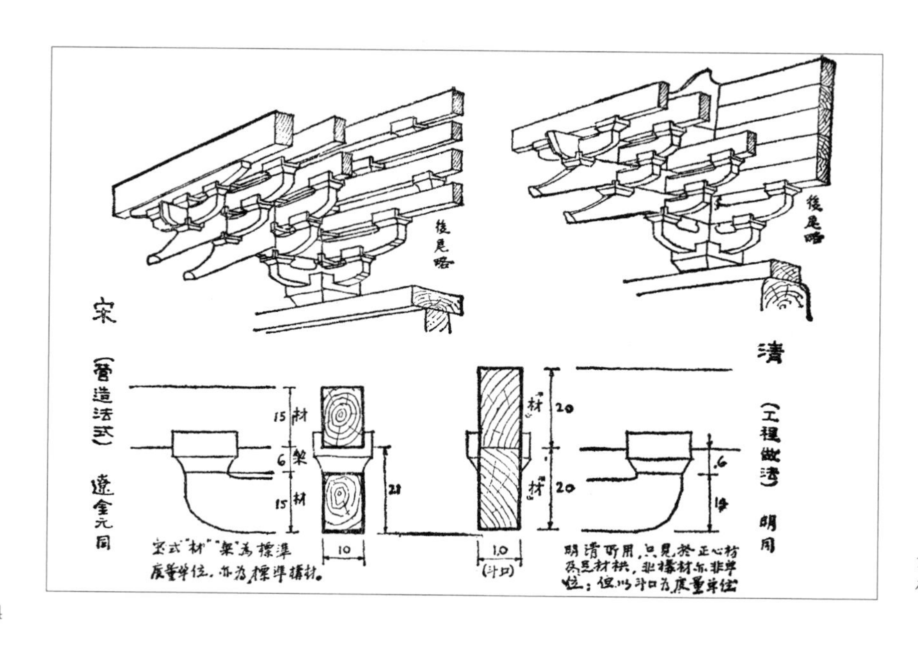

图1-5　宋、明斗栱用材及构造比较（选自《梁思成文集（二）》）

14　参见吴葱《青海乐都瞿昙寺建筑研究》（天津大学硕士论文），1995 年。

北京社稷坛前后二殿、故宫神武门城楼等建筑的外檐斗栱均是。其后的建筑更遵循此法。这表明在明代，足材更多地是指 2 斗口的栱件高度，是一个单一的数值概念，而不像材份制之足材是包含一材一栔的构造组合概念（见图 1-5）。因此在正心瓜栱、万栱处皆用足材，而且在柱头中线的正心枋及各跳上的拽枋等皆用足材而不以斗垫托的现象表明，明构中材栔的构造组合已越来越多地被高 2 斗口的足材栱所代替。这成为明代建立斗口制的证明。

（4）从斗栱用材大小来看

明代斗栱用材取值 [15] 比之宋、元实例均有明显减小，与清初工部《工程做法》所载斗口制之斗口分十一等 [16] 相对照也有不同。如清代斗口制第一等斗口为 6 寸，其下各等间以 0.5 寸等差递减，而明构实例中最大材等取值仅 4 寸，与《工程做法》所载斗口制相差了 5 个等级，并且其下各级间多以 0.25 寸为差值。这些特征似乎表明，明代斗栱取材与清工部《工程做法》不同。

然而事实并非如此。首先，虽然从取材大小上，明构实例取值低于《工程做法》所载斗口制 4~5 等，但却与清构实例取值情况基本吻合。这是因为清工部《工程做法》斗口制之斗口分为十一等，实际还有着为了追求形式完备而将宋《营造法式》1~4 等用材硕大的材等均录其中的因素。因为即使从清构实例及《工程做法》列举之例观察，斗口制中 1~4 等斗口也均未见使用过。如用材最大的城楼殿宇建筑斗口取值也不过 4 寸，与明构同类建筑基本相同。其他类似规模的建筑取值也与明代初期相似。而明初建筑斗栱用材较后期为大，3.3 寸、3.6 寸斗口多有采用；至明代中后期，则多集中于 3 寸、2.5 寸及更小数值，如北京故宫中和殿、保和殿斗口均为 2.5 寸，故宫协和门斗口为 3 寸等。但这种情况与清《工程做法》所举之例情况是一致的。从《工程做法》所列 27 种建筑例证看，采用斗科的 8 例中除城楼殿堂建筑取 4 寸斗口外，其他建筑均以斗口 3 寸、2.5 寸为例。可见这两个材等是最常用、最多见的，即便在重要建筑中也不例外。因此，明代斗栱取值虽然表面看来材等划分规律与清工部《工程做法》所载斗口制有所不同，但二者在建筑实例中取值的大小与规律却大体一致。

（5）从斗科间距（攒档）对面阔、进深确定的影响来看

宋代建筑在设计时遵循先定地盘、侧样，再置斗栱的步骤，因此面阔、进深的数值通常在地盘设计中即已确定。由于宋代建筑补间斗栱数量少，多则 2 朵，少则 1 朵或不施，因此其疏朗的布局使斗科间距对面阔、进深值的确定并无直接影响（见图 1-6）。

明代建筑则不同。由于平身科数量骤增，明间通常有 6 或 8 朵

15　明代建筑斗口等级参见表 5-1。
16　清工部《工程做法》规定斗口按建筑等级分为十一等。
一等斗口：高 8.4 寸，宽 6 寸；
二等斗口：高 7.7 寸，宽 5.5 寸；
三等斗口：高 7 寸，宽 5 寸；
一～三等未见实例；
四等斗口：高 6.3 寸，宽 4.5 寸；
五等斗口：高 5.6 寸，宽 4 寸；
四等、五等用于城楼；
六等斗口：高 4.9 寸，宽 3.5 寸；
七等斗口：高 4.2 寸，宽 3 寸；
八等斗口：高 3.5 寸，宽 2.5 寸；
六～八等用于殿宇；
九等斗口：高 2.8 寸，宽 2 寸；
十等斗口：高 2.1 寸，宽 1.5 寸；
十一等斗口：高 1.4 寸，宽 1 寸。
九～十一等用于小建筑。

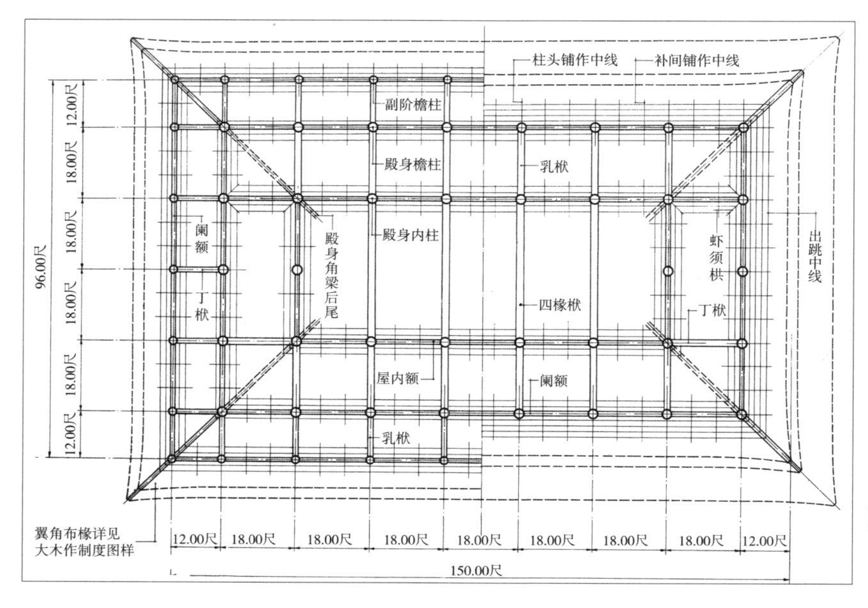

图1-6　宋代建筑的平面构成（选自梁思成《营造法式注释（卷上）》）

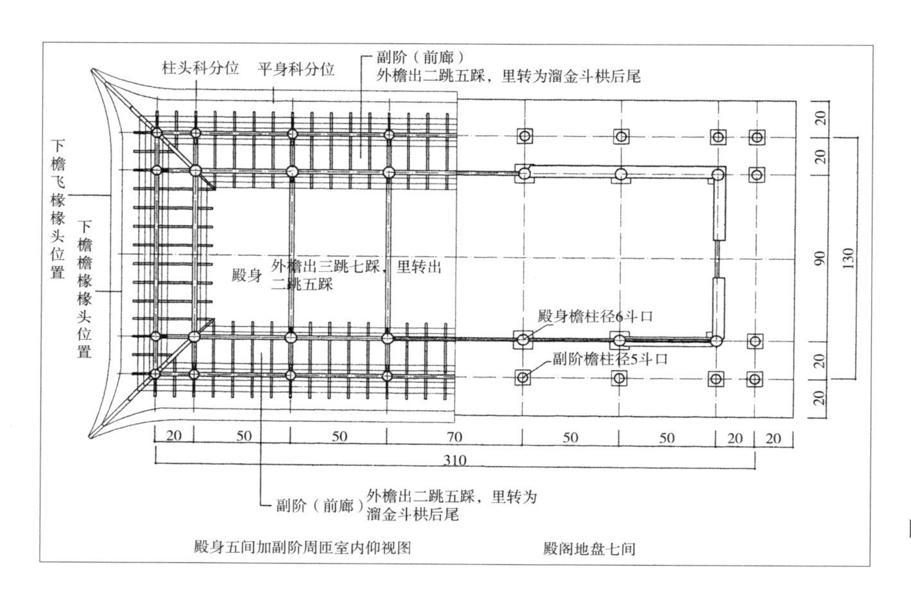

图1-7　明代建筑的平面构成（作者绘制）

斗栱，次、梢间递减 1~3 朵。因此，檐下斗栱呈细密状排布。而于广狭不一的间广、架深之中排布多攒斗栱，势必应考虑斗科间距与间广、进深的关系。因此宋代先定面阔、进深再置斗栱的做法显然无法满足明代的实际情况。自明永乐以来，官式建筑中已开始将斗口倍数的攒档值作为确定间广值之模数的尝试（见图 1–7）。北京故宫宫城角楼、钟粹宫、神武门城楼和北京法海寺大殿等，即以近似 10~12 斗口的斗科间距为模数定间广、进深值，而不再遵循宋《营造法式》的设计步骤。这从明构之面阔、进深折算成营造尺时均呈非整数值即可得到验证。从实例看，一些大中型明构各开间、进深之斗科间距多在 10~12 斗口之间。这一现象无论是在明初的北京社稷坛前、后殿及故宫神武门城楼，还是在明中期的北京先农坛太岁殿、拜殿、具服殿及北京太庙诸殿，抑或在明末重建之北京故宫保和殿、中和殿等建筑中均有反映。而且同一座建筑中，当相邻间广、进深大小不一时，也多相差 30~35 斗口及 20~25 斗口，相应的平身科斗栱数量增加 3 朵、2 朵以与之配合。采用一斗三升等简单斗栱的小型或次要建筑如值房、配殿，斗科间距相应减小，约在 8~9 斗口。明代这种相邻平身科间距在 10~12 斗口或 8~9 斗口之间的情况与清构实例极为相近。由此推知，明代以趋近 11 斗口（或 8 斗口）的平身科间距为模数确定间广、进深数值的设计新方法是适应当时建筑设计与施工要求的必然结果，它和清代斗口制规定的内容也极吻合，是明代建筑采用斗口制的又一表现。

（6）从大木构件截面取值及比例特点来看

宋《营造法式》材份制对构件取材要求主要表现为对其截面高度取值及断面比例的制约，对长度要求则不若前者严格。清初工部《工程做法》斗口制则对大木构件在截面取值、比例及长度上均有较严格规定，但梁枋等构件截面比例与斗栱的栱件高宽比值并不要求一致。因此，衡量明代建筑用材是否采用斗口制的另一重要指征，即考察大木构件截面取值中的两个方面：一是截面高宽值或径值大小与清代斗口制规定的比较；二是矩形截面高宽比例是否符合或趋近清代斗口制的规定。

①关于梁枋：从梁枋断面高度折合成斗口数来看，明代建筑多大于同等规模、等级的宋《营造法式》的规定数值。例如七架梁，无论明初还是明中后期，梁高多在 7.0~8.1 斗口间，如北京先农坛太岁殿、拜殿，北京智化寺万佛阁及北京太庙诸殿等，均大于宋材份制之 60 分° 梁高，仅比清斗口制规定的梁高 8.4 斗口稍小，明显显示趋向斗口制规定。相应地，五架、三架梁高合斗口数值也呈同样趋势。虽然明构梁枋断面的绝对尺寸并未较宋代加大很多，但由于斗栱用材的急剧下降，使得梁栿断面高度换算成斗口数明显大于宋制，而趋近清斗口制规定。

同时，梁枋截面高宽比值也显示出，明代梁栿断面高度的绝对尺寸与宋制相差无几，而宽度却远超过之，即断面形状更趋方形，不若宋式 3∶2 比例的窄长，并且从明初开始即向 10∶8 趋近。由此可见，宋制对梁枋截面取值的规定至此已不适用，而清代斗口制所定梁枋截面数值及比例却与明代情况基本相同。因此，认为明代梁枋用材基本符合清代斗口制更确切。

②关于柱、檩：从明初至明末，檐、金柱径的取值都显示出大于材份制规定，趋近斗口制的特征。其中殿阁式建筑檐柱柱径多在

5.0~6.0 斗口，金柱柱径为 6.0~8.7 斗口，如北京故宫神武门城楼、钦安殿、北京太庙正殿等；而厅堂类建筑檐柱、金柱柱径比之殿阁类相差无多，也处于 5.0~6.0 斗口及 6.0~7.5 斗口之间，如北京先农坛太岁殿，北京故宫钟粹宫、翊坤宫、储秀宫等，表明殿阁类与厅堂类建筑在檐柱、金柱柱径取值上近乎相等，并不因等级高低而有大小之别。这显然与清代斗口制规定相近。

明代末期，檐柱柱径和金柱柱径合斗口数值变得更大，北京故宫中和殿、保和殿檐柱柱径分别合 7.5 斗口和 8 斗口，保和殿的金柱柱径甚至达到了 11 斗口，比清《工程做法》规定的 7.2 斗口亦大很多，而与清初重建的故宫太和殿、坤宁宫、乾清宫的檐柱、金柱柱径斗口数相当。可见明代的檐柱、金柱柱径合斗口数值整体上是符合或趋于斗口制的。明万历以后，更有取值大于工部《工程做法》斗口制规定的，与清构实例很有相似之处。

檩径取值也有同样特点，无论是明初还是中后期建筑中，檩径合斗口数值均较宋《营造法式》材份制度规定为大，尤其是明代中后期建筑，更与清制规定接近。如明初的北京故宫神武门城楼的脊檩取值与各金檩径值相等，为 3.84 斗口，挑檐檩略小，为 3.28 斗口；北京社稷坛正殿脊檩、金檩均为 4 斗口，挑檐檩为 3.6 斗口，已较宋材份制规定为大；至明中期，北京太庙诸殿檩径均达 4.2 斗口左右；而明代后期所建的北京故宫保和殿、协和门等建筑的檩径取值更是在 4.7 斗口与 4.4 斗口左右；由此可见明代建筑檩径取值虽在绝对数值上与宋、清实例差距不大，但从合斗口数值上看，明代远大于宋制规定，而接近或等于清代斗口制所定之值。因此，从明代大木构件梁、枋、柱、檩等的截面取值及比例、构造均接近或等于清代斗口制规定上看，明代已采用了斗口制。

综上所述，在明代，尤其中后期的建筑中已建立并采用了斗口制。这种新的建筑模数制更利于简化计算，加快工程进度，是当时条件下来自工程实践的最经济、最有效的办法，因而得以广泛推广与发展。而采用斗口制也可谓是顺应木架建筑模数制向标准化、简便化发展的一种革新，是明代在大木作技术上最重要的变化。明代斗口模数制在初定雏形时等级划分较细而不够明显，但随着木架建筑模数制向标准化、简便化发展，以及采用斗口制的条件日臻成熟，最终奠定了斗口制向清代的顺利过渡，以致成为清工部官方采用的规范建筑模数制度。

第二章　大木构架的类型与特点

第二章　大木构架的类型与特点

明代官式建筑的大木构架类型总体上仍承袭宋《营造法式》制度，殿阁式、厅堂式、柱梁作仍为其基本结构形式[1]。但随着明代大木作技术的发展及构架形式的演变，这三种结构形式也不同程度地产生一些变化。

2.1　殿堂结构形式

从构造上说，殿堂式属层叠构架，是由柱框层、铺作层、屋盖层依次相叠而成。其主要特征是每层自成整体构造，上下重叠。在唐宋时期，殿阁式构架的三层木框架之间虽互有联系，但整体性并不强。整个构架在纵向刚度和稳定性方面较好；而横向方面因梁柱间需依靠斗栱叠架，不能直接结合，相较而言刚度和稳定性较差。由于大梁和柱子形成的框架是影响整个建筑横向刚度与稳定性的关键，加强这两个框架的联系不但有利，而且势在必行，因此明代殿堂建筑在继承宋代结构形式的同时，着重加强了这部分构架的联系。

明代柱框层作为独立的构架系统，除了与过去柱列整齐、柱高一致的特点相符之外，在柱与柱之间还增加了纵横随梁枋、大小额枋等联系构件，以加强柱框层自身联系。斗栱层则变化较大，尺度、大小及构造方式均有改变。明代斗栱等级较宋制下降了 4~5 个等级，因此斗栱层高度占整个构架高度的比例也由宋金时期的 30% 左右降至 15% 以下。构造上则以梁头直接伸出承檩，使柱头科传递荷载方式变为更直接的竖向正心传递；平身科平置后尾的出现及其数量骤增，大大加强了上部的檐檩与下部额枋间的联系；副阶中大量运用的溜金斗栱也加强了檐步与主体框架间的联系。

屋盖层是组成屋顶的主要结构部分，因室内设平棋（綦）、藻井等天花而被分为明、草二架。明架部分主要以联系构件为主，如柱头间常联以纵横随梁枋、穿插枋等，这在北京故宫神武门城楼、明长陵祾恩殿、北京故宫保和殿等建筑中均有体现；并且明架中有明

1　潘谷西《〈营造法式〉初探（二）》，《南京工学院学报》1981 年第 2 期。

确的斗栱分槽。草架部分则是屋顶主要结构部分。明代殿堂建筑屋顶草架结构形式在主体沿用规整的叠梁构架的同时，在明代中后期的殿堂建筑中加入厅堂做法，表现为殿堂的厅堂化趋势。

明代重要殿堂建筑的明架大多分槽明确，草架仍多沿用叠梁构架形式，如北京故宫神武门城楼、明长陵祾恩殿、北京太庙诸座殿宇、北京历代帝王庙大殿等。唯梁柱交接部位较以往有所简化，以梁头直接伸出承檩代替斗栱承托梁栿构造；梁下也以隐刻柁墩的垫木代替十字科下垫驼峰式样等。但在另一些殿堂建筑中，则出现了将厅堂式构架用于殿堂建筑之例。如明初的青海乐都瞿昙寺隆国殿、明中期的北京法海寺大殿及北京先农坛庆成宫前后二殿，均为规格、等级较高的庑殿顶殿堂建筑采用内金柱升高的厅堂式构架做法，天花梁枋则插入金柱内（见图 2–1）。至明代中后期，在一些大型殿阁建筑中，虽明架完整、美观，但室内并无斗栱分槽，上层草架中的童柱直接立于下层内柱柱头上，中间无斗栱垫托。因此，内柱与檐柱相差斗栱层的高度。同时，草架中也出现了一些变通做法，如用里围金柱之上童柱接梁，或七架、九架梁以插金做法等类似于厅堂做法的方式取代叠梁构架，以此缩短梁跨，减轻梁栿自重。典型实例如故宫保和殿，该殿在其天花草架上的九架梁即采用插金做法，即将前檐童柱立于梁上，后檐童柱立于内金柱上（见图 2–2）；中和殿草架则用直接立于内金柱上的童柱承托太平梁和顺扒梁，其余的单步梁、双步梁[2]、三步梁均插在童柱之中（见图 2–3）。这些灵活变通措施的采用，使明代大型殿阁建筑在创造宏大、轩敞的建筑效果的同时节省了用料，减轻了屋盖层的自重，而且加强了自身结构的整体联系。因此清代初期的殿阁建筑也沿用了这些做法，并有所发展。如重建于清康熙年间的北京故宫太和殿，在草架层用金柱之上接童柱承梁时，其柱头竟有叉柱造痕迹，更是将楼阁式做法借鉴于殿阁建筑之中了[3]。可见从明代初期开始，殿堂建筑一方面采用分槽明确的传统殿堂式构架，另一方面又根据实际情况进行变通，将厅堂式构架活用于殿堂建筑之中，加强了构架间的整体联系，使建筑构架向整体化方向发展迈进了一大步。

归纳起来，明代殿堂式构架主要有以下几种构架类型：

（1）殿身双槽加副阶周匝（或前后廊）的重檐大木构架

实例：昌平明长陵祾恩殿、湖北武当山紫霄宫大殿、北京历代帝王庙正殿等（见图 2–4）。

特点：殿身四柱等高，下檐廊步一架。室内明架部分以纵横随梁枋、额枋联系，草架部分构架规整，有标准叠梁式构架，如北京历代帝王庙正殿，亦有在内柱柱头斗栱上立童柱，上承五架或七架

2　单步梁、双步梁的名称在明初建造的青海乐都瞿昙寺隆国殿上檐草架题记中已出现，本文此处明代大木构架名称亦采用之。

3　于倬云《故宫三大殿》，《故宫博物院院刊》1960 年第 2 期。

梁，前后单步、双步、三步梁插入童柱柱身，类似厅堂构架的插金做法。且明构中此类型实例最多，清初的北京故宫午门城楼正殿、端门城楼及太和殿等大殿草架亦为此类结构形式，仅细部构造做法与明构略异。

（2）殿身十一檩分心槽，前后用三柱

实例：北京太庙正殿、戟门、二殿、三殿（见图 2-5），北京天坛祈年门等。

特点：殿身三柱分心槽，屋内构架规整，三、五、七、九架梁

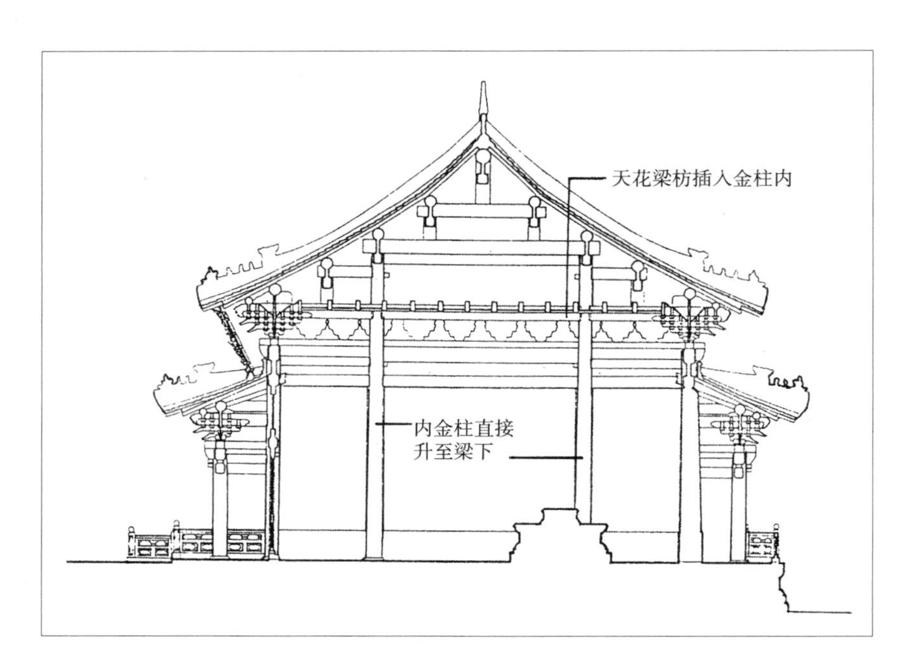

图2-1　青海乐都瞿昙寺隆国殿横剖面图（选自天津大学建筑学院测绘图）——庑殿顶殿堂采用内金柱升高的厅堂式做法

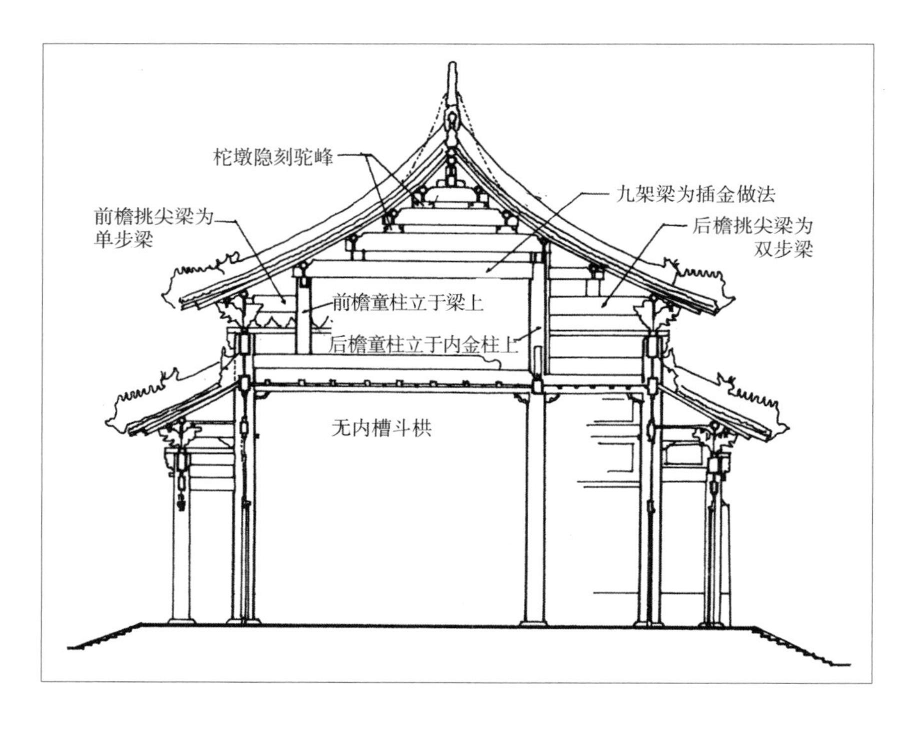

图2-2　北京故宫保和殿横剖面图（选自于倬云《故宫三大殿》，《故宫博物院院刊》1960年第2期）

依次叠置，如太庙戟门、二殿、三殿及天坛祈年门。太庙正殿因殿身十一檩，规模较大，故此在七架梁下支童柱，立于十一架梁背，前后单步梁插于童柱中。中柱斗栱上以贯通明间及各次间的顺梁支托十一架梁。另外，从太庙二殿、三殿横剖面上看，殿阁的草架与明架分层明确，并各具独立性。山面中间的两根檐柱是为了减小跨度、增加支点而设，与草架部分的梁架并不对应。

（3）殿身七檩通檐用二柱，廊步一架

实例：北京故宫神武门（见图 2-6）、东华门、西华门城楼等。

特点：殿身通檐二柱，梁架规整，三、五、七架梁依次叠架；周围副阶周匝。

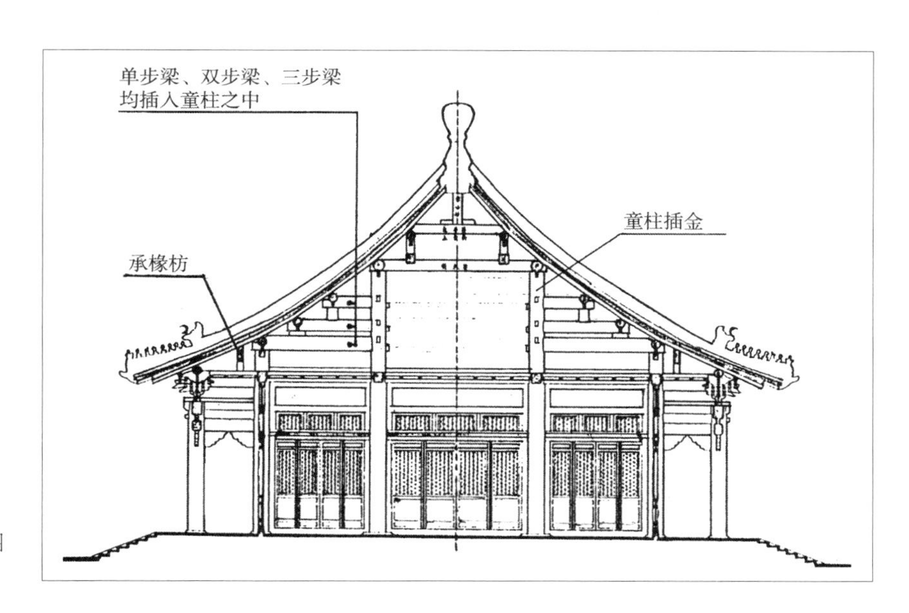

图2-3　北京故宫中和殿剖面图（选自中国营造学社测绘图）

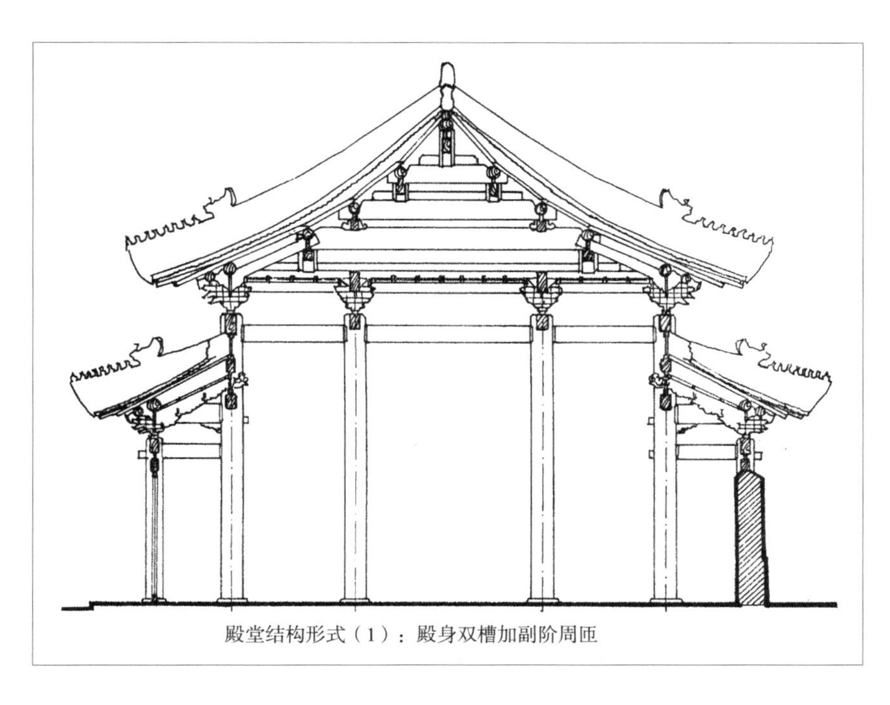

图2-4　北京历代帝王庙正殿横剖面图（选自汤崇平《历代帝王庙大殿构造》，《古建园林技术》1992年第1期）

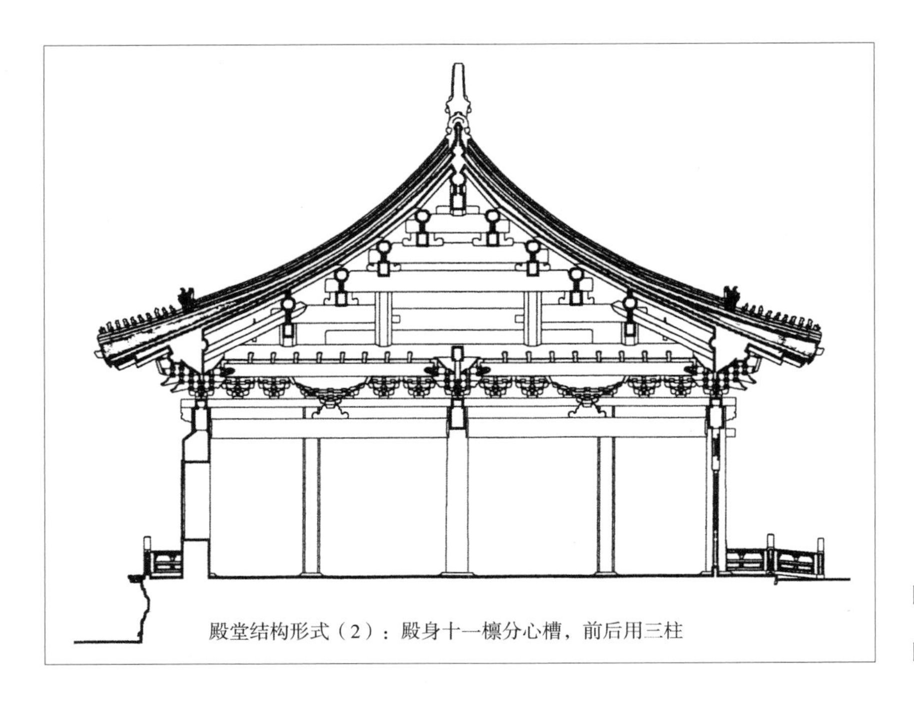

图2-5　北京太庙三殿横剖面图（选自天津大学建筑学院测绘图）

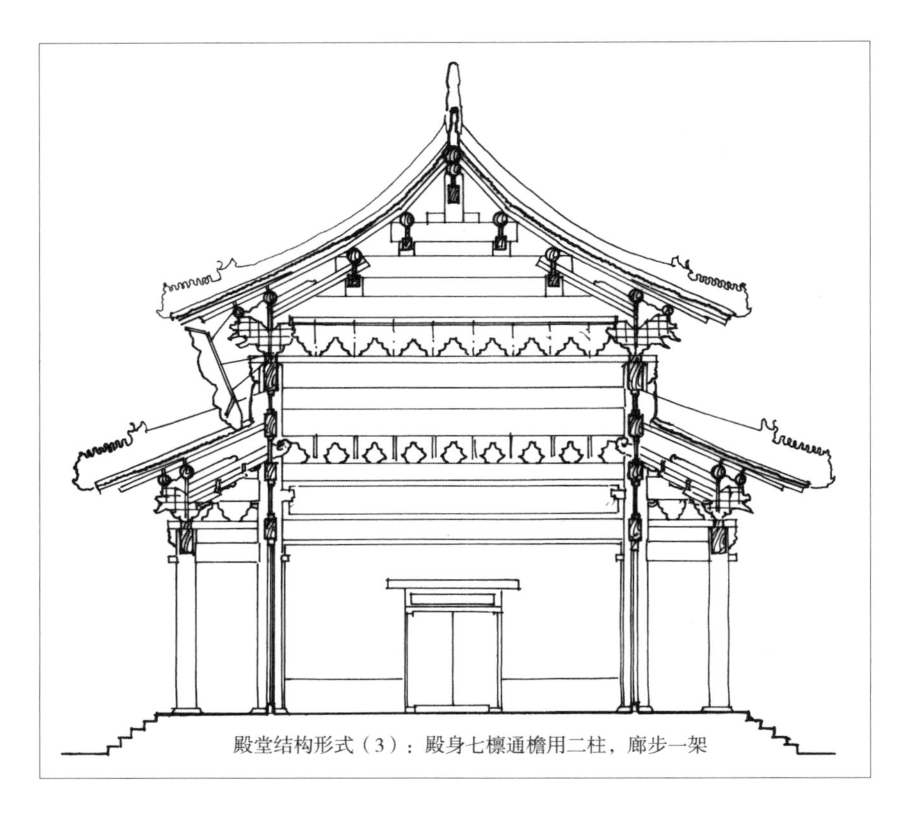

图2-6　北京故宫神武门城楼横剖面图（选自中国营造学社测绘图）

（4）重檐构架，通檐无内柱

实例：湖北武当山金殿（仿木构铜殿）、北京太庙宰牲所正殿。

特点：室内无内柱，上檐金柱落于抹角梁及挑尖梁上。

（5）殿堂的厅堂化做法

实例：青海乐都瞿昙寺隆国殿，北京法海寺大殿，北京先农坛庆成宫前、后殿，北京故宫中和殿、保和殿等。（参见图 2-1~ 图 2-3）。

特点：以上实例均为内柱升高之殿堂的厅堂化做法。除青海乐都瞿昙寺隆国殿室内金柱升高，柱头斗栱为插栱形式入柱形成内槽斗栱外，其余建筑室内金柱柱头上均不施斗栱或仅为十字科承梁，并无斗栱分槽，构成天花、藻井之枋、梁亦多直接插入内柱柱身。由于上下贯通，因此构架整体性较好。在保证了殿堂建筑室内空间的完整及富丽辉煌之室内气氛的同时，利用厅堂做法的结构优势，简化了做法，减小了梁架跨度与构架自重。

明代殿堂式构架类型，见附录 1 图版一（一）。

2.2 厅堂结构形式

厅堂式在构造上属混合整体构架，它是以柱梁作结构体系为基础，吸收殿阁式加工、装饰手法形成的。厅堂式构架为彻上明造，内柱可直接升高到梁下与梁联系。因此，在建筑室内空间高度上有较大自由。由于构造简洁、稳固，比殿阁式构架更加灵活多样，因此厅堂结构形式在明代适用范围更加拓展，不仅在三～七开间的单檐建筑中很常见，而且在等级较高的重檐殿堂之中也有运用。

明代的厅堂式构架在原有基础上加入了随梁枋、穿插枋等构件，屋架上取消了叉手、托脚，简化了驼峰式样，代之以梁栿端头直接承檩、梁下垫以驼峰或隐刻驼峰式样的柁墩及童柱样式。另外，明代在大木结构去繁就简的同时，更注重各部分间的联系，如在各层檩下设置檩下斗栱，在大梁与随梁枋间设隔架科，以溜金斗栱联系檐步、金步等。由于大木加工细致、构件结合紧密，加之注重装饰细节的刻画，因此明代厅堂式大木构架在追求简洁实用的同时，也增加了室内空间的艺术欣赏价值。

厅堂式构架在明以前由于等级稍低于殿阁式而多用于规模稍逊的中小型建筑中。至明代，厅堂式构架则以其整体性好、适应性广，适用范围得以拓展，在一些重要的宫殿、坛庙建筑中频繁使用。如建于明初的北京社稷坛正殿与前殿，明中期的北京先农坛太岁殿、拜殿等均采用彻上明造的厅堂式构架。一些中小型宫殿建筑更是多使用厅堂式构架，如北京故宫东、西六宫之钟粹宫、储秀宫（现有天花为清代修葺时后加[4]）等。说明在明代，厅堂式构架与殿阁式构架的等级划分已不若过去严格，大型殿堂建筑中也不乏采用厅堂构架之例。由于厅堂式构架整体性好，与明代大木构架向整体化发展趋势相一致，因而在明代得以广泛运用。并大致有如下类型：

4 参见郑连章《钟粹宫明代早期旋子彩画》,《故宫博物院院刊》1984 年第 4 期。

（1）五架或七架梁前后出单、双、三步梁，四柱构架前后对称

实例：北京社稷坛正殿、北京先农坛太岁殿（见图 2-7）、北京故宫钟粹宫等。

特点：构架规整，前后对称，是常见的施用等级较高的厅堂结构形式。另外，由于明代厅堂构架常可用于较高等级殿堂之中，因此常在室内设天花、藻井以适应要求，这就出现了设天花的厅堂构架，如北京法海寺大殿、苏州府文庙大成殿等。其中，后者作为重檐庑殿建筑，殿身构架形式基本与法海寺大殿相同，唯正面明间前金柱不落地，而是立于下檐伸至内金柱的梁背上（见图 2-8），做法类似宋构山西晋祠圣母殿。

（2）五或七架梁前后出单、双步梁，省去一排内金柱

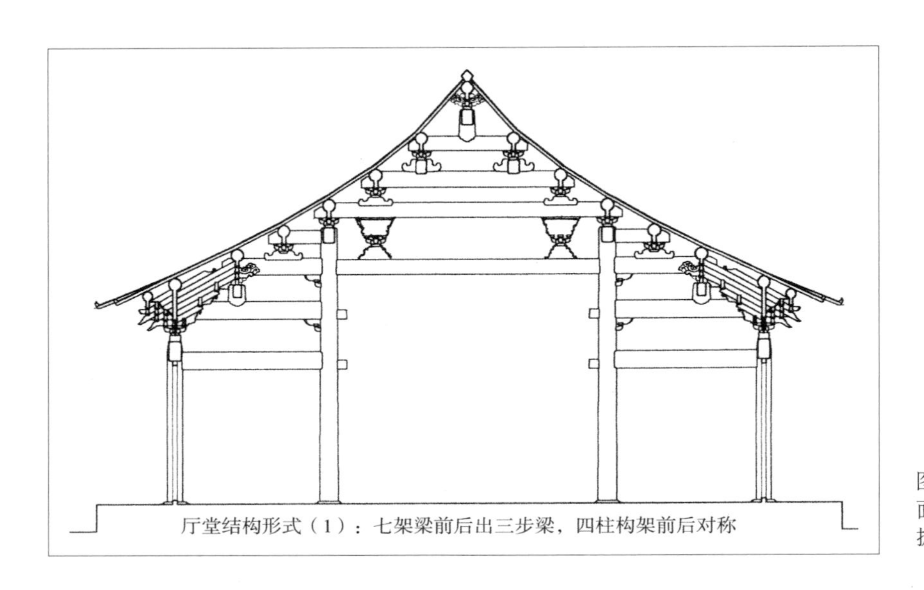

图2-7　北京先农坛太岁殿横剖面图（根据北京古建公司提供数据绘制）

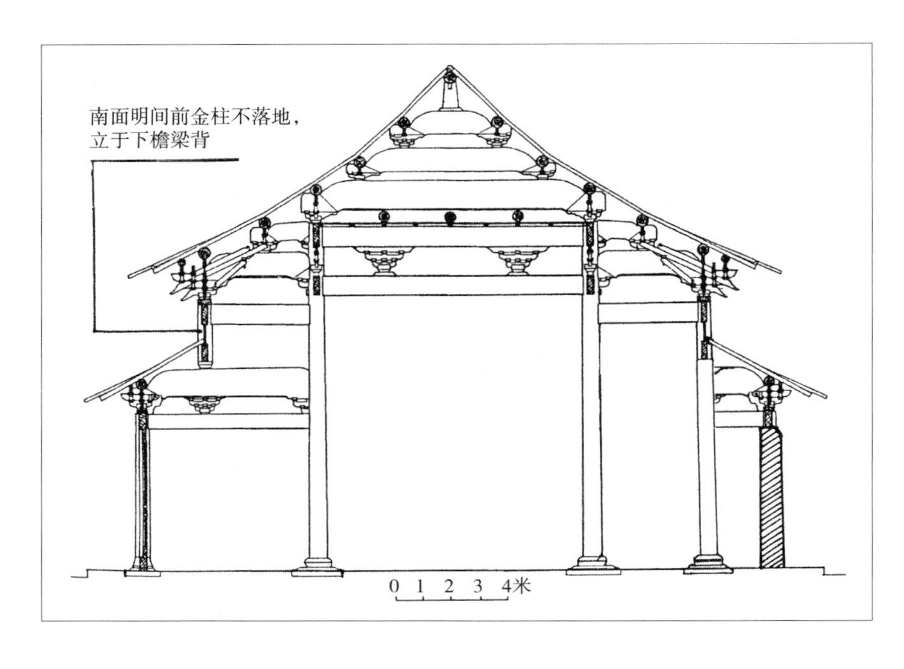

图2-8 苏州文庙大成殿横剖面图［据《营造法原》（第二版）图版二十六绘制］

实例：北京社稷坛前殿、北京先农坛拜殿（见图 2–9）、北京智化寺智化殿等。

特点：平面为二进、三列柱，剖面形式上可以是双步梁对六架梁，如社稷坛前殿、先农坛拜殿等；也可以是单步梁对八架梁（前檐柱与后金柱间用大梁，梁后端加大合踏两重），如北京智化寺智化殿等，平面布置较为自由。

（3）通檐用二柱

实例：北京先农坛具服殿（见图 2–10）、北京天坛皇穹宇配殿等。

特点：抬梁构架规整，一般建筑规模中等，梁跨不大。

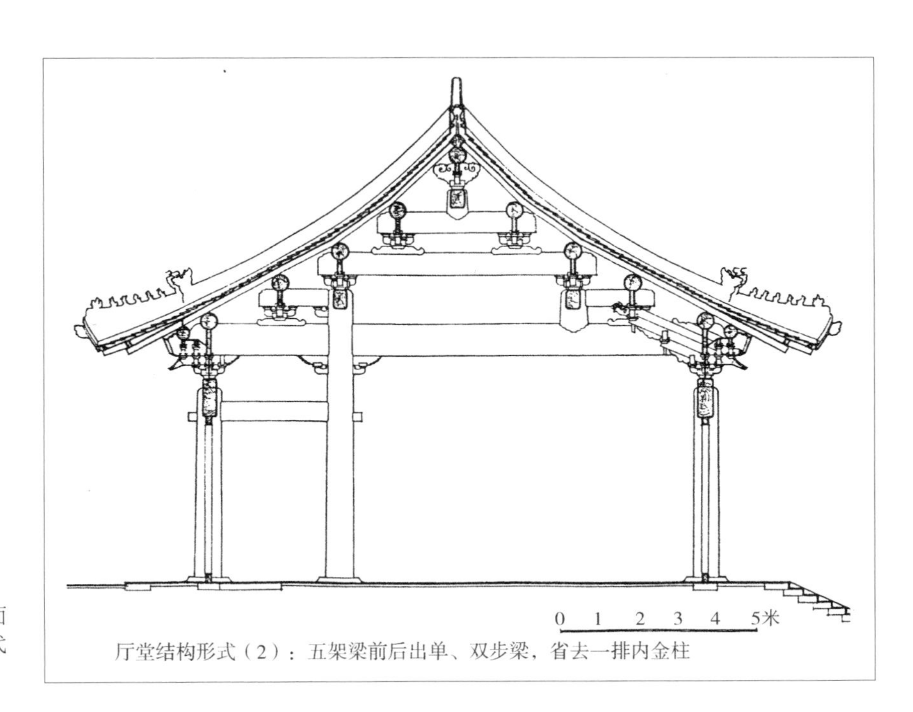

厅堂结构形式（2）：五架梁前后出单、双步梁，省去一排内金柱

图2–9　北京先农坛拜殿横剖面图（选自潘谷西主编《中国古代建筑史 第四卷 元、明建筑》）

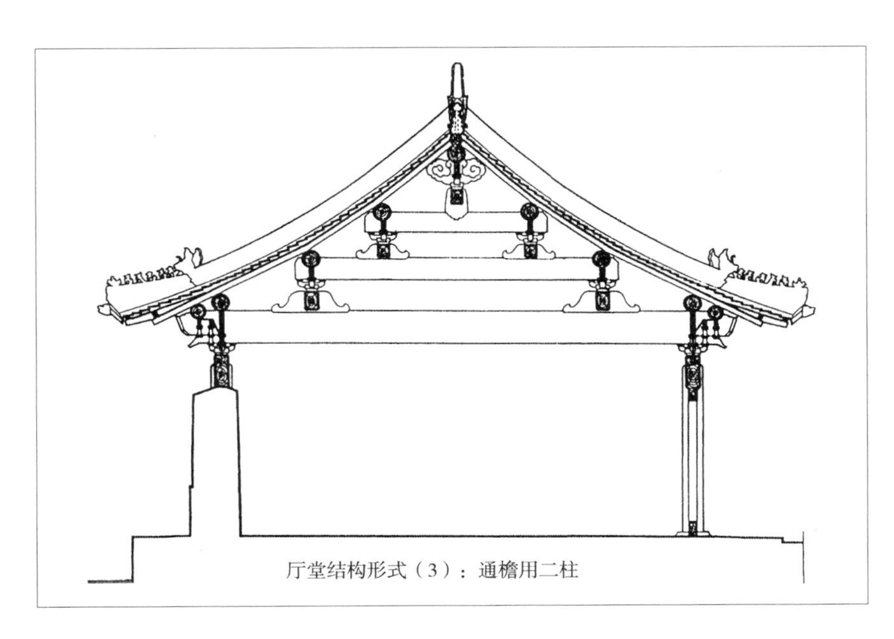

厅堂结构形式（3）：通檐用二柱

图2–10　北京先农坛具服殿剖面图（选自潘谷西主编《中国古代建筑史 第四卷 元、明建筑》）

（4）分心用三柱

实例：北京故宫协和门、北京智化寺智化门等（见图 2–11）。

特点：多用于门屋。中柱升高至脊檩下，前后单步、双步、三步梁插入中柱，梁底以插栱承托。

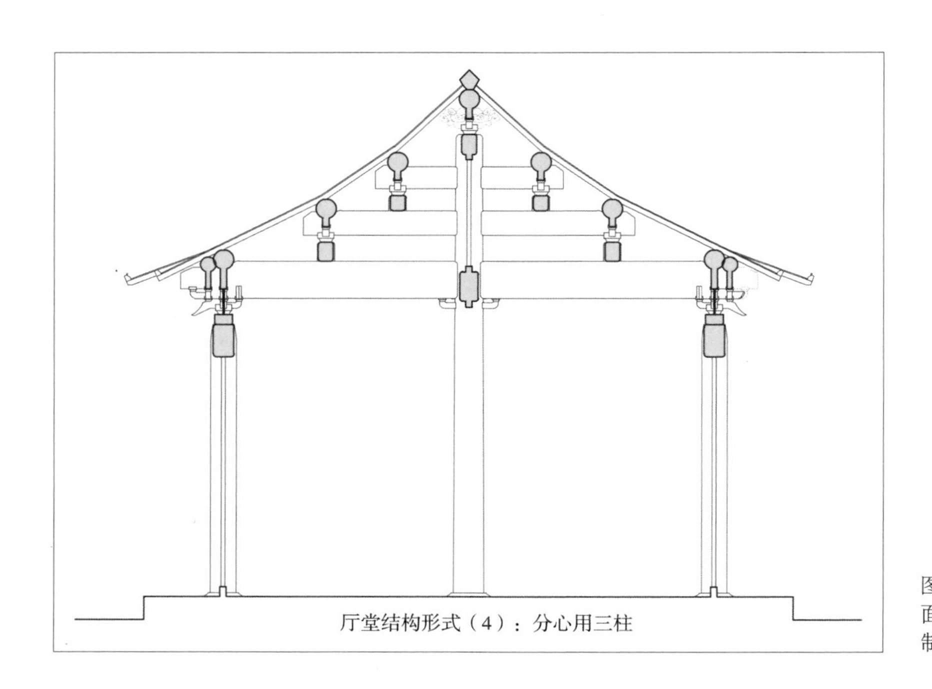

图2–11　北京智化寺智化门横剖面图（根据基泰工程司设计图绘制）

明代厅堂式构架类型表，见附录 1 图版一（二）。

2.3　柱梁结构形式

作为整体构架的柱梁结构形式，由于柱与梁直接结合，不用斗栱或仅用简单的一斗三升、单斗只替等，不能承托深远出檐，因而在明代及以前都大量用于次要屋宇中，建筑规格与等级较低。北京先农坛太岁殿两庑及太庙、社稷坛等各坛庙之神厨、神库建筑亦多属此类构架的悬山建筑。但是，由于柱梁结构形式节点交接明确，做法简洁实用，因此不仅次要建筑中大量使用，而且在殿阁草架上也渐趋多见。如在北京智化寺万佛阁，故宫神武门城楼，太庙正殿、二殿、三殿及戟门的草架中均采用了这种简洁有效的结构形式（参见图 2–5、2–6）。

柱梁结构形式大致有以下几类：

（1）五架、七架梁，前后出单步梁

实例：北京先农坛神厨正殿等（见图 2–12）。

（2）七架插梁对单、双步梁

实例：北京天坛北神厨正殿及东西配殿、北京先农坛太岁殿配

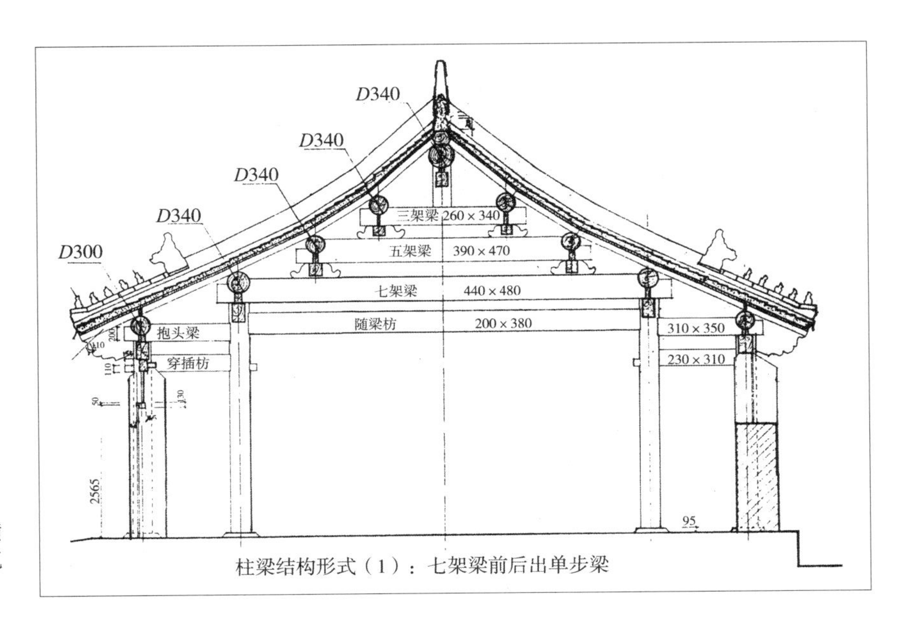

图2–12　北京先农坛神厨正殿横剖面图（选自北京建筑大学建筑系测绘图）

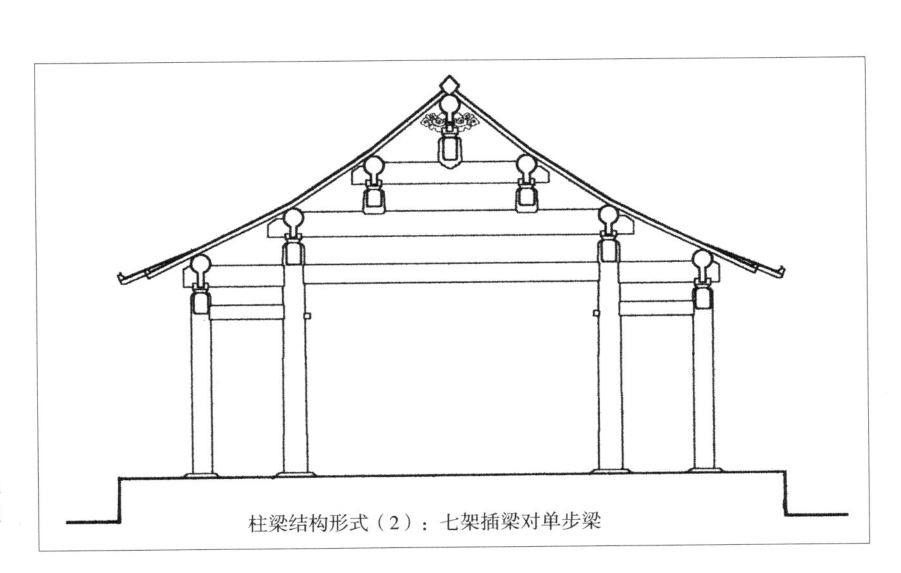

图2–13　北京先农坛太岁殿配殿横剖面图（根据北京古建公司提供数据绘制）

殿等（见图 2–13）。

特点：承五架梁的后金柱落地，后檐单、双步梁及前檐五、七架插梁入后金柱，省去前金柱；明、次间进深用三柱，山面仍用四柱落地。

（3）通檐用二柱的抬梁构架

实例：北京先农坛神仓旗纛庙，宰牲亭及神厨东、西配殿（见图 2–14），庆成宫东西庑等。

（4）中柱落地式构架

实例：山东曲阜孔府大门（见图 2–15）、内宅门。

特点：均为三间五檩悬山顶、中柱落地，柱顶直接承脊檩或以一斗三升云栱承脊檩。檐部常施一斗三升的简单斗栱，金柱上则为

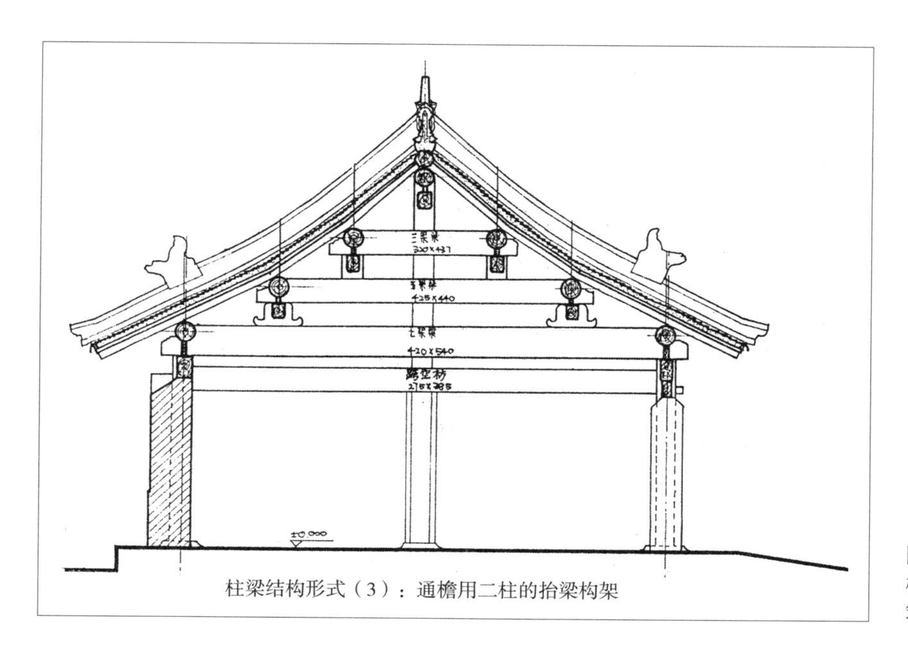

柱梁结构形式（3）：通檐用二柱的抬梁构架

图2-14　北京先农坛神厨东配殿横剖面图（选自北京建筑大学建筑系测绘图）

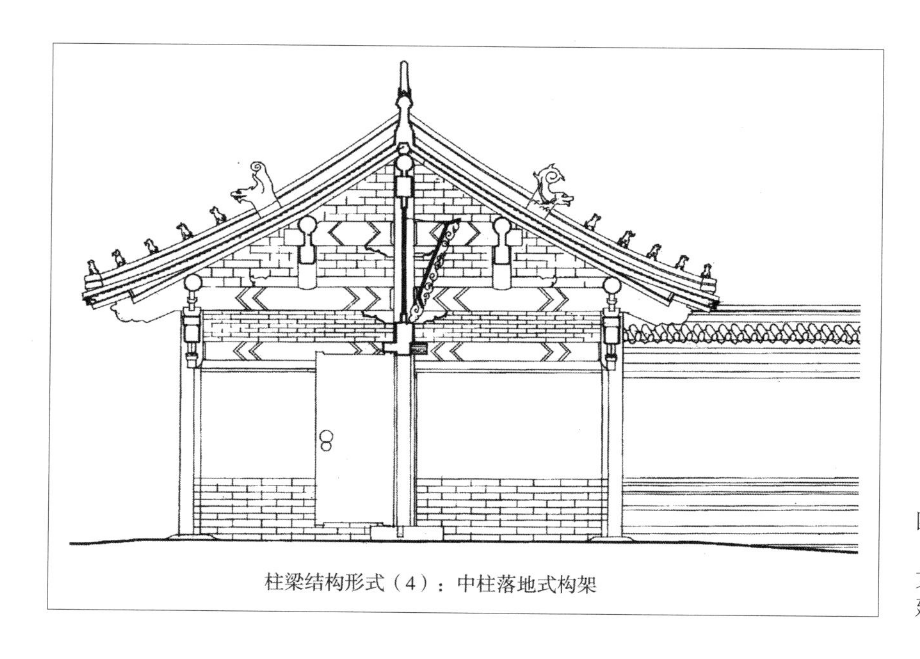

柱梁结构形式（4）：中柱落地式构架

图2-15　曲阜孔府大门横剖面图（选自南京工学院建筑系、曲阜文物管理委员会合著《曲阜孔庙建筑》）

柱梁直接相交。

明代柱梁作构架类型表，见附录 1 图版一（三）。

2.4　楼阁结构形式

楼阁结构形式在宋以前为层叠式构架，属殿阁式构架范畴。一座二层楼阁结构层次从上而下依次为：屋盖梁架→上檐铺作→上层柱框→平坐铺作（上铺楼面板）→平坐柱框→下檐铺作（缠腰或腰檐）→下层柱框，如建造三层以上楼阁，每增一个楼面，就增加四个结构层。到宋代，在《营造法式》中出现厅堂结构形式建造的多层楼阁，如河北正定隆兴寺转轮藏殿及定兴慈云阁即是。这两座楼阁虽设平坐可供登临，但室内并无暗层，而是升高底层室内空间，并加以充分利用（见图 2-16）。这一点比层叠式构架不利用暗层空间的做法要经济一些。由于内柱升高至楼板面（如转轮藏殿）或直通至屋顶栿槫之下（如慈云阁），使木构架整体性得到加强，因此这个结构为明代楼阁建筑所采纳，成为明代楼阁结构形式的前身。

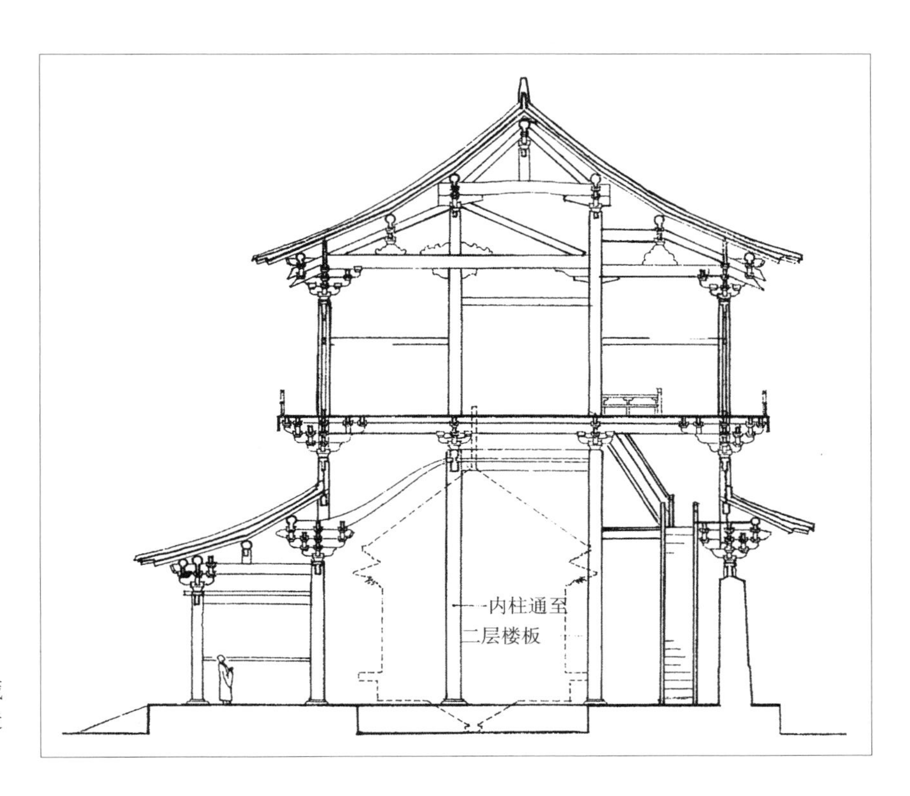

图2-16　河北正定隆兴寺转轮藏殿剖面图（选自潘谷西《〈营造法式〉初探（二）》）

由于顺应明代大木构架的整体化发展，通柱式做法因能够有效加强楼阁构架的整体刚性，因而在明初即开始出现并运用于官式建筑之中，并根据实际使用的需要，或在阁内置楼板以供登临，或中置佛像成中空周围廊形式。顶部梁架则根据建筑物的重要程度，或采用殿阁式层叠构架，或采用厅堂式混合构架乃至柱梁作构架，并且都取消了暗层做法。经过明代的不断演变，形成了以下五种形式。

2.4.1　基本类型

（1）上厅下殿式

实例：山东曲阜孔庙奎文阁（见图 2-17）。

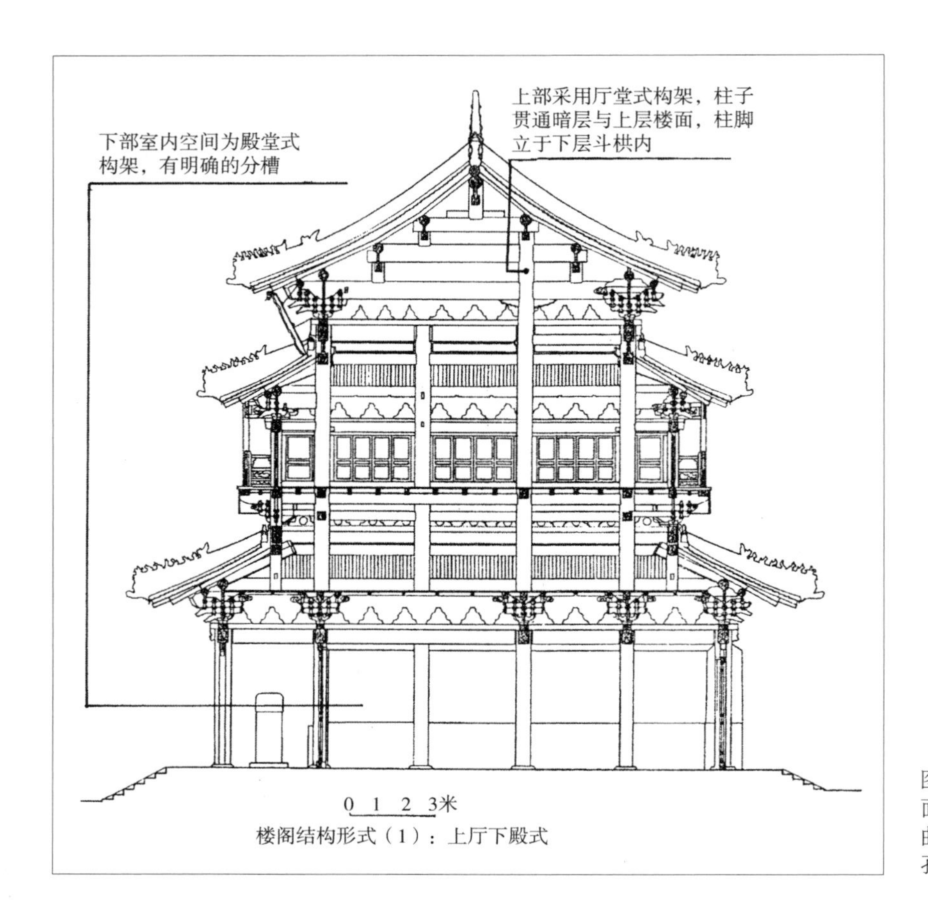

图2-17　山东曲阜孔庙奎文阁剖面图（选自南京工学院建筑系、曲阜文物管理委员会合著《曲阜孔庙建筑》）

特点：因受功能要求限制，下部作为举行典礼仪式的场所，上部藏书而成上厅（堂）下殿（阁）式。虽然未采用通柱式构架，但上部柱子均贯通暗层与上层楼面。

（2）殿阁式屋架，通檐用二柱

实例：北京智化寺万佛阁（见图 2-18），智化寺钟楼、鼓楼，青海乐都瞿昙寺大鼓楼等。

特点：屋架规整，三、五、七架梁依次叠架，在等级较高的建筑中，上层屋架常设藻井。通檐用二柱，并直贯二层落地。下设廊步一步架。

实例中均不设暗层。平坐做法也各不相同。常在上下层间安置承重梁承托楼板，承重梁向外延伸挑出为平坐，如瞿昙寺大鼓楼。但智化寺钟楼、鼓楼不设外挑平坐，而仅以丁头栱出挑，外挂雁翅板，形成假平坐形象。智化寺万佛阁则在下层周围加外廊，在廊步之单步梁背又栽童柱，柱伸出廊上屋盖承上层挑出的平坐。这一形式使平坐在室内所占空间极少，不形成平坐暗层。

（3）上檐厅堂构架，四柱落地，重檐三滴水

实例：西安钟楼、鼓楼（见图 2-19）。

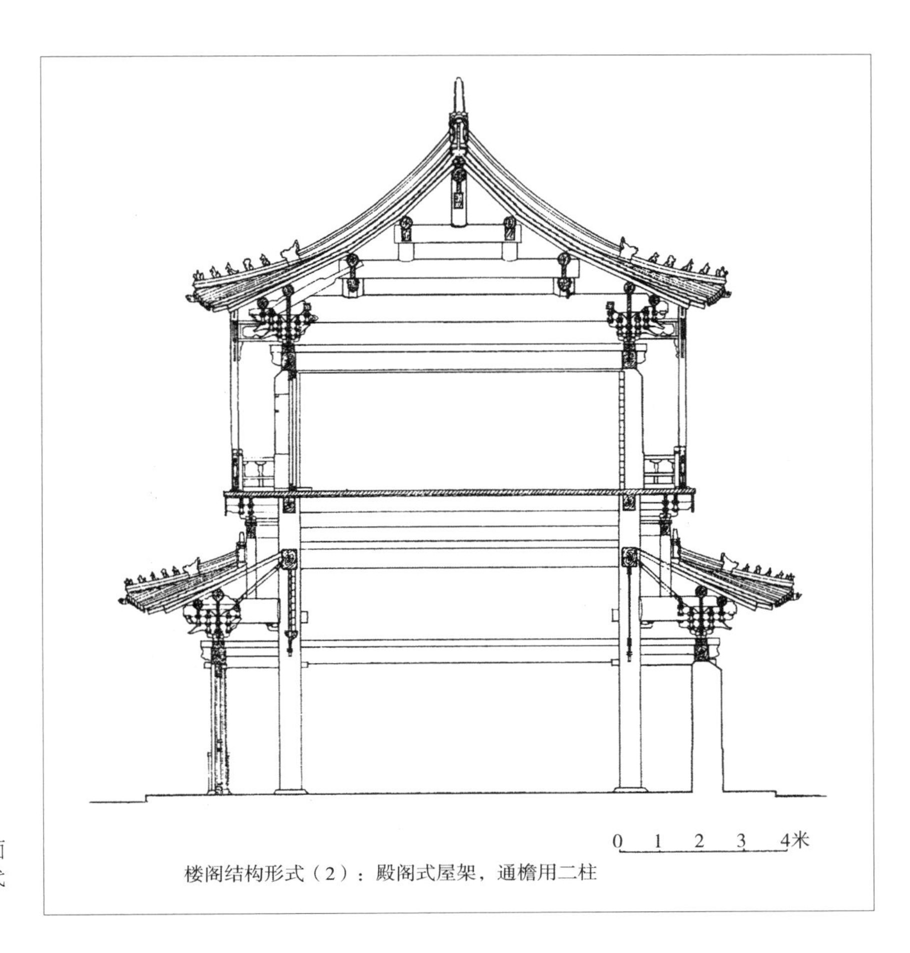

图2-18　北京智化寺万佛阁剖面图（选自潘谷西主编《中国古代建筑史 第四卷 元、明建筑》）

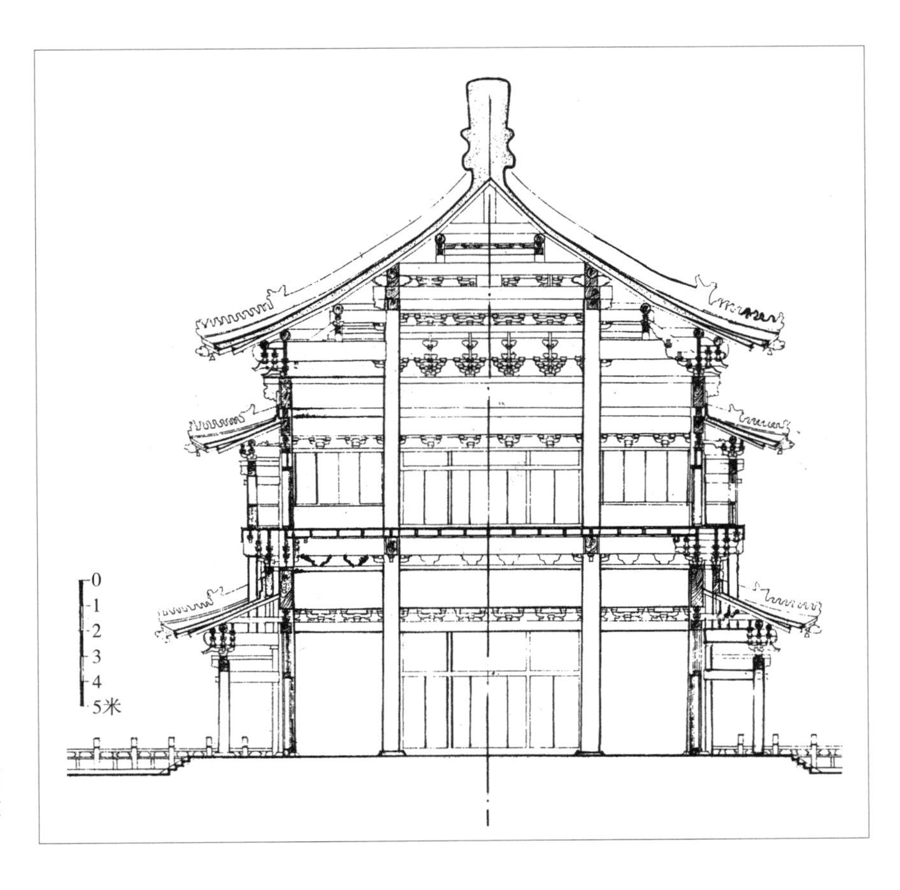

图2-19（1）　西安钟楼剖面图（选自赵立瀛主编《陕西古建筑》）

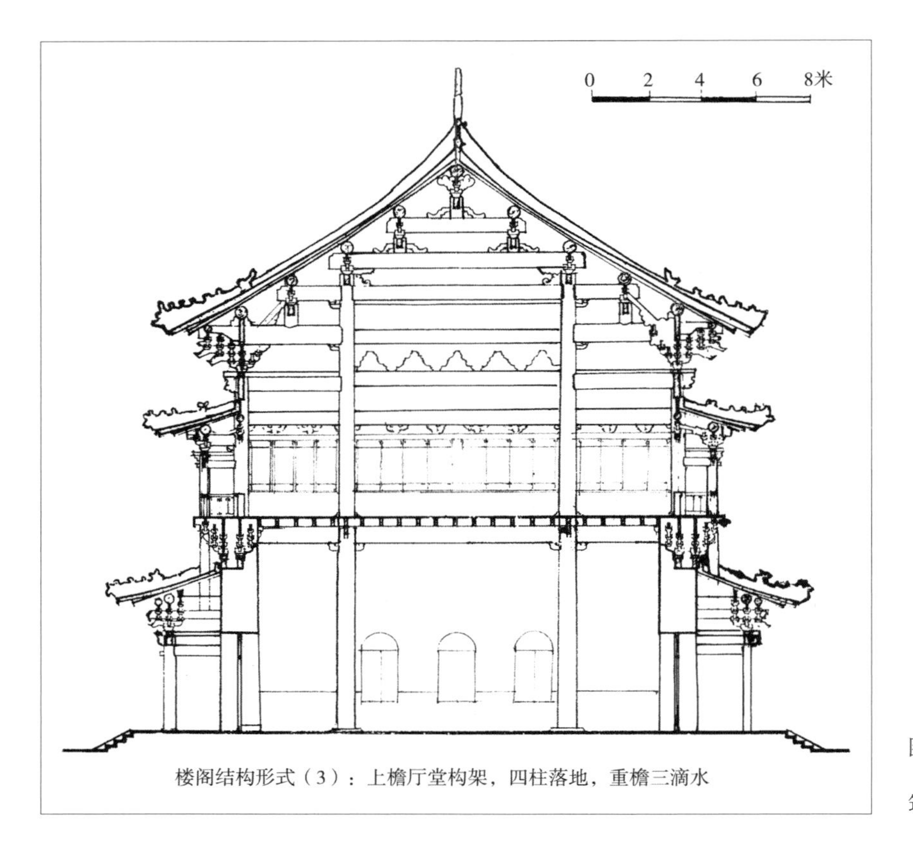

楼阁结构形式（3）：上檐厅堂构架，四柱落地，重檐三滴水

图2-19（2） 西安鼓楼剖面图（选自赵立瀛主编《陕西古建筑》）

特点：鼓楼为七开间三重檐歇山顶，上檐构架为厅堂式彻上明造，内金柱承五架梁，前后出单、双步梁。钟楼为方形四角攒尖顶，上檐也是厅堂式构架，以内金柱顶承太平梁与抹角梁，其余单、双步梁均插入柱身。二楼均在上下层间安承重梁承楼板，承重梁延伸外挑承平坐，下檐廊步单步梁上又以童柱伸出屋面承出挑平坐，平坐外檐柱在角部向下延伸，也立于廊步单步梁背上。室内同样不设暗层，与立面表现不同。

（4）上檐柱梁式构架，上层内柱落地

实例：青海乐都瞿昙寺小鼓楼（见图 2-20）。

特点：上檐内柱贯通二层落地，两端承五架梁，前后承单步梁的檐柱并不落地，而是立于下檐廊步挑尖梁背上，梁架各节点为柱梁直接相交。

（5）中柱通柱式、重檐三滴水

实例：西安东门城楼、箭楼（见图 2-21）。

特点：屋架基本为殿阁式构架，无暗层，但上下金柱分开，上层金柱落于下层柱头斗栱之上。明间无中柱，次间设中柱，并升至五架梁底。

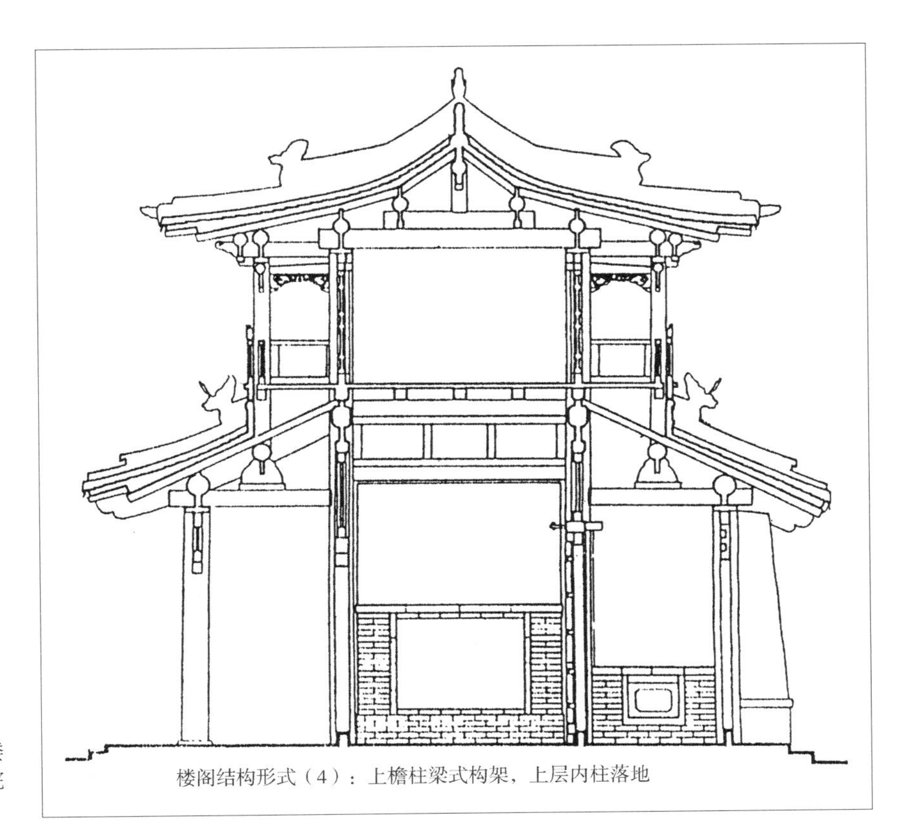

楼阁结构形式（4）：上檐柱梁式构架，上层内柱落地

图2-20　青海乐都瞿昙寺小鼓楼剖面图（选自天津大学建筑学院测绘图）

图2-21　西安东门城楼剖面图（选自赵立瀛主编《陕西古建筑》）

2.4.2 平坐结构

明代楼阁多采用通柱式，取消了暗层空间，因此叉柱造、缠柱造做法均已不用。楼阁平坐主要依靠承重梁的延伸出挑，辅以丁头栱或下檐挑尖梁背的短柱支承来形成。其中，丁头栱出挑承重运用最为普遍，而以立于下檐挑尖梁背的童柱支承平坐做法则是明代的新创造，并且应用较广，在北京智化寺万佛阁、西安钟楼、西安鼓楼、曲阜孔庙奎文阁中均见采用（见图 2–22）。它与宋《营造法式》中永定柱造（见图 2–23）做法颇有相似之处，唯明构童柱并不落地。这种方式使平坐在室内所占空间极小，因此可不形成暗层。伸出的平坐又因增加了竖向支点，受力状况更为合理。

永定柱造在殿堂建筑中也似有应用。明初洪武年间的南京明孝陵明楼中就有地面扁方柱础贴墙而立，其上部伸出形成上檐柱头的做法，由于柱截面仅 400 毫米 ×650 毫米，推测上部应为永定柱造。或许明初多种尝试也为永定柱造的新变化及在楼阁中的应用做了先行的探索。

在立面上看，平坐部分的上层楼面常延伸出来，由平坐斗栱支承，在端部悬挂雁翅板遮挡、美化。

总之，明代楼阁结构形式已不仅仅采用层叠式构架，而将殿阁、厅堂构架及柱梁作做法均引入其中。通柱式做法的运用更加强了楼阁结构的整体性和刚性。但由于受材料长度的限制，明代楼阁多为 2~3 层。

明代楼阁建筑平坐承重结构示意见附录 1 图版九局部。

明代楼阁结构形式类型，见附录 1 图版九 ~ 图版十一。

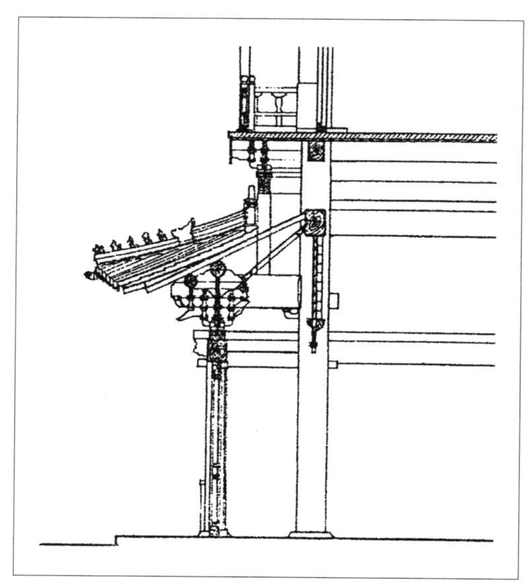

图2–22　明代楼阁建筑平坐承重结构示意图

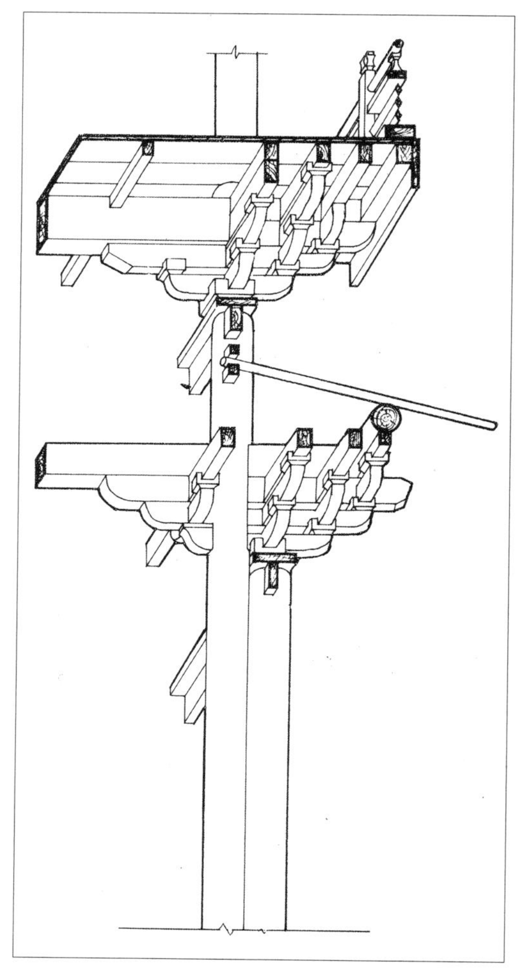

图2–23　宋《营造法式》永定柱造示意图（选自中国科学院自然科学史研究所主编《中国古代建筑技术史》）

第三章　大木构架构成

第三章　大木构架构成

3.1　平面构成

3.1.1　柱网特点

中国古建筑的平面通常表现为纵横成行的柱列。一般在大型官式建筑中，柱列均纵横成行，排列规整。小型建筑由于进深较小，有只用檐柱、不用内柱的情况。随着使用功能的变化，辽代中叶以后就有“减柱平面”出现，金元时期应用已很普遍，即使用大横额等能随宜加减柱子的构架，尽量减去室内木柱或移柱办法来扩大内部空间，打破以“间”为单位的传统方式。这种做法一度成为元代建筑平面的主要形式之一，甚至在一些等级、规格较高的宫殿、坛庙中也常能见到（见图 3–1）。

明代立国之初，由于统治阶级极力标榜自己的正统地位，加之

1　山西繁峙县灵岩寺文殊殿创建于金正隆三年（1158 年），元延祐二年（1315 年）大修。该殿面阔五间，但梢间只及明、次间的一半；进深三间六椽，单檐歇山顶，殿内由额和绰幕共同组成两道室内纵架。省去多根内柱，且内外并不对应，与一般做法迥异。室内四壁满绘壁画，为金大定七年（1167 年）宫廷画师王逵所作，是研究宋金时期宗教、建筑、美术的宝贵资料。（详见国家文物事业管理局主编《中国名胜词典》，上海辞书出版社，1981 年）

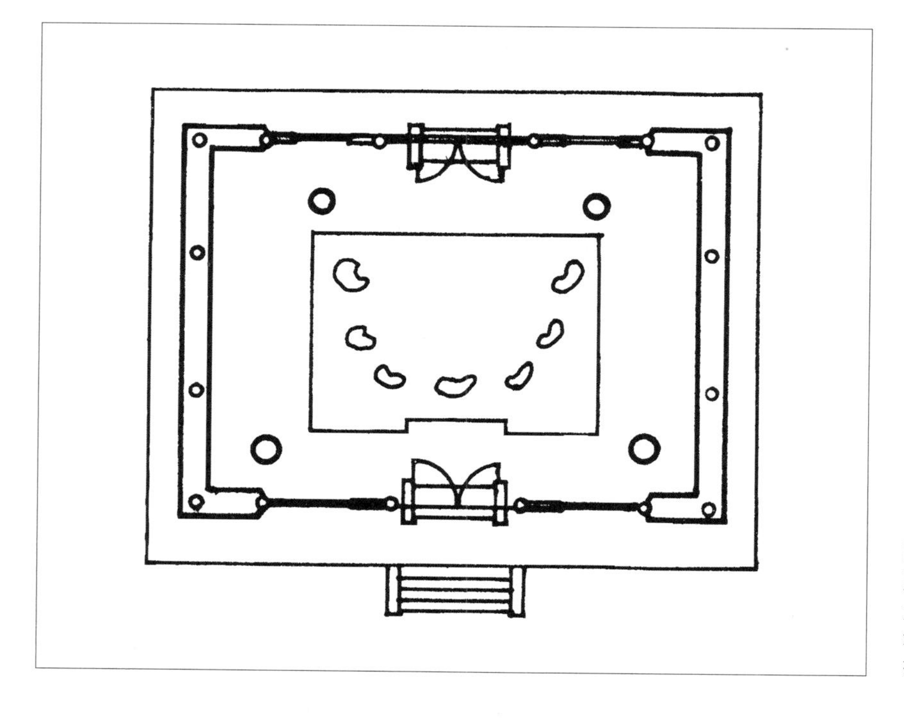

图3–1　山西繁峙县灵岩寺文殊殿[1]平面图［选自张驭寰《山西元代殿堂的大木结构》，载《建筑史专辑》编辑委员会主编《科技史文集（第2辑）》］

社会经济有了迅速发展，国力日昌，并且“明代立国，事事皆上仿唐宋”(《明会典》)，建筑上“诸作皆有制度”，因此在建筑上摒弃了元代那种较随意的风格，而将唐宋时期的规整严谨的平面柱网形式又向前发展。如柱网分布在宋《营造法式》中尚有“随宜加减”之说，间架结构也可灵活运用，而在明代建筑中这种“随宜加减”的平面形式已较少见，通常仅在使用功能、礼仪形式需要时才变通柱网形式。例如在苏州文庙大成殿的柱网平面中，省去了前檐明间的两根金柱(见图3-2)，在外围金柱位置施挑尖梁，梁上自正心檩向内退一廊步架处立童柱直通上檐屋面(参见图2-8)。这种做法使前檐的空间开敞，便于举行祭祀仪式，其空间形式与宋构山西晋祠圣母殿相似。然而在明代的大量官式建筑中，柱网日趋一丝不苟，中规中矩。“四柱一间”是其基本格式，柱网严谨比之唐宋犹有过之。

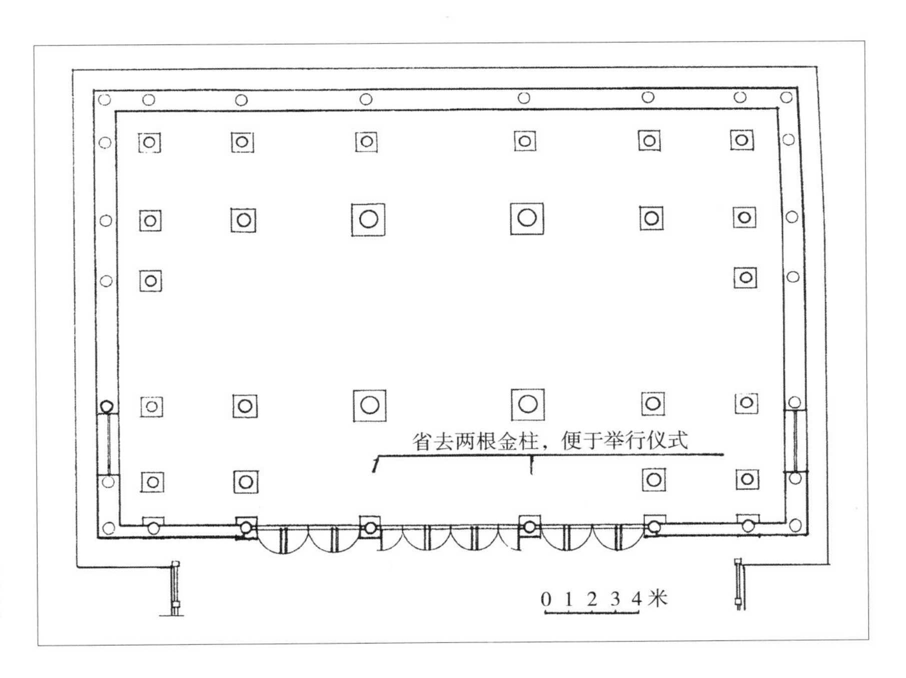

图3-2　苏州文庙大成殿平面图(根据《营造法原》图版二十六绘制)

(1)大额式做法的运用

大额做法在金元时期建筑中运用较多，但并非金元首创。宋《营造法式》中即有“檐额做法”，在卷五大木作二中记有：“檐额，两头并出柱口，其广两材一梨至三材，如殿阁即广三材一梨或加至三材三梨。”可见宋代不仅有大檐额做法，而且能用于等级最高的殿阁式构架中。作为一种有规范可循的大木构架，檐额做法在宋代因应用不广而未见实例。真正得以发展和大量运用是在金元时期[2]。但与这一时期的建筑风格相似，其构架常表现出粗率、随意的特点。明代的大额式做法虽也有运用，但构架整齐，表现在柱网上也很规矩。如北京故宫养心殿正面檐柱上有三根承重大檐额，中央一

2　金元时期建筑采用大额式构架的有山西洪洞县广胜下寺正殿(元构)，山西五台山佛光寺文殊殿(金代)等。

根檐额上平身科有十四整二半之多，两旁两根檐额上亦有十二整二半。檐额两端插入檐柱柱头内，每根额枋下均匀放置三根方檐柱支撑，因此从平面上看仍纵横有序，并未因使用了大檐额而减少或移动柱子。又如北京故宫午门正殿[3]，外观系九间重檐庑殿殿堂，其上檐屋架也是规范的叠梁构架。但这些屋架沿纵向将面阔平均划分为十一等份，这样每一品屋架与纵向额枋下支撑的檐柱就无法一一对应了。午门正殿梁架的荷载传递路径为：屋架→纵向梁架→九开间额枋→檐柱（见图 3-3），是典型的纵架受力体系。然而由于建筑仪式、等级上的需要，其平面柱网仍呈九间五进的规整布局。

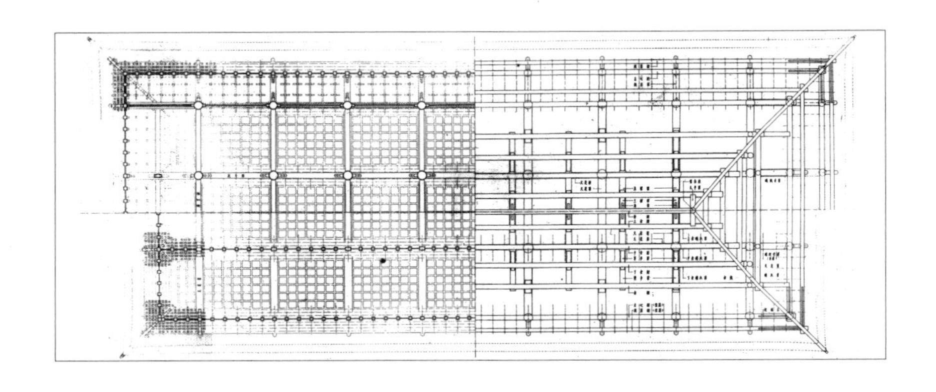

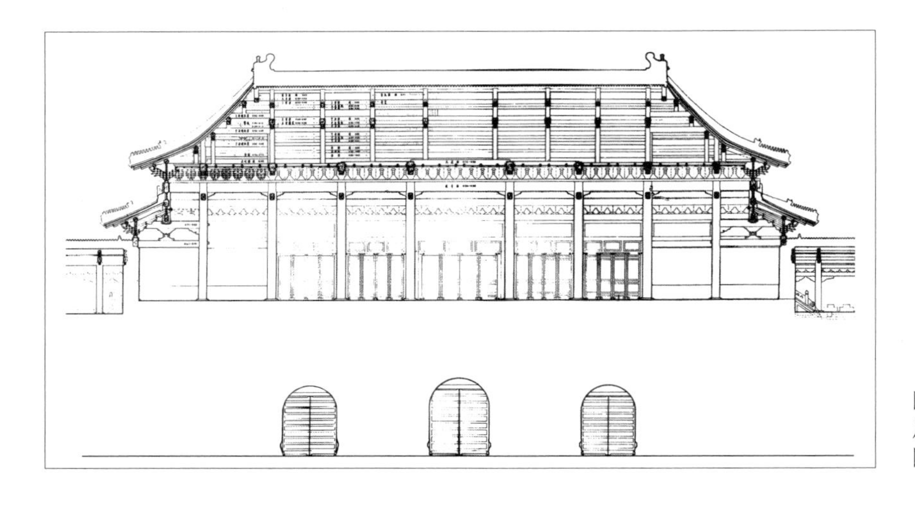

图3-3　北京故宫午门正殿天苍屋架平面图、纵剖面图（选自中国营造学社测绘图）

因此，明代建筑柱网布置的总体特点是规整严谨、纵横有序。即使因功能布置需要采用了柱子可随宜增减的纵架体系，仍表现为梁架清晰、柱网规整、结构严谨。此可谓明代大木构架的重要特征。

（2）殿阁、厅堂的平面柱网类型

①殿阁平面布置

由图 3-4 可见，明代重檐殿堂建筑的平面大致有以下四种类型：一是殿身双槽加副阶周匝（或前后廊），实例有昌平明长陵祾恩殿、

3　午门正殿为清顺治四年火灾后奉敕重建，其下部构架基本为明代遗构。参见傅连兴、常欣《文物建筑维修的规模控制与防微杜渐——兼谈午门、畅音阁的维修工程》，载于倬云主编《紫禁城建筑研究与保护》，紫禁城出版社，1995 年。

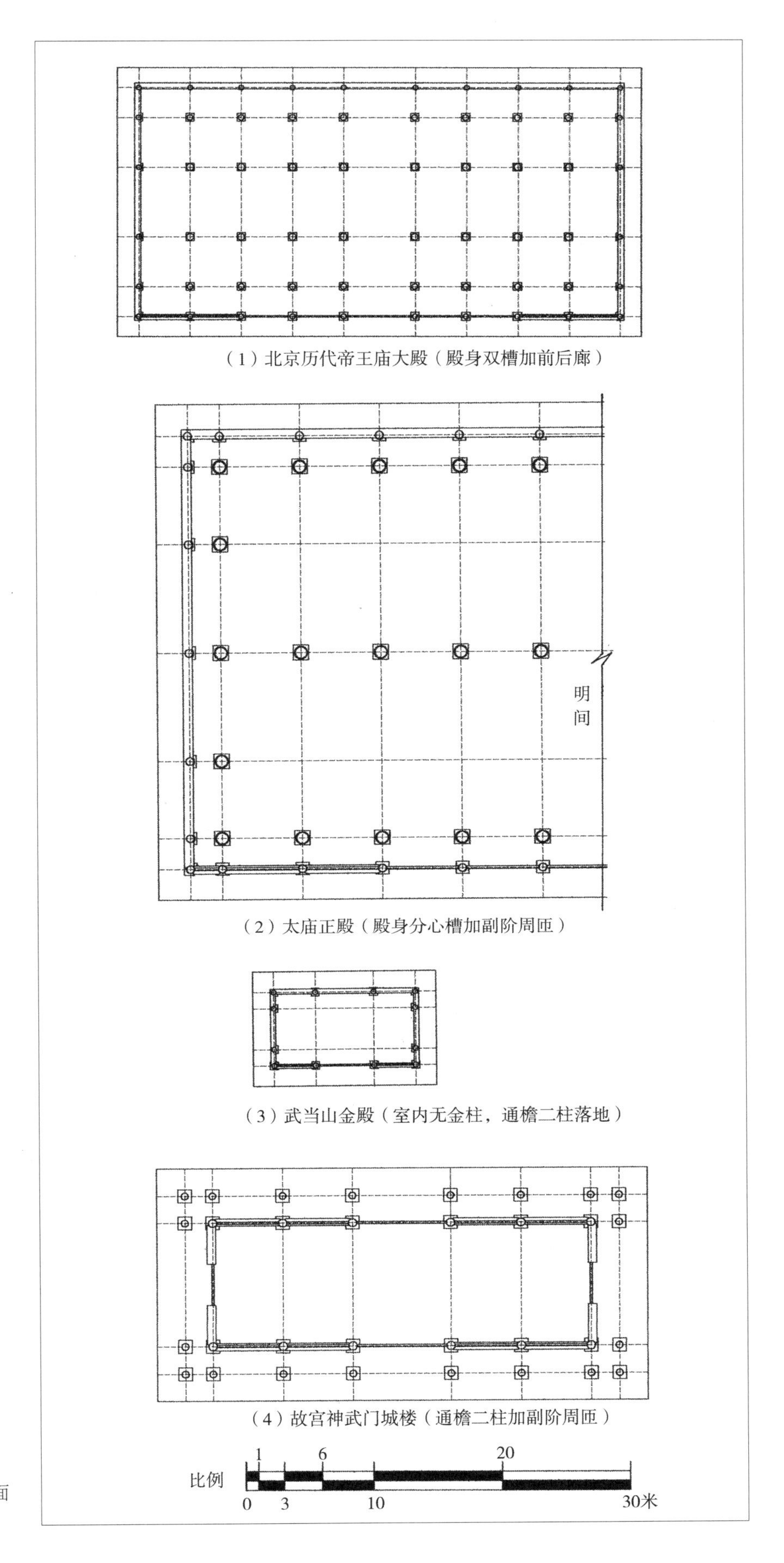

图3-4　明代重檐殿堂建筑平面柱网类型

北京历代帝王庙正殿、湖北武当山紫霄宫大殿、青海乐都瞿昙寺隆国殿等；二是殿身分心槽加副阶周匝，实例有北京太庙正殿等；三是通檐二柱，实例有湖北武当山金殿（仿木构铜殿）；四是殿身通檐二柱加副阶周匝，实例如北京故宫神武门城楼、东华门城楼、西华门城楼等。

由图 3–5 可见，单檐殿阁建筑平面有三种类型：一是双槽，实例有北京法海寺大殿；二是斗底槽，实例有北京天坛皇穹宇正殿；三是分心槽，实例有北京太庙戟门、二殿、三殿与北京天坛祈年门等；它们的平面形式与前述殿阁结构形式是相互对应的。

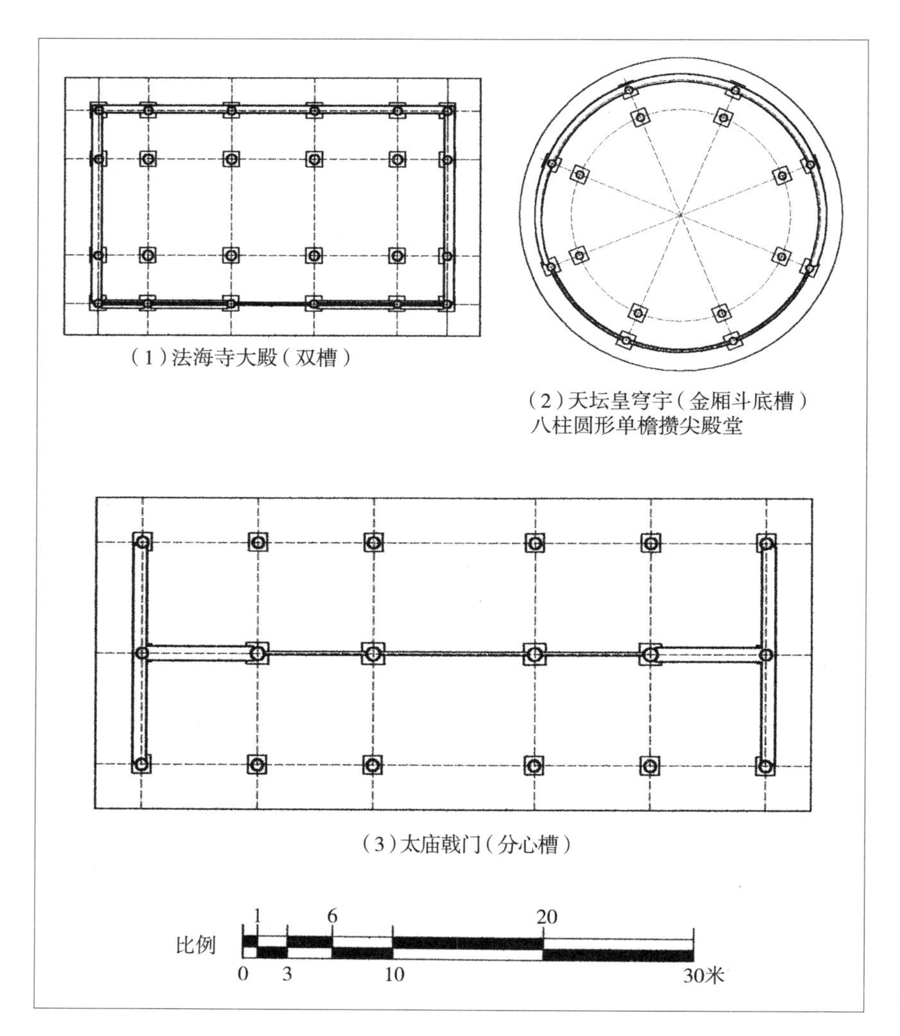

图3–5　明代单檐殿堂建筑平面柱网类型

②厅堂平面布置

由图 3–6 可见，厅堂房屋木构架每一间缝用梁柱的形式与柱网平面布置的形式是互为因果的。一座房屋的每一间缝，可以采用不同的柱梁组合形式。所以厅堂建筑除逐间前后各用一条檐柱外，屋内柱的多少及其位置亦各不相同。

如前所述，明代厅堂结构形式大致有 4~5 种类型。但在同一座建筑中并不一定只使用同一形式的屋架。总的说来，厅堂建筑平面布置类型大致有如下四种：

第一，四柱三进，前后对称；实例有北京社稷坛正殿、北京先农坛太岁殿等；特点是建筑在每一间缝均使用同一类型屋架，且构架前后对称［图 3-6（1）］。

第二，二进三柱，省去一排内金柱；实例有北京社稷坛前殿、北京先农坛拜殿等；特点是明间及次间构架省去前金柱，梁栿直接伸至檐口，边贴与梢间缝屋架则多为前后对称的四柱落地式［参见图 3-6（2）］。

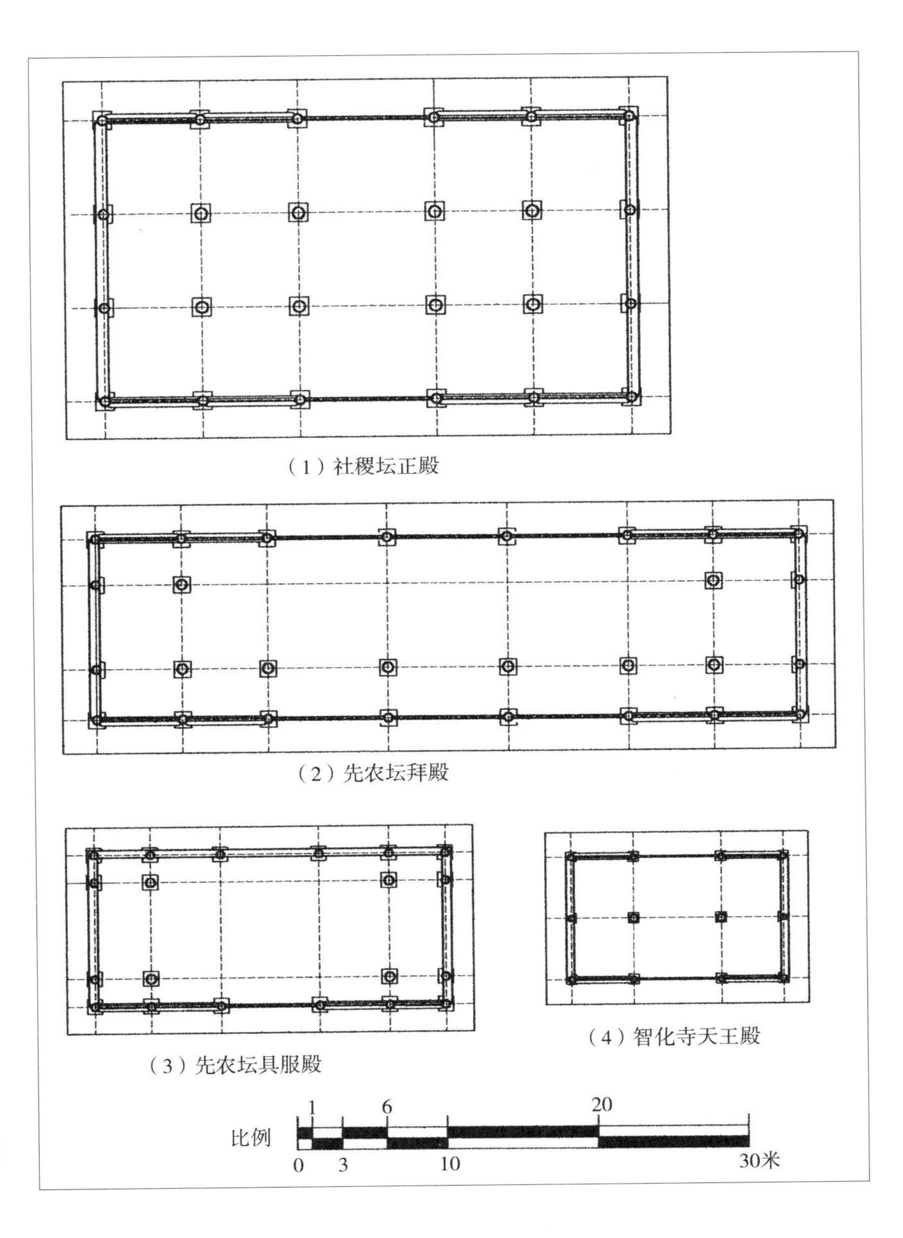

图3-6　明代厅堂建筑平面柱网布置图

第三，明间通檐用二柱，次、梢间用四柱，构架前后对称；实例有北京先农坛具服殿等；明间为规整叠梁构架，次、梢间金柱升高至金檩下承五架梁，两边以单步梁或双步梁插入金柱。平面前后对称［图 3–6（3）］。

第四，分心用三柱；多用于门屋，如北京故宫协和门、北京智化寺智化门等［图 3–6（4）］。

3.1.2 房屋面阔与进深的比例

中国古建筑的单体平面除亭、榭和一些有特殊功能要求的建筑以外，大多采用长方形平面。明代建筑也不例外，笔者所调查的官式建筑实例中，面阔与进深比例（表 3–1、表 3–2）大致有以下特点：

第一，面阔九间的大型殿堂建筑平面长宽比例多在 100：（31~45）之间，即 2：1~3：1；九间五进重檐殿堂长宽比约在 2.4：1，九间四进单檐殿堂建筑长宽比约为 3：1。

第二，面阔五至七间的建筑，平面比例在 100：（35~63）之间，伸缩余地较大，但多数取值在 100：（35~45）之间，即 2：1~3：1。有些建筑因功能需要，需加大室内面积，但面阔开间数受等级限制不能增多，因此只能加大进深，使平面趋于方整，从而使房屋面阔与进深比例在 1.6：1~1.8：1。这一点在皇帝敕建，太监建造的功德寺中尤其显著。例如北京大慧寺大殿、法海寺大殿即为 1.68：1 和 1.75：1。另外，在青海乐都瞿昙寺隆国殿、北京社稷坛正殿，以及山东曲阜孔庙奎文阁等建筑中也有反映。

第三，面阔三间的建筑，有的进深一进，通檐用二柱，有的二进或三进。因此面阔与进深比例变化幅度较大。较方整的有北京智化寺诸殿，平面比例在 100：50~100：75 之间，较窄长的亦有北京先农坛庆成宫东、西庑，平面长宽比为 100：41 的。

总的来说，明代建筑的面阔与进深比例多在 2：1~3：1 之间。有些在建筑采用相同开间数或相同面阔取值的时候，进深取值大小不一，致使平面比例变化较大，造成这一现象的原因之一就是在一组建筑群中，正殿在面阔向开间大小甚至开间数上与前后殿宇常取一致，但为了举行仪式的需要和凸显建筑的重要性，往往通过加大进深方式来加大室内空间，从而出现了这种平面长宽比例的多变。

另外，有些建筑群中的配殿根据功能或仪式需要而大量增加开间数，形成窄长的平面比例。如北京先农坛太岁殿配殿有十一开间，北京太庙正殿的配殿有十五开间，它们与南北面两座殿宇共同形成宽阔的庭院以供举行仪式之用。

表 3-1　明代部分官式建筑面阔与进深比例一览表

建筑	通面阔/通进深	间架	备注
昌平长陵祾恩殿	100/42.00＝2.38/1	九间五进	重檐庑殿顶
北京故宫午门正殿	100/41.63＝2.40/1	九间五进	重檐庑殿顶
北京太庙正殿	100/43.30＝2.31/1	九间四进分心槽加副阶	重檐庑殿顶
北京太庙二殿	100/31.00＝3.23/1	九间四进分心槽	单檐庑殿顶
北京太庙三殿	100/31.35＝3.19/1	九间四进分心槽	单檐庑殿顶
北京太庙戟门	100/37.25＝2.68/1	五间二进分心槽	单檐庑殿顶
北京故宫太和殿	100/55.56＝1.80/1	十一间五进	重檐庑殿顶
北京故宫保和殿	100/46.81＝2.14/1	九间五进	重檐歇山顶
北京故宫钟粹宫	100/42.50＝2.35/1	五间三进	单檐歇山顶
北京故宫钦安殿	100/50.40＝1.98/1	五间三进	重檐盝顶
北京故宫神武门城楼	100/40.69＝2.46/1	五间一进加副阶周匝	重檐庑殿顶
青海乐都瞿昙寺隆国殿	100/57.72＝1.73/1	五间三进加副阶周匝	重檐庑殿顶
曲阜孔庙奎文阁	100/83.88＝1.19/1	七间七进	三重檐歇山顶楼阁
北京先农坛太岁殿	100/45.24＝2.21/1	七间三进	单檐歇山顶
北京先农坛拜殿	100/27.26＝3.67/1	七间三进	单檐歇山顶
北京先农坛具服殿	100/44.90＝2.23/1	五间一进	单檐歇山顶
北京先农坛庆成宫正殿	100/49.23＝2.03/1	五间三进	单檐庑殿顶
北京先农坛庆成宫后殿	100/35.30＝2.83/1	五间三进	单檐庑殿顶
北京社稷坛前殿	100/37.83＝2.64/1	五间三进	单檐歇山顶
北京社稷坛正殿	100/54.83＝1.82/1	五间三进	单檐歇山顶
北京大慧寺大殿	100/63.27＝1.58/1	五间三进	单檐庑殿顶
湖北武当山紫霄宫大殿	100/69.97＝1.43/1	三间三进加副阶周匝	重檐歇山顶
北京法海寺大殿	100/57.06＝1.75/1	五间三进	单檐歇山顶
北京故宫协和门	100/37.31＝2.68/1	五间二进分心槽	单檐歇山顶
北京智化寺万佛阁	100/59.12＝1.69/1	五间三进	重檐庑殿楼阁
北京智化寺智化殿	100/75＝1.33/1	三间三进	单檐歇山顶
北京智化寺天王殿	100/58.96＝1.70/1	三间二进	单檐歇山顶
北京智化寺藏殿	100/58.75＝1.70/1	三间二进	单檐歇山顶
北京先农坛神厨东配殿	100/34.06＝2.94/1	五间三进柱梁作	单檐悬山顶
北京先农坛神厨西配殿	100/33.77＝2.96/1	五间三进柱梁作	单檐悬山顶
北京先农坛神厨正殿	100/47.49＝2.11/1	五间三进柱梁作	单檐悬山顶
北京先农坛宰牲亭	100/59.12＝1.69/1	五间三进柱梁作	重檐悬山顶
北京先农坛庆成宫东、西庑	100/40.88＝2.45/1	三间一进	单檐卷棚悬山顶
北京太庙神库	100/37276＝2.68/1	五间三进柱梁作	单檐悬山顶
北京太庙神厨	100/66.60＝1.50/1	五间三进柱梁作	单檐悬山顶
北京天坛北神厨西配殿	100/36.75＝2.72/1	五间二进柱梁作	单檐悬山顶
南京明孝陵孝陵殿	100/49.09=2.04/1	殿身七间副阶周匝	不明
南京明孝陵孝陵门	100/29.67=3.37/1	殿身五间分心槽	不明
南京鼓楼城楼	100/50.76=1.97/1	殿身五间副阶周匝	不明

表 3–2　明、清部分官式建筑间广架深取值一览表（此处尺为明代营造尺，间广均取柱根间距）

建筑	间架	正面							山面				
		总面阔	明间	次间1	次间2	次间3	次间4	梢间	总进深	中央	次间	梢间	
北京故宫太和殿	十一间五进	60.14 m	8.44 m	5.56 m	5.55 m	5.57 m	5.56 m	3.60 m	33.33 m	11.17 m	7.46 m	3.62 m	
		189.4尺	27.2尺	17.9尺	17.9尺	18.0尺	17.9尺	11.6尺	105.0尺	35.2尺	23.5尺	11.4尺	
北京太庙大殿	十一间四进	66.90 m	9.60 m	6.50 m	6.40 m	6.50 m	6.45 m	2.80 m					
		210.7尺	30尺	20.3尺	20尺	20.3尺	20.2尺	8.75尺					
昌平明长陵祾恩殿	九间五进	66.90 m	10.30 m	7.20 m	7.20 m	7.20 m		6.70 m	29.30 m	10.30 m	6.70 m	2.80 m	
		210.7尺	32.2尺	22.5尺	22.5尺	22.5尺		20.9尺	92.3尺	32.2尺	20.9尺	8.8尺	
北京故宫保和殿	九间五进	46.40 m	7.32 m	5.57 m	5.55 m	5.24 m		3.18 m	21.72 m	7.28 m	4.66 m	2.56 m	
		146.1尺	22.9尺	17.4尺	17.3尺	16.4尺		9.9尺	68.4尺	22.8尺	14.6尺	8.0尺	
北京故宫午门正殿	九间五进	60.05 m	9.15 m	6.38 m	6.41 m	6.38 m		6.28 m	25.00 m	6.64 m	6.28 m	2.90 m	
		189.1尺	28.6尺	19.9尺	20.0尺	19.9尺		19.6尺	78.7尺	20.8尺	19.6尺	9.1尺	
北京故宫乾清宫	九间五进	45.14 m	7.16 m	6.18 m	4.26 m	4.25 m		4.30 m					
		142.1尺	23.0尺	19.9尺	13.7尺	13.7尺		13.9尺					
北京故宫坤宁宫	九间五间	44.98 m	7.12 m	6.18 m	4.21 m	4.24 m		4.30 m	17.78 m	5.12 m	3.85 m	2.48 m	
		141.7尺	23.0尺	19.9尺	13.6尺	13.7尺		13.9尺	56尺	16.5尺	12.4尺	8.0尺	
山东曲阜孔庙奎文阁	七间七进	30.02 m	5.94 m	4.28 m	4.28 m			3.48 m	25.18 m	3.48 m	3.65 m	3.55 m	3.65 m
		94.6尺	18.6尺	13.4尺	13.4尺			10.9尺	79.3尺	10.9尺	11.4尺	11.1尺	11.4尺
青海乐都瞿昙寺隆国殿	七间五进	33.30 m	6.60 m	5.70 m	5.70 m			2.12 m	19.22 m	7.74 m	3.82 m	1.92 m	
		104.9尺	20.6尺	17.8尺	17.8尺			6.6尺	60.5尺	24.2尺	11.9尺	6.0尺	
北京故宫神武门城楼	七间三进	41.68 m	9.78 m	6.62 m	6.48 m			2.85 m	17.96 m	12.22 m		2.87 m	
		131.2尺	30.6尺	20.7尺	20.3尺			8.9尺	56.6尺	38.2尺		9.0尺	
山东聊城光岳楼	七间七进	21.05 m	4.07 m	2.85 m	2.85 m			1.80 m	21.05 m	4.07 m	2.85 m	2.85 m	1.75 m
		66.3尺	12.8尺	9.0尺	9.0尺			5.7尺	66.3尺	12.8尺	9.0尺	9.0尺	5.6尺
北京故宫箭亭	七间三进	26.60 m	5.30 m	4.35 m	4.35 m			1.95 m	12.30 m	5.10 m	3.60 m		
		83.8尺	17.1尺	14.0尺	14.0尺			6.3尺	38.7尺	16.5尺	11.6尺		
北京先农坛太岁殿	七间三进	46.75 m	8.35 m	7.95 m	5.70 m			5.60 m	21.17 m	10.07 m	5.55 m		
		147.2尺	26.1尺	24.8尺	17.8尺			17.5尺	66.7尺	31.5尺	17.3尺		
北京先农坛拜殿	七间三进	46.77 m	8.35 m	7.91 m	5.70 m			5.60 m	12.76 m	6.10 m	3.33 m		
		147.3尺	26.1尺	24.7尺	17.8尺			17.5尺	40.2尺	19.1尺	10.4尺		
北京先农坛具服殿	五间三进	23.36 m	6.62 m	4.55 m				3.80 m	11.90 m	7.50 m	2.20 m		
		73.6尺	20.8尺	14.3尺				12.0尺	37.5尺	23.4尺	6.9尺		
北京智化寺万佛阁	五间三进	18.07 m	5.94 m	4.31 m				1.75 m	11.64 m	8.16 m	17.40 m		
		56.9尺	18.7尺	13.6尺				5.5尺	36.7尺	25.7尺	5.5尺		
北京故宫中和殿	正方	20.85 m	6.35 m	4.71 m				2.54 m	20.85 m				
		65.7尺	19.8尺	14.7尺				7.9尺	65.7尺				
北京故宫钦安殿	五间三进	21.07 m	4.73 m	4.12 m				4.03 m	10.60 m	7.30 m	1.65 m		
		66.4尺	14.8尺	12.9尺				12.6尺	33.4尺	22.8尺	5.2尺		

续表

建筑	间架	正面							山面			
		总面阔	明间	次间1	次间2	次间3	次间4	梢间	总进深	中央	次间	梢间
北京故宫协和门	五间三进	28.12 m	6.92 m	4.75 m				4.78 m	9.66 m	4.83 m		
		88.6尺	21.6尺	14.8尺				14.9尺	30.4尺	15.1尺		
北京社稷坛拜殿	五间三进	34.92 m	9.32 m	6.40 m				6.40 m	13.30 m	5.78 m	3.76 m	
		110.0尺	29.1尺	20.0尺				20尺	41.9尺	18.1尺	11.8尺	
北京社稷坛正殿	五间三进	34.84 m	9.51 m	6.335 m				6.332 m	19.19 m	6.504 m	6.344 m	
		109.7尺	29.7尺	19.8尺				19.8尺	60.4尺	20.3尺	19.8尺	
曲阜孔庙圣迹殿	五间三进	31.15 m	7.75 m	5.90 m				5.80 m	10.85 m	5.95 m	2.45 m	
		98.1尺	24.2尺	18.4尺				18.1尺	34.2尺	18.6尺	7.7尺	
北京故宫钟粹宫	五间三进	23.86 m	5.62 m	5.32 m				3.80 m	10.14 m	5.60 m	2.27 m	
		75.1尺	17.6尺	16.6尺				11.9尺	31.9尺	17.5尺	7.1尺	
北京故宫储秀宫	五间三进	23.90 m	5.70 m	5.30 m				3.80 m				
		75.3尺	17.8尺	16.6尺				11.9尺				
北京法海寺大殿	五间三进	20.47 m	4.95 m	4.805 m				2.885 m	11.66 m	5.80 m	2.90 m	
		64.5尺	15.5尺	15.0尺				9.0尺	36.7尺	18.1尺	9.1尺	
湖北武当山金殿	三间三进	4.40 m	2.50 m					0.90 m	3.15 m	1.25 m	0.95 m	
		13.9尺	7.9尺					3.0尺	9.9尺	3.9尺	3.0尺	

注：见附录 1 图版十五（一）~ 图版十五（五）

表 3-1、表 3-2 部分数据选自①《北京明代殿式木结构建筑构架形制初探》，载《祁英涛古建论文集》，华夏出版社，1992 年。②中国营造学社测绘图。③天津大学建筑学院测绘图。④北京古建研究所测绘图。⑤北京建筑大学建筑系测绘图。⑥郑连章《紫禁城钟粹宫建筑年代考实》，《故宫博物院院刊》1984 年第 4 期。⑦故宫博物院古建部测绘图。⑧南京工业大学建筑学院测绘图。

3.1.3 开间的确定

（1）明间面阔的确定与斗科的关系日益密切

对明间面阔的确定，宋《营造法式》仅笼统规定："若逐间皆用双补间，则每间之广丈尺皆同；只心间用双补间者，假如心间用一丈五尺，则次间用一丈之类，或间广不匀，即补间铺作一朵不得过一尺。"可见此时是以补间斗栱数目来定面阔尺寸，对斗栱间距则无规定。清《工程做法》则明确规定以斗栱间距 11 斗口的倍数来定面阔尺寸，如开间内有平身科斗栱 6 朵，则面阔即为 77 斗口；有 4 朵，则面阔为 55 斗口，依此类推。

相比而言，明代建筑在明间面阔的确定上与二者不同。首先，明代建筑中平身科数量较之前代骤增的事实致使其面阔的确定必须考虑到多攒斗科均匀分布的问题。实例中斗科间距多在 10~12 斗口之间，但对于明间有 8 朵、6 朵、4 朵平身科的建筑，其斗科间距取值也不相等，如明长陵祾恩殿及祾恩门明间有 8 朵斗科，其面阔约合 104 斗口和 125 斗口，斗拱攒档约为 11.5 斗口；而北京先农坛太岁殿、拜殿，故宫神武门城楼及太庙诸殿等明间有 6 朵斗科的，其面阔尺寸都在 70~76 斗口之间，平均攒档却不足 11 斗口；至于明间有 4 朵平身科的建筑，既有如故宫钦安殿之面阔仅 47 斗口（每档间距 9.4 斗口）的，也有如青海乐都瞿昙寺隆国殿之 60 斗口（每档间距 12 斗口）的。可见在对明间面阔尺寸的确定上，明代还未形成以固定的某一斗栱攒档尺寸为单位来确定的方式，但 10~12 斗口取值为清初制定统一规定奠定了良好的基础。

（2）明、次、梢间关系的确定

明代在明、次、梢间开间尺寸及其相互间比例关系的确定上与宋、清规定均有差异，宋《营造法式》仅举例如明间一丈五尺，次间一丈，次间为明间面阔的 66.6%，清代《工程做法》则规定："面阔按斗栱定，明间按空当分，次、梢间各逐减斗栱空当一份。"明代介于二者之间，并且开间数不同的建筑，其明间与次、梢间的关系也不一致。

五开间建筑主要有三种关系：①明间＞次间＞梢间，如北京先农坛具服殿、智化寺万佛阁等，是最多见的形式；②明间＝次间＞梢间，如北京故宫钟粹宫、储秀宫、翊坤宫及北京法海寺大殿等；③明间＞次间＝梢间，如故宫钦安殿、协和门，昌平明十三陵献、景、裕、泰、康、昭各陵享殿[4]，北京社稷坛前、后殿，先农坛庆成宫前、后殿及神厨一组建筑等，也很多见。

七～九开间建筑明间与各次间及梢间关系有两种，一是明间＞次间 1 ＝次间 2（＝次间 3）＞梢间，实例如北京故宫保和殿、中和殿及昌平明长陵、永陵、定陵之祾恩殿等；二是明间＝次间 1 ＞次间 2 ＝梢间，实例有北京先农坛太岁殿、拜殿等。但梢间与相邻次间常常平身科数量相同，而有一尺左右的间广差距。这种情况也见于一些斗科相等的明、次间中（见表 3–3）。

4　参见胡汉民《清乾隆年间修葺明十三陵遗址考证——兼论各陵明楼、殿庑原有形制》，载《建筑历史与理论》（第 5 辑），中国建筑工业出版社，1997 年。

表 3–3　明代建筑开间、进深中的斗科分布

建筑	间架	正面						山面		
		明间	次间				梢间	中央	两次间	两梢间
北京太庙正殿	十一间四进	6	4	4	4	4	1	4	3	1
昌平明长陵祾恩殿	九间六进	8	6	6	6		6	8	6	2
北京历代帝王庙大殿	九间五进	6	4	4	4		1	6	4	2
北京故宫保和殿	九间五进	8	6	6	6		3	8	5	2
山东曲阜孔庙奎文阁	七间五进	4	2	2			2	2	2	2
北京先农坛太岁殿	七间三进	6	6	4			4	8		4
北京先农坛拜殿	七间三进	6	6	4			4	4		2
北京故宫神武门城楼	七间三进	6	4	4			1	8		1

续表

建筑	间架	正面						山面		
		明间	次间				梢间	中央	两次间	两梢间
北京法海寺大殿	七间三进	4	4				2	5		2
北京社稷坛正殿	七间三进	6	4				4	4		4
北京社稷坛前殿	七间三进	6	4				4	4		2
北京先农坛庆成宫前殿	七间三进	6	4				4	6		2
北京先农坛庆成宫后殿	七间三进	6	4				4	4		1
青海乐都瞿昙寺隆国殿	七间五进	4	4	4			无	4	2	无
北京故宫中和殿	五间五进	6	5				2	6	5	2
北京故宫钦安殿	五间三进	4	4				4	8		1
北京先农坛具服殿	五间三进	6	4				3	6		1
北京太庙戟门	五间二进	6	4				4	4		4
北京天坛祈年门	五间二进	6	4				3	4		4
北京故宫协和门	五间二进	6	4				4	4		4
北京天坛皇穹宇配殿	五间一进	4	4				4	6		
湖北武当山紫霄宫大殿	五间五进	6	4				1	4	2	1
北京智化寺万佛阁	五间三进	6	4				1	8		1
北京故宫钟粹宫	五间三进	6	6				4	6		2
北京故宫储秀宫	五间三进	6	6				4	6		2
北京故宫翊坤宫	五间三进	6	6				4	6		2
北京故宫南薰殿	五间三进	6	4				4	4		1
北京智化寺藏殿	三间三进	6					4	5		1
北京智化寺智化殿	三间三进	6					4	8		1
北京智化寺钟楼	三间三进	4					无	4		无
北京智化寺鼓楼	三间三进	4					无	4		无
湖北武当山遇真观真仙殿	三间三进	6					4	4		1
北京历代帝王庙山门	三间二进	6					4	4		4
北京智化寺天王殿	三间二进	6					4	4		4

3.2　剖面构成

明代屋顶剖面构成主要包括屋顶举高的大小与折屋曲线特点两部分。二者依建筑的不同种类、规模及等级呈现不同特征。其中，明代屋顶最主要的不同之处即在明代中后期，屋顶定高以举架之法逐渐代替了举折之法。

举折是宋《营造法式》用语[5]，举架为清工部《工程做法》用语[6]。举折之法是先定举高后作折法，举架是先作折法再定举高。因此以举折之法定高的建筑整个屋盖高跨比常呈整数比，各架椽的斜率呈非整数比；举架法则反之，整个屋盖高跨比不是整数比，而各架椽的斜率则呈整数比（或整数比加 0.5 之比）。明代官式建筑经历了从明初至明中期嘉靖年间采用举折法，到明代后期向举架法的转变。而这一转变反映在建筑上则是明代屋顶举高的加大，即不再以三分举一、四分举一这样的整数比定高；各步架进深由间距不等到

5　宋《营造法式》对举折之制有详细规定："先以尺为丈，以寸为尺，以分为寸，以厘为分，以毫为厘，侧画所建之屋于平正壁上，定其举之峻慢，折之圜和，然后可见屋内梁架之高下，卯眼之远近。"可见宋代的举折包括"举"与"折"两部分，工匠在定侧样设计时，是先确定屋顶举高，再向下进行折屋设计的。其折屋从脊槫至撩檐槫是以 $H/(10\times2^n)(n\epsilon N)$ 递减的。《营造法式》中依据不同的建筑类型，列举了七种举屋之法。

6　清代的举架之法是由下往上进行设计的。清《工程做法》规定，殿式建筑以出檐 21 斗口，檐步、金步（上、中、下各金步）、脊步各步架深均为 22 斗口（无斗栱的柱梁作与小式建筑均以檐柱径 4 倍为架深）设计时，从飞檐步三五举，依次而上以五举、六举、六五举、七五举、九举等坡度值来举架，从而得出建筑最后的举架高度。

近似相等，各步架椽的斜率也由非整数比到整数比。折屋曲线在形态上也有所改变。

3.2.1 举高的加大

木构架的举高即指与挑檐檩上皮或正心檩上皮至脊檩上皮的垂直距离与前后挑檐檩中心的水平距离或前后正心檩中心的水平距离之比。据现存实例看，自唐代以来，木构架的举高随年代的推进而逐渐增高。如唐代建筑举高多接近 1/5 左右，宋代建筑多取四分举一，虽然比例与《营造法式》规定殿堂、楼阁及大体量的筒瓦厅堂取三分举一，板瓦厅堂、廊屋、副阶等在四分举一之上按进深大小依次加高略有微差，但仍可见 1/4~1/3 的举高是当时常用的数值。元代历时虽短，但留下的建筑实物举高也与宋代建筑实例接近，如芮城永乐宫三清殿举高 1/3.3，无极门举高 1/3.5，均在 1/4~1/3 之间。至明代，绝大多数建筑屋顶举高均有进一步加大的趋势。不仅殿堂、厅堂结构的建筑举高接近甚至超过三分举一，如昌平明长陵祾恩殿和北京大慧寺大殿举高为 1/2.7，北京先农坛庆成宫后殿举高为 1/2.6，而且，一些等级较低的悬山建筑屋顶，如先农坛太岁殿配殿、神厨一组建筑及太庙神库、神厨等，举高也在 1/3 上下。显示出举高大于或等于三分举一在明代的普遍性。宋代以前建筑的低矮举高，尤其是 1/5～1/4 的木构架在明代已经绝迹。而对于一些屋顶形式特殊或因观赏视觉需要而加大屋顶面积的建筑，其屋顶比一般建筑稍高，例如采用攒尖顶形式的北京故宫中和殿、交泰殿以及御花园千秋亭等，举高常在 1/2.6 左右取值。总体而言，由宋至清，建筑的屋顶举高虽都在 1/4~1/3 取值，但从同类型相似规模建筑的对比中发现，举高在明代有明显加大趋势，基本集中在 1/3.2~1/2.7 之间。这也说明，明代建筑已不再沿用宋《营造法式》之三分举一、四分举一的举折之法，建筑物的屋顶部分在立面上所占比例加大，这种由缓变陡的趋势也包含着明代审美趣味重点由铺作层转向屋盖的过程，并且这种趋势一直延至清代（见表 3–4、表 3–5）。

表 3–4　明代建筑举高 / 架深比值（*H*/*D*）一览：

建筑	年代	构架情况	举高比值（*H*/*D*）
北京故宫角楼	明永乐十八年（1420年）	五檩大木	1/2.90
北京先农坛宰牲亭	明嘉靖年间	五檩大木	
北京先农坛具服殿	明嘉靖十一年（1532年）	七檩大木	1/3.11
北京先农坛庆成宫前殿	明嘉靖年间	七檩大木	1/2.92
北京先农坛庆成宫后殿	明嘉靖年间	七檩大木	1/2.6
北京先农坛神厨东配殿	明嘉靖年间	七檩大木	1/3.0

续表

建筑	年代	构架情况	举高比值（H/D）
北京先农坛神厨西配殿	明嘉靖年间	七檩大木	1/3.1
北京故宫神武门城楼	明永乐十八年（1420年）	七檩大木	1/2.99
北京故宫钟粹宫	明永乐十八年（1420年）	七檩大木	1/3.03
北京故宫协和门	明万历三十六年（1608年）	七檩大木	1/3.03
北京故宫左翼门	明永乐十八年（1420年）	七檩大木	1/3.40
北京智化寺万佛阁	明正统九年（1444年）	七檩大木	1/3.11
北京先农坛太岁殿配殿	明嘉靖年间	七檩大木	1/3.04
北京太庙神厨	明嘉靖年间	七檩大木	1/3.0
北京太庙神库	明嘉靖年间	七檩大木	1/3.0
北京先农坛拜殿	明嘉靖十一年（1532年）	九檩大木	1/3.02
北京法海寺大殿	明正统四年（1439年）	九檩大木	1/2.94
北京历代帝王庙正殿	明嘉靖九年（1530年）	九檩大木	1/2.9
北京社稷坛前殿	明洪熙元年（1425年）	九檩大木	1/2.92
青海乐都瞿昙寺隆国殿	明宣德二年（1427年）	九檩大木	1/3.22
北京大慧寺大殿	明正德八年（1513年）	九檩大木	1/2.7
北京先农坛神厨正殿	明嘉靖十一年（1532年）	九檩大木	1/3.6
北京太庙戟门	明嘉靖二十四年（1545年）	九檩大木	1/3.2
北京故宫中和殿	明天启七年（1627年）	十一檩大木	1/2.73
北京故宫保和殿	明万历二十五年（1597年）	十一檩大木	1/3.19
北京故宫坤宁宫	清康熙十二年（1673年）	十一檩大木	1/3.01
北京故宫午门	清顺治四年（1647年）	十一檩大木	1/2.78
北京社稷坛正殿	明洪熙元年（1425年）	十一檩大木	1/3.6
北京太庙大殿	明嘉靖二十四年（1545年）	十一檩大木	1/3.1
北京太庙二殿	明嘉靖二十四年（1545年）	十一檩大木	1/3.22
北京太庙三殿	明嘉靖二十四年（1545年）	十一檩大木	1/3.4
北京先农坛太岁殿	明嘉靖十一年（1532年）	十三檩大木	1/2.93
北京故宫太和殿	清康熙三十六年（1697年）	十三檩大木	1/2.87

注：部分清代早期建筑具有明代建筑构架特征，故统计在内。

表 3-5　宋《营造法式》、清《工程做法》规定的举高比值（H/D）

建筑	年代	构架情况	举高比值（H/D）	备注
《营造法式》制度	宋元符三年（1100年）	四架椽屋	1/3	殿堂、楼阁或筒瓦厅堂
		六架椽屋	1/3	殿堂、楼阁或筒瓦厅堂
		八架椽屋	1/3	殿堂、楼阁或筒瓦厅堂
		十架椽屋	1/3	殿堂、楼阁或筒瓦厅堂
		十二架椽屋	1/3	殿堂、楼阁或筒瓦厅堂
		六架椽屋	1/4	板瓦厅堂、廊屋或副阶
		八架椽屋	1/4	板瓦厅堂、廊屋或副阶
清《工程做法》	清雍正十二年（1734年）	五檩大木	1/3.33	
		七檩大木	1/2.86	
		九檩大木	1/2.86	
		十一檩大木	1/2.94	
		十三檩大木	1/2.93	

注：表 3-4、表 3-5 部分数据选自①《北京明代殿式木结构建筑构架形制初探》，载《祁英涛古建论文集》，华夏出版社，1992 年。②中国营造学社测绘图。③天津大学建筑学院测绘图。④北京古建研究所测绘图。⑤北京建筑大学建筑系测绘图。⑥郑连章《紫禁城钟粹宫建筑年代考实》，《故宫博物院院刊》1984 年第 4 期。⑦故宫博物院古建部测绘图。

3.2.2 各步架深取值特点

明代建筑在进深各步架取值上与宋、清时期均有明显不同。宋《营造法式》与清《工程做法》在定侧样，画举折图、举架图时，都要求各步架深取值相等。清代更是详细规定殿式建筑各步架深 22 斗口，无斗栱的大式、小式建筑以 4 倍檐柱径为步架值。关于挑檐檩（宋称撩檐枋）到檐口的距离，宋代以椽径大小定出檐长短，有灵活伸缩余地，清代则明确规定为 21 斗口。而明代建筑无论在各步架深取值还是檐出尺寸上都与宋、清规定不同，从表 3-6 及图 3-7、图 3-8、图 3-9 看，其各步架深取值有如下特点：

表 3-6　明、清部分官式建筑各步架深一览表（单位：毫米 / 斗口）

建筑	构架	檐步	金步				脊步	备注
北京先农坛太岁殿	十三檩大木	2 200	1 650	1 700	1 720	1 650	1 650	金、脊步基本相等
		20	15	15	16	15	15	
北京故宫中和殿	十三檩大木	2 600	1 450	1 400	1 860	1 400	1 860	
		33	18	18	23	18	23	
北京故宫太和殿（上檐）	十三檩大木	3 170	2 110	2 190	1 860	1 860	1 870	
		35	23	24	21	21	21	
北京太庙正殿（上檐）	十一檩大木	3 875	2 225	1 785	1 811		1 550	
		31	18	14	14		12	
北京太庙二殿	十一檩大木	3 173	2 013	1 570	1 413		1 333	
		25	16	13	11		11	
北京太庙三殿	十一檩大木	3 175	1 980	1 610	1 450		1 285	
		25	16	13	12		10	
北京故宫保和殿	十一檩大木	2 440	1 980	1 580	1 170		1 110	
		31	25	20	15		14	
北京故宫午门正殿	十一檩大木	2 850	1 890	1 650	1 760		1 450	
		30	20	17	19		15	
北京故宫坤宁宫	十一檩大木	2 250	1 600	1 600	1 270		1 290	
		25	18	18	14		14	
青海乐都瞿昙寺隆国殿	九檩大木	1 850	1 870	1 950			1 920	各步架基本相等
		17	17	18			17	
北京太庙戟门	九檩大木	2 602	1 445	1 261			1 173	
		21	12	10			9	
北京先农坛拜殿	九檩大木	1 850	1 520	1 490			1 480	金、脊步基本相等
		17	14	14			14	
北京先农坛神厨正殿	九檩大木	1 830	1 435	1 200			1 200	柱梁作
北京法海寺大殿	九檩大木	1 940	965	1 450			1 450	
		22	11	16			16	
湖北武当山紫霄宫大殿	九檩大木	2 310	1 350	1 485			1 485	
		21	12	14			14	
北京历代帝王庙正殿	九檩大木	1 950	1 860	1 780			1 690	
		22	21	20			19	
北京先农坛具服殿	七檩大木	2 000	1 630				1 625	金、脊步等
		22	18				18	

续表

建筑	构架	檐步	金步				脊步	备注
北京先农坛太岁殿配殿	七檩大木	1 910	1 660				1 560	柱梁作
北京故宫神武门城楼上檐	七檩大木	2 830	1 780				1 600	
		23	14				13	
北京故宫钟粹宫	七檩大木	2 280	1 400				1 370	金、脊步等，檐步置承椽枋
		29	18				17	
北京故宫养心殿	七檩大木	2 250	1 780				1 750	金、脊步近似相等
		30	24				23	
北京故宫左翼门	七檩大木	1 930	1 520				1 400	
		20	16				15	
北京故宫协和门	七檩大木	1 940	1 530				1 340	
		20	16				14	
北京智化寺万佛阁	七檩大木	1 570	1 280				1 112	
		20	16				14	
北京先农坛庆成宫前殿	七檩大木	2 365	2 000				1 350	檐步中段置承椽枋
		30	25				17	
北京先农坛庆成宫后殿	七檩大木	1 700	1 290				990	
		21	16				12	
北京先农坛神厨东配殿	七檩大木	1 560	1 240				1 240	柱梁作
北京先农坛神厨西配殿	七檩大木	1 580	1 250				1 200	柱梁作
北京故宫角楼	五檩大木	1 430					1 340	重檐十字脊屋顶
		18					17	
北京先农坛宰牲亭	五檩大木	1 650					1 430	重檐柱梁作

注：表 3–6 部分数据选自①《北京明代殿式木结构建筑构架形制初探》，载《祁英涛古建论文集》，华夏出版社，1992 年。②中国营造学社测绘图。③天津大学建筑学院测绘图。④北京古建研究所测绘图。⑤北京建筑大学建筑系测绘图。⑥郑连章《紫禁城钟粹宫建筑年代考实》，《故宫博物院院刊》1984 年第 4 期。⑦故宫博物院古建部测绘图。

（1）檐步大大超过金步和脊步

明代建筑中檐步大大超过金、脊二步。明代在檐下大量使用溜金斗栱，其后尾多重挑斡斜伸至金步，与金桁紧密联固的做法加强了檐步、金步间的联系，为檐步架深的加大创造了条件。从表 3–6 中可以看出，殿阁建筑的檐步架深取值合斗口数多在 22~30 斗口取值，比金步架深多大约 5~12 斗口；厅堂建筑檐步取值相对较小，多在 20~22 斗口取值，但是比金步、脊步架深大 3~5 斗口。个别建筑檐步置承椽枋者，架深可达 29~30 斗口，如北京故宫钟粹宫和先农坛庆成宫正殿，檐步与金、脊步架深的差距也相应较大。

（2）金步与脊步有四种关系

当檐步架深较大时，金步与脊步有四种关系：一是各金步向脊步架深递减，即金步 1 ＞金步 2 ＞……＞脊步。这种实例不仅在北京智化寺万佛阁、故宫神武门城楼、协和门等七檩、九檩建筑中常见，而且在九～十一檩的大型殿堂建筑中也很多，如北京太庙正殿、二殿、三殿、戟门等。二是各金步与脊步架深基本相等，实例

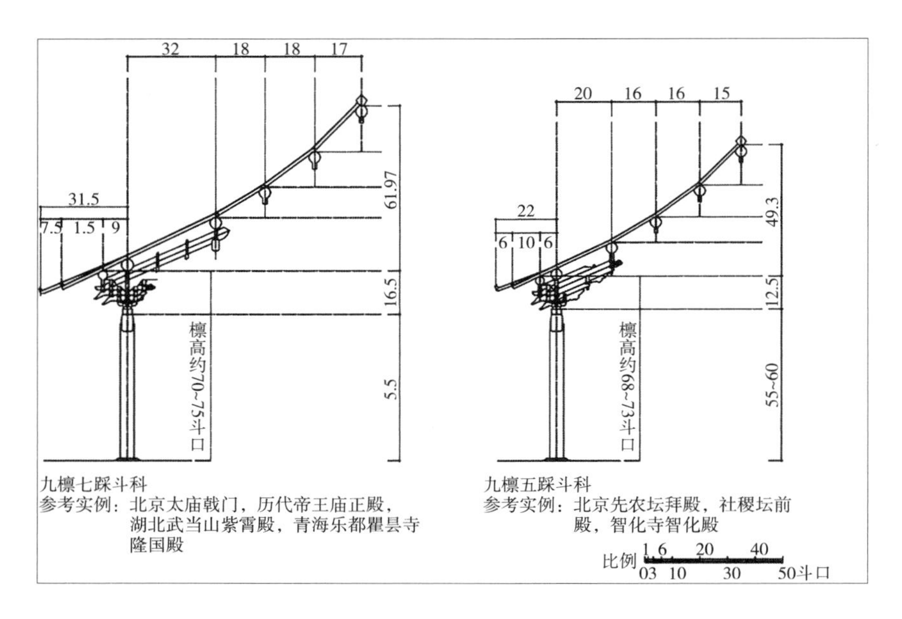

图3-7　明代九檩大木屋架举折图（作者绘制）

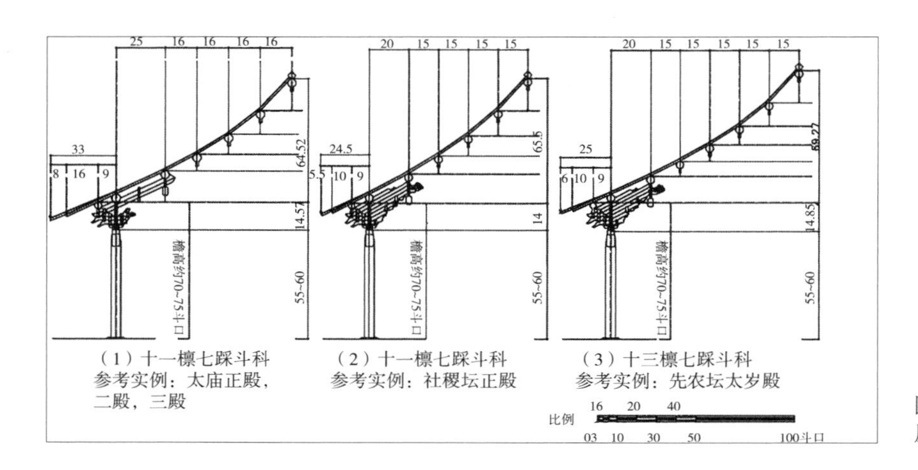

图3-8　明代十一、十三檩大木屋架举折图（作者绘制）

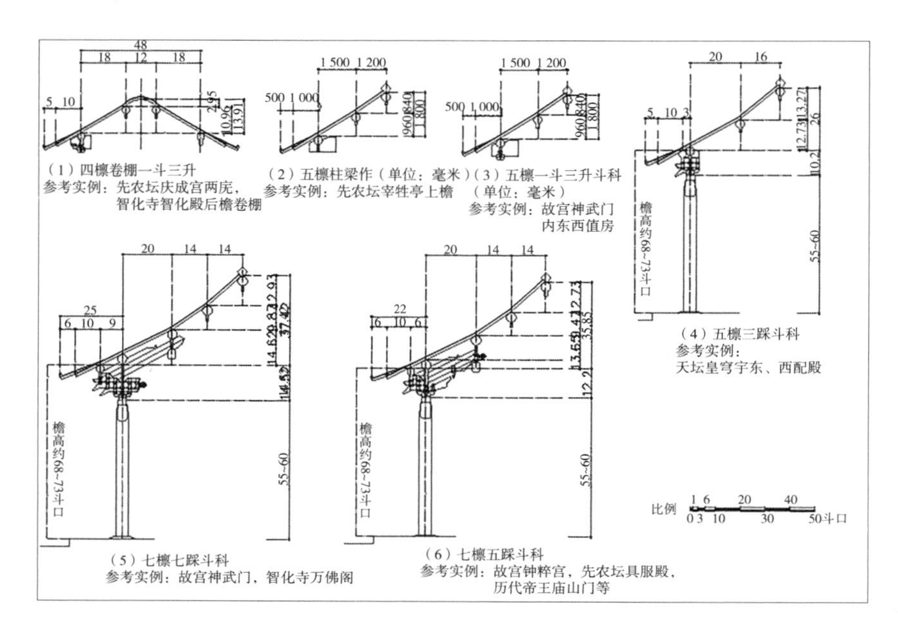

图3-9　明代四檩、五檩、七檩大木屋架举折图（作者绘制）

有北京先农坛太岁殿、拜殿、具服殿和故宫钟粹宫、养心殿等。三是在多架椽屋中，靠近脊步的上金步架深与脊步一致而大于或小于中金步与下金步。如北京法海寺大殿、北京故宫保和殿及清初太和殿、坤宁宫等。步架的转折也常与屋架的结构转折点对应。四是脊步大于上金步，实例仅见于故宫中和殿，这与草架上中金桁下所支童柱划分上下梁架做法有关（参见图 2–3）。金步、脊步架深的四种关系中，金步＞脊步最为普遍。此外，清代重修或重建的一些建筑，如北京故宫太和门、坤宁宫、乾清宫、午门正殿、太和殿等，其各步架深也不相等。这其中一个重要的原因就是它们都是在明代旧基上重建或改建的。由于檐柱、金柱的位置已定，因此上部构架划分受到影响。但在柱与柱之间的各步架划分仍取相等数值[7]。

（3）挑檐檩（或檐檩）至檐口距离

明代的挑檐檩（或檐檩）至檐口距离与宋《营造法式》规定的以椽径定檐出和清《工程做法》规定的 21 斗口相比均有差别，宋代规定的檐出取值由于只规定了一个范围，因而不甚精确，约在 4~5 尺左右，即 1.28~1.6 米。明代的大型建筑檐出则多大于这个范围。如北京太庙正殿的上檐檐出就达 2.20 米，二殿檐出达 2.17 米，三殿檐出达 1.97 米，大戟门檐出也有 1.93 米，可见已较宋制有很大改变（见表 3–7）。与清制相比，虽然明代建筑檐出在绝对尺寸上与清代实例及规定相差不大，但将其换算成斗口数后，多数都小于 21 斗口，而在 16~19 斗口范围之内，如前述之太庙正殿、二殿、三殿、戟门等，只有少数建筑下檐出与 21 斗口约略相当或大于 21 斗口。对于无斗栱的小式建筑，明代的檐出尺寸基本等于檐柱高度的 3/10，多在 3~5 尺，如北京先农坛神厨正殿及东西配殿等，与清代同类建筑及规定大致相同（见表 3–8）。总之，明代建筑在下檐出尺寸的实际取值上介于宋、清之间，仅因斗栱用材较清式略大而使之在换算成斗口数表征时略小于 21 斗口。

表 3–7　明代部分建筑挑檐檩至檐口距离一览表

建筑	下檐出尺寸（毫米）	合斗口数	合营造尺（尺）	斗口取值（毫米）
北京太庙正殿上檐	2 200	18	6.94	125
北京太庙正殿下檐	2 108	17	6.64	125
北京太庙二殿	2 170	17	6.83	125
北京太庙三殿	1 970	16	6.20	125
北京太庙戟门	1 930	15	6.08	120
北京故宫神武门城楼上檐	1 970	16	6.20	125
北京故宫神武门城楼下檐	2 160	17	6.80	125
北京故宫钦安殿上檐	1 350	15	4.25	90
北京故宫钦安殿下檐	1 420	16	4.50	90

7　关于清代建筑实例中进深各步架的划分，一些在明代旧有基址上重建或整修的建筑，其地盘柱础位置因采用明代旧有格局，因此上部各步架深取值亦有不等之划分。而清代雍正之后新建之官式建筑进深各步架取值除檐步稍大外，金步、脊步各步已大致相等，如北京故宫奉先殿大殿及箭亭均是。这是明、清建筑设计上的不同之处。

续表

建筑	下檐出尺寸（毫米）	合斗口数	合营造尺（尺）	斗口取值（毫米）
北京故宫端门上檐	2 190	23	6.90	95
北京故宫端门下檐	1 970	21	6.20	95
北京故宫保和殿上檐	1 830	23	5.75	80
北京故宫保和殿下檐	1 650	21	5.20	80
北京故宫钟粹宫	1 380	18	4.35	75
北京先农坛拜殿	2 000	18	6.30	110
北京先农坛具服殿	1 600	18	5.04	90
北京先农坛庆成宫正殿	1 950	24	6.14	80
北京法海寺大殿	2 160	24	6.80	90
北京智化寺万佛阁上檐	1 200	15	3.78	80
北京智化寺万佛阁下檐	1 200	15	3.78	80

表 3-8　明代部分无斗栱（柱梁作）建筑挑檐檩（或檐檩）至檐口距离一览表

建筑	下檐出尺寸（毫米）	檐柱高（毫米）	下檐出 / 檐柱高	下檐出合营造尺	檐下斗栱
北京先农坛神厨正殿	1 045	3 800	1 / 3.6	3.29	无斗栱的小式建筑
北京先农坛神厨西配殿	1 120	3 310	1 / 3.0	3.53	
北京先农坛太岁殿配殿	1 640	3 880	1 / 2.4	5.17	单斗支替
北京太庙神厨	1 000	3 020	1 / 3.02	3.15	一斗三升
北京太庙神库	1 485	3 495	1 / 2.35	4.68	一斗三升

注：表 3-7 部分数据选自①汤崇平《历代帝王庙大殿构造》，《古建园林技术》1992 年第 1 期。②中国营造学社测绘图。③天津大学建筑学院测绘图。④北京古建研究所测绘图。⑤北京建筑大学建筑系测绘图。⑥郑连章《紫禁城钟粹宫建筑年代考实》，《故宫博物院院刊》1984 年第 4 期。

3.2.3　折屋特点

明代在屋面曲线确定方法上的改变使得明代建筑前后时期的折屋特点有所不同。考察明代折屋特点须从各步架坡度及举折曲线的比较入手。表 3-9 列出了明代屋顶各步架坡度高深比值和屋顶举折情况，表 3-10 列出宋《营造法式》与清《工程做法》各步架举高坡度比值。

表 3-9　明清部分官式建筑进深各步架坡度高深比值（H/D）一览表

建筑	构架情况	檐步	金步				脊步	备注
北京先农坛太岁殿	十三檩大木	0.51	0.53	0.63	0.64	0.82	1.12	单檐歇山厅堂
北京故宫中和殿	十三檩大木	0.51	0.53	0.75	0.88	0.87	1.07	单檐攒尖顶殿堂
北京故宫太和殿	十三檩大木	0.51	0.57	0.62	0.78	0.88	1.07	重檐庑殿顶殿堂
北京故宫午门正殿	十一檩大木	0.44	0.71	0.91	0.95		1.01	重檐庑殿顶城楼殿堂
北京故宫保和殿	十一檩大木	0.47	0.53	0.65	0.82		1.01	重檐歇山殿堂
北京故宫坤宁宫	十一檩大木	0.50	0.64	0.64	0.69		1.01	重檐歇山殿堂
北京太庙正殿	十一檩大木	0.49	0.58	0.67	0.80		1.14	重檐庑殿顶殿堂
北京太庙二殿	十一檩大木	0.47	0.54	0.67	0.79		1.07	单檐庑殿顶殿堂
北京太庙三殿	十一檩大木	0.49	0.55	0.65	0.81		1.07	单檐庑殿顶殿堂

续表

建筑	构架情况	檐步	金步				脊步	备注
北京历代帝王庙正殿	九檩大木	0.46	0.56	0.78			1.04	重檐庑殿顶殿堂
北京法海寺大殿	九檩大木	0.50	0.65	0.76			0.97	单檐歇山殿堂
青海乐都瞿昙寺隆国殿	九檩大木	0.51	0.60	0.80			0.80	重檐庑殿顶殿堂
北京太庙戟门	九檩大木	0.50	0.65	0.79			1.11	单檐庑殿顶殿堂
北京先农坛拜殿	九檩大木	0.50	0.57	0.72			0.97	单檐歇山厅堂
北京先农坛神厨正殿	九檩大木	0.44	0.45	0.63			0.79	柱梁作构架
北京故宫太和门（清）	九檩大木	0.54	0.71	0.70			0.95	重檐歇山门殿
北京故宫钟粹宫	七檩大木	0.49	0.69				1.0	单檐歇山厅堂
北京故宫神武门城楼	七檩大木	0.53	0.67				1.03	重檐庑殿顶殿堂
北京故宫左翼门	七檩大木	0.53	0.61				0.69	单檐歇山厅堂
北京故宫协和门	七檩大木	0.48	0.67				0.90	单檐歇山厅堂
北京故宫养心殿	七檩大木	0.52	0.63				0.90	单檐庑殿顶殿堂
北京智化寺万佛阁	七檩大木	0.46	0.65				0.94	重檐庑殿顶楼阁
北京先农坛庆成宫前殿	七檩大木	0.50	0.75				0.92	单檐庑殿顶殿堂
北京先农坛庆成宫后殿	七檩大木	0.62	0.78				1.03	单檐庑殿顶殿堂
北京先农坛神厨东殿	七檩大木	0.50	0.68				0.89	悬山柱梁作
北京先农坛神厨西殿	七檩大木	0.50	0.67				0.81	悬山柱梁作
北京太庙神厨	七檩大木	0.54	0.65				0.84	悬山柱梁作
北京太庙神库	七檩大木	0.52	0.58				0.92	悬山柱梁作
北京先农坛太岁殿配殿	七檩大木	0.51	0.67				0.83	十一间悬山柱梁作
北京故宫角楼（上檐）	五檩大木	0.48					1.03	十字脊顶殿阁
北京故宫千秋亭	五檩大木	0.50					0.98	攒尖顶殿阁
北京先农坛宰牲亭(上檐）	五檩大木	0.50					0.75	重檐悬山柱梁作

表 3-10 宋《营造法式》、清《工程做法》各步架举高坡度比值

文献制度	构架情况	檐步	金步				脊步	备注
宋《营造法式》	四架椽屋	0.53					0.80	殿堂楼阁、筒瓦厅堂等
	六架椽屋	0.47	0.67				0.87	
	八架椽屋	0.44	0.58	0.71			0.93	
	十架椽屋	0.47	0.55	0.66	0.83		1.09	
	十二架椽屋	0.47	0.53	0.61	0.67	0.83	1.14	
	六架椽屋	0.35	0.50				0.65	板瓦厅堂、廊屋或副阶
	八架椽屋	0.33	0.43	0.53			0.70	
清《工程做法》	五檩大木	五举					七举	
	七檩大木	五举	七举				九举	
	九檩大木	五举	六五举	七五举			九举	
	十一檩大木	五举	六举	六五举	七五举		九举	
	十三檩大木	五举	六举	六五举	七举	七五举	九举	

注：表 3-9、表 3-10 部分数据选自①《北京明代殿式木结构建筑构架形制初探》，载《祁英涛古建论文集》，华夏出版社，1992 年。②中国营造学社测绘图。③天津大学建筑学院测绘图。④北京古建研究所测绘图。⑤北京建筑大学建筑系测绘图。⑥郑连章《紫禁城钟粹宫建筑年代考实》，《故宫博物院院刊》1984 年 4 期。⑦故宫博物院古建部测绘图。

从图表中可以清晰地看出明代折屋有以下特点：

（1）脊步陡峻，举高多在十举上下。明代不仅十一檩、十三檩的大型建筑脊步达到十举，最多可达 1.14，而且九檩建筑大木构架

中，脊步也多在十举上下。如北京太庙戟门、历代帝王庙正殿等。更有甚者在七檩乃至五檩建筑的大木构架中，脊步举高也不乏大于十举之例，如北京故宫神武门城楼、钟粹宫、角楼等。当然，脊步低于十举甚至九举的建筑在明代也有，但为数较少，且常用于配殿或次要建筑群中，如北京太庙神厨，北京先农坛神厨正殿、西神厨及太岁殿配殿等。总体而言，明代殿堂建筑无论规模大小，脊步举架均较陡，在十举左右；厅堂或柱梁作建筑略低，但也达九举上下。

（2）从折屋曲线上看，屋顶的举折在明代有两种特点。一是明初部分建筑仍如宋制，先定举、后定折，如北京故宫神武门城楼、北京先农坛太岁殿、拜殿及庆成宫前殿等，是明代初期永乐至明中期嘉靖均占主导地位的做法。建筑的屋跨总举高多取近似于 1/3 或 1/4 之类的整数比，各步架坡度与宋《营造法式》接近，呈非整数比。折屋曲线总体而言凹曲度小，较宋式和缓。

另一种折屋形式出现于明代中后期。特点为各步架在坡度取值上趋近整数比值，如北京故宫协和门，各步架坡近似为五举、七举、九举；而整个屋面的高跨比却并非整数比值。同时，这些建筑在折屋投影上显然不同于宋制的圆转曲线，而是在某个檩缝处有明显的折点，因而整个折屋曲线呈现若干段的折线状，每檩缝折屋值较宋制也有减小，这一点在北京故宫中和殿、午门正殿、坤宁宫等建筑中均有反映。虽然采用第二种方法折屋的实例并不占绝对多数，且其各步架坡值亦未形成定制，但它却顺应明代大木施工向简便实用发展的趋势，是历史发展的必然结果。

3.3 立面构成

3.3.1 檐柱、斗栱、举高之比

明代建筑在房屋立面檐柱、斗栱与屋顶举高高度之比上大致有四种情况。

（1）柱高约等于举高。实例有北京太庙戟门、二殿、三殿，北京先农坛庆成宫前殿、北京故宫钟粹宫等。

（2）柱高约等于斗栱高与举高之和。实例有北京先农坛具服殿、庆成宫后殿、北京故宫协和门等，多为七檩及以下构架的中小型建筑。

（3）柱高加斗栱高约等于或大于举高。这类建筑多为十一檩、十三檩构架的较大型建筑，如北京先农坛太岁殿、故宫中和殿等。

（4）柱高略大于举高。如北京先农坛拜殿、社稷坛前殿

等。但二者相差幅度不大，约在 2~2.5 尺。

值得一提的是，明代建筑立面上斗栱层的高度已急剧减小。即使是七踩、九踩斗栱，占立面总高也不超过 15%，多在 10%~12%。小型建筑更是如此。另外，重檐建筑的副阶檐柱与正身檐柱的高度之比通常接近 1∶1.9~1∶1.8，如北京太庙正殿、故宫神武门城楼、湖北武当山紫霄宫大殿等。唯明末北京故宫保和殿比例稍低，在 1∶1.64 左右（表 3–11、表 3–12）。

表 3–11　明代部分官式建筑檐柱、斗栱、举高之比

建筑	大木构架	檐柱 / 斗栱 / 举高（百分比%）	檐下斗栱类型
北京太庙二殿	十一檩殿堂	44 / 11 / 45	单翘重昂七踩
北京太庙三殿	十一檩殿堂	44 / 11 / 45	单翘重昂七踩
北京太庙戟门	九檩殿堂	44 / 15 / 41	单翘重昂七踩
北京先农坛太岁殿	十三檩厅堂	41 / 10 / 49	单翘重昂七踩
北京先农坛拜殿	九檩厅堂	47 / 12 / 41	单翘重昂七踩
北京先农坛具服殿	七檩厅堂	51 / 7 / 42	单翘单昂五踩
北京先农坛庆成宫前殿	七檩殿堂	44 / 11 / 44	单翘单昂五踩
北京先农坛庆成宫后殿	七檩殿堂	50 / 12 / 38	单翘三踩
北京社稷坛前殿	九檩厅堂	47 / 13 / 40	单翘单昂五踩
北京社稷坛正殿	十一檩厅堂	41 / 12 / 47	单翘单昂五踩
北京故宫钟粹宫	七檩厅堂	46 / 10 / 44	重昂五踩
北京故宫中和殿	十三檩殿堂	39 / 8 / 54	单翘重昂七踩
北京故宫协和门	七檩厅堂	56 / 9 / 35	单昂三踩
北京故宫养心殿	七檩殿堂	47 / 10 / 43	单翘单昂五踩
北京法海寺大殿	九檩殿堂	48 / 9 / 43	重昂五踩
①檐柱高：平板枋上皮至地面；②斗栱高：大斗底至挑檐桁背；③举高：挑檐桁背至脊桁背			

表 3–12　明代部分重檐建筑副阶檐柱与正身檐柱高度比

建筑	大木构架	副阶檐柱 / 正身檐柱（高度比）
北京故宫神武门城楼	七檩重檐殿堂	1∶1.86
北京故宫保和殿	十一檩重檐殿堂	1∶1.64
湖北武当山紫霄殿	九檩重檐殿堂	1∶1.89
北京太庙正殿	十一檩重檐殿堂	1∶1.92

注：表 3–11、表 3–12 部分数据选自①《北京明代殿式木结构建筑构架形制初探》，载《祁英涛古建论文集》，华夏出版社，1992 年。②中国营造学社测绘图。③天津大学建筑学院测绘图。④北京古建研究所测绘图。⑤北京建筑大学建筑系测绘图。⑥郑连章《紫禁城钟粹宫建筑年代考实》，《故宫博物院院刊》1984 年第 4 期。⑦故宫博物院古建部测绘图。

3.3.2　檐出、檐高之比

为方便测量与比较，檐出取飞子头至正心檩中的距离，檐高为挑檐檩背至台明地面距离。明代建筑的檐出、檐高之比如表 3–13 所示，初期至中期建筑的檐出所占比例尚较大，多在 1/3~1/2 之

间，如先农坛及太庙两组建筑。明代后期，檐出的比例呈逐渐减小趋势，如故宫保和殿下檐的比值就达 1/3.85，接近 1/4 了。但总体而言，明代檐出与檐高比例在 1/3~1/2 之间取值的较多。另外，施简单斗栱或不施斗栱的建筑檐出与檐高之比较小，多小于 1/3，在 1/4~1/3.22 之间，加之重檐建筑中上檐斗栱比下檐斗栱多出一跳，比例稍小；这些都说明斗栱对檐口出挑的加大是有一定作用的。

表 3-13　明代部分建筑檐出与檐高比例一览表

建筑	檐出（毫米）	檐出合斗口数	檐高H（毫米）	檐高合斗口数	L/H	檐下斗栱出跳数
北京太庙正殿上檐	3 621	29	15 708	126	1 / 4.34	九踩
北京太庙正殿下檐	3 288	26	8 924	71	1 / 2.71	七踩
北京太庙二殿	3 170	25	8 493	68	1 / 2.68	七踩
北京太庙三殿	3 140	25	8 485	68	1 / 2.70	七踩
北京太庙戟门	3 271	26	7 391	59	1 / 2.26	七踩
北京故宫保和殿上檐	2 550	32	13 070	163	1 / 5.13	七踩
北京故宫保和殿下檐	2 130	27	8 200	103	1 / 3.85	五踩
北京故宫钟粹宫	1 540	20	4 780	63	1 / 3.10	五踩
北京故宫端门上檐	3 020	38	12 600	158	1 / 4.17	七踩
北京故宫端门下檐	2 530	32	7 460	93	1 / 2.95	五踩
北京故宫钦安殿上檐	2 030		8 920		1 / 4.39	七踩
北京故宫钦安殿下檐	1 880		5 560		1 / 2.96	五踩
青海乐都瞿坛寺隆国殿上檐	2 880	26	9 930	90	1 / 3.45	七踩
青海乐都瞿坛寺隆国殿下檐	2 000	18	5 810	53	1 / 2.91	五踩
北京先农坛拜殿	2 645	24	6 780	62	1 / 2.56	七踩
北京先农坛具服殿	2 100	23	5 200	58	1 / 2.48	五踩
北京先农坛庆成宫前殿	2 200	28	5 200	65	1 / 2.36	五踩
北京法海寺大殿	2 740	30	5 725	64	1 / 2.09	五踩
北京先农坛宰牲亭上檐	1 600		5 800		1 / 3.63	重檐柱梁作
北京先农坛宰牲亭下檐	1 300		3 300		1 / 2.54	
北京智化寺万佛阁上檐	1 800	23	12 020	150	1 / 6.68	七踩
北京智化寺万佛阁下檐	1 650	21	4 730	59	1 / 2.87	五踩
北京太庙神厨	1 000		4 310		1 / 4.31	一斗三升
北京太庙神库	1 485		4 785		1 / 3.22	一斗三升
北京先农坛神库正殿	1 045		4 200		1 / 4.02	单檐柱梁作
北京先农坛西神厨	1 120		3 825		1 / 3.42	单檐柱梁作

注：表 3-13 部分数据选自①《北京明代殿式木结构建筑构造形制初探》，载《祁英涛古建论文集》，华夏出版社，1992 年。②中国营造学社测绘图。③天津大学建筑学院测绘图。④北京古建研究所测绘图。⑤北京建筑大学建筑系测绘图。⑥郑连章《紫禁城钟粹宫建筑年代考实》，《故宫博物院院刊》1984 年第 4 期。⑦故宫博物院古建部测绘图。

3.3.3　檐柱高与明间面阔的比例

明代建筑檐柱高与明间面阔在比例关系上仍基本遵循宋《营造法式》之“副阶，廊舍下，檐柱虽长不越间之广”的原则。如表 3-14 中所示，明代建筑在檐柱高度合斗口数多在 40~60 斗口之间，明间面阔则多以 10~12 斗口的斗科间距为模数确定，在 58~78 斗口取值，二者的比例为 55%~96%。这与清代规定的明间施 6 朵斗栱，柱高 60 斗口，面阔 77 斗口，二者比例 77.7% 相比颇不相同。另外，明代一些建筑群之中轴线上的建筑即使有等级差别，其明间面阔仍多取一致，斗栱数量亦相等；但檐柱高度却随等级、规格降低而减小，从而造成檐柱高度与明间面阔比例的不确定。如北京先农坛太岁坛拜殿（见图 3-10）及北京社稷坛前后殿等。然而也有一些建筑柱高、面阔的取值合斗口数值特别大，如北京故宫中和殿、保和殿，估计是因重建时斗栱用材减小所致。但二者比例仍在 90% 左右，立面总体仍较宽阔、舒朗。

表 3-14　檐柱柱高 / 明间面阔（H/L）一览表

建筑	明间斗栱数	檐柱净高H	明间面阔L	H/L（%）
北京故宫保和殿	8	83.5（合斗口数）	91.5（合斗口数）	91.3
北京故宫中和殿	6	71.5（合斗口数）	79.4（合斗口数）	90.1
北京故宫神武门城楼	6	49.7（合斗口数）	78.2（合斗口数）	63.5
北京故宫钟粹宫	6	47.3（合斗口数）	75.3（合斗口数）	62.8
北京故宫翊坤宫	6	47.3（合斗口数）	75.3（合斗口数）	62.8
北京故宫储秀宫	6	47.3（合斗口数）	75.3（合斗口数）	62.8
北京故宫协和门	6	58.9（合斗口数）	72.6（合斗口数）	81.2
北京智化寺万佛阁	6	44.3（合斗口数）	74.0（合斗口数）	59.8
北京先农坛太岁殿	6	56.4（合斗口数）	75.9（合斗口数）	74.3
北京先农坛拜殿	6	45.5（合斗口数）	75.9（合斗口数）	60.0
北京先农坛具服殿	6	41.7（合斗口数）	73.6（合斗口数）	56.6
北京先农坛庆成宫前殿	6	52.5（合斗口数）	82.5（合斗口数）	63.6
北京先农坛庆成宫后殿	6	52（合斗口数）	82.5（合斗口数）	63.0
北京太庙正殿	6	50.5（合斗口数）	76.1（合斗口数）	66.4
北京太庙二殿	6	54.4（合斗口数）	78.4（合斗口数）	69.4
北京太庙三殿	6	51.4（合斗口数）	75.8（合斗口数）	67.8
北京太庙戟门	6	41.7（合斗口数）	75.9（合斗口数）	54.9
北京社稷坛正殿	6	50.0（合斗口数）	76.0（合斗口数）	66.0
北京社稷坛前殿	6	43.0（合斗口数）	75.0（合斗口数）	57.0
北京故宫钦安殿	4	45.4（合斗口数）	47.3（合斗口数）	96.0
北京故宫角楼	4	53.7（合斗口数）	70（合斗口数）	70.2
北京法海寺大殿	4	51.0（合斗口数）	56.2（合斗口数）	90.7
曲阜孔庙奎文阁下檐	4	48.0（合斗口数）	56.6（合斗口数）	84.8
北京先农坛神厨正殿	/	3 800毫米	4 860毫米	78.2
北京先农坛神厨东配殿	/	3 300毫米	5 000毫米	66.0
北京先农坛神厨西配殿	/	3 310毫米	4 990毫米	66.3
北京先农坛宰牲亭	/	2 600毫米	4 810毫米	54.1

注：表 3-14 部分数据选自①《北京明代殿式木结构建筑构架形制初探》，载《祁英涛古建论文集》，华夏出版社，1992 年。②中国营造学社测绘图。③天津大学建筑学院测绘图。④北京古建研究所测绘图。⑤北京建筑大学建筑系测绘图。⑥郑连章《紫禁城钟粹宫建筑年代考实》，《故宫博物院院刊》1984 年 4 期。⑦故宫博物院古建部测绘图。

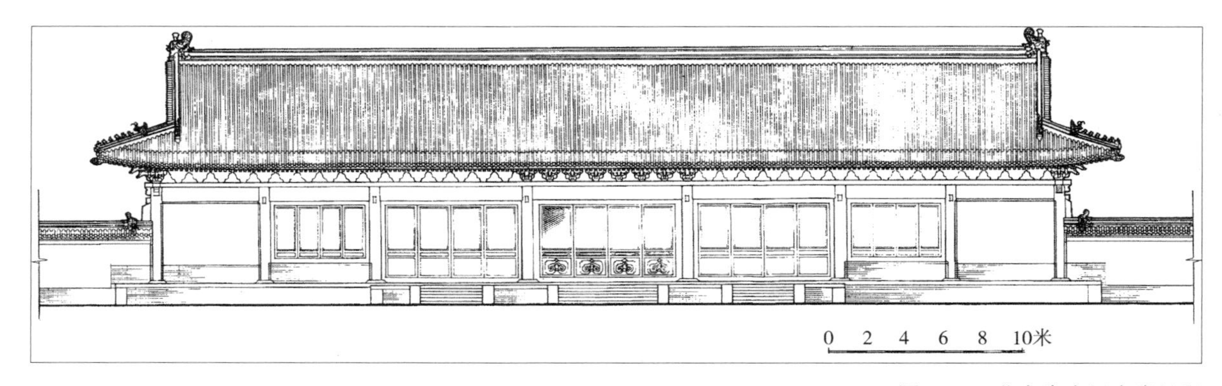

图3-10 北京先农坛太岁坛拜殿立面图（选自潘谷西主编《中国古代建筑史 第四卷 元、明建筑》）

3.3.4 侧脚与生起

在中国古代官式建筑大木构架中，立柱根据所处的不同位置，常采用侧脚及生起的做法。所谓侧脚，按宋《营造法式》卷五 [柱] 条规定："凡立柱，并令柱首（即柱头）微收向内，柱脚（即柱根）微出向外，谓之侧脚（见图 3-11）。"所谓生起，又可分为檐、角柱生起和脊榑生起，前者即指檐柱自心间向角柱逐渐加高，后者是指脊榑（或檩）上的生头木向脊榑外端逐渐加厚的处理（见图 3-12）。

宋《营造法式》中，对于各柱侧脚的数值均有明确规定。如卷五 [柱] 条上说："每层正面随柱之长，每一尺，即侧脚一分（1/100），进深南北相向每长一尺，侧脚八厘（8/1 000），至角柱，其首相向，各依本法。"同时，连楼阁的柱侧脚也有规定，如"若楼阁柱侧脚，以柱上为则，侧脚上更加侧脚，逐层仿此（塔同）"。由这些规定可以明确看出，建筑中角柱的面阔向侧脚要大于进深向侧脚。如一幢建筑，若檐柱高 4 米，则面阔向侧脚应为 4 厘米，进深向侧脚应为 3.2 厘米。至于生起，在宋《营造法式》中曾规定"以 2 寸为等差值，从三间角柱生起 2 寸，至十三间生起一尺二寸递增"等。但实际上，宋、辽、金、元时期建筑的侧脚、生起比《营造法式》的规定要大得多。

然而进入明代以后，从遗留下来的大量明代建筑遗构看，侧脚与生起的程度却渐渐减弱了。

（1）关于侧脚

调查资料显示，自明代初期直至明中期之前的许多官式建筑中，内外檐的立柱两方向几乎均有侧脚，如明初正统九年（1444 年）建的北京智化寺万佛阁，为二层楼阁式建筑，不仅其外檐柱有约 1% 的侧脚，而且内檐直通二层之柱头亦向室内中心点倾斜[8]。在明弘治十七年（1504 年）所建的曲阜孔庙奎文阁中亦是如此。此外，还有许多建筑之侧脚在外檐柱上表现得特别清楚，如明初永乐

8 刘敦桢《北平智化寺如来殿调查记》，《刘敦桢文集（一）》P95，中国建筑工业出版社，1981 年。

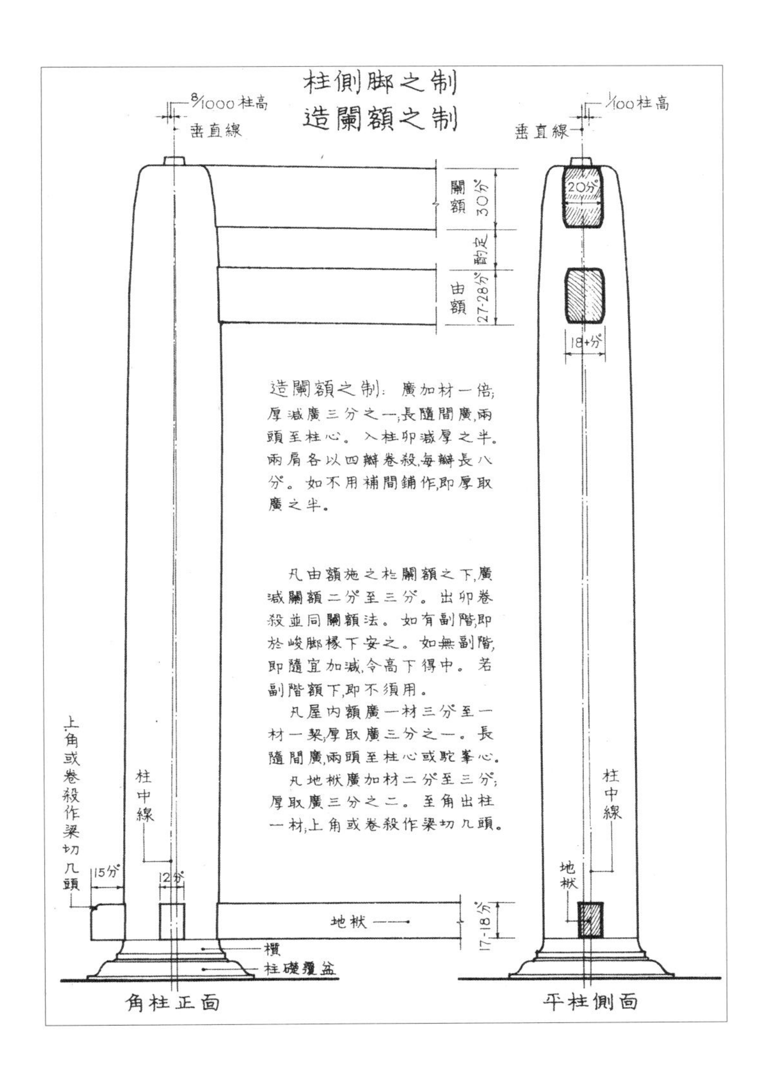

图3-11　宋《营造法式》侧脚做法（选自梁思成《营造法式注释（卷上）》）

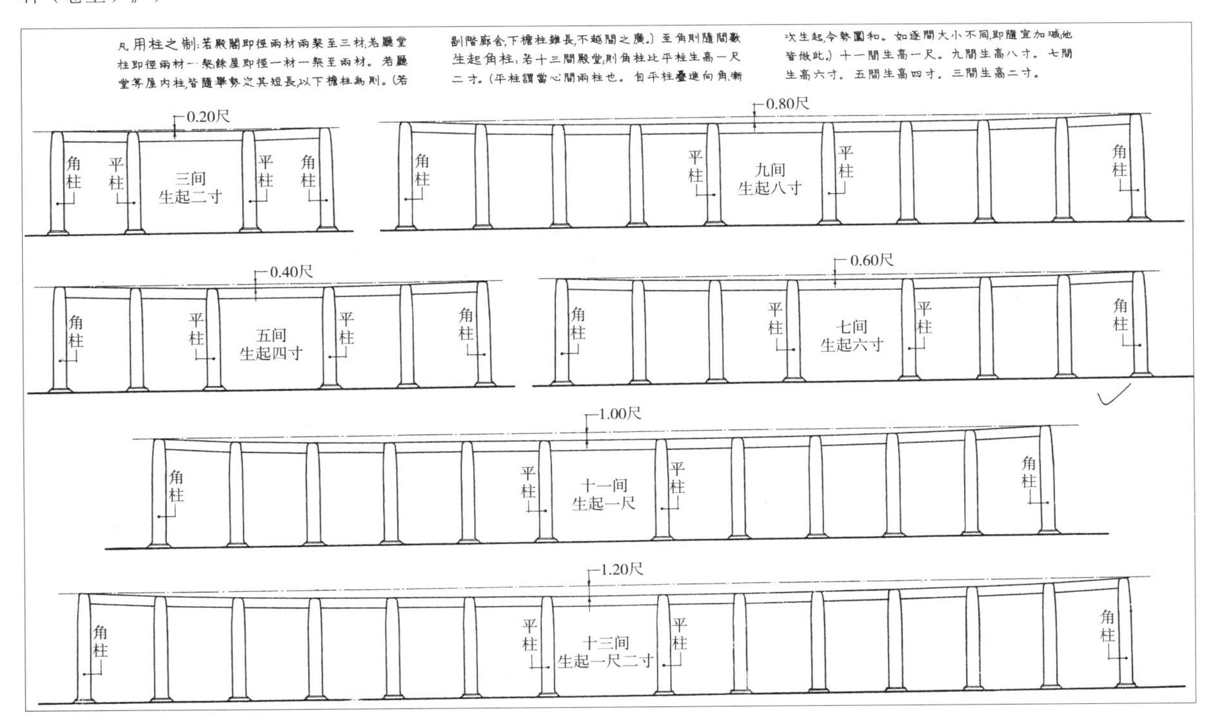

图3-12　宋《营造法式》柱生起做法（选自梁思成《营造法式注释（卷上）》）

年间北京故宫所建之钟粹、储秀两宫，前者角柱正面与山面侧脚值与柱高之比均为 1.11%，后者角柱正面侧脚值与柱高比为 1.30% ，山面则为 0.97%。又如明永乐十四年（1416 年）所建的湖北武当山金殿、紫霄宫大殿，以及明洪熙元年（1425 年）建成之北京社稷坛前后二殿等，侧脚均很明显。但与宋构实例相比已有所减弱。所以，明代初期官式建筑中仍遵宋《营造法式》制度，保留有明显的侧脚。这主要是和人们在思想上追慕古风，上仿唐宋有较大关系。

至明代中期，这时有些官式建筑中侧脚值已有减弱趋势，虽然明嘉靖间所建之北京故宫钦安殿（1535 年），其角柱侧脚值与柱高比值正面为 0.99%，山面为 8.1‰ ，减弱趋势尚不明显，但在同期所建之北京先农坛太岁殿、拜殿、具服殿（1532 年）三座建筑中，正面侧脚比值多在 1.30%左右，而山面太岁殿为 7.2‰ ，拜殿仅为 3.9‰（见表 3-15），不足宋《营造法式》规定值的一半，具服殿则几乎测不出侧脚了。这一现象的出现估计是因为正立面为建筑之主要观赏立面，受建筑风格滞后性的影响，故而仍保留有早期做法，而山面的影响相对较小，故先改之。但是，在一些较长的联房建筑中，檐柱却仅进深方向有侧脚值，面阔方向没有。如明嘉靖间所建之北京太庙正殿的配殿（十五间）及先农坛太岁殿配殿（十一间），仅在进深方向有约 1%的侧脚。

明代后期官式建筑中，随着生起的急剧减弱，与之一同起向心作用的侧脚已变得不是很重要，因此，在有些官式建筑中侧脚做法表现得并不明显，例如建于明末天启年间（1627 年）之北京故宫中和殿。这是一座平面呈方形的四角攒尖顶殿堂建筑。其四角角柱平

表 3-15　宋《营造法式》及明清部分官式建筑角柱侧脚一览

宋《营造法式》及明清建筑	年代	面阔向侧脚（厘米）	进深向侧脚（厘米）	角柱高度（米）	侧脚值 / 柱高	
					正面（%）	山面（‰）
宋《营造法式》	宋元符三年（1100年）	4	3.2	4	1	8
北京故宫钟粹宫	明永乐十八年（1420年）	4	4	5.59	1.11	11.1
北京故宫储秀宫	1420年	5	3.5	3.59	1.39	9.7
北京故宫翊坤宫	1420年	5	3.5	3.59	1.39	9.7
北京先农坛太岁殿	明嘉靖十一年（1532年）	8.5	4.5	6.25	1.30	7.2
北京先农坛拜殿	1532年	6.5	2	5.07	1.28	3.9
北京先农坛具服殿	1532年	5.4	无	3.78	1.43	无
北京先农坛宰牲亭	1532年	—	—	2.60	无	无
北京先农坛神厨东配殿	1532年	—	4.5（山柱向心）	3.30	0.9	1.4
北京先农坛西神厨	1532年	—	—	3.31	无	无
北京先农坛神厨井亭（二座）	明嘉靖间	5.0（六角檐柱均同）		3.075	1.6（六根角檐柱均同）	
北京故宫钦安殿	明嘉靖十四年（1535年）	4.25	3.5	4.3	0.99	8.1
北京故宫箭亭	清雍正年间	3.20	2.70	4.50	0.70	6

均侧脚仅 2.2 厘米（合 0.7 寸），与柱高之比仅为 0.39%，与前期同规模建筑相比更大为不及。同时，根据笔者 1994 年测量，中和殿四角角柱之柱头位移已呈现不规则扭曲现象，如西北角柱侧脚值为：北面柱头向东位移 7 厘米，西面柱头向南位移 3.5 厘米；西南角柱侧脚值为：西面柱头北移 3 厘米，南面柱头东移 3 厘米；东南角柱侧脚值为：东面柱头北移 3 厘米，南面柱头西移 1 厘米；东北角柱比较特殊，其在东面柱头位移为 0，而北面出现了负 3 厘米（向东）的向外位移的反侧脚。这一现象的发生估计主要是本地区强风向及地震作用的结果。若发生在早期采用直榫的建筑中，大木构架出现反侧脚将会导致倾覆危险。而中和殿在经历了 300 多年的风雨之后仍稳固屹立，这不能不和明代官式建筑中大量使用了联系构件，而非完全依赖侧脚所产生的向心力分不开的，出现歪闪而并不倾覆，说明明代官式建筑之大木构架已脱离了单纯依靠侧脚、生起形成内聚力以稳固框架的阶段了。

但是，侧脚作用的减弱并不代表它将立即退出舞台。由于建筑风格滞后因素的影响，在明代后期的相当长时期内侧脚做法仍有留存，甚至某些建筑中表现得还较明显。这主要是由于各地征召负责营建的工匠沿袭前代做法程度不同的结果。此种情况一直延至清代。

进入清代，在雍正时期颁布的工部《工程做法》中规定，官式建筑中已不必再做侧脚。但在清代一些官式建筑实例中，仍不乏有使用侧脚之例。据调查，在位于湖北省遵化马兰峪的清东陵的一些隆恩殿的檐柱上，仍可见在柱子中线里侧有墨线弹出的升线痕迹[9]。而清雍正间所建的北京故宫之五开间厅堂建筑箭亭的外檐柱上，也可测出侧脚值。但此时的侧脚值已较明代建筑又有所减弱，且仅在外檐柱上有，而内柱均无。

这里需要指出，明代建筑之侧脚及所起的结构作用在殿堂、厅堂建筑中均有减弱的趋势，但在许多点式木构架亭榭中，侧脚却自始至终都在使用，并发挥了较大作用。如建于明嘉靖十一年（1532 年）的先农坛神厨前两座六角井亭（见图 3–13），建于明嘉靖二十四年（1545 年）的太庙三座八角井亭（见图 3–14、图 3–15），其角柱侧脚均未见减弱，反而有所加大。又如先农坛两座井亭的六根角檐柱侧脚值（柱头向亭心）50 毫米，达 1.6%。甚至在故宫御花园及宫院内的一些建于清代的井亭上，也可看到有明显侧脚现象存在。这主要是因为井亭是架空、孤立的，没有墙体保护，其柱框层也没有足够多的联系构件连固，亭柱在无靠的情况下极易闪动，因此虽然明清建筑构架间联系有所加强，但对于井亭之类点式木构架而言，侧脚所起的向心作用仍是稳定木构架的重要手段之一。

9　清工部《工程做法》中对侧脚无规定，但工匠在建造过程中，沿袭以往做法，并谓之升线。

图3-13 北京先农坛神仓（作者拍摄）

图3-14 北京太庙戟门外东井亭（作者拍摄）

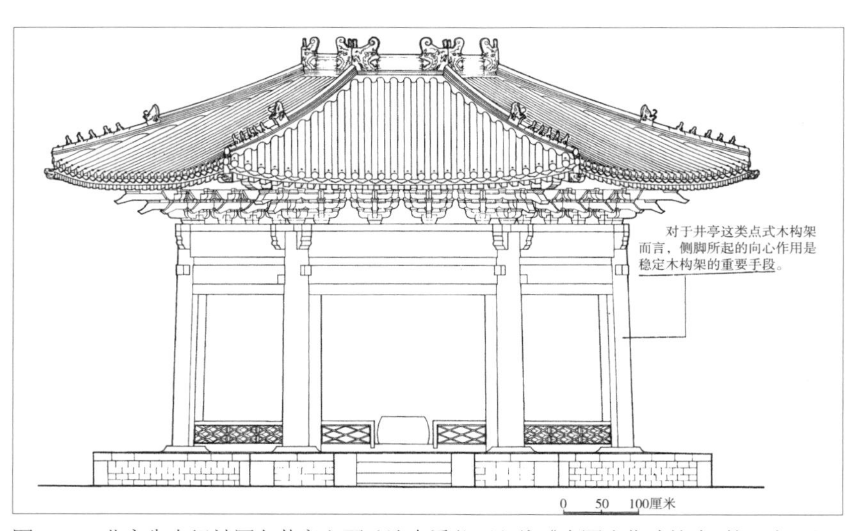

图3-15 北京先农坛神厨东井亭立面（选自潘谷西主编《中国古代建筑史 第四卷 元、明建筑》）

（2）关于生起

根据宋《营造法式》规定，“若十三间殿则角柱与平柱升高一尺二寸，十一间升高一尺，九间升高八寸，七间升高六寸，五间升高四寸，三间升高二寸”。但在明代官式建筑中，檐柱生起的程度并未遵此规定，而是减弱很多。除了明初北京故宫神武门城楼中外檐檐柱尚有较明显生起外，其他建筑均减弱很多，有些几乎难以察觉。如明初永乐年间（1420 年）所建之北京故宫钟粹、储秀、翊坤等宫，五间殿堂总生起仅 1.2 寸（4 厘米），较宋制之应生起 4 寸相距甚远；明代嘉靖年间（1532 年）所建之北京先农坛太岁殿、拜殿，作为七开间大殿，若按《营造法式》计算应生起 6 寸，但实际檐柱总生起值仅 1.8 寸（6 厘米），不及宋制的三分之一（见图 3-16）。至明后期天启七年（1627 年）所建之北京故宫中和殿，作为五开间攒尖顶殿堂建筑，檐柱皆与平柱柱头相齐，只在角柱头处生起 0.6 寸（2 厘米），几可忽略不计。至清初，于雍正年间颁布工部《工程做法》之际建造的北京故宫箭亭中，其角柱已测不出生起值，自此可视为官式建筑檐柱之生起做法已趋消失，见表 3-16。

从上述诸例来看，可以说角柱生起值自明初即大幅度减弱，但在剩余的微弱数值中似仍有规律可循。即一般较大的殿宇，如七开间的北京先农坛太岁殿、拜殿，从平柱至角柱，每缝檐柱柱头以 2 厘米（约 0.6 寸）逐层增高；五开间的故宫钟粹、翊坤、储秀等宫，平柱至角柱有均以 2 厘米（0.6 寸）逐层增高者，也有如先农坛具服殿以 1.5 厘米（0.5 寸）递增的；三开间建筑中，如曲阜孔庙大门等，也有升起 1.5 厘米或 2 厘米的。因此可以说，明代木构建筑生起值是以 1.5～2 厘米等差值逐层增高的。然而明代并不是用厘米为计算单位。这样的等差值换算成明尺仅 0.5～0.6 寸，不太可能成为明构的计量单位。但它在多座殿宇建筑中重复出现，似非无意之作。同时这样微小的递增数值，对木构架而言并不能起到柱头上形成网状曲面，从而依靠侧脚共同形成向心内聚力的作用，故也不可能成为

图3-16　北京先农坛太岁坛拜殿（选自潘谷西主编《中国古代建筑史 第四卷 元、明建筑》

表 3-16　宋《营造法式》及明清部分官式建筑檐柱生起值一览

宋《营造法式》及明清建筑	年代	间架	总生起值	平柱－角柱各柱缝生起值/寸		
宋《营造法式》	宋元符三年（1100年）	十三间殿堂	1尺2寸	逐间生起2寸		
	1100年	十一间殿堂	1尺	逐间生起2寸		
	1100年	九间殿堂	8寸	逐间生起2寸		
	1100年	七间殿堂	6寸	逐间生起2寸		
	1100年	五间殿堂	4寸	逐间生起2寸		
	1100年	三间殿堂	2寸	逐间生起2寸		
北京故宫钟粹宫	明永乐十八年（1420年）	五间三进歇山厅堂	1.25寸	0.6	0.6	—
北京故宫储秀宫	1420年	五间三进歇山殿堂	1.25寸	0.6	0.6	—
北京故宫翊坤宫	1420年	五间三进歇山殿堂	1.25寸	0.6	0.6	—
北京故宫景阳宫	1420年	三间三进庑殿殿堂	0.6寸	0.6	—	—
北京先农坛太岁殿	明嘉靖十一年（1532年）	七间三进歇山厅堂	2.2寸	0.6	0.8	0.8
北京先农坛拜殿	1532年	七间三进歇山厅堂	1.8寸	0.6	0.6	0.6
北京先农坛具服殿	1532年	五间三进歇山厅堂	0.9寸	0.5	0.5	—
北京先农坛东神厨	1532年	五间悬山厅堂	0	0	0	—
北京先农坛西神厨	1532年	五间悬山厅堂	0	0	0	—
北京先农坛宰牲亭	1532年	五间重檐悬山厅堂	0	0	0	—
北京故宫钦安殿	明嘉靖十四年（1535年）	五间盝顶殿堂	0.9寸	0.5	0.5	—
北京故宫中和殿	明天启七年（1627年）	五间四角攒尖殿阁	0.6寸	0	0.6	—
北京故宫箭亭	清雍正年间	五间歇山厅堂	0	0	0	—

明代官式建筑共同遵循的范式，这里权且将之看作为传统做法消亡后的残存吧。

3.3.5　屋角特征

（1）角梁搭接

明代官式建筑中角梁后尾的搭接方式较为多样，从北京、曲阜两地遗存之经过历代维修的明代建筑翼角来看，至少在明中叶，已经出现了清代作为定式的老仔角梁合抱金檩的做法。然而它们仍然与清官式有所不同，较多继承了元代旧法，如仔角梁断面常小于老角梁，而且常以抹角梁为仔角梁后尾的搁置支点（见图 4-25）。但是这种做法由于加强了角梁与金步的联系，并且构造简捷有效，因而成为明代官式建筑角梁搭接的主要方式，在明初的北京故宫神武门城楼、钟粹宫、角楼等建筑中已出现，在明中期的北京先农坛、太庙诸多殿堂以及明代后期的北京故宫中和殿、保和殿、协和门及昌平明十三陵献陵明楼等建筑中均广泛运用。

而在一些进深较小的建筑中，由于老、仔角梁在檐檩外伸出较多，为稳定角梁后尾，当老、仔角梁伸达金步合抱金檩后，仍向脊步延伸，直架两椽，利用上下两步架的坡度差，将角梁后尾插

图3-17　北京故宫角楼前出抱厦角梁悬挑脊檩图（1∶10模型照片，作者拍摄）

图3-18　北京智化寺万佛阁下檐角梁后尾入童柱（作者拍摄）

于脊檩之下，形成稳定的嵌固，从而悬挑脊檩与随檩枋后尾（见图3-17），如北京故宫角楼的前出抱厦即是。

另一种多用于重檐楼阁建筑中的是角梁后尾入柱式。角梁后尾通常贯通柱身，伸出的端头部分常刻以削薄的蚂蚱头或卷云头形式（见图 3-18）。例如北京先农坛宰牲亭、智化寺万佛阁等。在草架中后尾则多不加修饰。另外，北京太庙牺牲所正殿内由于不施内金柱，而在正、山两面梢间檐柱柱头施抹角梁，上栽童柱，因此下檐角梁后尾就插入童柱之中固定（见图 3-19）。故宫角楼也是如此，并且出柱后以木楔固定之，可见这些做法在明初官式建筑中已成熟、定型了。

图3-19　北京太庙牺牲所下檐角梁尾入柱做法（作者拍摄）

图3-20　昌平明献陵明楼上檐角梁构造（作者拍摄）

另外，明构中一般老、仔角梁紧密贴合，老角梁两侧刻椽窝，置檐椽，仔角梁两侧椽窝置翘飞椽，且在老角梁头分位刻梯形槽置连檐木，并将仔角梁背刻成与两侧屋面平的两坡，利于钉置屋面板。仔角梁的平飞头有的比老角梁高约 1 斗口，如明十三陵献陵明楼（见图 3-20）及南京明孝陵大红门石质角梁，有的则是老角梁上皮线的延伸，即平飞头并不向上起翘，仅在仔角梁端头上皮微扬（见图 3-21），如故宫钟粹宫、角楼及先农坛神厨两井亭角梁均是。这些都是明代较常见的做法，似是由宋代仔角梁卷杀之制遗存而来。然而湖北武当山玉虚宫两道砖棋木顶的大门屋角角梁起翘较

图3-21　北京先农坛神厨井亭角梁梁头（作者拍摄）

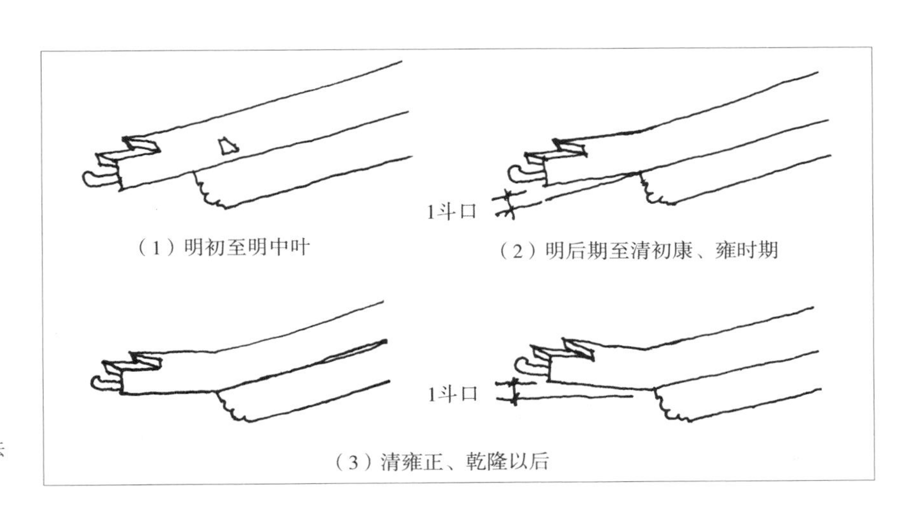

图3-22　明清仔角梁平飞头做法对比

高，与孝陵大红门石质角梁相似，玉虚宫二门均为明嘉靖间原物，与清代的平飞头起翘角度较为接近（图 3-22）。

明构中老、仔角梁也有为一根木料刻成之例，如北京先农坛宰牲亭角梁、神厨两井亭的各六根角梁以及故宫角楼角梁等，这些角梁在端头处底部并不上翘，是明代较为独特的做法。

（2）屋角布椽

屋角是古建筑屋面的重要组成部分，其构造方式决定着外部形象。对于屋角椽中翼角椽及翘飞椽的数量，则或遵匠师密传口诀，或依官书规定。清工部《工程做法》中就有对翼角椽数“以成单为率，如逢双数，应改为单”的规定。清代建筑实例也多依此法，凡翼角翘椽，每面均以奇数为率，已成定制。考之明代建筑发现，翼角椽的根数或为单数，或为双数，并未形成确定之制。如北京先农坛拜殿四角的翼角椽根数均为 18 根，先农坛宰牲亭下檐翼角翘飞椽为 14 根，昌平明长陵祾恩殿四角翼角椽数为 26 根，北京法海寺大殿四角翼角椽俱为 16 根，均为偶数；先农坛庆成宫前殿翼角椽数却是 15 根，为奇数；北京智化寺[10]诸殿中则既有四角翼角椽为奇数的藏殿（11 根）、智化殿（15 根）、天王殿（11 根），也有翼角椽数为偶数的的钟楼、鼓楼（10 根）和万佛阁（14 根，上下檐均同）。可见明代建筑在屋角布椽时并不刻意附会数字的规定，而是以均匀分布椽子以使翘飞椽之斜椽档（即沿连檐所量得的翘飞椽中距）与正身椽档基本相等为上，因此避免了翼角椽与正身布椽疏密不均之虞，从而获得了良好的外观形象。

10　根据中国文物局文保所提供 20 世纪 30 年代基泰工程司设计图测绘标明。

第四章　不同类型屋顶的特点

第四章　不同类型屋顶的特点

中国古建筑屋顶形式可谓丰富而独特，最常见的有庑殿、歇山、攒尖、悬山、硬山、卷棚、十字脊等。这些都是先民为满足建筑中排水、挡雨、遮阳等实际需要，又经过长期不断意匠而逐渐形成的丰富多变的优美造型。加之历代政治、经济、文化、技术发展的需要，不同时代的屋顶又表现出不同的风格，甚至被赋予特定的等级含义，成为地位、形象的重要表征。

本节从几种主要屋顶形式的构架特征入手，着重探讨它们在明代官式建筑中的运用与发展。

4.1　悬山顶

悬山顶即指两山屋面悬出于山墙或山面梁架之外的屋顶形式。其梢间檩木不是包砌在山墙之内，而是挑出山墙之外。它的主要特点：一是山面檩木出梢使屋面向两侧延伸，在山面形成出沿。出沿的大小及檩木端部与搏风板的交接构造在不同时期均各具特色；二是悬山建筑山面墙体有许多不同砌法，从而表现出悬山建筑的独特特征。

悬山屋顶等级较低，因此木构架形式多取简洁的柱梁作，有时还在檩下配以简单斗栱。主要用于主体建筑的配殿或次要建筑群中。如北京天坛、太庙、先农坛、社稷坛等坛庙建筑的神库、神厨、宰牲亭建筑群中。建筑多为一、三、五开间，并尤以三、五开间居多。也有根据等级规定递加者，如北京先农坛太岁殿的配殿就有十一开间之多。

4.1.1　悬山山面出际尺寸及相关构造

悬山山面出际尺寸在宋代《营造法式》中规定是随房屋的椽数增多而增长的，因此出际尺寸从两椽屋的 2~2.5 尺至八椽屋、十椽屋的四尺五寸或五尺不等。在清工部《工程做法》中则规定有两种方法：一是由梢间山面柱中向外挑出四椽四档；二是由山面柱中向外挑出尺寸等于上檐出尺寸。根据调查，明代悬山梢檩向外挑出尺寸也与宋代一样随椽数多寡而有一定变化，但不如宋式显著，并且明显不同于清代出际取值方式。

从表 4-1 可见，明代悬山建筑的出际多在五椽五档、六椽五档、六椽六档上。一些规模、等级较高的悬山建筑中也有出际七椽六档的，如北京天坛神库、先农坛宰牲亭上檐等。但在较小型的四檩卷棚悬山建筑如北京智化寺智化殿后卷棚抱厦及先农坛庆成宫东、西庑中，取值仅三椽三档，表现出明代悬山出际尺寸也是随建筑规模大小、等级高低而有一定变化，并非是一成不变的固定数值。但比之宋、金、元时期，明代的悬山建筑实例之出际尺寸折合椽径、椽档多少而言是大为减小了。如元构山西洪洞广胜寺下寺悬山建筑山面出际合十椽十档，就明显大于明构，也大于宋《营造法式》规定。因此，若以椽径及档距为单位计量，明代悬山顶山面出际多在五椽五档及六椽五档取值。

另一种计量是以上檐出尺寸来衡量比较出际大小。实例表明，明构中既有出际与上檐出大小相仿，如北京先农坛神库、神厨；也有差别较大的，如北京太庙神库的；更有差别极显著的，如北京先农坛庆成宫东、西庑，悬山出际仅为上檐出的一半之例。因此，明代上檐出与悬山出际之间似乎尚未形成严格的对应关系，取值也不尽相同。

由此可见，明代悬山出际尺寸既不同于清制的四椽四档或上檐出大小，也不如宋《营造法式》取值之大，但其取值随建筑规模、等级而有不同变化则是与宋制相似的。

表 4-1 明清部分悬山建筑山面出际情况（1 明尺＝ 31.75 厘米）

建筑	大木构架	山面出际尺寸			上檐出尺寸	檐椽径	每间用椽数
		以椽径、椽档计	毫米	合明尺			
北京天坛北神库正殿	五间七檩	七椽六档	1 570	5尺			
北京天坛北神厨东配殿	五间九檩	六椽五档	1 587	5尺			
北京天坛北神厨西配殿	五间九檩	六椽五档	1 587	5尺			
北京天坛宰牲亭前殿	一间七檩	六椽五档	1 120	3.5尺			
北京先农坛宰牲亭	三间五檩周围廊	七椽六档	1 490	4.7尺	1 650		
北京先农坛太岁殿配殿	十一间七檩	六椽半六档	1 440	4.5尺	1 640		
北京先农坛神库正殿	五间九檩	五椽五档	1 120	3.5尺	1 045	120	20根
北京先农坛东神厨	五间七檩	五椽五档	1 133	3.6尺	1 150	120	20根
北京先农坛西神厨	五间七檩	五椽五档	1 150	3.6尺	1 120	120	20根
北京先农坛神仓旗纛庙	五间五檩	七椽六档					
北京先农坛庆成宫东、西庑	三间四檩卷棚	三椽三档	680	2.1尺	1 110		
北京太庙神库	五间七檩	六椽五档	1 140	3.6尺	1 485		
北京太庙神厨	五间七檩	四椽四档	830		1 000		
北京太庙宰牲亭前殿	五间五檩	三椽三档					

续表

建筑	大木构架	山面出际尺寸			上檐出尺寸	檐椽径	每间用椽数
		以椽径、椽档计	毫米	合明尺			
北京故宫神武门内东、西值房	三间五檩	六椽五档					
北京故宫浮碧亭卷棚	四檩卷棚	四椽四档					
北京故宫养心殿前卷棚	四檩卷棚	五椽五档					
北京智化寺智化殿后抱厦	四檩卷棚	三椽三档					

注：表 4-1 部分数据由北京建筑大学，天津大学建筑学院测绘提供。

另外，明代悬山顶在山面搏风板与边椽的交接及固定做法上也颇别致。由于明代边椽做法尚不固定，因此实例中既有将边椽加粗加大，做成大方椽形式以与搏风板充分接合的（见图 4-1），也有将边椽做成两根或一根半方椽并置的（见图 4-2）。其中，并置的这一

图4-1　北京故宫神武门内东值房山面搏风板与边椽交接（作者拍摄）

图4-2　北京太庙神库搏风板与边椽交接（作者拍摄）

根或半根方椽实为固定卯合搏风板的竖向楔子之用。楔子数量多为一步架两根。搏风板的厚度多小于或等于一椽径左右，端部搏风头常以类似霸王拳形象收头。

再者，悬山梢间檩条出际，其下随檩枋也一同伸出山面。枋头在清代常刻成燕尾枋形式，但在明构中多数仅在枋子外端向上略微卷杀，并不作燕尾枋，较为朴素。同时明代悬山构架多为柱梁作，不用或仅施简单斗栱，即用一斗三升或仅大斗垫托檩枋，大斗下端直接置于额枋上，不施平板枋。额枋两端也直接入柱，穿过角柱伸出山面，刻作箍头枋形式（见图 4–3），既拉结柱子，又有一定的装饰性。

图4–3 北京故宫神武门内西值房山面额枋出头刻作箍头枋（作者拍摄）

4.1.2 山墙面砌法

图4–4 北京太庙神库山墙面满砌法（作者拍摄）

明代悬山屋顶山墙面砌筑方式大致有三种：一是满砌式，即墙面一直封砌到顶，仅留梢檩挑出部分和随檩枋在外面，随檩枋端头斜抹收分，上钉搏风板，如北京太庙神库、神厨（见图 4–4）。二是五花山做法，即山墙仅砌至每层梁架下皮，随梁架的举折层次砌成阶梯状（见图 4–5）。这种做法将梁架暴露在外，有利

图4-5　北京天坛北神库五花山墙（作者拍摄）

于构件的通风防腐，并具有较强的装饰作用，是悬山建筑独有的做法。实例有北京天坛北神库及东、西神厨一组建筑。三是半砌式，山墙只砌至山面大梁以下，大梁以上的木构架全部外露，上下梁架间及象眼空档处均用木板封堵，使构件通风条件良好。山面外露构架的彩画也有较强装饰效果。实例有北京故宫神武门内东、西值房及北京智化寺智化殿后檐抱厦，北京先农坛庆成宫东、西庑及北京太庙牺牲所前殿等（见图 4-6）。此外，还有一种介于五花山与半砌式之间的做法，即如北京先农坛神厨正殿之三花山墙，其前后廊处山花砌至穿插枋下皮，殿身部位砌至跨空枋下皮（见图 4-7）。

图4-6　北京故宫神武门内东值房山墙面（作者拍摄）

图4-7　北京先农坛神厨正殿山墙面（作者拍摄）

4.1.3　悬山建筑大木构架类型

（1）五檩大木

实例：北京故宫神武门东、西值房，北京先农坛宰牲亭殿身部分，北京先农坛旗纛庙等。

特点：实例中五檩大木构架形式有两种：一是如故宫神武门内东、西值房的单廊式；另一种如先农坛宰牲亭及旗纛庙的柱梁作构架（旗纛庙山面中柱落地），山墙面多取半砌式。先农坛宰牲亭是重檐悬山建筑，采用的悬山顶殿身环以周围廊是悬山建筑中的孤例。

（2）七檩大木

实例：北京天坛北神库正殿，北京先农坛神厨、神库，北京太庙神厨、神库等。

特点：多为五间七檩抬梁大木构架。梁架中常以驼峰代替立柱或柁墩出现。悬山山面挑出较多，常取五椽五档或六椽五档，与檐出尺寸尚无必然联系。

（3）九檩大木

实例：北京先农坛神库正殿，北京天坛北神厨东、西殿等。

特点：平面柱网分布常取前后廊式。山面有山柱，但前排金柱常被省去。山花多作五花或三花山墙。大致有两种构架形式：一是如先农坛神库正殿，明间为前后廊式，次梢间则均设中柱，因此七架梁、五架梁在此被中柱、山柱隔断，用两根三步梁，以上为双步梁、单步梁，梁间用驼峰架起；二是如天坛北神厨一组建筑中的东、西神厨，均为省去前金柱平面柱网，因此实为单廊平面，但山墙有四根前后对称的山柱。

4.1.4　几个典型实例

（1）北京先农坛宰牲亭——是一座无斗栱的重檐悬山建筑，这种悬山顶殿身环以周围廊的做法迄今为止是一孤例（见图 4-8）。

宰牲亭上檐殿身面阔三间，下檐为副阶周匝，檐柱无生起，也未见侧脚，角檐柱上用坐斗代替角云，承托十字相交的檐垫板和檐檩，它处较少见。

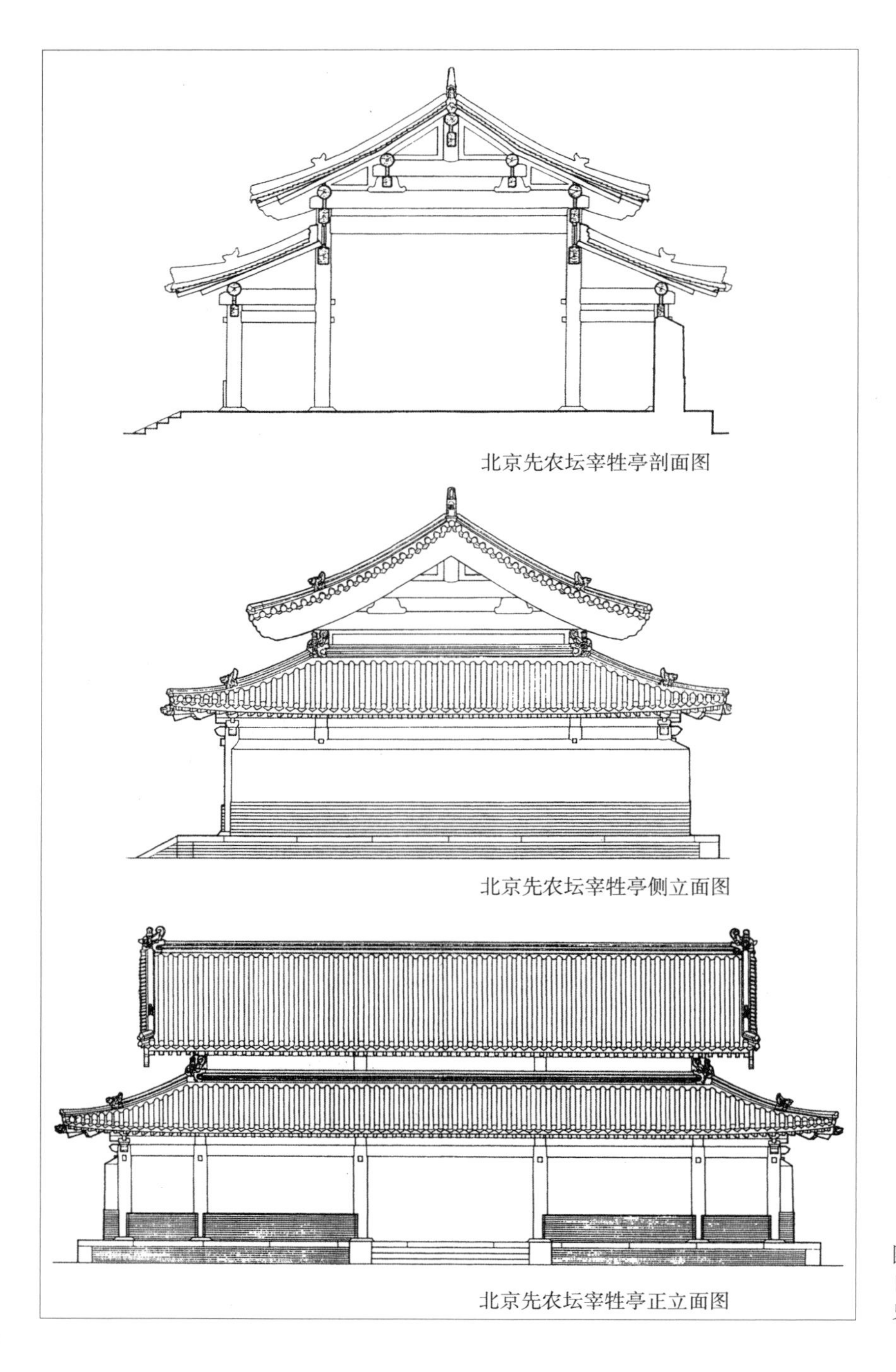

图4-8　北京先农坛宰牲亭（选自潘谷西主编《中国古代建筑史 第四卷 元、明建筑》）

上檐用五檩大木，四步架，老檐枋下和山面五架梁下置围脊板和承椽枋，承椽枋交圈放置。

（2）北京先农坛庆成宫东、西庑——四檩卷棚悬山（见图4−9）。二者均为先农坛庆成宫配殿，为四檩卷棚琉璃瓦悬山顶建筑。其构架特点在于脊部置双檩，檩上置弯椽，屋面无正脊，前后两坡屋面在脊部形成过陇脊。东、西两庑均面阔三间，前后檐下置一斗三升斗栱，平身科每间四攒，进深 4 530 毫米，檐步 1 710 毫米，顶步 1 110 毫米，悬山大木挑出 680 毫米，三椽三档。山面山墙为半砌式，上部构架间以象眼板封堵，山面随檩各枋均做成燕尾状。

（3）北京故宫神武门东、西值房——五檩大木。东、西值房均为五檩大木单廊式，黑琉璃瓦悬山顶建筑。面阔三间，前后檐下置有一斗三升斗栱，平身科每间四攒，各步檩下均以十字科垫托，斗科下垫驼峰。梁架加工细致，例如飞椽椽头有明显峻脚做法，梁头伸出山面均做成箍头枋式样。唯随檩各枋仅斜抹收分，并未做成燕尾状。悬山大木挑山六椽五档，与檐出约略相当。边檐椽为方椽，椽头画圆形图案，飞椽头则为两根并置方椽，搏风板直接钉在方椽边缘，并以木楔固定。

因规模较小，两山面山墙仅砌至大梁下，为半砌式。

（4）北京先农坛东、西神厨，北京天坛北神库正殿——七檩大木。北京先农坛东、西神厨均为五间削割瓦悬山顶，七檩无廊大木、无斗栱，两山有山柱砌于山墙内，檐柱有 9‰侧脚，无生起，

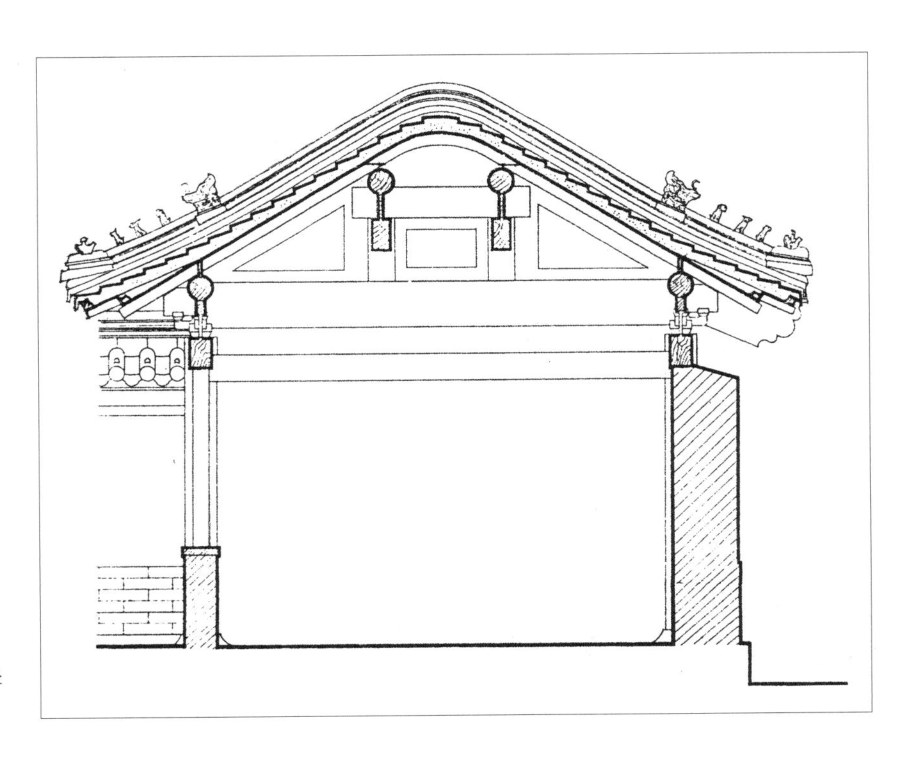

图4−9 北京先农坛庆成宫东、西庑剖面图（选自北京建筑大学建筑系测绘图）

山面柱也有侧脚，为 45 毫米。三架梁两端用瓜柱，五架梁两端用驼峰与下面的梁相交，檐椽直接挑出，未加飞椽，两山挑出 1 133 毫米，用椽 5 根。山面为三花山墙。北京天坛北神库正殿山墙为五花山做法，七檩无廊大木，两山出际用椽七根，规模较大。

（5）北京先农坛神厨正殿——九檩大木（见图 4-10）。神厨建筑群中的正殿为九檩前后廊无斗栱大木，五间。明间两缝无中柱，大柁为七架，以上为五架、三架梁。其余各缝梁架被中柱、山柱隔断，大柁部位用两根三步梁，以上为双步梁、单步梁，梁间用驼峰架起，未使用瓜柱或柁墩，七架梁和三步梁下有跨空枋。正殿为削割瓦悬山顶，山面为三花做法，悬山挑山 1 280 毫米，用五椽五档，挑山檩头下的随檩枋仅斜抹收分，并未做成燕尾状。

图4-10　北京先农坛神厨正殿内部梁架（作者拍摄）

4.2　硬山顶

4.2.1　硬山顶起源

关于明代官式建筑中是否已采用硬山顶，历来说法不一。它的起源在南方还是北方，也存在两种不同看法。

一种说法是东北传入之说。东北气候寒冷，冬季需烧火炕，墙壁与火炕烟囱之间应尽量减小距离以使出烟顺畅。采用悬山顶由于山面屋顶出际较大显得不够实用；采用不出际的硬山顶，则可将墙体与烟囱直接砌在一起，有利于排烟。由此硬山顶在北方建筑中开始大行其道。亦有实例证明最早在明代官式建筑中出现的硬山建筑之中有长城上的军营值房[1]。长城作为北风南渐的关口，在建筑中首

1　潘谷西主编《中国古代建筑史 第四卷 元、明建筑》，1999 年。

先出现硬山顶做法，再由此向南辐射应是顺理成章的。

另一说法是起源于南方。理由是江南潮湿、多雨，墙体立柱易被侵蚀，使用砖砌山墙可较好满足防水需要。同时更重要的一点是，自明代中期以来，江南地区人口迅速增长，建筑布局日益稠密，使得建筑物之间隔绝火势，防御火灾尤为重要。硬山顶山墙的防火分区性能优势极为明显，因此在江南人口稠密地区尤有用武之地。

比较这两种说法，本文认为南方起源说理由更为充分。

第一，南方发达的制砖业为硬山屋顶的运用提供了物质基础。

元代以前，房屋墙体均以土砖为主，元大都的城墙即为夯土砌筑。至明代，由于砖窑容量增加和利用煤烧砖开始普及，使得砖的产量猛增，不仅砖墙开始遍于全国各地，而且各地的城墙和北方的边墙也得以更新为砖墙。明代初期的南京城墙已是砖包土，有些地方甚至全是砖砌的了。明代在北方兴建重要的大型工程时也不例外，所用砖多来源于江南各地的砖窑，如苏州、江宁、常州、镇江、松江五府及江西袁州、安徽繁昌等地，如北京昌平的明代皇家陵寝十三陵，仅永陵明楼一处现存砖砌底座用砖就标明是明代各个不同时期由徽州、六合、常州、武进等几处窑区提供的[2]，而这几处均为南方官窑。足见明代南方砖窑的发达及制砖能力之强。与此同时，南方官窑更是创造了空斗砖墙。虽然此时的砖墙仍多用来维护结构，不起主要承重作用，但砖墙的普及，无疑为硬山屋顶的发展创造了条件。比之悬山建筑，硬山建筑更为节省，因而受到广泛欢迎，在江南民间建筑中首先出现并迅速在各地盛行是很有可能的。

第二，硬山顶的防火性能明显适应江南建筑稠密地区对防火分区的需要。

江南地区自明代中期以来，社会安定富庶，人口增加很快，住宅建筑的密度亦随之骤增。因此预防火灾，在建筑群中进行防火分区是十分必要的[3]。由于在建筑的山墙面采用封砌至顶的封火山墙能较好地隔绝火势，进而防御火灾，因此运用也愈加普遍。从江南现存明代遗构来看，硬山山墙有两种形式：一为模仿悬山顶，在硬山山花处做假搏风。这种做法形成年代较早，应为悬山顶向硬山顶过渡的中间形态；一为砖砌的山墙面局部或全部高出屋面，或做成阶梯状的马头山墙，或做成弧形的观音兜，是江南地区建筑的特有做法。这些硬山顶做法与形式随着江南制砖业的兴盛与运河漕运的发达繁荣，以及砖的大量北运并用于京畿的宫殿建筑之中，从而逐渐影响、波及北方的官式建筑。

第三，硬山屋顶的山墙具有良好的防雨水侵蚀性能。

2 十三陵永陵明楼在乾隆五十年（1785 年）修葺时曾被改建，所用墙砖有部分是其他陵寝拆下后调配而来，因此时间与产地均各异。但明楼发券及基座均为明代原物。详细信息参见胡汉民《清乾隆年间修葺明十三陵遗址考证——兼论各陵明楼、殿庑原有形制》一文。

3 《徽州府志》清道光本卷三之四“营造志”等中反映了防火墙使用于每户房屋建筑的情况：“何歆，弘治进士，由御史出守徽州……郡数灾，堪舆家以为治门面丙，丙火不宜门，前守用其言，启甲出入，犹灾，歆至，思所以御之，乃下教郡中率五家为墙，里邑转相效，家治从墉以居，自后六七十年间无火灾，灾辄易灭，墙岿然不动。”

由于南方潮湿多雨，墙体立柱易受侵蚀，使用砖砌山墙可以较好满足防水需要。硬山屋顶的这一性能在安徽省歙县西溪南村明代留存的民居建筑“老屋阁”（俗称老屋角）中反映尤为显著。该建筑采用的就是硬山屋顶。这座最迟建于明景泰七年（1456 年）的建筑能长期保存，得益于它在硬山山墙的特殊构造。老屋阁山墙与柱并不紧密靠在一起，而是分开一段距离，墙体与柱列间以铁件卯合，这样山墙主要起围护与防雨水侵蚀作用，使柱子有良好的通风透气与防腐条件（见图 4-11）。这一做法明确表示出硬山顶在明代南方民居建筑中不但采用较早，而且其主要用于防雨水侵蚀的特点早就被认识了。

第四，长城并不仅是东北地区地方建筑特色的反映。

长期以来有这样一个误解，认为长城既处塞北，其建筑顺理成章就是当地建筑之体现，其实并不尽然。长城作为当时国家的重点工程，虽然地处北方边陲，但从其修建过程与体制上看，应是由工部派员督造，由军工完成的官方建筑，即我们所说的官式建筑。因此，明代北方长城上的值房与敌楼作为长城工程中的一部分，它所反映的也应是明代官式建筑特色。仅以因其在北方地区施工建造，就认定硬山形式是受东北地方建筑影响而产生的，推论不够严密。

第五，山墙面出烟囱并非北方地区最普遍有效的做法。

从中国北方地区冬季取暖设施的设置看，大多采用的是北方民居普遍习用的火炕与火墙方法，这一做法在北京紫禁城宫殿的后寝殿区也体现出来。如北京紫禁城乾清宫、坤宁宫以及东西六宫这些帝王生活区域的建筑中都可以见到这样的设置。但是在东北地区现有的硬山顶建筑中，墙体与烟道结合的例子并不普遍，而在与中国有密切联系、地理位置十分临近的朝鲜半岛的李朝时期（相当于中

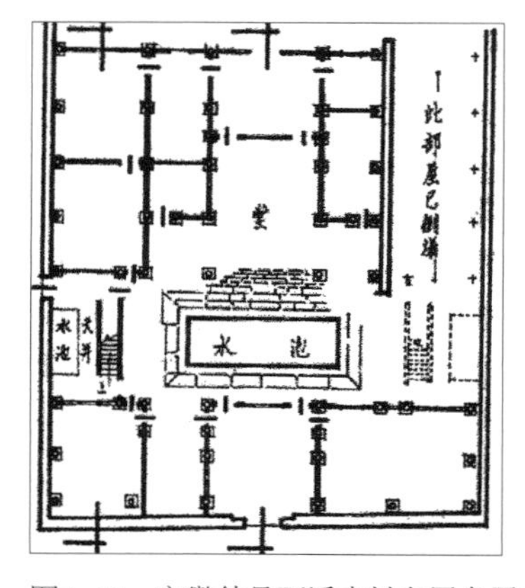

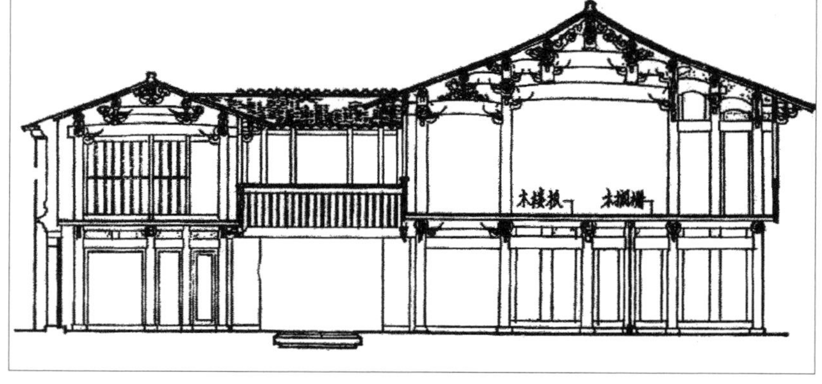

图4-11　安徽歙县西溪南村老屋角平面、剖面图（选自程极悦《歙县明代居住建筑“老屋（阁角）”调查简报》，载中国建筑学会建筑历史学术委员会主编《建筑历史与理论（第一辑）》）

国明清时期）建筑以及中国东北吉林省一些朝鲜族民居建筑中，出烟囱位置大多在房屋后部，并不一定与山墙相连，似可为山墙出烟囱并非普遍做法作一旁证。

因此，硬山顶在明代极有可能首先运用于南方民居建筑中，进而影响官式建筑。

4.2.2　硬山顶在明代的特征

硬山顶形式在明代建筑群中不但数量较多，而且其形态所显示的历史信息也十分丰富。北京紫禁城就是一个鲜明的例子。硬山顶形式多集中在宫殿的后寝部分，在这里的硬山建筑中，有一种较为独特的做法，颇似悬山顶向硬山顶的过渡。从形式上看，类似将悬山建筑截去梢檩外伸部分改建而成。这类硬山建筑前后檐不一定做墀头，额枋出头后的箍头枋及上部一斗三升斗科常镶嵌墙内（见图4−12、图 4−13），似有悬山改造的痕迹。山墙的外皮上则常贴砌琉璃砖搏风，有的还用琉璃砖镶嵌出山面木构架的图案，所示木构架做法均体现明式风格（见图 4−14）。如在东西六宫多数建筑配殿及后殿之山面琉璃表现的木构架上，脊檩下的瓜柱下端做鹰嘴，骑于梁背上，梁与柱的交接处施十字科、丁头栱，及梁栿做月梁式样，保留卷杀收分做法等。

那么，紫禁城中为什么将大量的悬山顶改为硬山顶呢？采用这一做法的原因推测是顺应防火需要而产生的。北京紫禁城自建成以来，多次遭受雷击、火灾，而一旦火起，常常延烧殃及其他殿宇。

图4−12　北京故宫钟粹宫后殿山墙墀头（作者拍摄）

图4-13 北京故宫御花园位育斋山墙墀头（作者拍摄）

图4-14 北京故宫储秀宫西配殿南墙琉璃仿木构屋架贴面（作者拍摄）

故宫前、后三大殿及午门等都有过多次遭受火灾的记录。例如《明神宗实录》[4]中曾记载明万历二十五年（1597 年）三大殿的火灾，就是起自归极门（协和门），延至皇极殿（太和殿）的，周围廊房也一时俱烬。可见在建筑密度很大的紫禁城中，防火是一件非常重要的工作。因此为了控制火灾，明代中后期，各殿院内的连廊被逐渐取消，作为生活区域人口高密度集中的东西六宫，山墙作为防火隔断的作用日益显著与重要。而将原先悬山顶的挑山尺度减小至仅为山墙厚度，搏风板贴于山墙面上，或再贴以镶嵌木构架图案的琉璃，则山面所用均为防火材料，能较好地起到隔绝火势蔓延的作用。同

4 单士元、王璧文合编《明代建筑大事年表》，中国营造学社编辑发行，1937 年。

时，悬山顶山面以琉璃镶贴的木构架图案也十分形象地表现出悬山向硬山的过渡。由此观之，紫禁城中硬山形式的出现及逐渐占据主导地位应是悬山建筑应防火要求逐渐改造而来的。但在院落较为疏朗的建筑群中，这一需要不若前者迫切，仍然多沿用悬山顶。

总之，硬山屋顶应是在明代制砖技术与产量大发展之际产生、发展，并迅速由南向北传播的一种屋顶形式。它虽然出现晚，等级低，但由于硬山顶具有较好的保护建筑木构架的作用及良好的防火性能，适应了明代中后期人口剧增，建筑稠密带来的防火需要。因此，它不但在民间被广泛采用，而且很快进入北京大内宫殿及坛庙的附属建筑群中，但由于硬山屋顶是后期来自民间，因之在官式建筑中一直处于等级较低的位置。

4.3　卷棚顶

卷棚顶即圆背不起脊，两山也可做成硬山、悬山或歇山转角做法。在明代官式建筑中多表现为悬山卷棚顶形式。等级较低，规模较小，多为四檩大木，用于建筑前后出抱厦或小规模的配殿建筑

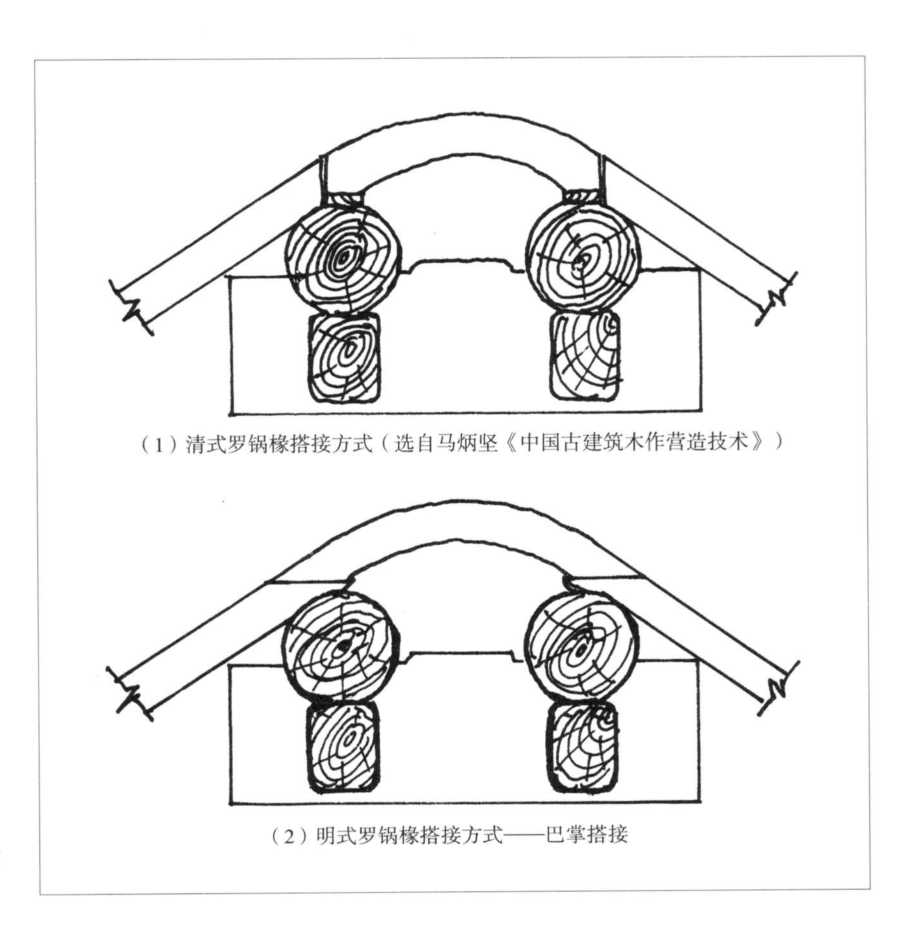
（1）清式罗锅椽搭接方式（选自马炳坚《中国古建筑木作营造技术》）

（2）明式罗锅椽搭接方式——巴掌搭接

图4-15　明、清卷棚顶罗锅椽的搭接方式比较（作者绘制）

中。实例较少，仅见于北京先农坛庆成宫东、西庑，以及北京智化寺智化殿后檐抱厦和北京故宫东西六宫的一些殿宇后檐。其构架特点在于脊部置双檩，檩上置弯椽，上下椽之间仍沿用巴掌搭接，与清代的罗锅椽下端削平置于脊枋条背的做法不同（见图 4−15）。屋面无正脊，前后两坡屋面在脊部形成过陇脊。悬山顶大木挑出常较其他建筑稍小，多为三椽三档，山面若有山墙封堵，亦多取半砌式，上部构架间以象眼板封护。另外，山面搏风板在制作上分三段（见图 4−16），正中圆脊处为半圆弧形板，板条之间以铁钉铆固。

图4−16　北京先农坛庆成宫东庑搏风板（作者拍摄）

4.4　盝顶

盝顶形式在宋《营造法式》中未见记载，至金元时期才较为常见，这主要与北方游牧民族的建筑风俗有关。盝顶在宫殿中的运用出现于元代，据陶宗仪《南村辍耕录》卷二十一宫阙制度所载，元大都宫城中已有此形式[5]。

入明以来，由于明初统治者扬宋弃元，力求恢复大汉文化，因此对带有异族色彩的建筑元素也较少沿用或者加以改造。在现存明构实例中，盝顶形式用于大型宫殿建筑的仅北京故宫钦安殿一例，并且已完全呈现出汉地建筑风貌。其他更多地则是用于井亭等小型点式建筑中。综合明代盝顶建筑的构架形式，大致有以下几种：

（1）角梁直接伸至井口悬挑井口枋

实例：北京天坛南北宰牲亭井亭、神库甘泉亭等。

5　参见刘敦桢《中国古代建筑史》（第二版），中国建筑工业出版社，1984 年。

特点：平面多为正六边形、八边形。檐檩下不施或仅施一斗三升的简单斗栱。各角以角梁直接上伸至井口，悬挑井口枋，翼角各椽依次插入角梁两侧（见图 4-17）。

图4-17　北京天坛北神库甘泉亭梁架仰视（作者拍摄）

（2）溜金斗栱悬挑井口枋梁

实例：北京太庙神库、神厨前井亭、宰牲亭井亭，北京先农坛神库、神厨前二井亭等。

特点：此类井亭等级较高，在太庙、先农坛等重要坛庙建筑中出现较多。斗栱通常为三踩单昂后尾挑金的溜金斗栱，其以后尾的多重挑斡悬挑井口枋梁形成盝顶具有较强的装饰性（见图 4-18）。

（3）抹角抬梁法

实例：北京故宫御花园井亭。

特点：井亭下部为方形平面，四根柱子顶上承托两端悬挑的担梁。作为抹角斜梁，其两端与檐檩扣搭相交，形成八角形。其上再在担梁中央置扣搭相交的扒梁，它们在四柱上部相交，形成四边形，再在四角处插入抹角枋形成八角形圈梁。各角置由戗，由戗后尾插入井口枋中固定（见图 4-19）。整个建筑虽面积仅 4 平方米左右，但由四方而上呈八角盝顶，构架的转换精确巧妙，是抹角抬梁极生动的例子。

（4）采用顺扒梁的抬梁构架承托井口枋、梁

实例：北京故宫钦安殿等。

特点：以钦安殿为例，从横剖面看（见图 4-20），屋顶荷载由井口承椽枋传递至其下二架梁上，二架梁下依次承以四步梁，梁头伸

左：图4-18　北京太庙神库井亭梁架仰视（作者拍摄）
右：图4-19　北京故宫御花园井亭梁架（作者拍摄）

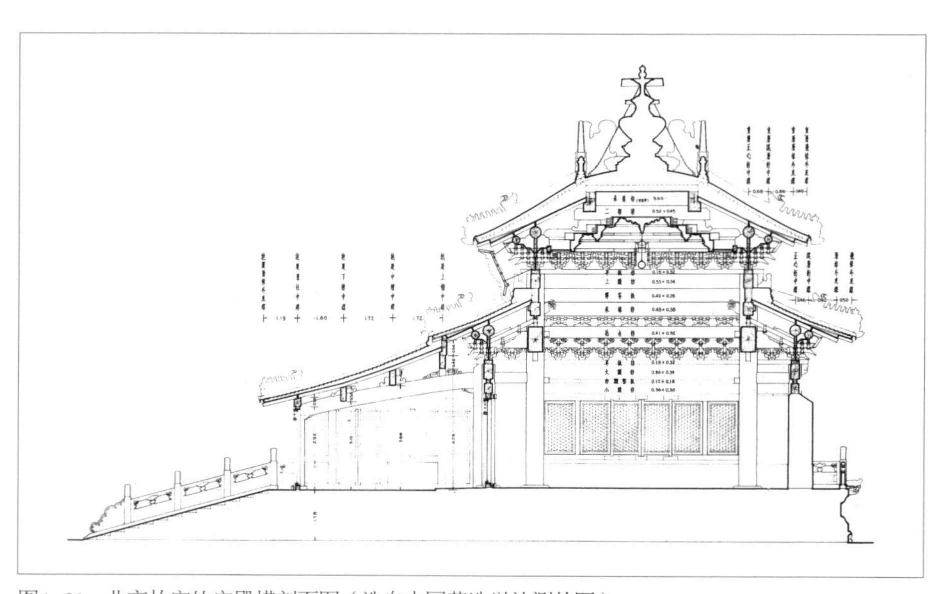

图4-20　北京故宫钦安殿横剖面图（选自中国营造学社测绘图）

出为挑尖梁形式，支于柱头科上。从纵剖面看（见图 4-21），交圈的井口承椽枋下垫柁墩，置于顺扒梁背，再传至下部梁架及斗栱，受力途径清晰，是规整的叠梁构架。

以顺扒梁形成抬梁构架的方式不仅在矩形平面的盝顶建筑中运用，而且也是其他屋顶形式的常用构架之一。

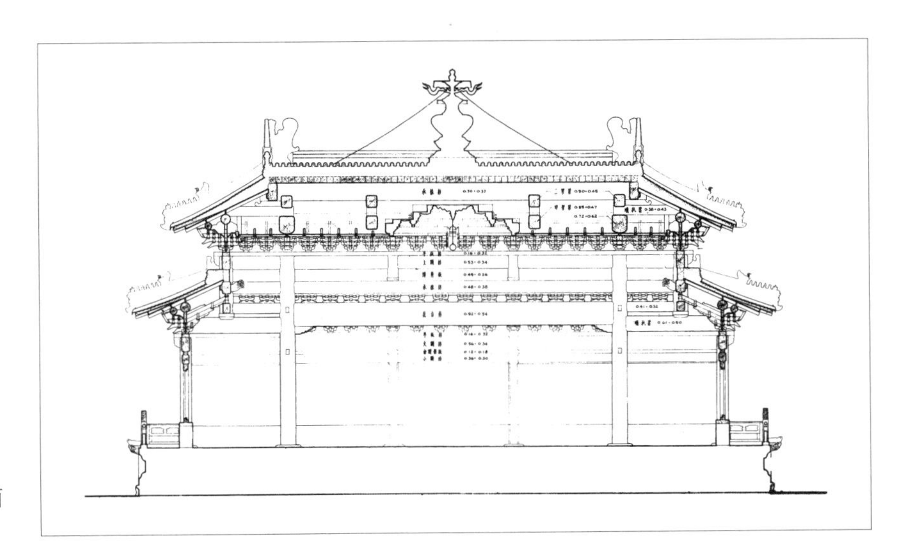

图4-21　北京故宫钦安殿纵剖面图（选自中国营造学社测绘图）

4.5　攒尖顶

攒尖顶的屋顶形式是交会于一点，没有正脊，因此构架上部的传力体系也有别于庑殿、歇山、悬山等形式，较为独特。

攒尖顶的出现与运用较早，可追溯至原始时期。宋代以前仍较多运用于大型礼制建筑之中。至宋代，从《营造法式》所载及宋画表现看，攒尖顶更多用于中小型亭式建筑中，大型建筑中已近绝迹。金元时期情况与宋代相似。不同的是，在元代建筑中已开始酝酿新的构架方式了。

明代随着屋顶形式的丰富和木构技术的日趋发展，在很多重要的坛庙、宫殿建筑中，攒尖顶又再度普遍运用。如象征“天圆地方”的天坛建筑群和建筑形式极其多样的北京故宫建筑群中，均有大量遗存。此时的攒尖屋顶不仅构架形式与前期发生了变化，而且类型上也更多样，并因大木技术的发展，在运用中所受局限大为减小而得以广泛运用于大、中、小型建筑中。在继承前代做法的同时，发展出了新的构架形式。

4.5.1　攒尖顶几种主要构架类型的继承与发展

（1）抬梁式构架

抬梁式构架是宋代及以前的大型攒尖顶建筑中常采用的一种方式。明代规模较大的攒尖顶建筑也多沿用此类构架，并根据情况有所发展。而对于中小型攒尖顶建筑，也一改过去不用抬梁构架的做法，从而使抬梁式构架的运用范围大为拓展。

抬梁构架的形式多样，在攒尖顶实例中，大致有以下几种：

①采用顺扒梁承重的抬梁构架——以北京故宫中和殿为例

北京故宫中和殿作为外朝三大殿之一，要求符合殿堂建筑的使用要求，因此在天花下部采用了内外柱基本等高的较规整柱框。梁架的草架部分则灵活对待，在脊部采用了四条由戗插入雷公柱的做法，雷公柱上端插入宝顶，下端搁置于太平梁背，并以缴背固定，不再向下延伸。太平梁两端搁在上金桁上皮，下以短柱承重传至顺扒梁、中金桁上。这以下，中和殿并未继续采用柱梁相续方式，而是采用了厅堂做法中的“插金”做法，即中金桁下以一根立于内金柱上的童柱承托太平梁和顺扒梁，其余的单步梁、双步梁、三步梁均插入童柱之中（参见图 2-3）。这种将厅堂做法活用于攒尖顶殿阁建筑的方法，不仅解决了大跨度问题，而且也减轻了结构自重，节省了大料的使用。

②抹角抬梁法承重的大木构架

抹角梁的使用在元代以前尚不多见，至元代方逐渐增多。它为木构架的转换提供了有利条件，尤其为攒尖顶构架的变异带来了更多可能性。

层层抹角的抬梁式构架首先在四角梢间檐柱头上施抹角梁，梁上中点处置驼峰承托角梁后尾及扣搭相交的下金檩。接着，向上角梁相续，至中金檩位时，再施抹角梁于檩背，梁上栽驼峰承上金檩与由戗。最后，由戗上插雷公柱，柱栽于太平梁背。整个构架中两度施用抹角梁承托下金桁与上金桁，形成向上收进的攒尖构架，简洁有序（见图 4-22）。

虽然同为抬梁式构架，抹角抬梁与顺扒梁抬梁构架却有诸多不同。前者檐步角梁后尾与交圈下金檩一道是置于抹角梁上的，因此檐椽仅伸至檐步架梁的一半处。而后者则因下金檩在内金柱位相交，檐椽的跨度须与檐步架深一样，角梁更是檐椽长度的$\sqrt{2}$倍。因此，采用抹角抬梁构架时，即使檐步架深较大，也不会使角梁及檐椽因后尾过长而失稳；采用顺扒梁抬梁构架则有此疑虑，所以实例中常在檐步中段位置设置承椽枋增加支点以解决这一问题。

③井口扒梁法承重的构架——以北京故宫千秋亭、万春亭为例（见图 4-23、图 4-24）。

井口扒梁法承重的抬梁构架一般用在圆形攒尖顶构架中。即在下部圆形圈梁上放置井口扒梁，再在井口扒梁上施抹角梁，支撑上层圆形交圈金檩，金檩相交处栽由戗，由戗上端插入雷公柱中。

井口扒梁法多用于中小规模的圆形或八角形攒尖顶建筑中。在小型圆顶建筑中，一般还会省去角梁、由戗，而将椽子直接插入雷公柱，实例如北京先农坛之圆顶神仓。

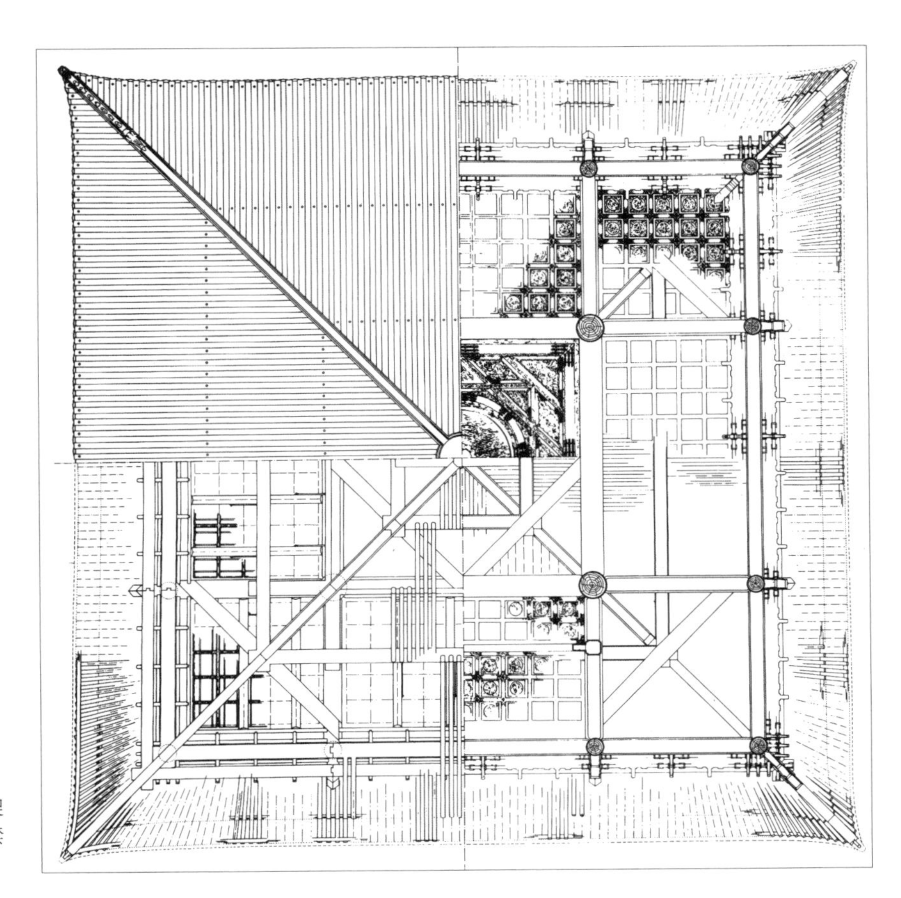

图4-22　抹角抬梁承重屋顶构架示意图（选自于倬云主编《紫禁城宫殿》）

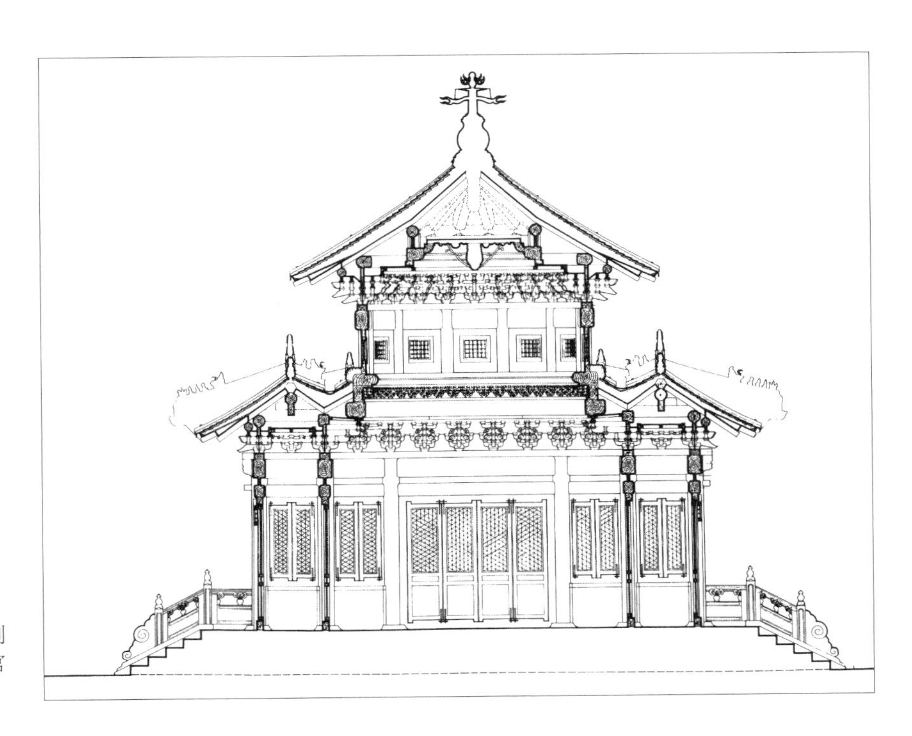

图4-23　北京故宫千秋亭纵剖面（选自于倬云主编《紫禁城宫殿》）

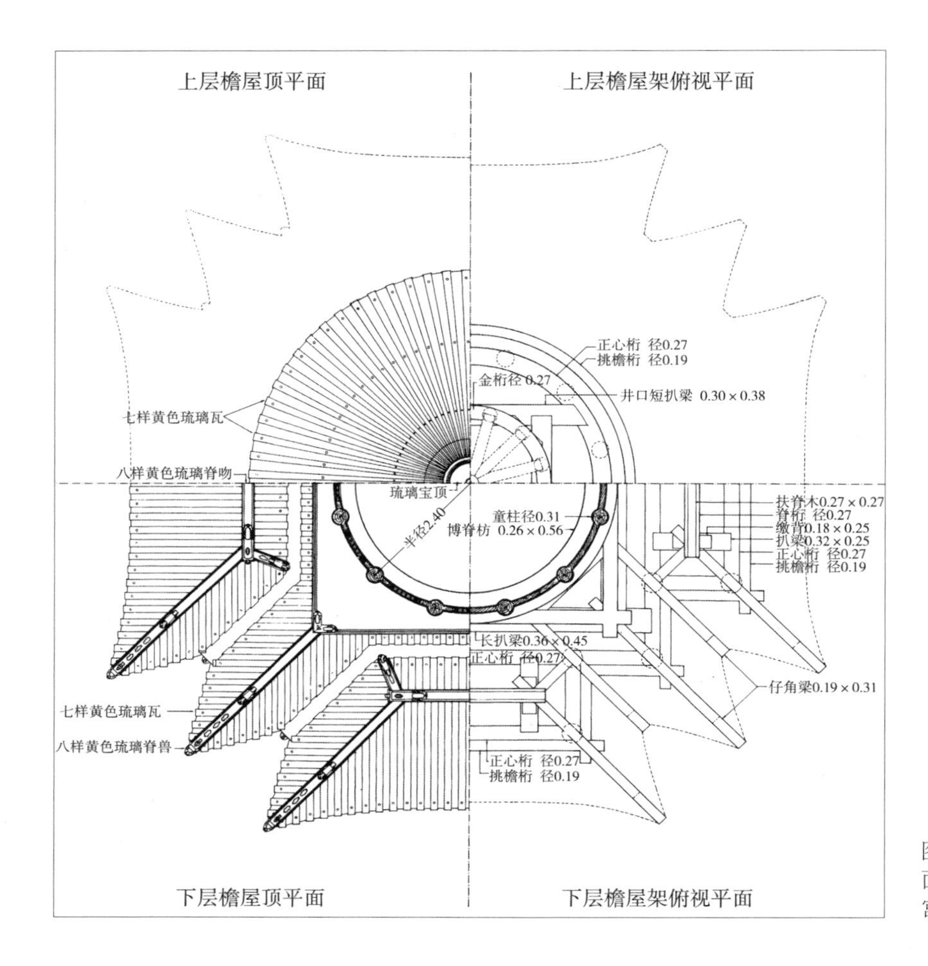

图4-24　北京故宫千秋亭屋架平面图（选自于倬云主编《紫禁城宫殿》）

（2）溜金斗栱悬挑屋架的新做法

溜金斗栱是在明代才发展成熟的新的斗栱形式。它主要是利用斗栱内跳后尾的多重挑斡悬挑屋架。在宋《营造法式》中，筒瓦斗尖亭榭仍采用大角梁直插帐杆做法，斗栱后尾的挑斡只是辅助悬挑大角梁而已。相比之下，明代攒尖建筑中的溜金斗栱所起的悬挑屋架作用更为显著，尤其在一些等级较高的圆形或多边形攒尖建筑中，此举更能产生形象统一、完整的室内空间，典型实例如北京天坛皇穹宇正殿。

皇穹宇是位于天坛南部的一组建筑群，其正殿是平时储放“昊天上帝”牌位的中等规模殿宇。平面为两层圆形柱网。檐柱 8 根支托外檐，与金柱 8 根一一对应。在檐、金柱的柱头上均施七踩溜金斗栱承托各自上部的圆形额枋。不同的是两层斗科的后尾搭接，如檐柱上一圈溜金斗栱后尾落于金柱顶的额枋上，为落金式斗栱；金柱柱头上一圈斗科后尾则悬挑上部的圆形井口枋，为挑金式斗栱。这两圈斗栱形成了构架的基本框架。再往上层，井口枋上又置仅向内出两跳的半攒五踩斗栱，悬挑上一架的井口枋梁，因此使内部呈三层藻井，层层重叠的一个伞盖形的结构形式（见图 4-25）。

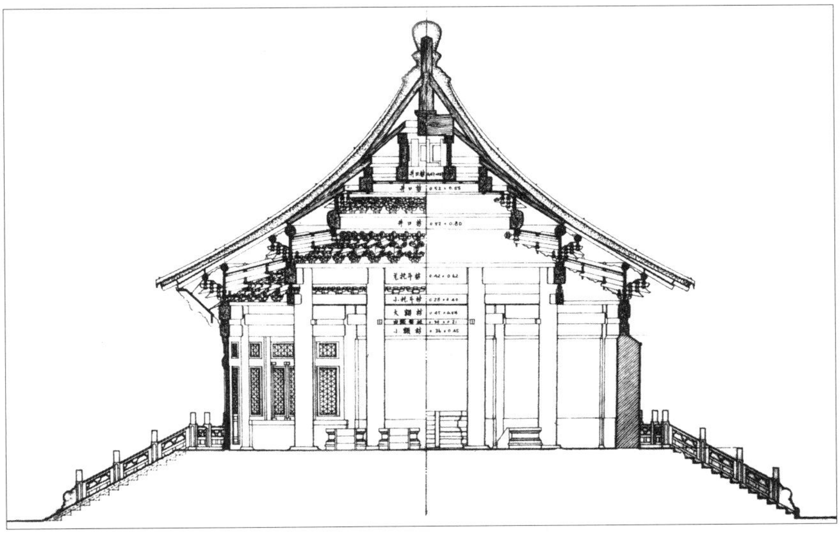

图4-25　北京天坛皇穹宇正殿剖面图（选自中国科学院自然科学史研究所主编《中国古代建筑技术史》）

由于皇穹宇正殿为附会"天圆地方"的象征意义而采用圆形攒尖顶，周遭无角，出檐无冲翘，因此屋面外观上无垂脊和檐角起翘，柱缝处也不用角梁，仅密排椽子。椽子通长两步架，下端削薄成楔形，置于下椽背，以形成屋面举架的圆转曲线。脊步因无由戗，脊椽亦直接插入雷公柱收尾。

明构皇穹宇正殿这种采用装饰华丽的多重溜金斗栱悬挑屋架的做法使得室内构架分层明确，受力均衡，加之各向均质，更突出了圆形的意向。它显然不同于宋式斗尖亭榭以大角梁斜插入帐杆固定檐、脊部的方式，采用溜金斗栱悬挑形成攒尖顶构架是明代出现的新的构架模式。

4.5.2　攒尖屋顶中主要构件的演变

（1）从大角梁直插帐杆到脊步由戗固定于雷公柱的转变

宋《营造法式》卷五"举折"和卷三十一"大木作图样"制度中，明确记载了宋代攒尖亭式建筑的屋架是将各方向大角梁直接向上斜插入帐杆，形成屋面受力构架，梁背上以上、中、下折簇角梁形成屋面举折曲线，并稳定拉结帐杆和大角梁的方式。这种做法在后来的发展中逐步被由戗插入雷公柱所代替，后者成为明、清两代官式攒尖顶建筑的规范做法。

实际上由戗也是角梁，它是攒尖顶构架中大角梁以上的角梁，是角梁的继续者。在结构位置和作用方面类似于《营造法式》中的续角梁。与折簇梁结构形式和位置相似，但略有不同。原因是由戗之名是和攒尖屋架中抬梁式构架有关的。元代以后，攒尖顶之角梁就不再插入帐杆成为主要受力构件，下部以抹角梁或扒梁等构成抬梁构架，而仅在最上一架的脊步，由戗才作为斜梁支撑雷公柱。因此由戗式构件从元代即已出现，并随着明代官式攒尖顶建筑的大量运用和不断改进，逐渐成为明代此类做法的定式了。

（2）雷公柱栽太平梁做法的成熟

由早期建筑实例可知，宋代及以前的攒尖顶中，帐杆的长短、粗细、上下搭接构造常因施用建筑的不同而有差别。如塔式建筑中，粗壮的塔心柱常贯通数层，甚至一通到地（见图 4-26）。而另一些建筑则以搁置在檐柱铺作上的大梁支托中心短柱，如湖北黄梅县鲁班亭、江西永修云居寺心空禅师塔亭[6]。但在宋《营造法式》中，这两种方式均未被收录，可知当时它们并非攒尖屋架形式的主流，但它们对后来明代官式攒尖顶构架的形成是有一定影响的。随着明代大木构架向秩序化发展及构架层次日趋分明，明代的攒尖顶建筑构架采用了雷公柱叉置于太平梁背做法结束顶部。此时的太平梁仅在脊步构架层，两端搁置于上金檩上皮，与下部的抬梁构架无直接联系。但较之宋《营造法式》之帐杆悬空而言，此举加强了脊部各构件间的整体联系，增强了构架的稳定性，也从一个侧面反映了明代官式建筑注重构架整体联系的特点。

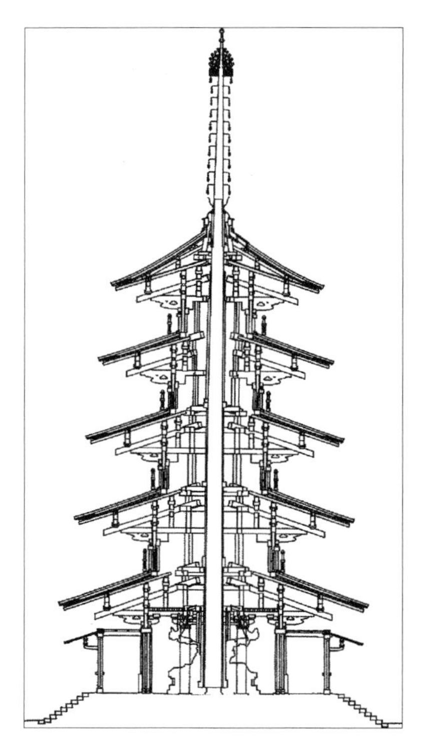

图4-26　日本法隆寺五重塔剖面图（选自法隆寺《西院伽蓝》）

总之，明代攒尖顶屋架的最主要特征在于完善了抬梁式构架的类型，加强了大木构架各部分的整体联系，并且在重要节点的构造上逐步成熟与规范化，形成了有序而有效的空间构架体系。

4.6　歇山顶

歇山顶在宋元时期建筑中已大为流行，一些建筑群的主殿中也开始出现以重檐歇山取代单檐庑殿之例。明代，歇山及其重檐形式大量出现并运用于各种殿宇建筑之中，成为仅次于重檐庑殿的最高等级的屋顶形式。

但是，明代建筑技术的发展与变化使此时的歇山顶无论外观还是相应的构造都与前期有较大不同。随着建筑举高的加大和山面收山的减少，歇山屋顶的正立面宽度更大，坡度更陡，形成了一种高峻、凝重的艺术效果，成为明代歇山顶有别于以往的独特艺术特征。

6　参见蒋惠《宋代亭式建筑大木构架型制研究》，东南大学硕士论文，1996 年。

4.6.1　梢间构架类型

歇山屋顶的变化主要集中于梢间构架。根据采步金檩下的支承构件及做法的不同，主要有抹角梁法和顺扒梁法两种类型。

（1）抹角梁与溜金斗栱的运用

抹角梁在明代歇山建筑的梢间转角处应用相当普遍，尤其是在使用溜金斗栱的厅堂作建筑之中。其放置抹角梁的方式也与宋、金、元时期有所不同，即通常并不直接将搭交金桁的交点落于梁中点位置，而是将抹角梁两端放在正侧两面梢间的平身科中。由于其两端伸出部分在外跳斗栱的头跳内即收尾，并随势平行于栱件，因此外观上并不显突兀（见图 4–27）；室内部分则多在梁背上置大斗及驼峰，斗口内承托角梁及角科的后尾悬挑部分。当使用挑金溜金斗栱时，角梁和抹角梁端头两组溜金斗栱后尾一同上伸至金步挑承金檩，形成悬挑结构（见图 4–28）；当使用落金溜金斗栱时，由于斗科后尾落在花台科中，因此以一根虚柱收尾来承接两山及角部斗科，花台枋、角梁后尾均插入虚柱固定（见图 4–29、图 4–30）。对于室内彻上明造的歇山建筑而言，这种转角采用抹角梁与溜金斗栱结合，共同挑承金檩的方式，一方面对上部构架影响较少，结构较为合理；另一方面又极富装饰性，因而成为明代歇山建筑采用较多的一种梢间构架形式。不仅在北京先农坛、北京社稷坛的歇山殿堂中常见，还有北京历代帝王庙山门、前殿及北京故宫许多门殿中均采用了这一方法。但在梁架正身部位，采步金檩两端仍插入挑尖梁背上的童柱之中。

图4–27　北京先农坛太岁殿正面梢间（作者拍摄）

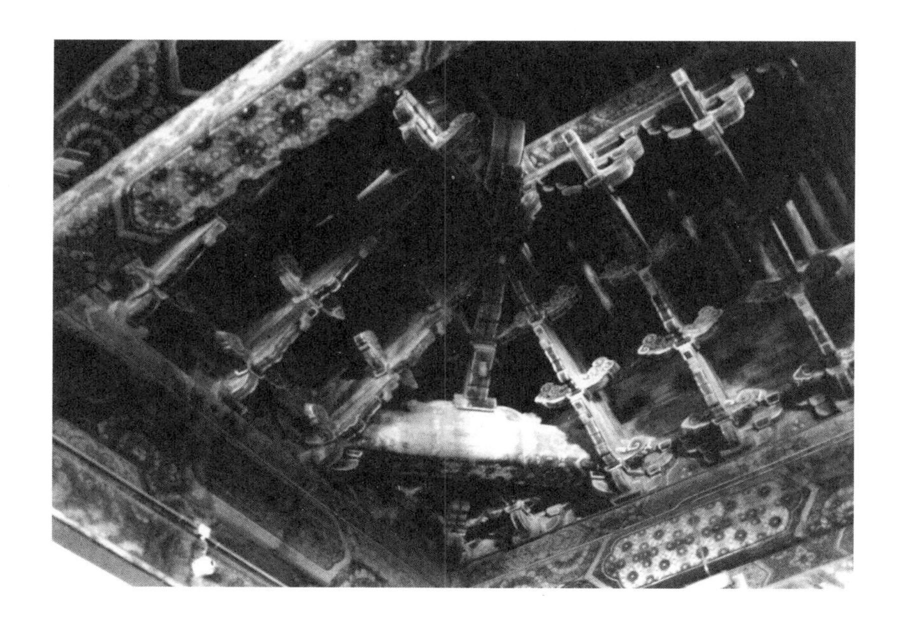

图4-28　北京先农坛太岁殿角科后尾（作者拍摄）

图4-29　北京社稷坛正殿室内角科后尾

（2）顺扒梁的运用

顺扒梁也是歇山顶在转角构造中常用的构件之一。顺扒梁上立驼峰或童柱，以十字科承托檐、山面扣交金檩及角梁后尾实现构架转换，是明代非常普遍的山面构造形式，并为清代建筑继承。梁的前端插在檐檩下则成顺梁，趴于檐檩上则为顺扒梁。后尾伸至梢间梁架缝位，搁置方式亦有三种：一是直接放在梢间缝位的最下层梁栿背上，不用童柱、驼峰收头。承托上层梁架的十字科直接放在顺扒梁背上，实例有北京智化寺智化门。二是顺扒梁后端插入驼峰或童柱中，由驼峰和童柱传递给下部构架，如北京智化寺智化殿、藏殿等；当室内为彻上明造时，驼峰或童柱上常置十字科承托上层梁

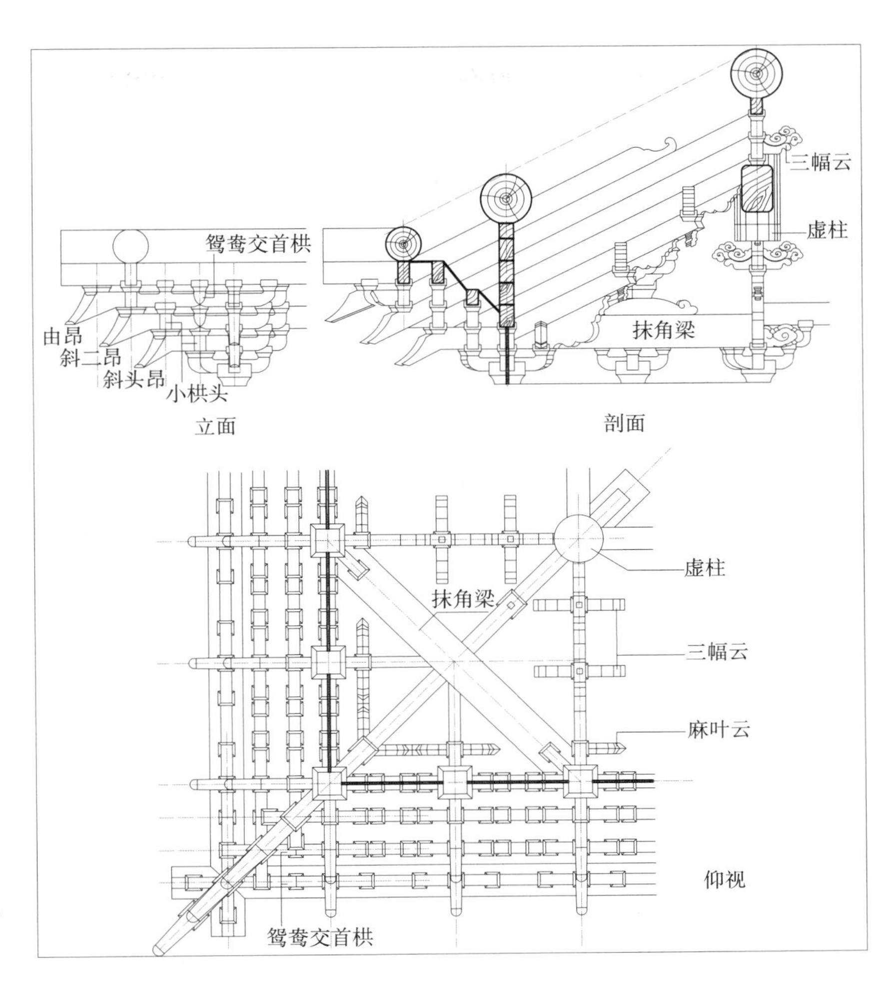

图4-30　北京社稷坛正殿角科平面图、立面图（作者绘制）

栿、檩条，如北京天坛皇穹宇东、西配殿均是。此时屋架中的金檩下承一斗三升的檩下斗栱，因此山面采步金檩下也施扒梁一根，两端搁在顺扒梁背上，承托檩下斗栱（见图 4-31），与纵向的檩下斗栱形成交圈。在室内无金柱或仅有中柱时，顺扒梁无需与檐柱一一对应，伸向山面的梁头也不伸出挑檐檩外，因此对立面形象并无影响，与下部斗科也不要求对应。三是顺扒梁后尾插入内金柱中。采用这种做法的构架金柱与檐柱是对齐的，如北京故宫钟粹宫、储秀宫等（见图 4-32），是较简洁、有序的形式。

顺扒梁的运用对于歇山梢间构架受力的转换是有效而简便易行的，因而得以广泛运用。它与抹角梁法一起成为明代歇山顶梢间构架组成的两种最主要形式。

（3）溜金斗栱悬挑采步金檩方式

歇山建筑中有一种构架因规模、体量较小，因此无需多重梁栿层层重叠转换构架形式来传递荷载，而仅靠溜金斗栱后尾挑斡的悬挑来承担檐面金檩与山面采步金檩的荷载。北京太庙戟门两侧边门

图4-31　北京天坛皇穹宇东配殿室内梢间构架（作者拍摄）

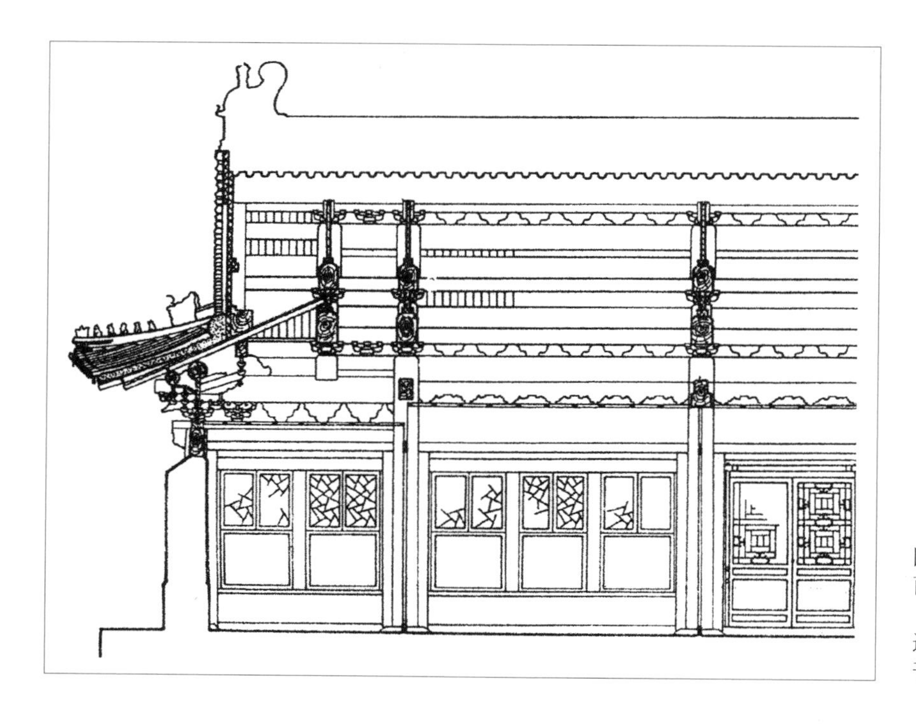

图4-32　北京故宫钟粹宫纵剖面图——梢间顺扒梁后尾入金柱（选自郑连章《紫禁城钟粹宫建造年代考实》，《故宫博物院院刊》1984年第4期）

均是这种类型（见图 4-33）。其山面采步金檩一端与檐面金檩及角梁扣搭相交，另一端则插入中柱。

4.6.2　歇山平面柱网类型及其与山面构造的关系

歇山顶的平面柱网分布随建筑的实际需要各有不同，它们的变化又同时对山面构造产生较大影响。明代歇山建筑在柱网分布上大致有如下类型（重檐略）。

图4-33　北京太庙戟门东侧边门梁架（作者拍摄）

（1）前后廊柱网平面

实例：北京智化寺智化殿，北京先农坛拜殿（省去前金柱四根），北京故宫钟粹宫、储秀宫、翊坤宫等。

特点：前后廊歇山是两山面无廊、前后有廊的柱网分布。它外围一圈檐柱，里围仅正身部分有金柱，两梢间无金柱。因此梢间构架中的采步金檩下没有柱子时，一般采用放置顺梁或扒梁方法来解决采步金檩及以上构架的落脚问题。

（2）无廊，前后三进四柱

实例：北京社稷坛前殿、正殿，北京先农坛太岁殿、拜殿等。

特点：此类歇山建筑规模较大，实例多为坛庙主体建筑。梢间内多利用抹角梁支承角梁，上行伸至金步与溜金斗栱相交。山面采步金檩通常两端插进童柱中，童柱落在下部挑尖梁背。前后进均有两步架或三步架之多。

（3）前廊无后廊歇山构架

实例：北京太庙大殿配殿，二、三殿配殿。

特点：平面柱网为三排柱，山面有四柱。通常金柱与檐柱高度不等，若廊内设天花，则支托的斗栱多以华栱出跳形式从金柱内伸出（见图 4-34）。山面构架多采用扒梁式。

（4）分心用三柱，门殿

实例：北京故宫协和门、北京历代帝王庙山门、北京智化寺智化门。

特点：分心造柱网平面多用于门殿、门屋，山面构架中通常采用顺梁或扒梁支承采步金檩及以上屋架。抹角梁法使用也较多，但主要与溜金斗栱一同使用，利用斗科后尾挑斡的悬挑作用支托金步构架，如北京历代帝王庙山门。

（5）单开间分心造

实例：北京太庙戟门东、西边门。

特点：利用溜金斗栱悬挑金檩与采步金檩。采步金檩两端与前后檐金檩分别相交，后尾插入中柱。

图4-34　北京太庙大殿配殿金柱柱头斗栱（作者拍摄）

（6）无廊歇山、通檐用二柱

实例：北京天坛皇穹宇东、西配殿，北京智化寺钟楼、鼓楼。

特点：无廊歇山即柱网分布仅有一圈檐柱，无金柱。这种建筑一般只能采用扒梁法来承接采步金檩等山面构件。

4.6.3　歇山山面构件特点及做法

（1）采步金檩

歇山山面距檐檩一步架处，承托与固定檐椽后尾及山面平梁的构件在构架中具有特殊作用。这个构件在宋代称阏头栿，清代称为采步金梁。在明代则因形式上与清式稍异而称采步金檩。

明初的歇山建筑仍有部分沿用了宋代手法而采用类似阏头栿构件之例，如北京故宫钟粹宫（参见图 4–32），但更多的则采用了采步金檩。它形象上不同于清代采步金梁为一根两端似檩、中部似梁的异形构件，而是直接以一根金檩代之。檩的平面位置与清式采步金及宋制阏头栿均一致，标高与前后下金檩相同，并与之扣搭相交。山面的檐椽直接搁置在这根檩上。为遮挡椽尾部分，在内侧常用一块通长的木板封住椽尾后端（见图 4–35）。采步金檩做法在明代极为普遍，明构北京智化寺智化门、智化殿、藏殿，先农坛太岁殿、拜殿、具服殿及社稷坛前殿、正殿等歇山顶建筑中都是如此，

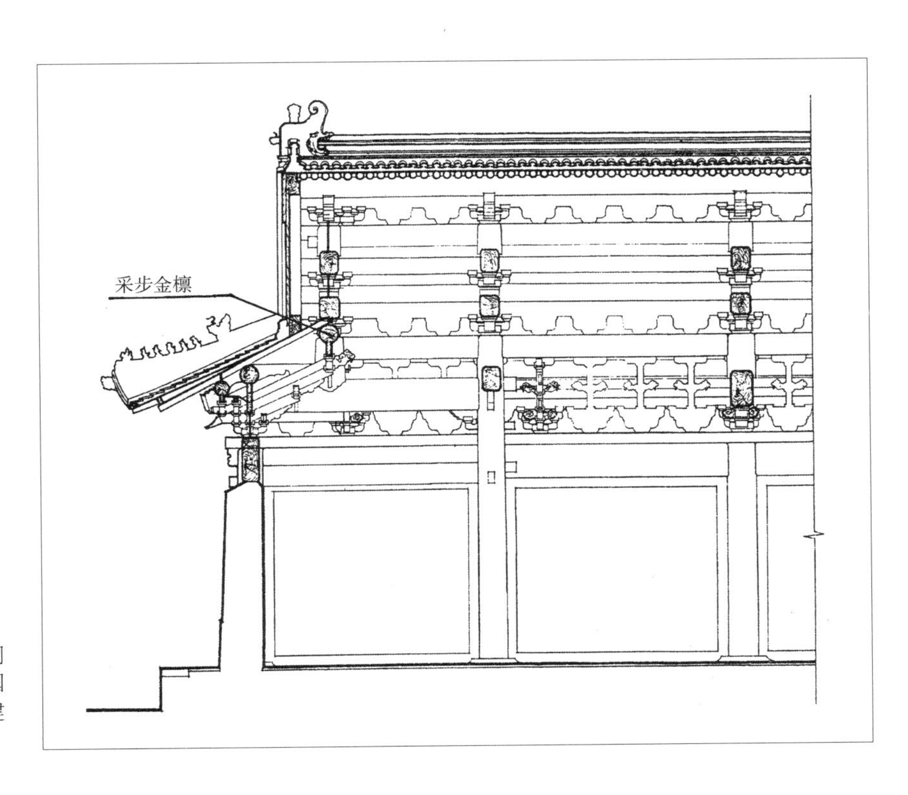

图4–35　北京先农坛拜殿梢间纵剖面（参考潘谷西主编《中国古代建筑史 第四卷 元、明建筑》）

足见是明代通行的做法。

（2）踏脚木、山花板与搏风板（见图 4-36）

踏脚木是歇山顶山面特有的构件，位置在山面正心檩与采步金檩之间，是为安置草架柱和山花板设置的构件。明代歇山建筑中，踏脚木、山花板做法与后来的清代建筑较相似，但在细部加工上更加精致。例如在山花与檐步架交接处，清构只在踏脚木上立草架柱，外侧钉山花板，贴山花板外皮后即可调博脊、铺瓦面，而明构则将踏脚木外侧底角裁成平行于椽望的斜口，山花板下皮也与斜口相齐。这样，在山花下口形成的空隙恰好可将底瓦、盖瓦塞进，然后再沿山花板外皮调博脊，以此防止雨水沿博脊缝渗漏到屋面。这些反映出明代在工程做法上的成熟与细致。

搏风板通常是钉在山花板上的，并且下端也与山花板一样裁成平行于椽望的斜口。和悬山建筑搏风板固定方法一样的是，歇山顶的山花搏风在山面檩条出际位置也是以梅花钉卯固，并且和搏风板紧挨着的椽望也做成方形，以与搏风板充分贴合。加固用的竖向木楔就卯合在方形椽望上。

（3）收山的大小

歇山收山，即指歇山建筑梢间屋面上部的山花板、搏风板安装的部位由山面向内收进，收进的距离即为收山值。歇山收山值的大小决定了它的外观形象特征。因此，各时期歇山建筑收山值的差异也导致了它们的不同风格。

歇山建筑收山值大小历来不等。宋《营造法式》卷五规定："九脊殿收山自梢间或尽间梁缝中心线向两侧挑出，尺寸依构架椽数多寡而定，一般在 2~5 尺左右。"这是以梁缝中心线为基准向外挑出多少来计算的，与清代以山面檐檩向内收山一檩径到山花板外皮的计算方法不同。宋构实例多依《营造法式》制度，也偶有超过者，并且因为梢间间广大小不一，减去出际尺寸后，檐柱至山花外皮的尺寸也大小不一，但总体上收山值大于明代歇山建筑。宋代的计量方式一直为元代建筑所继承。

至明代，歇山建筑中收山值出现大幅减小趋势。据调查数据看，山面檐檩收至山花板外皮的尺寸多在 1.5~2 檩径，并且收山值的计算方式也逐渐采用由山面檐檩向内收进的方式。北京故宫钟粹宫、北京智化寺智化殿收进 1.5~1.6 檩径，北京先农坛太岁殿、拜殿、具服殿均收山 2 檩径左右（见表 4-2），这使得明代歇山建筑在形象、风格上与以前日趋不同。

另外，歇山收山值在明代并未完全确定，因此数值从 1~2 檩径均有，个别建筑因实际需要，亦有不收山甚至向外推出之例。如北

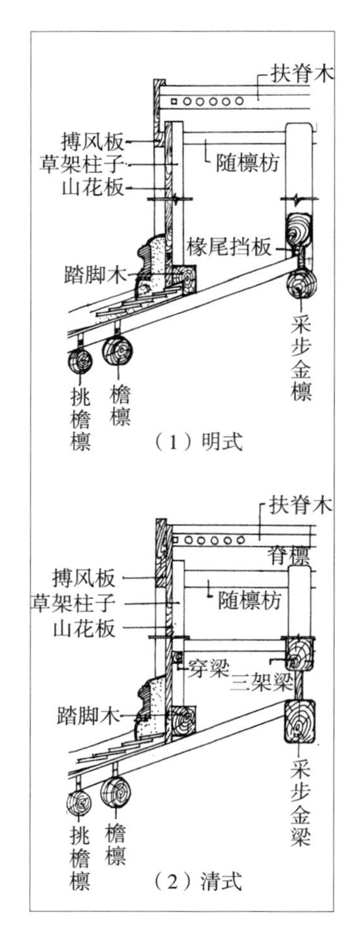

图4-36 明、清歇山山面构造比较（作者绘制）

京故宫四座角楼的十字脊四端均为歇山顶形式，但山花板却并不向檐檩内收进，而是置于挑檐檩与檐檩之间。这样做，一方面可以调节视觉感受，使角楼的屋面看起来较为宽大；另一方面，考虑到十字脊顶部较小，收山后山花面积将减小很多，因此从美观计，将山花向外推出以使顶部更加端庄、凝重。

7　部分数据取自北京建筑大学建筑系测绘草图。
8　部分数据取自中国营造学社测绘草图。
9　数据取自天津大学建筑学院测绘草图。
10　数据取自中国营造学社测绘图。

表 4-2　明代部分歇山建筑收山值一览表

建筑	收山值（厘米）	檩径值（厘米）	收山合檩径数	备注
北京先农坛太岁殿[7]	95	48	2.0	
北京先农坛拜殿	90	46	2.0	
北京先农坛具服殿	70	35	2.0	
北京智化寺藏殿[8]	30	30	1.0	
北京智化寺大智殿	42	25	1.6	
北京智化寺天王殿	22	22	1.0	
北京社稷坛正殿（中山堂）[9]			2.0	
青海乐都瞿昙寺山门、瞿昙殿、宝光殿、钟楼、鼓楼等			收山值均在山面檩径两倍以上	
北京故宫角楼[10]	0	37	0	十字脊四面歇山顶

（4）山花结带

明代歇山顶在山面多封堵山花，并于其上雕刻结带图案。明式的山花结带在图案布置上较清式饱满圆润，雕刻手法更加精致纯熟（见图 4-37）。

图4-37　明清歇山山花结带图案比较（根据潘谷西1979年调研笔记草图绘制）

4.7 庑殿顶

庑殿顶是中国古代最尊贵的屋顶形式，出现及运用的时间很早。至明代，随着各种屋顶类型的逐渐丰富，庑殿顶更被推至最高地位。其中，重檐庑殿作为最高等级的屋顶形式，只能用于皇家祭祖的太庙和故宫最隆重的殿阁及皇帝敕建的少数重要寺庙祠观的主殿之中，例如青海乐都瞿昙寺隆国殿、山东曲阜孔庙大成殿等。

庑殿顶从外观上看，明代以前四面坡多较舒缓、伸展；自明代始，不仅屋面举高加大，四面坡的凹曲明显，山面也更为陡峻挺拔，产生出巍峨、雄奇的艺术效果。而这种效果的获得，很大程度上来自明代庑殿顶在构架做法上的新变化。

4.7.1 几种常见柱网类型及构架

（1）重檐庑殿顶的柱网类型与构架

①周围廊、殿身中柱式

实例：北京太庙正殿。

特点：平面为殿身分心槽加周围廊式柱网排列，但装修设于檐柱间，故前后及两山实际都无外廊。山面有 7 根檐柱，殿身部分全部减掉了里围金柱，为三排柱。梢间上檐构架中，以斜置的顺扒梁支承上部屋架荷重。

②周围廊、殿身通檐二柱

实例：北京故宫神武门、东华门、西华门城楼，北京智化寺万佛阁。

特点：故宫神武门、东华门、西华门城楼均为周围廊柱网平面，下层重檐做法同前例。上层山面构架主要依靠层层扒梁支承迭落，构成山面构架。

北京智化寺万佛阁由于是楼阁建筑，支承平坐的短柱落于下层檐金柱间的挑尖梁背上，上层山面构架也是依靠扒梁支承叠落。

③周围廊、殿身双槽、进深用四柱

实例：青海乐都瞿昙寺隆国殿、苏州府文庙大成殿。

特点：瞿昙寺隆国殿为周围廊柱网平面，殿身双槽三进四柱。苏州文庙大成殿虽柱网为周围廊式，但装修设于檐柱间，因此两山及前后实际均无廊。殿身四柱，但明间减去了前檐外金柱二根。

④殿身双槽加前后廊、进深三进四柱

实例：河北昌平明长陵祾恩殿、北京历代帝王庙正殿。

特点：二者柱网分布相同，均为前后廊式，但实际并无外廊。

正身部分构架与周围廊殿身四柱式柱网相似。山面构架则因没有直达上檐的外围金柱，需在下层梢间外围金柱位置施挑尖顺梁，在挑尖顺梁上，自山面正心檩向内退一廊步架处立童柱直通上屋檐，作为山面上层的檐柱。

（2）单檐

①殿身分心槽、二进三排柱

实例：北京太庙戟门、二殿、三殿，北京天坛祈年门。

特点：前后三排柱，在中柱一缝安槛框门扉的，多作为门殿。将装修设于外檐的，多作殿堂。天花下为分心槽，上部为规整抬梁构架。山面多以顺扒梁支承上部构架。

②三进四排柱

实例：北京法海寺大殿，北京先农坛庆成宫前、后殿，北京天坛皇乾殿。

特点：这种平面柱网即通檐用四柱，是最常见的形式。檐柱、金柱间由挑尖梁及穿插枋联系。但实例中金柱常因实际情况灵活处理，有高于檐柱而不拘泥于内外柱等高的，也有减去明间两根金柱以扩大室内空间的做法。

4.7.2　推山做法的成熟

所谓推山，顾名思义是向山面推出屋脊与檩条的做法。正脊加长，因而四条戗脊的顶端向两侧移动，使戗背成为一条柔和的弧线。这样，屋面相交后所形成的角脊在平面上的投影也呈曲线状，此即庑殿屋顶的推山曲线。

推山做法见诸文字虽在清代以后，但其产生却由来已久。早在唐构山西五台山佛光寺东大殿中即有脊槫推出的做法。不过那时的脊槫推出目的在于使角梁相续至脊槫为 45° 直线，以便施工。宋《营造法式》图样“造角梁之制”中，曾例举四阿殿阁之八椽五间或十椽七间建筑在由下而上、角梁相续至脊槫时，以“两头并出脊槫三尺”来加长正脊（见图 4-38）。但这种脊槫延长的推山做法在宋代并不普遍，实例中就曾出现因正、侧两面间广不一引起的角脊折架不同，甚至逐架内折之例，如山西大同善化寺山门（见图 4-39）。至元代，庑殿顶的推山做法仍不普及，时有时无。如山西芮城永乐宫三清殿和龙虎殿，就是一个推山，另一个不推山[11]。直至明代，庑殿顶中采用推山做法的才日渐增多。就所调查的明代十几座庑殿建筑来看，未推山的仅有昌平明长陵祾恩殿和北京太庙戟门等极少数建筑，大部分庑殿建筑都采用了推山做法，并且推出的

11　参见祁英涛《北京明代殿式木结构建筑构架形制初探》，载《祁英涛古建论文集》，华夏出版社，1992 年。

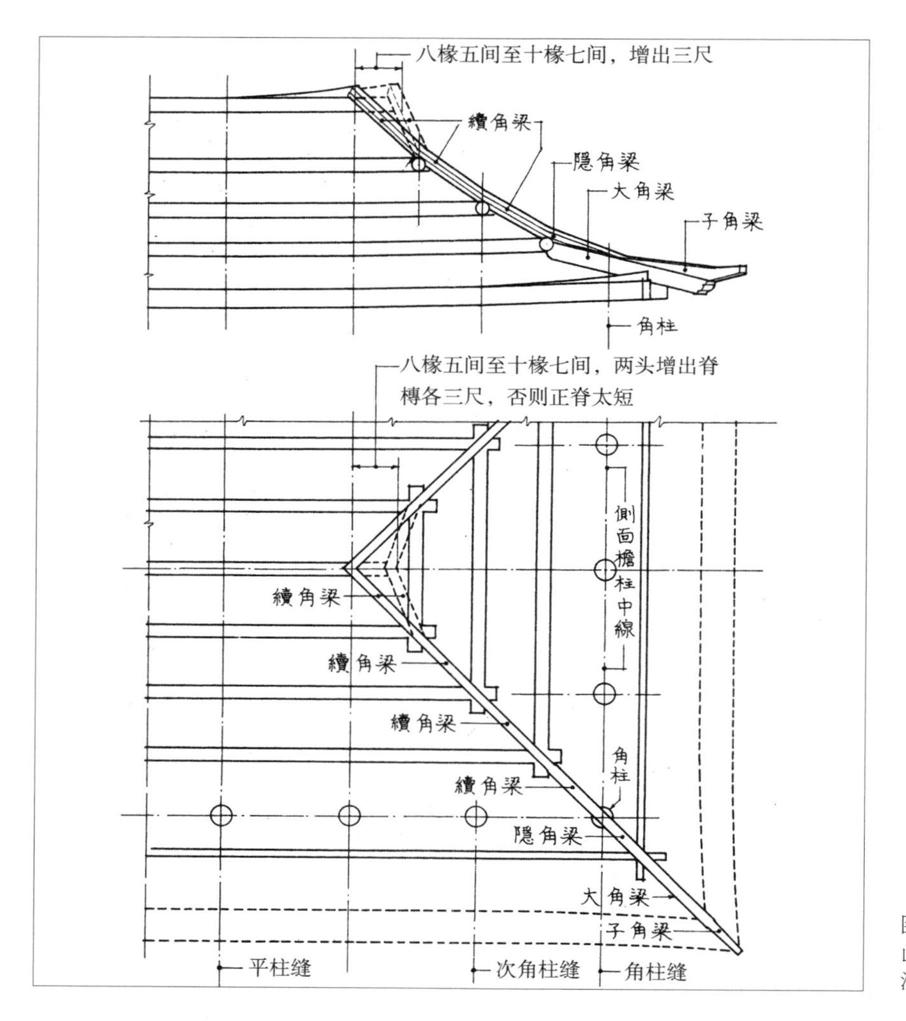

图4-38 宋《营造法式》庑殿推山做法（选自梁思成《营造法式注释（卷上）》）

距离相当大，以至山面举架非常陡峻。相应地，山面在脊步构造做法上也有较多变化，并在发展中日趋成熟，一直延续、影响至清代。

对于庑殿建筑屋脊曲线的形成，清代《营造算例》之“庑殿推山”中规定，依檐、金、脊各步架的不同情况，有两种推山方法：一种是当檐、金、脊各步架深相同时，如七檩、每山三步，各五尺情况下的推山做法；另一种是各步架深不等时，如九檩、每山四步，第一步六尺，第二步五尺，第三步四尺，第四步三尺时，除了檐步方角不推外，余皆按进深步架，向外递减一成，从而得出较圆滑的弯曲角脊曲线。

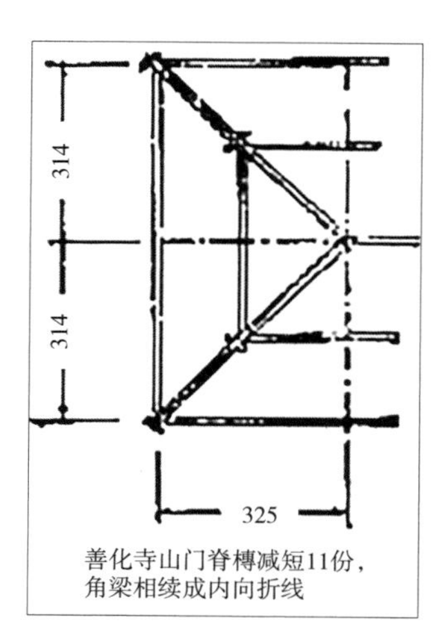

图4-39 大同善化寺山门屋架俯视（参见陈明达《营造法式大木作制度研究》图版四十二）

与清代做法相比，明代的庑殿顶中推山方式和结果与清制已相当接近了。如北京智化寺万佛阁，作为七檩大木的庑殿顶建筑，进深向金步宽 1.28 米，脊步宽 1.112 米，依《营造算例》，两山金步在面阔方向的尺寸应为 1.036 8 米，脊步的为 0.781 9 米。将其与实例尺寸对照后可见，差别仅为 10 厘米（3 寸）与 2 厘米（0.06 寸），可忽略不计（见图 4-40）。又如明初建筑北京故宫神武门城楼，上檐也是七檩大木，按清《营造算例》，得出金步推山后面阔向距离为 1.442 米，脊步为 1.135 6 米，与实测数据多则相差 10 厘米（3 寸），少则仅差 0.8 厘米，也可视作相同（见图 4-41）。再如北京先

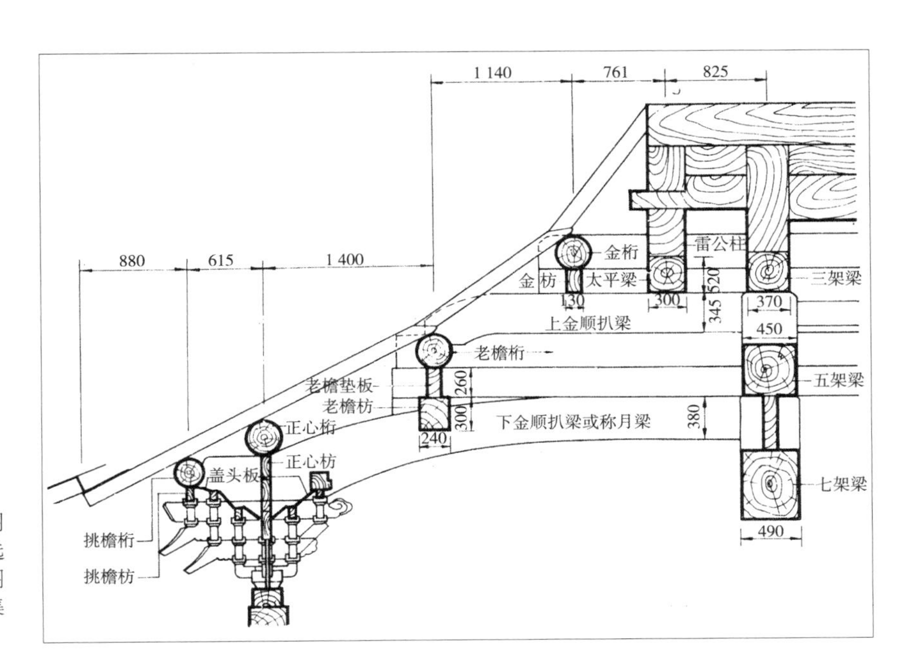

图4-40　北京智化寺万佛阁上檐庑殿顶梢间纵剖面图［选自刘敦桢《北平智化寺万佛阁调查记》，载《刘敦桢文集（一）》］

图4-41　北京故宫神武门城楼梢间纵剖面图（摹自中国营造学社测绘图）

农坛庆成宫前、后二殿，也均是七檩大木，其屋架推山后所得尺寸也都与依《营造算例》计算出的数值相等或极其接近。因此推断，明代庑殿七檩大木的推山做法已经成熟和定型，并被清代继承。

同时，在对九檩庑殿顶实例的推山分析中发现，明代多数九檩大木庑殿顶的推山尺寸比清式规定的数据大，导致了山面屋顶更加陡峻。例如在青海乐都瞿昙寺隆国殿中，按《营造算例》计算，得出下金步推山后面阔向步架宽为 1.683 米，上金步为 1.586 7 米，脊步为 1.401 米，而实例中这几步架的面阔向宽度均为 1.25 米，二者相较，最大差距处下金步就有 43.3 厘米（合 1.36 尺），最小处如脊步也有 15 厘米（4.8 寸），脊上多推出了近 1 米，推山曲线总体上较清式更陡（见图 4–42）。另一座九檩大木庑殿顶明构实例北京历代帝王庙正殿也有类似情况（见图 4–43），其推山曲线也较清式更向外推出。

另外，也有一些实例与清式规定相差不多，如北京法海寺大殿，仅脊步稍陡，总体较清式多伸出 26 厘米（8 寸）；而北京太庙戟门则干脆不推山，其角梁投影为四条直线。造成明代九檩大木庑殿推山变化多，以及尺寸与后来清式做法不尽相同的原因，主要是明代庑殿顶在脊端部的构造做法尚未完全定型，如上述几例均是仍沿用由戗直接插置于正身梁架上的做法，虽然简化了构造，但常常不得不为凑梢间间广而调整上部的推山尺寸。

十一檩大木的庑殿顶也有类似情况，明长陵祾恩殿就不推山。

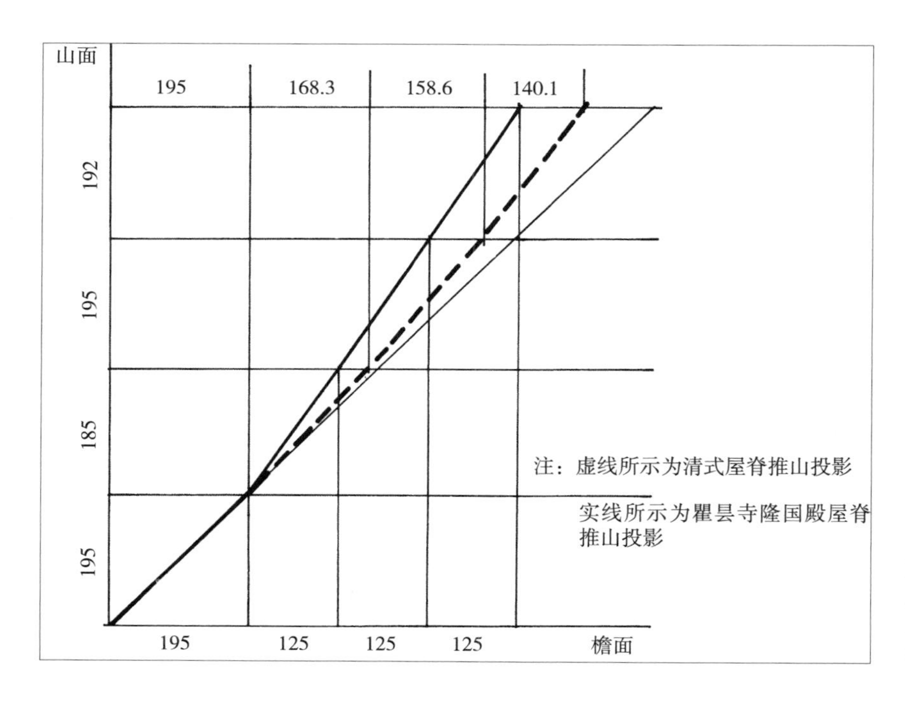

图4–42　青海乐都瞿昙寺隆国殿庑殿推山投影［选自吴葱《青海乐都瞿昙寺建筑研究》（天津大学硕士论文）］

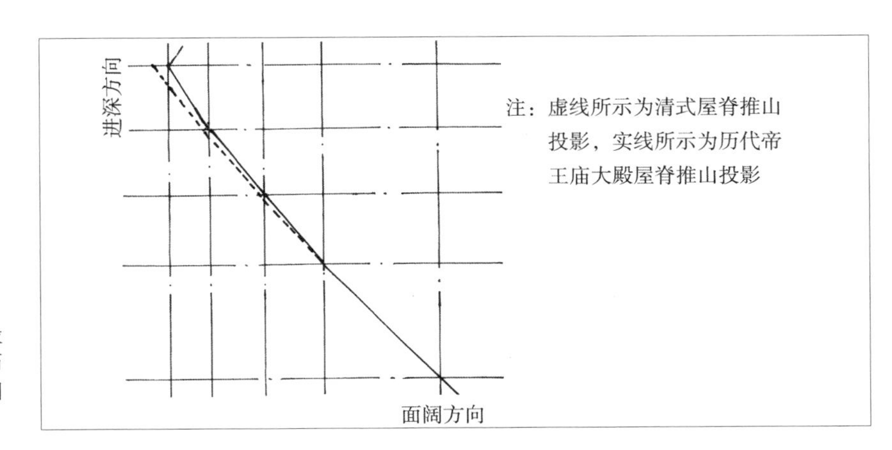

图4—43　北京历代帝王庙正殿庑殿推山投影（选自汤崇平《历代帝王庙大殿构造》，《古建园林技术》1992年第1期）

推山的一组十一檩建筑北京太庙正殿、二殿、三殿，则与清《营造算例》规定相似，唯脊步推出略少。与清代算法比较，如北京太庙正殿脊上一共少推出 39 厘米（约合 1.2 尺）；太庙二殿较清式算法少推出 42 厘米（约合 1.3 尺）；太庙三殿少推出 32 厘米（约合 1 尺）。同时，推山曲线上角脊自檐步以上，下金、中金、上金步的斜率相差不大，至脊步方加大斜率，因此角脊近乎三段折线（见图 4-44）。这与清代《营造算例》得出的圆滑弯曲曲线有较大差异。

另外，庑殿顶中檐步方角不推山已成共识，但仍有个别建筑推山从檐步就开始了。例如苏州府文庙大成殿即在角部利用重椽将上下屋架分开，椽上部角梁从檐步起即接续向上伸至脊步，形成陡峻

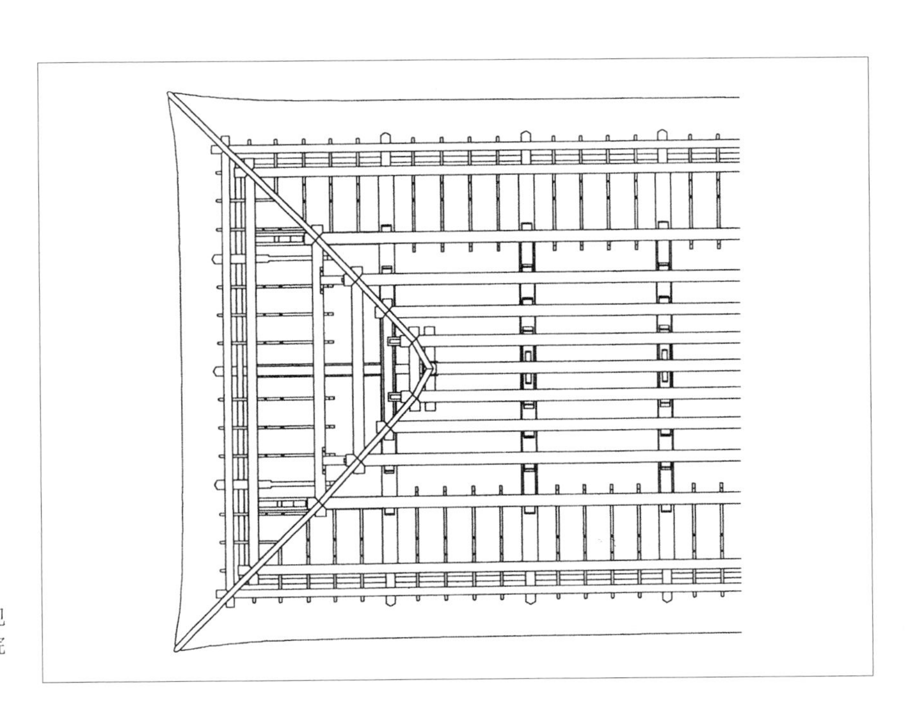

图4-44　北京太庙二殿屋架俯视平面图（选自天津大学建筑学院测绘图）

图4–45　苏州文庙大成殿上檐檐步构架（作者拍摄）

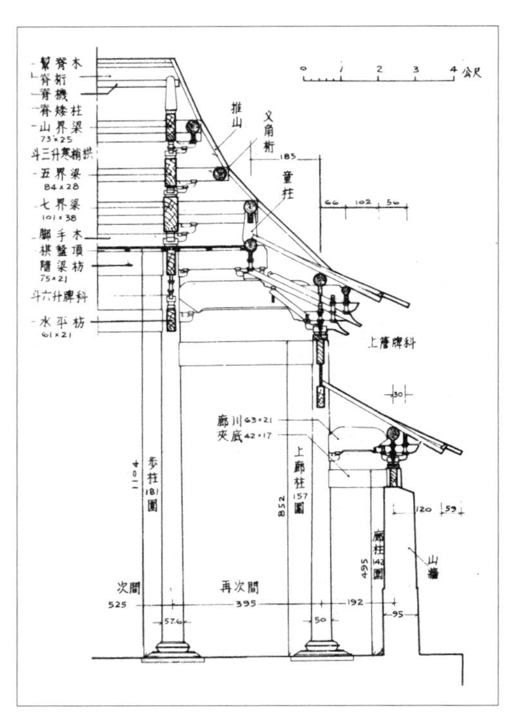

图4–46　苏州文庙大成殿纵剖面图（选自《营造法原》图版二十六）

山面（见图 4–45、图 4–46）。这一特例也从一个方面反映出明代初期建筑对庑殿推山做法的尝试。

4.7.3　脊端部构造的演变与定型

庑殿屋顶在脊端部的节点构造是历经变革的，它的发展成熟也是庑殿屋顶定型的标志之一，并对庑殿的山面举折及推山曲线形成均有较大影响。根据历代庑殿屋顶实例分析，其脊端部的节点构造大致经历三种变换形式。第一种：由戗直接搭置或插入悬挑外伸的脊槫中（见图 4–47）。这种方式多出现于明代以前的庑殿建筑中，如唐构山西五台佛光寺东大殿、辽构天津蓟州独乐寺山门、元构山西芮城永乐宫三清殿，对明初的部分官式建筑仍有一定影响，如青海乐都瞿昙寺大鼓楼就采用了这一做法。第二种是由戗直接戗在正身屋架的脊瓜柱上，下承三架梁。这种方式较前者在脊端部结合更加紧密，受力传递清晰、合理，构造也较为简洁。在明构青海乐都瞿昙寺隆国殿、北京太庙戟门、北京历代帝王庙正殿、北京法海寺大殿等庑殿顶建筑中均见采用（见图 4–48）。但由于受次、梢间间广大小影响，推山数值为与其一致而凑数时，往往容易形成大推山或不推山，不利于庑殿做法的规范化。例如北京历代帝王庙正殿，即因推山至脊步时举高很大，倾角已达 60°，因此只能灵活变通，将山面脊步脑椽的下脚向外延伸，固定在上花架椽的上部。而不是采用通常的墩掌或压掌做法，以使山面屋面凹曲不致太大（见图 4–49）。北京太庙戟门将由戗搭在正身屋架上所形成的角脊曲线正好在 45° 对角线上，因而并未采用推山做法。第三种是在正身梁架两侧，根据推山的需要，设置太平梁与雷公柱，将脊步由戗戗在雷公柱上收尾的做法（见图 4–50），这是明代庑殿顶中运用最多也最成熟、定型的方式。在北京故宫神武门城楼，北京太庙正殿、二

第一种：由戗直接搭置或插入脊槫中。

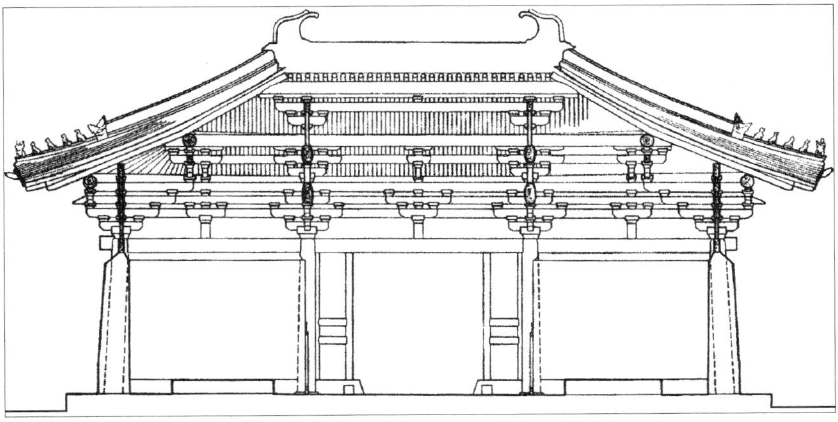

图4–47　天津蓟州独乐寺山门纵剖面图（选自中国科学院自然科学史研究所主编《中国古代建筑技术史》）

第二种：由戗直接戗在正身屋架的脊瓜柱上。

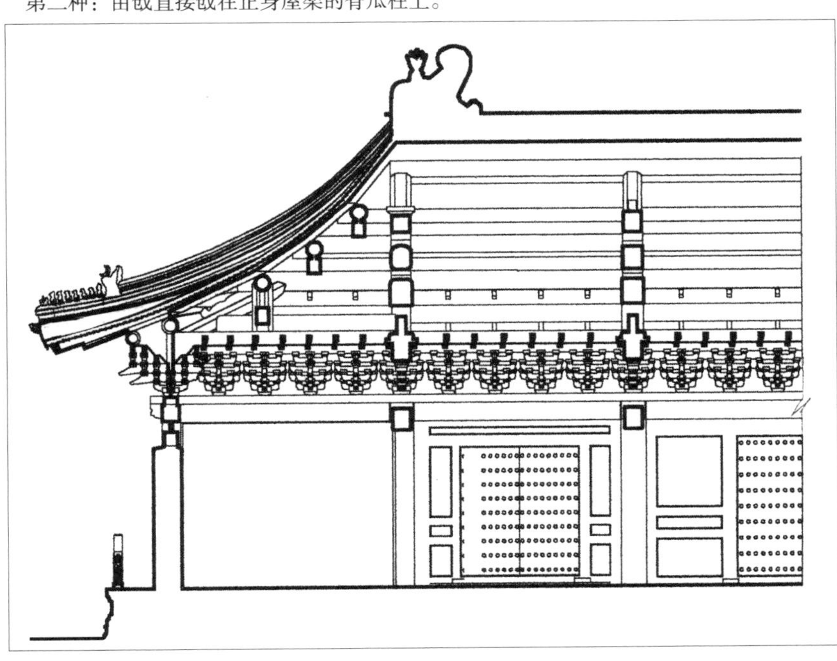

图4–48　北京太庙戟门纵剖面图（选自天津大学建筑学院测绘图）

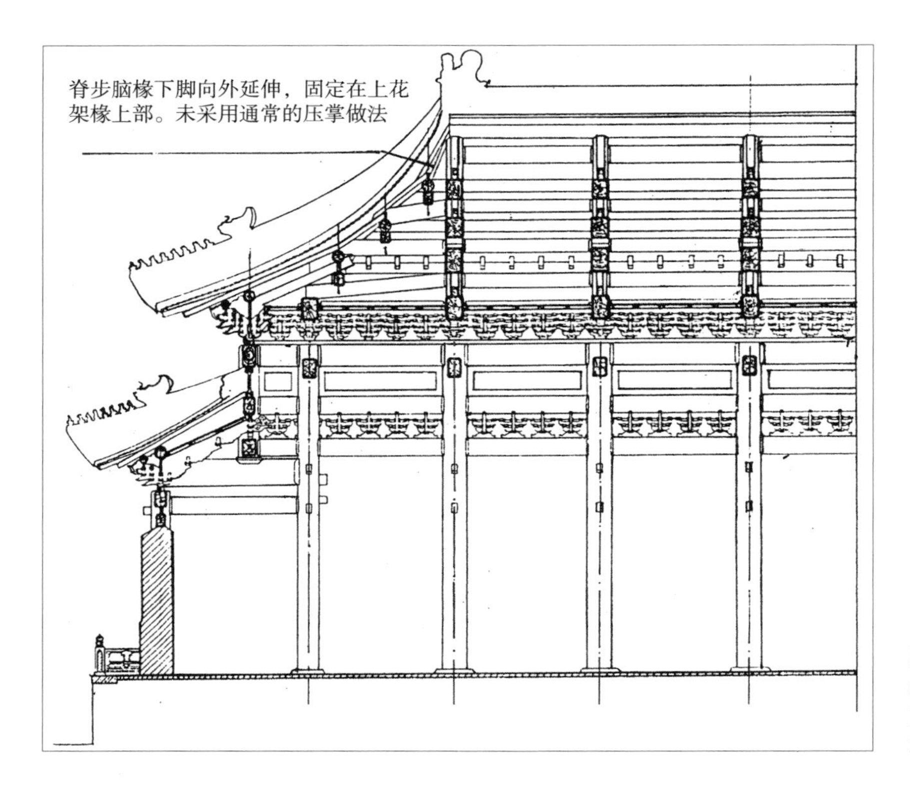

图4-49　北京历代帝王庙正殿纵剖面图（选自汤崇平《历代帝王庙大殿构造》，《古建园林技术》1992年第1期）

第三种：由戗戗在雷公柱上收尾，这是明代庑殿顶中运用最多、最成熟的方式。

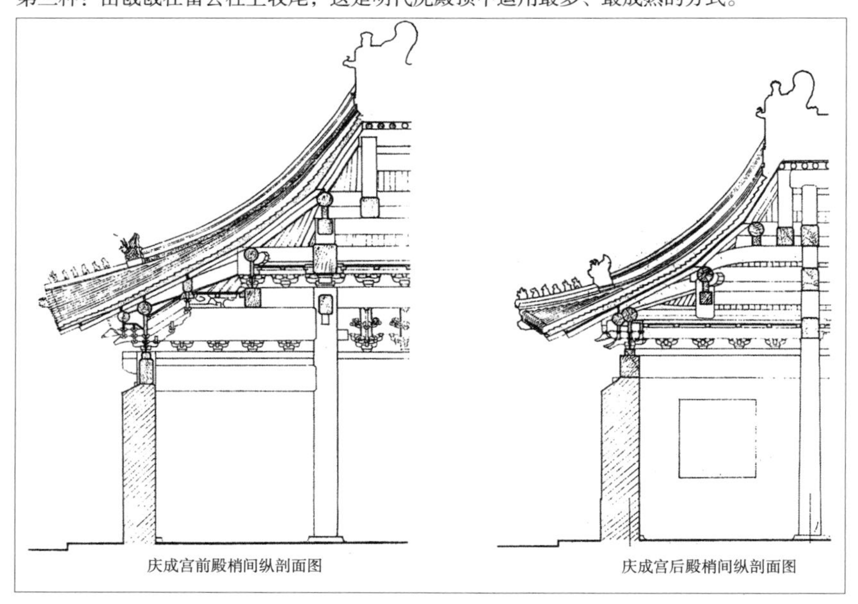

图4-50　北京先农坛庆成宫前、后殿纵剖面图（选自北京建筑大学建筑系测绘图）

殿、三殿，北京智化寺万佛阁中均见采用。这也是后来的清代庑殿建筑所继承并规范化的形式。较之前面两种形式，它将雷公柱、脊檩端头与由戗后尾都做了明确的结束，不仅在受力途径上清晰、有序，而且也不必为凑梢间尺寸而使推山大小受到影响，有利于推山尺度的规范。

4.8 十字脊

十字脊原是建筑转角处两个方向屋顶相交的结果。在民居建筑中表现得尤为简明直接，宋画《清明上河图》中就有多处实例。但民居因等级低，十字脊的四个山面多为悬山，构造及形式上均较简单。宋代及以后大量的风景建筑中，由于十字脊较好地与歇山顶相结合，因此赋予了十字脊屋顶更为华丽多变的艺术形象，从而被广泛采用。在宋画《金明池争标图》《黄鹤楼》《明皇避暑宫图》及元画《山溪水磨图》中均见到十字脊加歇山的屋顶形式用于主体建筑之例。

明代建筑中十字脊顶形象开始较为常见。其中运用在城墙角楼上推测从明代开始盛行。如反映金代建筑形象的汾阴后土庙图碑拓本中的角楼仍然为歇山形式，而明代北京皇城的角楼以及宫城紫禁城四座角楼中均采用的是十字脊顶（见图 4-51）。另外，在碑亭等方形平面的建筑中十字脊也较常见，如青海乐都瞿昙寺御碑亭即是（见图 4-52）。

十字脊屋顶构造的独特之处就在脊交点处。作为相交构件最多的节点（见图 4-53），主要有十字交叉的脊檩及随檩枋和 45° 向上斜伸的由戗相交在一起。由戗两侧凿椽窝放置脑椽，下端置于十字相交的金檩檩背，相交的中心点以脊椿固定，上覆宝顶。脊步以下则仍采用抬梁构架，在北京故宫角楼中，就是以脊瓜柱、扒梁等依次叠架形成屋顶大木构架的。

图4-51 故宫角楼（作者拍摄）

图4-52　青海乐都瞿昙寺御碑亭立面图（选自天津大学建筑学院测绘图）

图4-53　北京故宫角楼十字脊节点构造透视图（1：10模型，作者拍摄）

4.9　木牌楼门

明代木牌楼门根据建筑造型不同，可分为柱不出头和柱出头两大类。木牌楼的屋顶类型有悬山式、歇山式及庑殿式等。开间数多为一间、三间、五间。牌楼门的等级也随着屋顶形式、斗栱式样及踩数的不同而有高低之分。根据明构实例所示，大致有以下几种。

（1）二柱一间一楼卷棚悬山顶木牌楼门

实例：北京先农坛神厨院门。

特点：该门为柱不出头式。面阔约一丈五尺，有明显侧脚。两柱直接伸至脊檩下支撑脊檩。柱间以平板枋、大额枋联系。平板枋上置平身科，根据等级不同，斗栱式样可分为三踩、五踩、七踩、九踩，该实例为三踩单昂斗栱。斗栱内外侧对称出跳，悬挑前后檐檩。柱头科则因柱直接伸到檩下而不设坐斗，柱头上直接开十字口，作灯笼榫，卧入斗栱分件，类似丁头栱形式（见图 4-54）。两山面悬山出际，出挑的脊檩及随檩枋由平行于檩条插入柱中的多跳华栱支承。在大额枋以下，柱枋间安框置门。

（2）一间一楼庑殿顶牌楼门

实例：北京故宫御花园集福门、延和门、承光门。

特点：三个实例均为柱不出头式。两柱直接伸至脊檩下支撑脊檩。柱间以平板枋、大额枋联系。平板枋上平身科数量有 6 朵，多者可达 14 朵，如承光门。三门等级均较高，斗栱出跳较多，两侧的集福门、延和门出三跳为七踩，中轴线上的承光门出四跳为九踩。柱头科无坐斗，头跳华栱均直接插入柱身，前后对称（见图

图4-54　北京先农坛神厨院门柱头插栱（作者拍摄）

4−55），两山檐檩由交圈的斗栱承挑。大额枋下安框置门。

（3）三间五楼庑殿顶牌楼门

实例：山东曲阜孔庙德侔天地、道冠古今二坊（见图 4−56）。

特点：曲阜二坊均为三间五楼，东西相向而立。屋顶用黄琉璃瓦，明间覆庑殿顶，两次间用歇山顶。明、次间相交处有小屋顶作过渡，由于屋顶极小，不易发现。外观与三间三楼区别不大，但斗栱出跳则各不相同。明间六跳，次间四跳，小屋顶下三跳。每跳跳头各加 45° 斜间栱，形成如意斗栱，有地方因素的影响。屋檐出跳深远，斗栱较高，因此整个牌坊比例端庄凝重。

图4−55　北京故宫御花园集福门（作者拍摄）

图4−56　曲阜孔庙德侔天地坊（选自南京工学院建筑系、曲阜文物管理委员会合著《曲阜孔庙建筑》）

（4）一间一楼柱出头悬山顶牌楼门

实例：北京昌平明十三陵各陵二柱门（见图 4-57）。

特点：柱出头式。二柱为石柱，柱头有坐龙。柱间设悬山顶，下置斗科及额枋承托、枋下柱间安框置门。

（5）二柱一间三楼悬山顶牌坊门（见图 4-58）。

图4-57　昌平明长陵二柱门（作者拍摄）

图4-58　曲阜孔府仪门正立面图（选自潘谷西主编《中国古代建筑史 第四卷 元、明建筑》）

实例：山东曲阜孔府仪门。

特点：该实例为二柱一间三楼，悬山顶屋面由担梁承挑，两端以垂莲柱收头。

4.10 重檐

重檐建筑根据屋顶形式的不同，又有重檐庑殿、重檐歇山、重檐攒尖、重檐盝顶等分类，它们都是为了表达隆重的效果而将原有屋顶加高的。重檐在构造上的变化主要集中在下檐檐步、金步之间。根据平面柱网分布的不同，构架类型主要有以下四种。

（1）周围廊式

实例：北京故宫神武门、东华门、西华门城楼和保和殿，以及北京太庙正殿、青海乐都瞿昙寺隆国殿、北京先农坛宰牲亭等。

特点：在檐柱与外围金柱间施挑尖梁、穿插枋，作为两排柱子的联系构件。并在外围金柱间施承椽枋，将檐椽搭置在承椽枋上，构成下檐屋面。外围金柱又作为第二层檐的檐柱，支承上层檐。廊步通常为一步架（见图 4-59）。

（2）前后廊式

实例：北京故宫钦安殿、北京历代帝王庙正殿、昌平明长陵祾恩殿、湖北武当山紫霄殿、北京故宫端门城楼等。

特点：正侧两面梢间间广不一。由于山面没有直达上层檐的外围金柱，需在下层梢间外围金柱位置施挑尖顺梁，在梁上自山面正心檩向内退一廊步架处立童柱通上层屋檐，作为山面的檐柱（见图 4-60、图 4-61）。

（3）殿内无柱式

实例：北京故宫角楼、北京太庙牺牲所正殿。

特点：室内不设内柱，依靠抹角梁层层向上收进，使上檐角柱立于下檐抹角梁上。这种做法多用于体量较小的重檐建筑中（见图 4-62）。

（4）由方形平面向圆形变化式

实例：北京故宫千秋亭、万春亭（见图 4-63）。

特点：二亭均主要依靠斗栱悬挑支承跨空扒梁及其上抹角扒梁，形成向内收进的八角形平面。再设圆形圈梁于八边形扒梁上，圈梁之上平均立 10 根童柱，支承上层屋面。

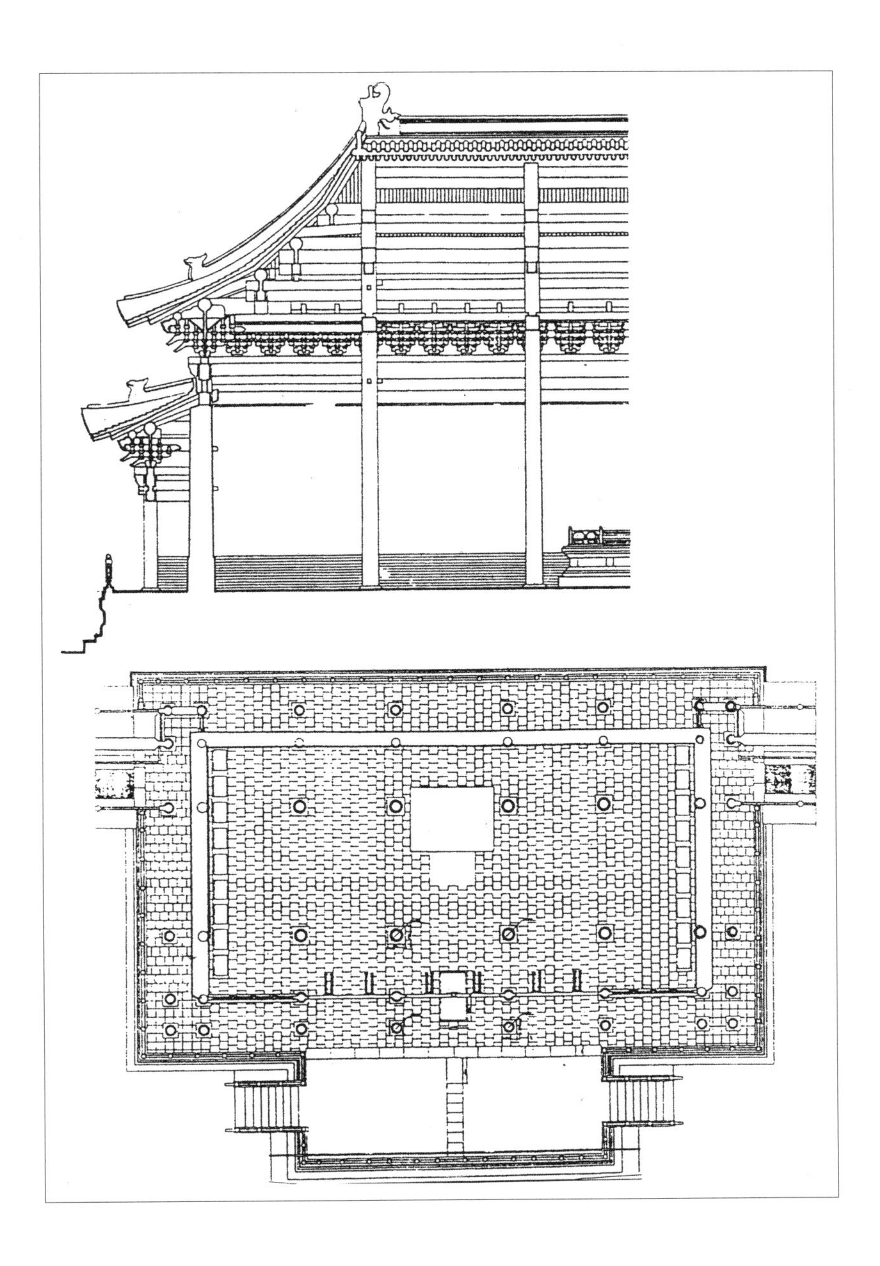

图4-59　青海乐都瞿昙寺隆国殿平面、纵剖面图（选自天津大学建筑学院测绘图）

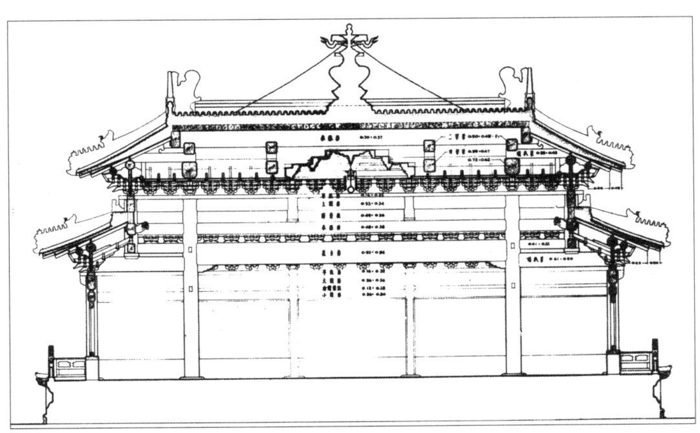

图4-60　北京故宫钦安殿纵剖面图（选自中国营造学社测绘图）

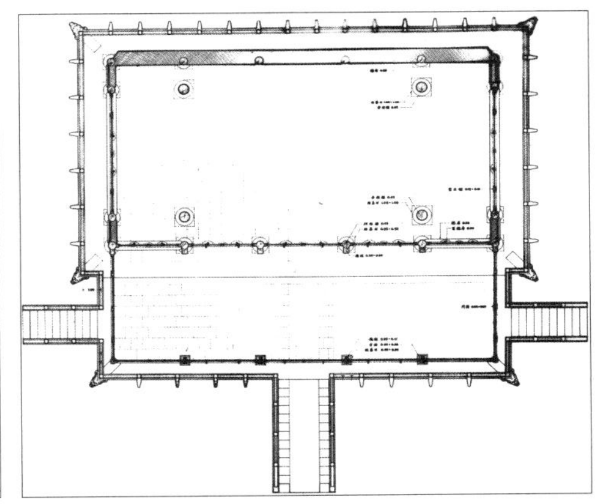

图4-61　北京故宫钦安殿平面图（选自中国营造学社测绘图）

图4-62 北京故宫角楼上檐抹角梁上栽童柱（1∶10模型、作者拍摄）

图4-63 北京故宫千秋亭室内仰视（作者拍摄）

第五章　斗栱

第五章　斗栱

5.1 明代斗栱的用材

5.1.1　斗栱用材等级划分

在所调查的明代官式建筑中，斗栱用材的取值较之宋、元建筑有明显下降。自洪武至嘉靖间的近 200 年间，斗栱用材情况大致如表 5-1 所示（按 1 明尺 =31.75 厘米计 [1]）：

表 5-1　明代建筑斗栱用材一览

序号	实测数据		实例
	斗口值	折合明尺	
1	12.5~13.0厘米	3.9~4.1寸	北京太庙大殿、二殿、三殿、戟门，故宫神武门城楼、西华门城楼，社稷坛正殿，西安北门箭楼（8个实例）
2	11.5~12.0厘米	3.62~3.78寸	北京社稷坛前殿，西安钟楼、鼓楼，山东聊城光岳楼（4个实例）
3	11.0厘米	3.46寸	湖北武当山紫霄宫大殿，北京先农坛太岁殿、拜殿，青海乐都瞿昙寺隆国殿，山东曲阜孔庙圣迹殿（5个实例）
4	10.5厘米	3.3寸	山东曲阜孔庙奎文阁（1个实例）
5	9.5厘米	3.0寸	北京大慧寺大殿，明长陵祾恩殿，故宫午门正殿[2]、协和门、端门城楼（5个实例）
6	8.5~9.0厘米	2.68~2.83寸	北京法海寺大殿、北京先农坛具服殿、北京历代帝王庙大殿（3个实例）
7	7.6~8.0厘米	2.4~2.5寸	北京智化寺万佛阁、智化殿，昌平明长陵祾恩门，北京先农坛庆成宫前、后殿，北京故宫角楼、钟粹宫、储秀宫、翊坤宫、南薰殿、保和殿、中和殿，北京先农坛神厨二井亭（14个实例）
8	7.0厘米	2.20寸	北京智化寺天王殿、藏殿、钟楼、鼓楼（4个实例）
9	6.0~6.4厘米	1.9~2.0寸	北京先农坛神厨院门，北京故宫集福门、延和门（3个实例）

由表 5-1 可以看出，明初至明中期，斗栱用材最高值为 3.9~4.1 寸，其下多以 0.2~0.3 寸为等差值递减。但将这些斗口取值换算到材高时，却多呈不规整数值。这显然与古人之用材制度以实用、便于施工为则不符。况且这一时期是明代官式建筑营建活动频繁、建筑做法成熟与定型的阶段，于用材制度上必有完善制度可循。因此本文在对明

1　明尺的长度验证方法有两种：一是明尺实物长度的测量；二是由建筑物记载尺寸与实测尺寸的换算所得。明尺实物遗留至今者很少，仅有明嘉靖年间制之牙尺与明骨尺两把。前者的实测长度一说为 0.317 米（见杨宽《中国历代尺度考》，商务印书馆发行，1938 年，P118），"明工部营造尺　明钞尺"："朱载堉《律吕精义》云：'今营造尺即唐大尺，以开元钱八分。'……明尺固依唐宋之旧，武进袁氏藏有一嘉靖牙尺，有款曰：'大明嘉靖年制，长 0.317 公尺，合营造尺一尺微弱。"一说为 0.320 米（矩斋《古尺考》，《文物参考资料》1957 年第 3 期），还有一处指其长度为 0.317 8 米（国家计量总局主编《中国度量衡图集》，文物出版社出版，1981 年）。明骨尺的实测长度则为 0.320 米，可见从实物论证，明营造尺长应在 0.317~0.320 米之间。
从建筑实物推算明尺之长度，则从明代记载中有其尺寸而实物尚存可以测量的建筑入手。明北京紫禁城即是这样的例子。据《大明会典》记载，紫禁城的长宽为南北 302.95 丈，东西 236.2 丈。傅熹年先生在北京市 1 : 500 地形图上量得紫禁城南北长 961 米，东西宽 753 米。由于北京紫禁城营建时，北、东、西三面城墙已有，因此推知当时测量定距应以城墙内皮为准。实测北京紫禁城长宽尺度时亦如此。由以上两组数字折算，按东西宽计，1 尺 =753 米 /2 362 尺 =0.318 8 米；按南北长计，1 尺 =961 米 /3029.5 尺 =0.317 2 米，按两组平均值计，1 尺 =（961+753）米 /（3 029.5+2 362）尺 =0.317 9 米，这一组数据均符合前述明尺实物之 0.317~0.320 米，可见明尺确在此区域取值。
因此，本文推测明代营造尺取值在 0.317~0.320 米之间，且于 0.317~0.318 米之间者居多。然而中国古代工匠所持之尺多是自行刻制，因此误差在所难免。各尺的误差在 0.5 厘米左右是极为可能的。因此在对一组建筑群进行测绘研究时应将其考虑在内。本文折中取 0.317 5 米为明尺之长。

代实例进行分析时，着重寻找其取值的规律性。考虑到古代工匠所用营造尺多系自行刻制传承，误差在所难免；加之木材年久收缩及测绘误差等因素的影响，本文对数据比较分析后认为，明代官式建筑斗口取值以 0.25 寸为等差值递减应更符合明代用材制度之原貌。分析如下:

（1）从营造尺刻度分划的传统来看

现在所遗之古代木工营造尺中，法定尺的进制多为十进制，但亦有例外。如中国古代门光尺即以八等分为刻度。据《周易》蓍尺制度研究的结果，周汉时官方建筑尺寸最小进制单位为分，最大为丈，其进制单位依次为：分（相当于十进制的 5 分）、寸、尺、丈四度。其中，"分"与其在《说文解字》中意为"分，别也，从八刀，刀以分别物也"的含义一样，有一分两半的意思，为寸之半，即 1 寸有 2 分，而非 1 寸有 10 分。因此，周汉时期官方建筑尺寸的最小进制单位的"分"与 1/2 寸相等[3]。恰与《中国古代度量衡图集》中收录的周汉古尺中 1 寸有 2 分之尺相合。

由于中国古代历来在数学上有重分数、轻几何之传统，反映在尺的刻度划分上，分数概念也是极为发达的。不仅周汉时期古尺如此，在现在所遗留的其他古尺中，这样的例子亦很多。如日本大宰府出土的唐木尺上寸与寸之间的刻度，乃将一寸均分为四等份，标至 1/4 寸；1921 年于河北巨鹿北宋故城出土的宋代木工尺也有相同的特性，其木尺上刻度是以半寸为距的[4]。另外，在宋《营造法式》材份制所定材等中，二等材和七等材材高分别为 8.25 寸与 5.25 寸，可见在宋代，1/4 寸与 1/2 寸一样是常用尺寸，由于这种"一分为二"是最简单易行的等分方法，从而常为木工所采用。因此 1/4 寸、2/4 寸、3/4 寸这样的刻度较之 0.2 寸、0.3 寸出现更为常见，且被频繁使用。0.25 寸为营造寸的 1/4 长度，由于明代与宋、元建筑有着明确的传承关系，加之木工所持之营造尺自从周代由律用尺分离出来而自成系统之后，就得以由鲁班时期传至唐代，历宋、元至明、清而以一贯之，未有大的变动[5]，被认为是法定尺、木工尺、衣工尺三个尺制系统中之最准者。如韩苑洛在《志乐》中亦称："今尺，惟车工之尺最准，万家不差毫厘，少不似则不利载，是孰使之然？古今相沿自然之度也。"又如明代朱载堉在其《律吕精义》中亦云："今营造尺即唐大尺……"均可证明。因此唐、宋时期的此类古尺及其划分方式为明代所继承是极有可能的。采用一寸的四等分为最小刻度单位对于木工营造尺而言既方便又合理。明代以 0.25 寸为等差值递减的斗栱用材取值是符合营造尺刻度分划之传统的。

（2）从斗栱单、足材栱构造与取值来验证

从所调查的实例看，斗栱足材栱高为 2 斗口、单材栱高为 1.4

2　关于北京故宫午门正殿，《明世宗实录》记载，嘉靖三十六年（1557年）四月，午门廊房毁于火，三十七年（1558年）新建竣工。明万历元年（1573年）九月修理午门正楼。之后未见午门有遭火灾、雷击记载。直至清代顺治四年（1647年）"重建"及嘉庆六年（1801年）重修午门。清初名为重建，实为顶部大木构架的调整与拆换。据故宫于倬云、王仲杰二位先生言，1962年午门修缮调查时，发现上檐梁栿有明代彩画痕迹，疑其构架为明代原构或为清初顺治修整时采用了明代构件。有文章认为午门在清初重修时对上部结构进行了调整，即下层中心的五个开间到上层改为七个开间，缩小了檩枋等构件的跨度，减小了各种承重构件的断面尺寸。由此推断，午门的地盘甚至下檐构架均应系明代原物，上檐大木构架则在清初"重建"时进行了调整。一些楠杉旧材仍重复利用，构架仍部分反映明式建筑特征。

3　金其鑫《中国古代建筑尺寸设计研究——论〈周易〉蓍尺制度》，安徽科学技术出版社，1992年，P32。

4　张十庆《中日古代建筑大木技术的源流与变迁》，载《东方建筑研究》（上册），天津大学出版社，1992年，P75。

5　吴承洛《中国度量衡史》，上海书店，1984年，P58-61。

斗口的现象在明初即已出现，此后更频繁出现。可以说是明代建筑之共同特征。从数值上看，它与宋材份制规定之栱高仅 1 分之差，但其包含的构造关系已有质的不同。明代斗栱的正心万栱、瓜栱俱用 2 斗口高的足材，其间并无散斗垫托。这表明在明代，足材更多地是指 2 斗口的栱件高度，是一个单一的数值概念，而不像材份制之足材是包含一材一栔的构造组合概念。这一改变与明代斗栱用材的急剧减小及足材高度大为降低，直接采用整料更方便快捷有关。由此可见，明代斗栱栱件的用材取值必然是以方便施工取料为原则的。

由表 5-2 来看，明代建筑在以 0.25 寸为等差值得出的斗口等级换算成材高时，单材材高（1.4 斗口）由 5.6 寸至 2.8 寸以 0.35 寸为等差值递减；重要的是，足材高度（2 斗口）由 8 寸至 4 寸，以 0.5 寸为等差值递减，取值规整，便于施工中足材整料的加工与计算。

因此，从斗栱单、足材栱构造与栱高取值的改变来看，亦可证明以 0.25 寸为等差值的斗口等级是合理的。

表 5-2　明代建筑斗栱单、足材高一览

序号	实测数据		建议斗口等级		单材材高（1.4斗口）	足材材高（2斗口）
	斗口值	折合明尺	寸	厘米	寸	寸
1	12.5~13.0厘米	3.9~4.1寸	4.0	12.7	5.6	8.0
2	11.5~12.0厘米	3.62~3.78寸	3.75	11.9	5.25	7.5
3	11.0厘米	3.46寸	3.5	11.1	4.9	7.0
4	10.5厘米	3.3寸	3.25	10.3	4.55	6.5
5	9.5厘米	3.0寸	3.0	9.5	4.2	6.0
6	8.5~9.0厘米	2.68~2.83寸	2.75	8.7	3.85	5.5
7	7.6~8.0厘米	2.4~2.5寸	2.5	8.0	3.5	5.0
8	7.0厘米	2.20寸	2.25	7.1	3.15	4.5
9	6.0~6.4厘米	1.9~2.0寸	2.0	6.35	2.8	4.0

注：本表部分数据选自①《祁英涛古建论文集》，华夏出版社，1992 年；②天津大学建筑学院测绘图；③北京市古建研究所测绘图；④乔迅翔《聊城光岳楼研究》，同济大学硕士论文，2002 年。

为了使用方便，将明代斗口归纳为 9 级，列于表中，以补明代官式建筑用材制度之缺。使用者也可根据需要设置其他斗口值。

（3）从明代与清代斗栱用材的异同来看

如前所述，明代斗栱用材取值比之宋、元实例均有明显减小，与清初《工程做法》所载斗口制之斗口分十一等相对照也有不同。如斗口制第一等斗口为 6 寸，其下各等之间以 0.5 寸等差递减，而明构实例中最大材等取值仅 4 寸，与《工程做法》所载斗口制相差了 5 个等级，并且其下各级间以 0.25 寸为差值。这些特征似乎表明明代斗栱取材与清工部《工程做法》不同。

然而事实并非如此。首先，虽然从取材大小上，明构实例取值低于《工程做法》所载斗口制 4~5 等，但与清构实例取值情况基本吻合。这是因为清工部《工程做法》斗口制之斗口分为十一等，实际还有着为了追求形式完备而将宋《营造法式》1~4 等用材硕大的材等均收录其中的因素。因为即使从清构实例及《工程做法》列举之例观察，斗口制中 1~4 等斗口也均未见使用过。如用材最大的城楼建筑斗口取值也不过 4 寸，与明构同类建筑基本相同。其他类似规模的建筑取值也与明代相似。而明初建筑斗栱用材较后期为大，3.25 寸、3.75 寸斗口多有采用；至明中期以后，即嘉靖后期特别是万历年至明末，斗栱用材又有所下降。多集中于 3 寸、2.5 寸及更小数值，并且斗口采用 2.5 寸与 3 寸的渐多，如明末所建北京故宫三大殿之中和殿（1627 年）、保和殿（1598 年），既处故宫中轴线上，又同属外朝三大殿，地位、等级不可谓不高，但斗口仅为 2.5 寸，比明初一般庙宇建筑大殿用材尚有不及。故宫午门（1647 年）作为皇宫正门，其城楼正殿斗口亦仅取 3 寸，较之同等规模、等级稍低的明初故宫神武门城楼斗栱用材亦有所不及。但明代后期的这种斗口取值状况与清《工程做法》所举之例情况是一致的。从《工程做法》所列 27 种建筑例证看，采用斗科的 8 例中除楼阁建筑取 4 寸斗口外，其他建筑均以 3 寸、2.5 寸为例。可见这两个材等是最常用、最多见的，即便在重要建筑中也不例外。又如清初重建之北京故宫太和殿，斗栱用材为 12.6 厘米 ×9 厘米，约合营造尺 4 寸 ×2.8 寸，其斗口并未取整数值，而是取介于 3 寸与 2.5 寸之间的 2.8 寸，倒是与表 5-2 所列之明代建筑之 2.75 寸取值相似。因此，明代斗栱取值虽然表面看来材等划分规律与清《工程做法》所载斗口制有所不同，但二者在建筑实例中取值的大小、规律及发展趋势却大体一致。

另外，明代实例中斗口值虽以 1/4 寸为等差值，但其中取 4 寸、3.5 寸、3 寸、2.5 寸、2 寸者最为常见，而这一取值与宋《营造法式》八等材中最后三等 6 寸 ×4 寸、5.25 寸 ×3.5 寸、4.4 寸 ×3 寸材宽一致，与清《工程做法》十一等斗口中 4 寸、3.5 寸、3 寸、2.5 寸、2 寸五等重合。由此亦证明了宋、明、清三代在用材制度上的连续性。

5.1.2　斗栱用材取值的依据及其标志等级作用的减弱

根据实例分析得知，明代官式建筑斗栱用材取值的确定已并非如宋《营造法式》规定，仅由建筑物的结构式样和面阔间数决定，而更多考虑了建筑的性质、类型等因素。如北京太庙、社稷坛等大型坛庙建筑，由于是国家政权之象征，因而主轴线上的主体建筑无论面阔多寡，斗口均取现有最大值。如太庙连同戟门在内，中轴线上四座大殿正面开间数依次为五间、十一间、九间、九间，斗口一律为 4 寸；社稷坛前殿、后殿均仅为五间厅堂构架，斗口取值也达 3.9~4 寸。而在一般的庙宇建筑中，虽亦不乏规模宏敞、形体雄伟者，如北京法海寺大殿、大慧寺大殿，均为五间庑殿顶建筑，斗口值仍仅 2.5~3 寸，其附属建筑斗口取值更小于此。可见明代斗口取值已由宋代以结构式样及面阔多寡决定材等选取，逐步转向以建筑的类型与性质决定斗口等级了。

以斗口值大小标志建筑等级的做法由来已久。然而，建于明初永乐年间的北京昌平十三陵之长陵祾恩殿规模宏大、结构精美、技艺精湛，并具九间重檐庑殿之巨，结构等级与建筑的重要性甚高，但其斗口取值却仅合明尺 3 寸，大大低于一般坛庙建筑的斗口取值。同时，重建于明末及清初的故宫外朝三大殿——太和、中和、保和三殿，作为皇家政权的象征，斗口亦分别仅取 3 寸及 2.5 寸，而不是明清现存建筑斗口最高值 4 寸。那么，为什么高等级的建筑斗口用材反而不用高值呢？究其原因，可能是斗栱攒数多少对建筑物等级的标志作用日益加强了。

众所周知，斗栱作为体现建筑等级的标志不外是：①斗栱用材大小；②铺作层数；③补间铺作（平身科）数的多寡。明代官式建筑斗栱铺作数的运用在外观上与宋、元时期并无显著差别，唯斗口取值明显下降，补间铺作数量骤增。随着结构的发展，补间铺作逐步成为斗栱的主体，与柱头科几处具有同等重要地位，因而“补间”之名亦被“平身”代替，说明它的地位可与柱头科相提并论了。而宋《营造法式》中规定的斗口尺寸与建筑等级的对应关系在明代随着斗栱用材材等的降低、斗口取值的相对集中，斗口值作为严格的等级划分标志逐渐变得不明确，因此失去了作为等级标准的主导地位。而平身科数目的多寡则逐渐变成决定斗栱等级，进而是建筑物等级的更加重要的标志。这可能就是为什么明初的长陵祾恩殿虽斗口仅取 3 寸，但其明间密排八攒斗栱的原因。可见在明代，随着平身科的日趋重要，其数目多寡已成为斗栱决定等级的重要特征了。至明末及清初重建故宫三大殿及午门等建筑时，斗口取值更趋减小，而平身科数又增加很多，这更证明了斗口取值标志建筑等级的作用已大大减弱，平身科数目多寡标志等级的作用日益加强。

5.1.3 斗栱用材骤减的原因

明代斗栱用材的急剧下降是明代木构架向整体化发展及建筑材

料、技术改进的必然结果。粗略归纳，明代斗栱用材减小原因有以下三方面。

第一，从斗栱层上部屋架层和下部柱框层两部分交接点看，由于梁栿端部与斗栱交接处构造关系得以改善，动摇了斗栱独立承载与悬挑檐部的不可替代的地位，导致斗栱用材的减小。

从唐、宋、元、明各时期柱头斗栱与梁栿交接构造（见图5-1）对比中可见，唐宋时期，梁栿端部多直接搁置在内部出跳的斗栱上。从宋《营造法式》图样一朵八铺作的重栱出双抄三下昂的斗栱传递荷载力的路径看，其斗栱各构件均有传递荷载的结构作用。在元代，实例中已出现了梁头（或斜梁头）直接伸出承托撩檐槫的做法。这时撩檐槫及随槫枋的荷载直接传给梁头，再由平出的昂及昂身承载，传至其下华栱及泥道栱，再至栌斗上。但元代建筑中，伸出的梁头仍做成耍头形状，多为足材，仍不够发达，柱头铺作外跳在外形上仍与补间铺作相似。及至明代，这种梁头直接伸出承槫的做法得到继承与发展，并逐步成熟。在外观上，表现为柱头部分伸出的梁头越来越大，与平身科差别也愈加明显。这样，挑尖梁头承载的断面变大，梁头的抗剪及受弯能力也大为加强；较之元构，明代建筑的梁头结构能力更加提高，伸出的梁头已可成为独立的受弯、承载构件，出跳的柱头斗栱杠杆悬挑承载的作用减弱，檐部荷载传载方向主要成为竖向正心传递了。

因此，明代官式建筑中由于梁栿已成为更具独立性的简支受弯的悬臂构件，故柱头斗栱逐渐失去了传递屋面荷载与承挑外部屋檐的杠杆作用的主角地位，而充当了结构体系中的配角。这种角色的转换是中国古建筑木构架体系发展的一种质变，也是斗栱用材减小最重要的原因。

第二，受木材短缺的影响。早在宋代，木材便逐渐紧缺。明代建国后营建活动较为频繁，建筑用材在大料获取上的困难日趋加剧，据史料[6]记载，明代宫殿采办所需楠木，由于产在湖广川贵等处，路远迢迢，“非四五年不得到京”，并且“每根动费千万两”，故此在营造中力求工匠用材求当，大材不得小用，同时，要求工匠充分利用“余材、旧材，并引以为法”。因此在构件的连接构造中，小截面木材的组合逐渐增多，方式日趋多样，这也在一定程度上促使了明代建筑斗栱用材的日趋减小。

第三，明代以前的建筑中，斗栱悬挑深远的出檐是为了保护檐下的土坯墙不受雨水侵蚀。明代由于砖被大量用于地面建筑之中，尤其在建筑的墙面多以砖砌筑，砖墙的耐雨水侵蚀性比过去的土坯墙大大加强，使得深远出檐已不若过去重要。同时，屋檐缩小，符

6　单士元、王璧文《明代营造史料》，《中国营造学社会刊》1933年第4卷第1、2、3期。

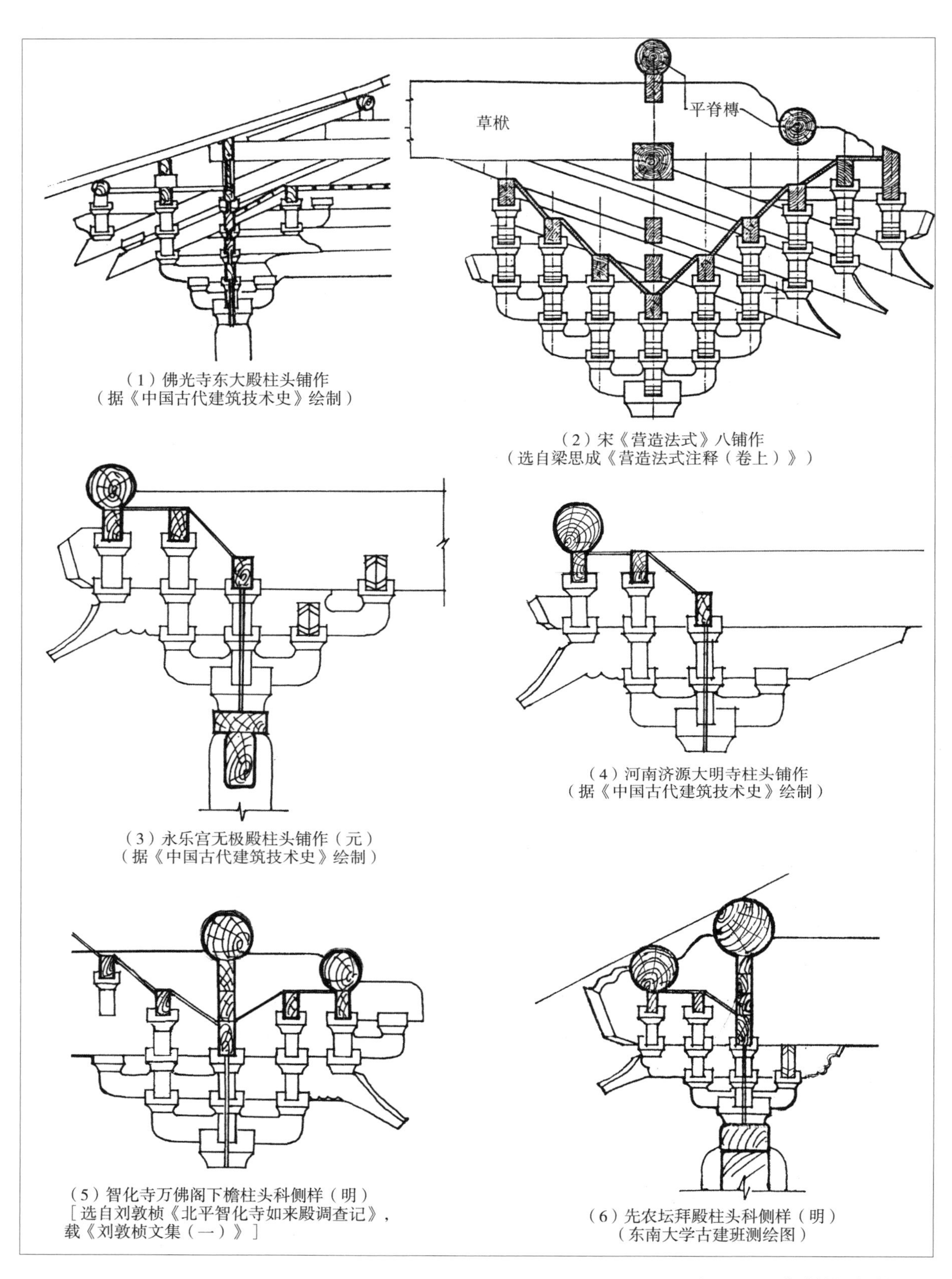

（1）佛光寺东大殿柱头铺作
（据《中国古代建筑技术史》绘制）

（2）宋《营造法式》八铺作
（选自梁思成《营造法式注释（卷上）》）

（3）永乐宫无极殿柱头铺作（元）
（据《中国古代建筑技术史》绘制）

（4）河南济源大明寺柱头铺作
（据《中国古代建筑技术史》绘制）

（5）智化寺万佛阁下檐柱头科侧样（明）
［选自刘敦桢《北平智化寺如来殿调查记》，载《刘敦桢文集（一）》］

（6）先农坛拜殿柱头科侧样（明）
（东南大学古建班测绘图）

图5-1　历代建筑柱头斗栱与梁栿交接构造对比

合太阳高度角的变化，使室内冬暖夏凉，有利于采光，更适合人们的活动，大大改善了室内环境质量，因此明代官式建筑之出檐有所减小。檐出既短，荷载自然变小，建筑对斗栱挑檐作用要求下降，斗栱出跳长度与出跳数皆减少，用材也随之减小。

5.2　外檐斗栱的类型

明代官式建筑的斗栱按其出跳多少，可以分为以下七种类型。

（1）单斗只替［见图 5-2（1）］

实例有北京先农坛太岁殿配殿、神仓等。

（2）把头绞项作［见图 5-2（2）］

实例有北京先农坛庆成宫东、西庑柱头科。

（3）斗口跳与一斗三升［见图 5-2（3）、（4）］

实例有北京太庙前值房、北京故宫神武门内东值房等。斗口跳专用于柱头科，平身科则用一斗三升。

（4）三踩斗栱

①三踩单昂后尾溜金［图 5-3（1）］。实例有北京先农坛井亭及北京太庙戟门东西边门等。

②三踩单昂后尾平置［图 5-3（2）］。实例有北京智化寺智化

图5-2　明代的简单斗栱（作者绘制）

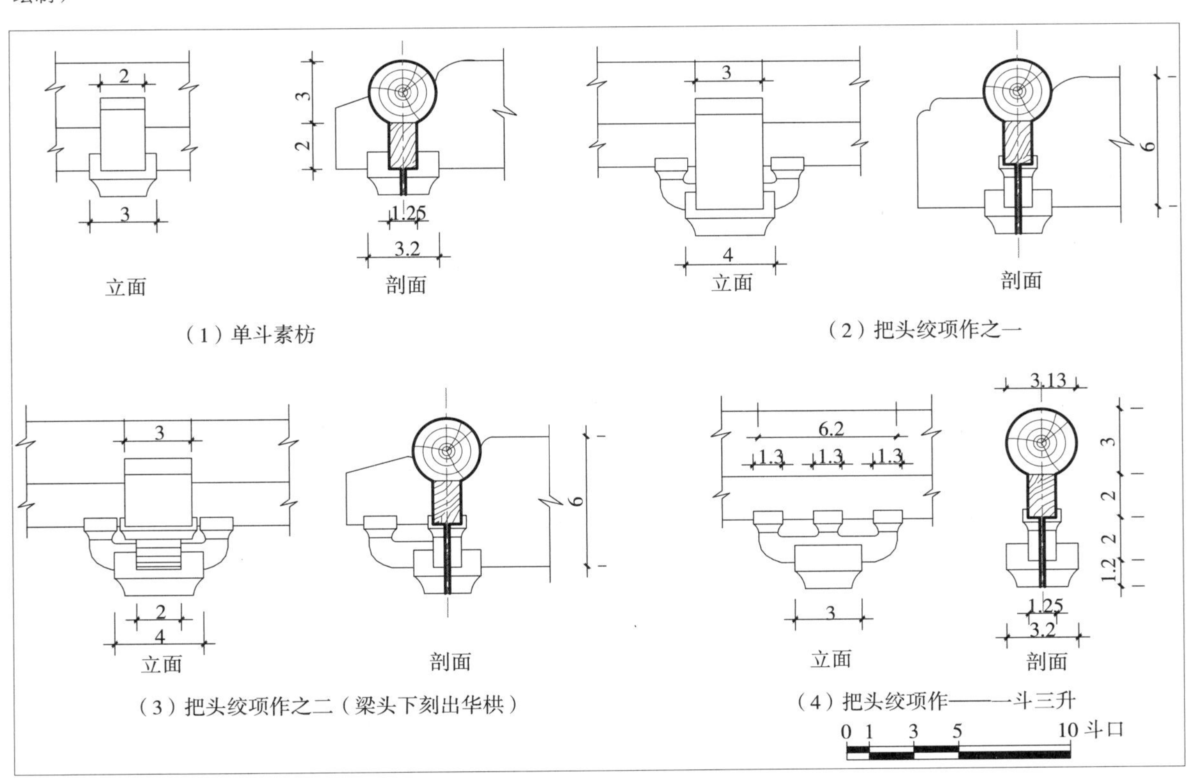

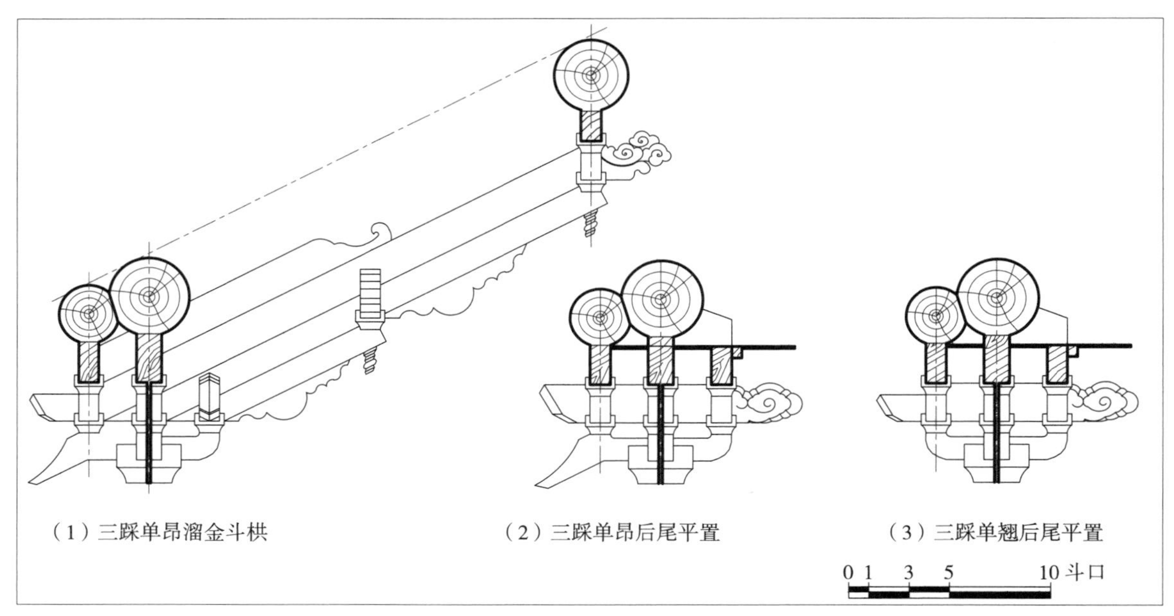

图5-3　明代的简单斗栱（作者绘制）

图5-4　明代的五踩斗栱（作者绘制）

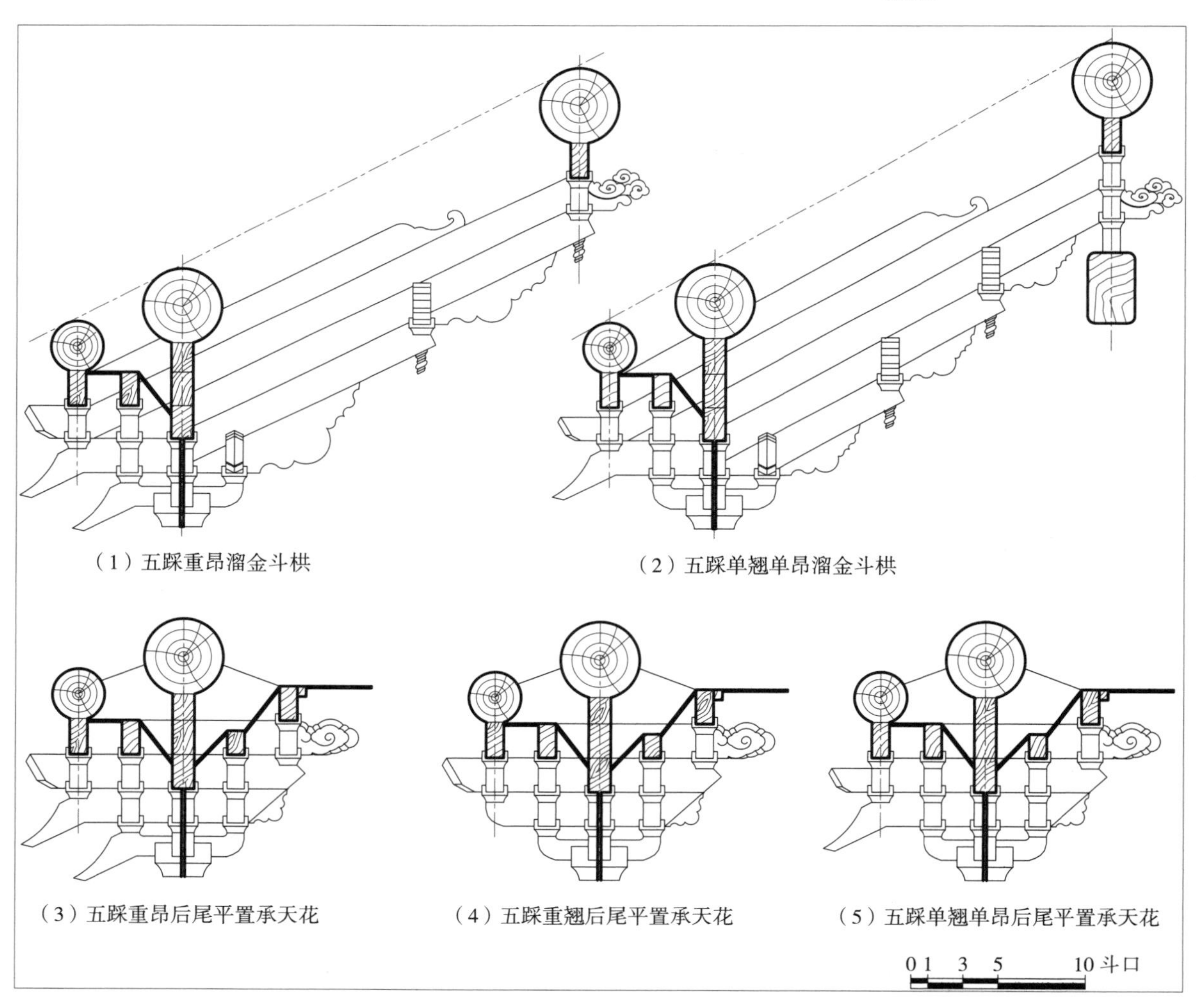

门及藏殿等。

③三踩单翘后尾平置［图 5–3（3）］。斗栱后尾平置用于承托天花。

（5）五踩斗栱（见图 5–4）

①五踩重昂后尾溜金。实例有湖北武当山紫霄宫大殿、北京大慧寺大殿及北京故宫钦安殿的下檐斗栱。

②五踩单翘单昂后尾溜金。实例有北京太庙井亭、故宫神武门城楼下檐、北京社稷坛前殿及北京先农坛拜殿、具服殿等。

③五踩重昂平置后尾。实例有青海乐都瞿昙寺隆国殿下檐，山东曲阜孔庙奎文阁下檐、北京故宫角楼及保和殿下檐、北京法海寺大殿下檐、北京智化寺智化殿等。

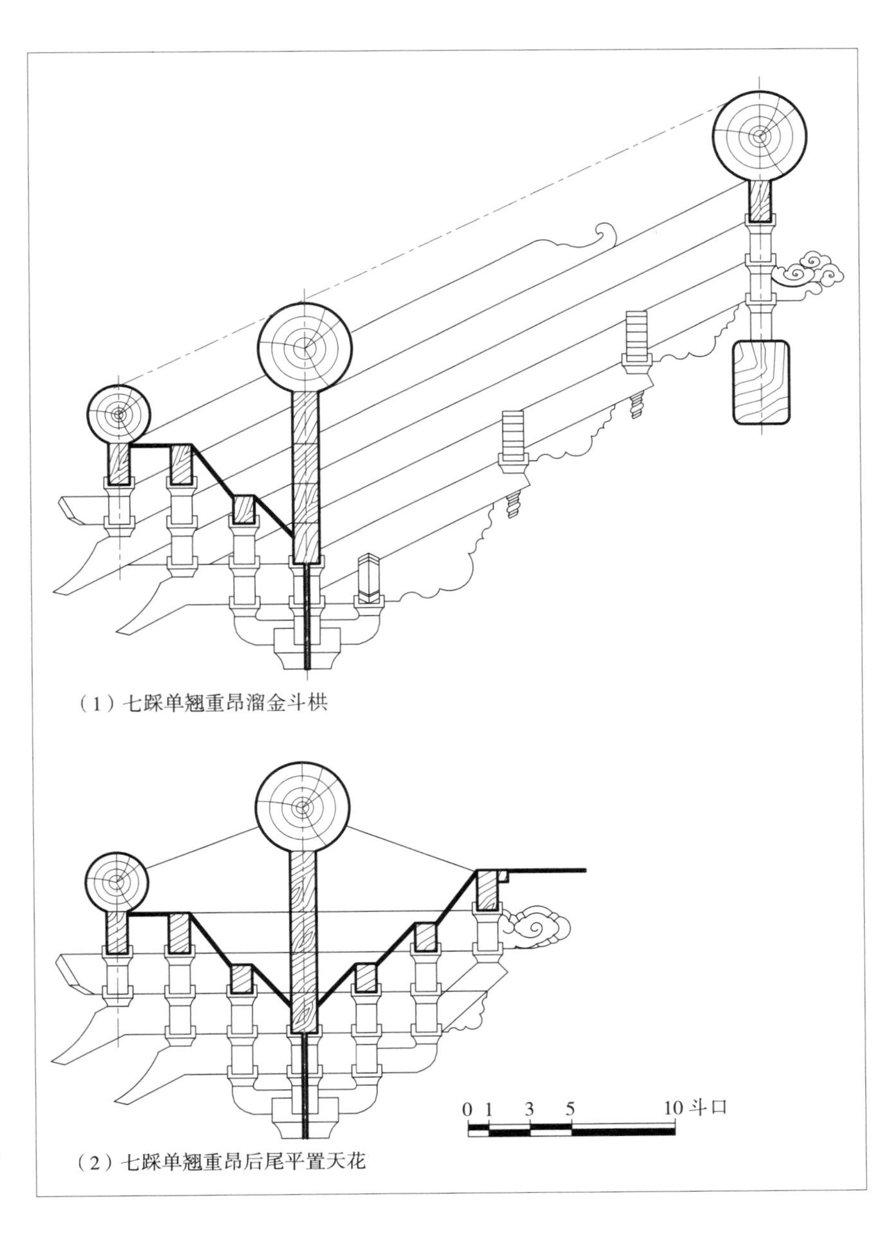

图5–5　明代的七踩斗栱（作者绘制）

④五踩重翘平置后尾。实例有北京太庙大殿配殿外檐斗栱等。

⑤五踩单翘单昂平置后尾。实例有北京智化寺万佛阁下檐斗栱等。

（6）七踩斗栱（见图 5-5）

①七踩单翘重昂后尾溜金。实例见于北京先农坛太岁殿、北京社稷坛正殿、北京太庙大殿下檐及明长陵祾恩殿下檐斗栱。特点是溜金斗栱之折线杆件尚未定型，并使用真下昂。

②七踩单翘重昂后尾起秤杆。实例见于北京故宫神武门、西华门城楼上檐斗栱，北京太庙二殿、三殿及戟门上檐斗栱，北京大慧寺大殿上檐、北京历代帝王庙正殿上檐和北京智化寺万佛阁上檐斗栱。与第一种七踩斗科式样的相似之处是，也以斜上挑斡联结檐、金步，同时又与下部平置栱件分开，构造上区分明确，解决了在室内与内檐斗栱交圈的美观问题。

③七踩单翘重昂后尾平置。实例见于青海乐都瞿昙寺隆国殿上檐、曲阜孔庙奎文阁上檐、北京故宫保和殿上檐及中和殿斗栱等。特点是贯穿内、外之栱件均平置，单翘实为昂嘴形华栱，室内部分以隐刻之上昂形象收尾。

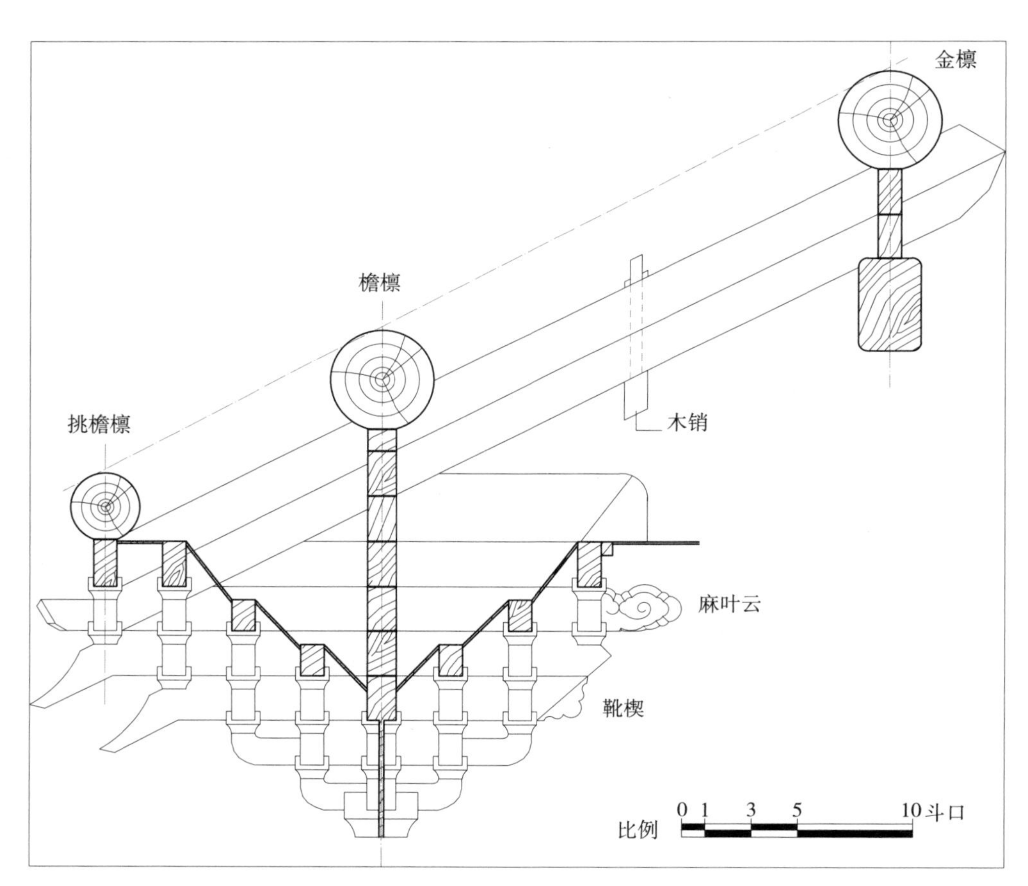

图5-6　明代的九踩斗栱（作者绘制）

（7）九踩斗栱（见图 5-6）

实例均为重翘重昂后尾起斜杆。见于明长陵祾恩殿上檐、北京太庙大殿上檐斗栱，特点是檐步与金步间多以 2 根斜杆紧密联结，其下仍以平置构件承托天花枋，与内檐斗栱交圈，构造简捷、清晰。

另外，在牌坊上也有出六跳（十三踩）的斗栱，例如山东曲阜孔庙德侔天地、道冠古今二坊所用的如意斗栱。

5.3 柱头科

明代外檐柱头科较之以往主要存在两个方面的变化：一是在结构上，由于继承并发展了元代梁头直接伸出承檩的做法，因此斗栱里跳后尾采用了多重平置构件附于挑尖梁底做法，改变了以往柱头科与其上部梁枋的搭接关系，从而促使柱头科的构造发生变化。二是在外观上，随着出挑梁头的加大，柱头科的栱、昂等构件的宽度也随之加宽。从现存实例来看，挑尖梁头宽度多为 3 斗口左右，第一跳的翘、昂宽度部分在 2 斗口左右，但亦有相当数量在 1.5~2 斗口之间。至于第二、三跳之翘昂，则有两种情况：①逐跳向上加宽。如北京智化寺万佛阁上檐（见图 5-7）、北京故宫南薰殿、曲阜孔庙奎文阁等；②各跳均与第一跳同宽。如明长陵祾恩殿、北京太庙大殿、北京先农坛太岁殿、北京故宫中和殿等，此类做法最多见（见表 5-3）。

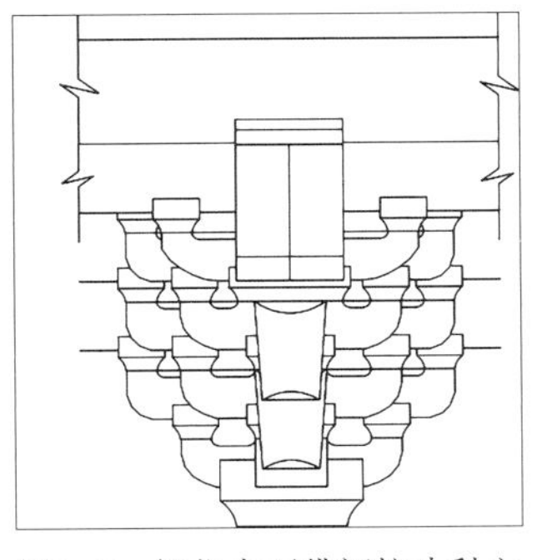

图5-7 智化寺万佛阁柱头科立面图（作者绘制，见附录1图版三十）

表 5-3 明代官式建筑柱头科部分构件宽度一览表

建筑	斗栱踩数	头翘宽（斗口）	头昂宽（斗口）	二昂宽（斗口）	挑尖梁头宽（斗口）
北京智化寺万佛阁	（上檐）七踩单翘重昂	1.80	2.30	2.94	2.94
北京故宫南薰殿	七踩单翘重昂	2.94	3.19	3.56	4.00
山东曲阜孔庙奎文阁	（上檐）七踩单翘重昂	1.71	2.00	2.14	3.00
	（腰檐）三踩单昂	–	2.00	–	3.00
	（下檐）五踩重昂	1.71	2.00	–	3.00
北京社稷坛前殿	五踩单翘单昂	2.00	2.00	–	3.04
北京智化寺智化殿	五踩重昂	2.38	2.38	–	3.10
青海乐都瞿昙寺隆国殿	（下檐）五踩重昂	–	1.45	1.45	2.59
北京法海寺大殿	（下檐）五踩重昂	1.78	1.78	–	1.78
北京太庙二殿	七踩单翘重昂	2.00	2.08	2.24	2.40
北京太庙正殿	（下檐）七踩单翘重昂	2.16	2.16	2.72	3.04
北京社稷坛正殿	七踩单翘重昂	2.00	1.71	1.71	3.00
北京故宫钦安殿	（下檐）五踩单翘单昂	2.55	2.55	–	3.27
	（上檐）七踩单翘重昂	2.55	2.55	3.27	3.27
山东聊城光岳楼	（三层檐）五踩单昂		1	1	1.96

本表部分数据选自①《祁英涛古建论文集》，华夏出版社，1992 年。②天津大学建筑学院测绘图。③北京市古建研究所测绘图。④乔迅翔《聊城光岳楼研究》，同济大学硕士论文，2002 年。

5.4 平身科

5.4.1 平身科攒数骤增的原因

明代以前，建筑中补间铺作一直是较不发达的。如唐代西安慈恩寺大雁塔门楣石刻画上之建筑补间仅以人字栱及短柱承托方式填充；山西五台佛光寺东大殿柱头铺作已达七铺作双抄双下昂，但补间却很简洁，不用栌斗，只在柱头枋上立短柱，内外出双抄，与柱头铺作在体量上形成鲜明对比。至宋代，补间虽较唐代有所发展，并与柱头铺作在形体、大小、用材上渐趋一致，但在结构上仍居次要地位。这是由于雄大的柱头铺作已能基本承受屋檐的重量并满足桁条的简支受弯要求，因此补间仅用 1~2 朵或者不设，表现出一定的装饰作用。如宋构福州华林寺大殿只在正面明间有补间铺作，而与之等跨的背面明间却不施补间即可证明之。至元代，这种斗栱

图5-8（1） 西安慈恩寺大雁塔门楣石刻画（唐）（选自中国科学院自然科学史研究所主编《中国古代建筑技术史》）

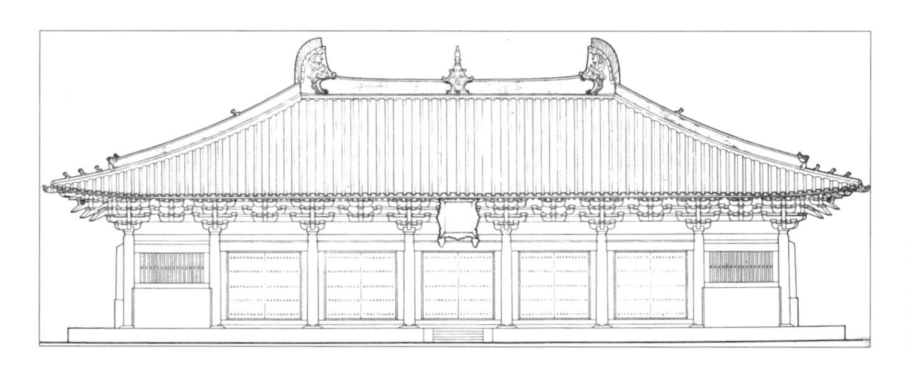

图5-8（2） 山西五台佛光寺东大殿（唐）（选自中国科学院自然科学史研究所主编《中国古代建筑技术史》）

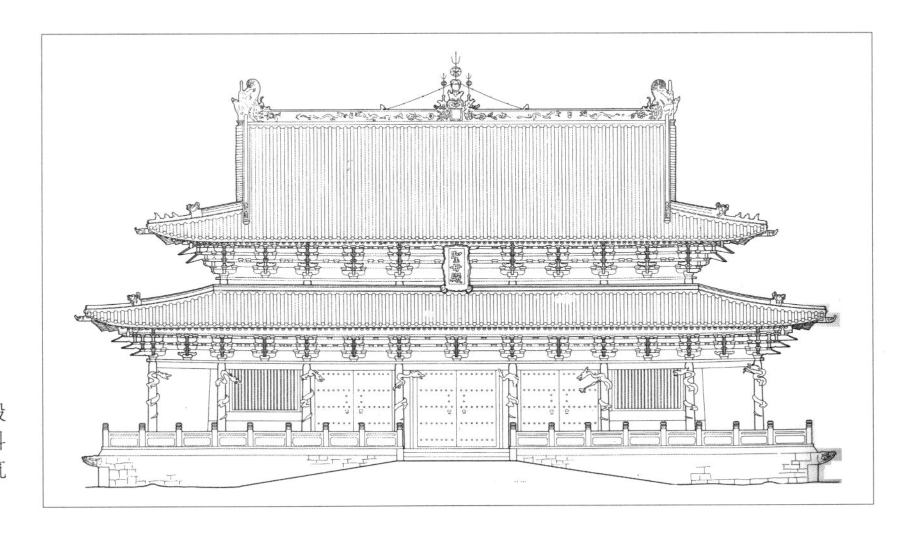

图5-8（3）　山西晋祠圣母殿（宋）（选自中国科学院自然科学史研究所主编《中国古代建筑技术史》）

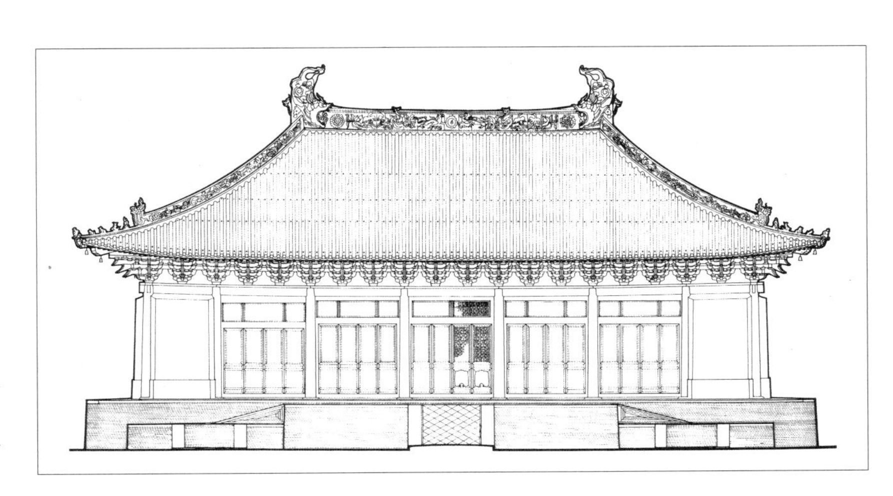

图5-8（4）　山西芮城永乐宫三清殿（元）（选自中国科学院自然科学史研究所主编《中国古代建筑技术史》）

疏朗，每间酌情施一两朵甚或不施补间斗栱的做法仍留遗意（见图5-8）。但元末由于结构的简化与发展，一些小型建筑中出现补间数量增多及斗栱细密的现象，预示着将出现一场变革。

自明代初期开始，官式建筑的檐口下已出现密排着的许多精致细密的平身科。有的一间 4 朵，有的一间 6 朵，多者甚至达到一间 8 朵（见图 5-9）。与补间仅施一两朵的唐宋建筑相比，此时的平身科俨然已成为斗栱的主体了。那么，这种变化究竟是木构架发展的进步还是倒退？学者们见仁见智，提出了自己的观点。其中最著名的是梁思成先生于 20 世纪三四十年代撰写的《图像中国建筑史》[7] 中的观点。他认为明清之际的斗栱已“没有了唐宋斗栱那种支承檐檩的杠杆作用，反而成了一种累赘”，“除了柱头铺作而外，已成了纯粹的装饰品”。那么，究竟明代建筑平身科的出现是斗栱发展的一种退化呢？还是有其积极的作用？笔者在对明代官式建筑遗构进

7　梁思成《图像中国建筑史》，百花文艺出版社，2001 年。

图5-9　北京社稷坛正殿明间平身科（作者拍摄）

行了一些观察、比较、分析后提出以下观点。

第一，由于明代官式建筑中斗栱用材降低，尺度普遍变小，原先作为起承托挑檐檩、枋主要作用的柱头科厢栱在实际长度变小后，缩短檩枋净跨作用亦随之减小。而自唐至明，建筑物的面阔非但并未减少，而且还不断加大，如唐代所建五台山佛光寺东大殿及南禅寺正殿柱网间距均约5米，西安唐代大明宫各殿遗址柱网开间也均在5米上下[8]。而明代官式建筑中明间多有宽达8米、9米者，如明初所建长陵祾恩殿明间面阔9.83米，北京故宫神武门城楼明间面阔9.78米，北京先农坛太岁殿、拜殿明间面阔达8.35米等。更有如故宫神武门城楼山面桁条跨度达12.24米者，这就需要考虑荷载作用下，桁檩所能承受的弯矩和受弯应力。

于倬云先生在《斗栱的运用是我国古代建筑技术的重要贡献》[9]一文中，曾以故宫神武门城楼为例，对其平身科斗栱是否对桁条起悬挑作用进行了力学验算。结果是：在假设斗栱不起作用，即不施平身科计算时，得出桁条的弯曲应力（335 kg/cm^2）大大超过了木材本身的许可应力（100 kg/cm^2），从而将导致桁条折断；而按斗栱起悬挑、支承作用计算，即如神武门城楼两山中央施用8朵平身科斗栱，桁条成为九孔连续梁计算时，得出的桁条的弯曲应力（3 kg/cm^2）就大大小于木材许可应力，因此桁条是非常安全的。但是，笔者又以施1、2、3、4朵平身科计算时，得出桁条的弯曲应力分别为83.66 kg/cm^2、29.75 kg/cm^2、17.90 kg/cm^2、11.24 kg/cm^2，也都小于桁条的许可应力100 kg/cm^2，说明在神武门城楼山面最长的

8　根据马得志《1959—1960年大明宫发掘简报》（《考古》1961年7期）载，含元殿开间十一间，间距5米。刘致平、傅熹年《麟德殿复原的初步研究》（《考古》1963年7期）推测，其大殿面阔亦在5米左右。

9　参见于倬云《斗栱的运用是我国古代建筑技术的重要贡献》，载《科技史文集（第5辑）》，上海科技出版社，1982年。

桁条下，必须也只需增加一两个支点，就已基本满足了挑檐桁的受弯结构要求[10]。那么，实际应用中何以多施斗栱呢？

第二，考虑到斗栱自身承载能力的影响。由于明构斗栱用材减小，起悬挑作用的栱件断面减小，承载能力下降，若以平身科仅施一两朵来看，每攒斗栱所受荷重大大增加，斗栱下部栌斗单位面积承载量与斗耳受到的剪力作用也随之变大。然而斗栱又是由抗剪性能较弱的木构件组成，这就常使斗栱下部的大斗由于不堪重负，受压变形或受剪损坏。这种现象在现今遗存的许多宋、元遗构中常有所见。而明代官式建筑采用多攒平身科后，就可以使屋顶的荷重分散到多个支点而较均匀传递到下部平板枋、额枋及柱头上，防止了荷载过分集中带来斗栱及额枋受压、受剪变形损坏的危险。

第三，明构中斗栱平身科增多后，在檩条与下部平板枋、额枋间增加了许多结点，不仅使上（屋顶部分）下（柱框层）层之间的联系更加紧密，加强了建筑构架自身的整体性与抗震性，顺应了明代大木构架向整体化发展的趋势，而且由于檐部荷重均匀分布于挑檐桁之上，从而避免了檐部因支点少而出现檐口不平的现象。

第四，由于斗栱自身构造具有一定装饰性，因此明构中密置平身科也使得檐下斗栱层不至因斗栱体量减小、数量少而显得稀疏、单薄，从而使建筑立面形象更加匀称、饱满、完整、美观。

因此，明代平身科朵数骤增的原因是多方面的。它不仅要满足所支承的桁条的受力需要，也要考虑斗栱自身承载能力，斗栱层的整体性、抗震性、装饰性等因素以及工匠本身经验做法影响等原因，而不能仅从某些构件原先机能的改变与装饰细部趋向繁复而笼统将平身科的增多也归入是斗栱发展盛极而衰，向颓侈发展的结果。同时，明代斗栱由大变小、由雄浑而纤巧变化后，其承受及传递荷载的形式也有所改变。原先唐宋建筑中由柱头铺作主要负担的承托、悬挑檐部的作用逐步变为以柱头科为主，平身科为辅共同承担。这使得现存明构中得以避免出现如宋构晋祠圣母殿檐口因支点少、荷载分布不均而檐口不平的现象。可见，明代使用多攒平身科斗栱并非木构架发展的倒退，而是其发展的必然结果。

宋代斗栱在结构要求得到满足后，又发展了装饰性极强的斜栱。同样，明代斗栱在构件向小型化发展，平身科增多，满足结构功能要求之下，也必然会加强构件的装饰性及赋予平身科一定的等级意义，这在明代建筑平身科的数量与构造方面均有所体现。斗栱这种由里及表的变化，至清代初期随着逐步定型化，其装饰作用与等级意义也得到了进一步的加强。

10　参见郭华瑜《明代官式建筑斗栱特点研究》，载单士元、于倬云主编《紫禁城学会论文集（第一辑）》，紫禁城出版社，1997 年。

5.4.2 平身科数量及间距的确定与间广、进深的关系

宋《营造法式》"总铺作次序"条中规定："当心间需用补间二朵"，其余各间补间铺作数目最多 2 朵。因此宋代建筑由于铺作数量较少，间距较大，立面排列给人以疏朗、开阔之感。但是也造成铺作排列常疏密参差不一，密者间距 125 分°，疏者 199 分°、205 分°，不用补间者甚至可达 303 分°。虽然《营造法式》"总铺作次序"条中有关措施与规定都是围绕在"当心间需用补间二朵"前提下，无论什么样的开间形式，都尽力使"铺作分布远近皆匀"及"消除不匀"。但这一原则直至明代，随着平身科数量的大增与朵档间距对建筑间广进深的影响日益明显而发生的。

明代官式建筑中，平身科数量骤增，以明间为例，九开间建筑多施 8 朵或 6 朵；七开间、五开间乃至三开间建筑则多用 6 朵或 4 朵，且均取偶数，以使空档坐中。次、梢间平身科数量依次递减，数量上不限奇、偶数。

平身科数量的多寡与建筑物的规模、等级均有一定关系。在一组建筑群中，中轴线上的建筑一般在间广上相互对应，因此各建筑平身科朵数也相等，例如北京社稷坛前、后殿，北京太庙大殿、二殿、三殿三座大殿，北京先农坛太岁殿、拜殿等均有此特征。即使中轴线上前后建筑在开间规模上不同，于明间平身科的布置仍前后呼应，采用相等朵数，例如明长陵祾恩门、祾恩殿、明楼的明间便都采用 8 朵平身科。此外，各建筑群中左右对称布局的配殿，其间广与平身科朵数更是一一对应。

明初建筑由于斗栱数量剧增，斗栱在檐下呈细密状排列，因此，虽然明初由于受宋代先定面阔、进深，再置斗栱的设计步骤的影响，于洪武年间所建的青海乐都瞿昙寺隆国殿、山西太原崇善寺大悲殿等少数建筑中，各间斗栱攒档距大小不一，从 10~14 斗口不等，排列也不若后来密集，但明永乐间及以后，大量明代官式建筑实例中却已明确反映出，平身科的布置日趋均匀而有规律。不仅同一开间内，而且相邻各间斗栱都均匀布置，攒档距数值近似相等，多集中在 10~12 斗口之间。

由于明构中平身科排列密集且档距相对集中于 10~12 斗口之间，因此间广、进深的数值与平身科关系也日趋密切。正面各间面阔大多符合明间＞次间 1 ＝次间 2 ＝次间 3……≥梢间；山面符合中央＞次间＞梢间或分心造前后进深相等的规律。其中明间比相邻次间大 30~35 斗口及 21~25 斗口者居多，相应的平身科数量也增加 3 朵、2 朵与之配合。另外，当明间与相邻次间所施平身科数量相等

时，明间间广值仍较次间大一尺左右（约合 3~4 斗口）。

另外，有些明构在正、山面梢间斗栱间距与其他开间有差距时，经常采用一些权宜之法进行补救。如：①在角科加坐斗数具以补空档；②改变纵向斗栱栱长，从视觉上调整攒档大小，使斗栱疏密相当；③在梢间将角科与平身科栱身连接成鸳鸯交首栱形式，省去一个三才升的宽度。前两种方式从明初至明末的官式建筑实例中均有所见。第三种方式为数不多，仅在北京先农坛庆成宫前琉璃拱门之梢间斗栱（见图 5−10）及明初建筑西安北门箭楼角科中出现过。而建于元大德十年（1306 年）的河北定兴慈云阁在上檐梢间角科中也有类似做法，是楼阁建筑在上檐角柱向内收进后的调整做法（见图 5−11）。

作为楼阁式建筑的山东曲阜孔庙奎文阁、北京智化寺万佛阁，其构造上常呈现上小下大形象。智化寺万佛阁由于采用通柱法，金柱有侧脚，其面阔、进深上层均较下层减小，因而导致两山斗科上檐较下檐为密，相邻各间斗栱攒档距疏密最大之差为 11 厘米。上檐山面斗科之中距仅及斗口 10 倍，下檐山面斗科中距则为斗口 11.375 倍，中距最窄之上檐山面斗科，其瓜栱、万栱亦较他处为短；下檐两山南北二间由于攒档距较大，便在角科加坐斗二具以补空档。孔庙奎文阁在构架上虽呈上厅下殿式，外观为三重檐形式，但也从下往上渐渐收小。下檐山面斗科最外间用一朵平身科斗栱，而上檐由于向内收进一柱径距离，再施一朵斗栱已不可能，不施则档距又太大，影响视觉形象，因此奎文阁在上檐角科加了三具附角斗填补空档（见图 5−12）。这种做法在曲阜孔庙许多明代修建的建筑中都有所见。相邻各间栱长

图5−10　北京先农坛庆成宫前琉璃门梢间斗栱（作者拍摄）

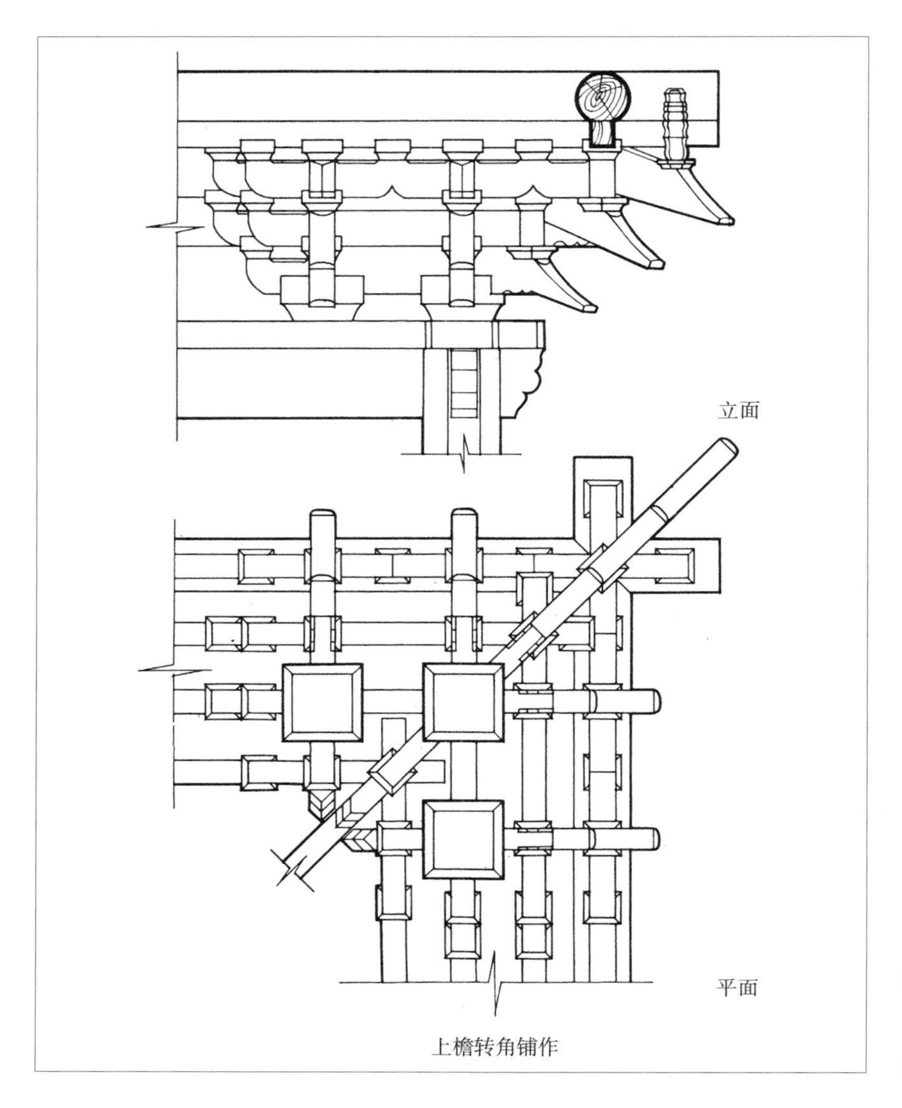

图5-11　河北定兴慈云阁上檐梢间斗栱立面图、仰视平面图（选自中国科学院自然科学史研究所主编《中国古代建筑技术史》）

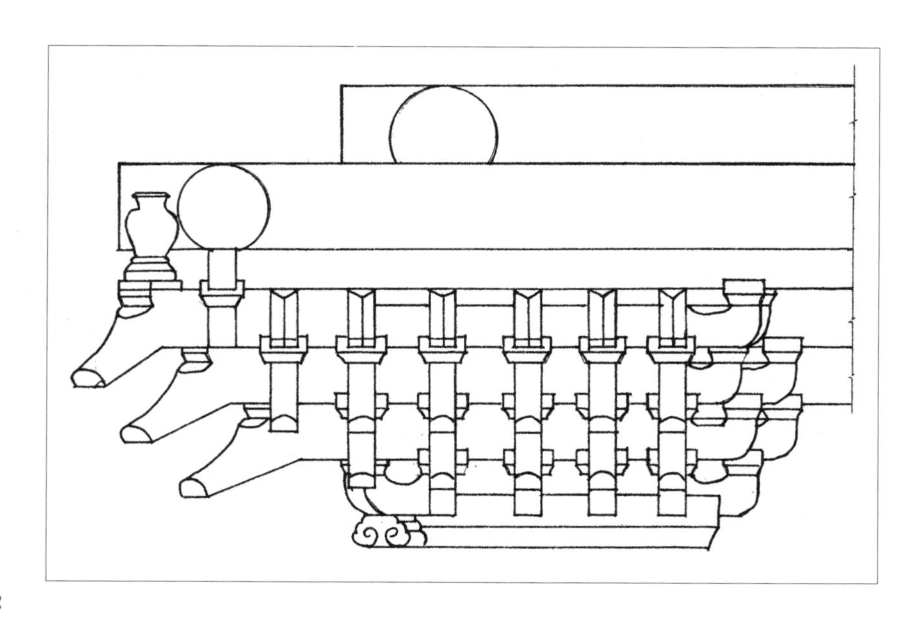

图5-12　山东曲阜孔庙奎文阁上檐角科立面图（选自南京工学院建筑系、曲阜文物管理委员会合著《曲阜孔庙建筑》）

11 北京故宫神武门城楼建于明永乐十八年（1420年）；北京故宫钦安殿建于明嘉靖十四年（1535年）；北京故宫午门城楼正殿建于清顺治四年（1647年）；北京故宫太和殿重建于清康熙三十六年（1697年）；北京故宫乾清宫建于清嘉庆三年（1798年）；北京故宫坤宁宫重建于清康熙二十年（1681年）。以上建筑建成年代录自单士元、王璧文《明代建筑大事年表》，中国营造学社编辑并发行，1937年。

不一，甚至柱头科构件一边长、一边短的现象在曲阜孔庙明代建筑中也屡见不鲜（参见图1–2）；北京昌平明永乐间建造的十三陵神道上五间十一楼仿木构造的石牌坊各间斗栱栱长也各不相等。

附带一提的是明代的建筑遗构虽档距在10~11斗口之间取值，不及清构攒档合斗口值大，但由于明代斗栱用材普遍大于清构，即使在同一组建筑群中，建于清代，位于中轴线上的主体建筑的用材也常小于明代所建的次等殿堂。例如明代建于嘉靖年间北京天坛祈年门的斗口用材就明显大于清代1890年重建的祈年殿；又如明代建造的北京故宫神武门城楼及故宫御花园钦安殿，它们的斗口用材比清代重建故宫午门城楼正殿及太和殿、乾清宫、坤宁宫[11]的还要大。因此，明代斗栱与清构相较仍显壮硕饱满，斗栱攒距实际值亦较同规模清构开阔（见表5–4）。

表5-4 明清部分官式建筑斗拱攒档距一览表

建筑	年代	间架	正面各间斗栱攒档距（合斗口数）						山面各间斗栱攒档距（合斗口数）			
			明间	次间				梢间	两山中央			两山梢间
北京太庙正殿	明嘉靖二十四年（1545年）	十一间六进	11.0	10.3	10.3	10.3	10.3	11.3	10.5	10.3		11.1
北京太庙二殿	明嘉靖二十四年（1545年）	九间四进	10.8	10.3	10.3	10.3		10.3	10.8			11.0
北京太庙三殿	明嘉靖二十四年（1545年）	九间四进	10.8	10.3	10.3	10.3		10.3	10.8			11.0
北京故宫神武门城楼下檐	明永乐十八年（1420年）	七间三进六架	11.2	10.9	10.4			11.4	10.9			11.5
曲阜孔庙奎文阁下檐	明弘治十七年（1504年）	七间七进十架	11.3	13.6	13.6			11.0	11.0	11.6	11.3	11.6
北京先农坛太岁殿	明嘉靖十一年（1532年）	七间三进十二架	10.8	10.4	10.4			10.18	10.2			10.1
北京先农坛拜殿	明嘉靖十一年（1532年）	七间三进八架	10.8	10.3	10.4			10.18	11.1			10.1
北京故宫角楼	明永乐十八年（1420年）	楼阁	10.0	9.8	10.0	9.8		10.0				
北京故宫钟粹宫	明永乐十八年（1420年）	五间三进六架	10.7	10.1				10.1	10.7			10.1
北京故宫储秀宫	明永乐十八年（1420年）	五间三进六架	11.6	10.1				10.1				
北京先农坛具服殿	明嘉靖十一年（1532年）	五间三进六架	10.5	10.2				10.6	11.9			11.1
北京智化寺万佛阁上檐	明正统八年（1443年）	三间一进六架	10.4					10.7	10.0			
北京智化寺万佛阁下檐	明正统八年（1443年）	五间三进	10.6	10.7				10.9	11.4			10.9
湖北武当山紫霄宫大殿	明永乐间	五间五进八架	10.9	11.6				11.6	10.8	11.1		11.6
山东聊城光岳楼	明洪武七年（1374年）	七间七进	11.3	11.9	11.9			14.6	11.3	11.9	11.9	14.6
北京先农坛庆成宫前殿	明嘉靖间	五间三进八架	11.8	11.0				10.0	12.0			9.9

续表

建筑	年代	间架	正面各间斗栱攒档距（合斗口数）						山面各间斗栱攒档距（合斗口数）			
			明间	次间				梢间	两山中央			两山梢间
北京先农坛庆成宫后殿	明嘉靖间	五间三进八架	11.8	11.0				10.0	12.2			10.6
曲阜孔庙圣迹殿	明万历二十一年（1593年）	五间三进六架	10.1	10.7				10.6	10.8			11.1
北京法海寺大殿	明正统四年（1439年）	五间三进八架	11.0	10.7				10.7	10.7			10.7
北京大慧寺大殿	明正德八年（1513年）	五间三进八架	10.3	10.0				10.0				
北京社稷坛前殿	明洪熙元年（1425年）	五间三进八架	11.1	10.7				10.7	9.6			10.4
北京社稷坛正殿	明洪熙元年（1425年）	五间三进十架	10.9	10.1				10.1	10.4			10.2
北京太庙戟门	明嘉靖二十四年（1545年）	五间二进	10.8	10.2				10.2				
北京故宫中和殿	明天启七年（1627年）	五间正方	11.3	9.1				10.8				
北京故宫保和殿	明万历二十五年（1597年）	九间五进	10.2	10.0	9.9	9.4		9.9	10.1	9.7		10.1
北京智化寺智化殿	明正统九年（1444年）	三间三进	11.0					11.6	10.9			12.5
北京智化寺藏殿	明正统九年（1444年）	三间三进	10.0					10.1	10.9			10.0
北京智化寺天王殿	明正统九年（1444年）	三间三进	10.2					9.9	10.1			
北京故宫太和殿	清康熙三十六年（1697年）	十一间七进	10.4	10.3	10.3	10.3	10.3	10.0	10.3	10.4		10.1
北京故宫午门城楼正殿	清顺治四年（1647年）重修	九间五进	10.7	11.0	11.2	11.2		11.0	11.6	11.0		10.2
北京故宫协和门	明万历三十六年（1608年）	五间二进	10.4	10.0				10.1	10.2			
北京故宫坤宁宫	清康熙十二年（1673年）	九间五进	11.3	11.4	11.7	11.8		11.9				
北京故宫乾清宫	清嘉庆三年（1798年）	九间五进	13.3	11.4	11.8	11.8		11.9	9.3			9.7
北京故宫体仁阁	清乾隆四十八年（1783年）	九间三进楼阁	13.4	11.3	11.3	11.1		12.3	12.8			12.3
昌平明长陵祾恩门	明永乐年间（1403—1424年）	五间二进	11.4	10.7				11.6				
明长陵祾恩殿	明永乐年间（1403—1424年）	九间五进十架	11.5	10.4	10.4	10.4		10.4	9.6			
青海乐都瞿昙寺隆国殿	明宣德二年（1427年）	七间五进八架	12.0	10.4	10.4			19.3	14.1	11.6		17.4
湖北武当山金殿	明永乐年间	三间三进	9.9	9.8					10.9			10.3

注：本表部分数据引自祁英涛《北京明代殿式木结构建筑构架形制初探》，载《祁英涛古建论文集》，华夏出版社，1992年。

5.5　角科

明代建筑角科的特点主要表现在三个方面：一是有些形制、做法上继承了宋元时期建筑风格，在外拽瓜栱上采用鸳鸯交首栱，底部以小栱头承托；二是在角科栌斗中较频繁采用附角斗形式，其中双联斗居多，亦有多联斗，凡多一附角斗则其上部的栱、昂也相应增加一缝；三是角科斗栱在 45° 角梁方向的由昂、斜昂、斜翘等构件的宽度合斗口数都较宋、元时有所加大，但又比清制略小，这是为了加强角部构架联系与承载能力所致。

5.5.1　鸳鸯交首栱形式的继承与发展

鸳鸯交首栱见载于宋《营造法式》卷四造栱之制："凡栱至角相连长两跳者，则当心施斗，斗底两面相交，隐出栱头，谓之鸳鸯交首栱。"

明代绝大多数官式建筑角科斗栱中沿用了此种形式。从明初的北京社稷坛前殿、正殿，湖北武当山金殿，北京故宫角楼及钟粹、翊坤、储秀、长春诸宫，经明中期的北京先农坛太岁殿、拜殿、具服殿、庆成宫，北京智化寺万佛阁及北京太庙诸殿，到明代后期的北京故宫中和殿、保和殿等，均采用此形式。略微不同的是，明初的鸳鸯交首栱多刻于栱身上，栱下皮则模仿栱身成人字形凹槽，做法与宋《营造法式》制度基本相同。明代中期，这种做法就开始简化，有的以彩画形式将之画于栱身上，其下仍做出栱身相交的人字形凹槽，有的则干脆只做出平直连通栱身，其上也并不画出交首栱形象。伴随这种变化出现的是小栱头支托栱身的形式也逐步多样并成熟起来。明代初期官式建筑中的鸳鸯交首栱形式还主要是继承宋制，这时的小栱头一般不伸出承托上跳栱身，而是隐于上层栱身之后，如北京社稷坛正殿角科即是（见图 5–13）。

与此同时，随着上层交首栱形式逐渐简化，又出现了将小栱头伸出以小斗半托上层栱身和小栱头完全伸出上置三才升承托上层栱身的做法。前者在北京故宫角楼、北京智化寺万佛阁等建筑中均可见到（见图 5–14、图 5–15）；后者则由于加强了角科上下层栱件的相互联系而被逐步推广，并成为清代建筑的广泛用法。

与鸳鸯交首栱在同一部位的另一种做法就是搭角闹头昂形式。在明代官式建筑中，此种做法偶尔出现，并不占主导地位，仅见于青海乐都瞿昙寺隆国殿、北京宝禅寺大殿及曲阜孔庙奎文阁等少数建筑中，但其做法的起源可追溯至元代。在元构陕西韩城九郎庙大

图5-13　北京社稷坛中山堂角科立面（作者拍摄）

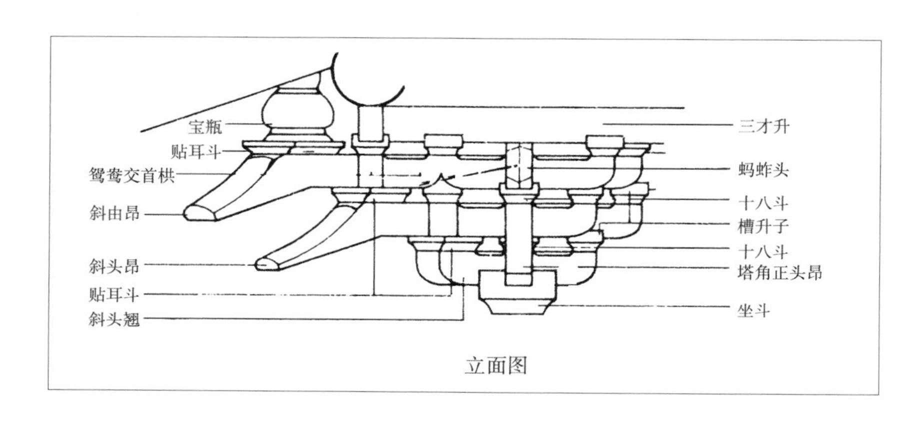

图5-14　北京智化寺万佛阁角科立面图［选自刘敦桢《北平智化寺万佛阁调查记》，载《刘敦桢文集（一）》］

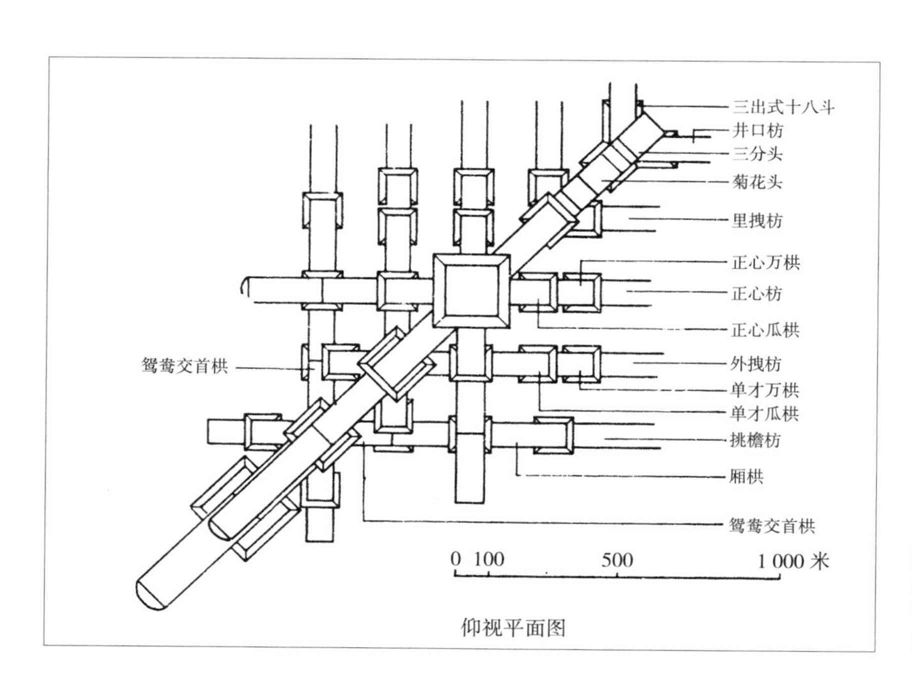

图5-15　北京智化寺万佛阁角科仰视平面图［选自刘敦桢《北平智化寺万佛阁调查记》，载《刘敦桢文集（一）》］

12　刘临安《韩城元代木构建筑分析》，载中国科学院中华古建筑研究社编《中华古建筑》，中国科学技术出版社，1990 年。

殿转角铺作中即已出现 [12]。清代工部《工程做法》颁布以后，搭角昂随即成为普遍使用的形式。总体而言，明代官式建筑角科多沿用鸳鸯交首栱形式，而搭角昂形式由于各构件间连接更紧密、牢固，因此得以最终取代鸳鸯交首栱形式，在清工部《工程做法》颁布之后占据了主导地位。

5.5.2　由昂、斜昂、斜翘等构件的宽度（水平投影宽度）变化

宋《营造法式》所载之转角斗栱的由昂、斜昂、斜翘等 45° 斜向构件的宽度通常均为一斗口。至明代，为了与柱头科挑尖梁头宽度相呼应，角科中这些斜向构件的宽度也被加大，主要有以下三种情况。

（1）由下至上，逐层加宽。从斜头翘、斜头昂至由昂宽度逐层加大，但相差数值多在 0.2~0.3 斗口之间，差距不明显，由昂截面宽度多在 1.9~2 斗口，此类实例较多，如北京智化寺万佛阁，曲阜孔庙奎文阁上、下檐角科等。

（2）从斜头翘、斜头昂至由昂宽度均相等，角梁加大。这种做法特点与宋式相近，唯各斜向构件取值多在 1.4~1.5 斗口，比正心栱稍宽，老角梁也较宋式稍大。此类实例留存较多，在明初北京社稷坛正殿（1421 年）、湖北武当山紫霄宫大殿（1413 年）及昌平明十三陵献陵明楼中均可见到。

（3）七踩、九踩斗栱的由昂以下斜翘、斜昂宽度相等，由昂宽度加大。在这类斗栱中，由昂以下斜头翘、斜头昂宽度多在 1.5 斗口左右，由昂则加大约 0.5 斗口，老角梁更大，如北京社稷坛前殿等。

以上三种情况明显反映出，明代角科斜向构件的宽度仍处于宋、清之间的过渡状态，呈现较明显的不确定性，其取值合斗口数既较宋元时期加大，又较清制为小，并且尚未形成如清制之以 0.5 斗口为等差值由下至上逐层递增的规律（见表 5–5）。

表 5–5　明代官式建筑角科部分构件宽度（厚）一览表

建筑	斗栱踩数	斜头翘（斗口）	斜头昂（斗口）	斜二昂（斗口）	由昂（斗口）	老角梁（斗口）
北京智化寺万佛阁	（下檐）五踩	1.40	1.60	—	1.90	3.0
湖北武当山紫霄宫大殿	（下檐）五踩	1.50	1.50	—	2.73	2.18
曲阜孔庙奎文阁	（上）七踩	1.10	1.40	1.60	1.92	3.0
	（中）三踩	—	1.40	—	1.40	3.0
	（下）五踩	—	1.35	1.51	1.90	3.0
北京社稷坛前殿	五踩	1.46	1.46	—	1.92	2.53
北京社稷坛正殿	七踩	1.44	1.44	1.44	1.44	1.96

续表

建筑	斗栱踩数	斜头翘（斗口）	斜头昂（斗口）	斜二昂（斗口）	由昂（斗口）	老角梁（斗口）
青海乐都瞿昙寺御碑亭	（上）五踩	1.40	1.40	—	—	—
	（下）五踩	1.40	1.40	—	—	—
北京法海寺大殿	五踩重昂	—	1.39	1.39	1.39	

5.5.3 附角斗的运用

附角斗是从明代才在官式建筑中出现并普遍运用起来的。虽然宋《营造法式》载有将三联坐斗形制用于楼阁建筑之缠柱造的做法，但在外檐角科中却一直未见使用。宋、元两代建筑实例中亦未见到，可以推断为明代首创。附角斗的使用从明代初期就已出现，其中双联斗居多，亦又多联斗，并逐渐增多，直至延及清代。在北京故宫神武门城楼、东华门城楼、西华门城楼、交泰殿、端门城楼、午门城楼正殿，湖北武当山金殿下檐及北京智化寺智化殿、钟楼、鼓楼等建筑之角科均采用了二联坐斗；而北京先农坛具服殿角科则采用了三联坐斗；明弘治十七年（1504 年）建的曲阜孔庙奎文阁上檐角科中甚至出现四联坐斗。由此可见，明构中采用附角斗做法并非个别现象。分析原因，主要有以下两点。

（1）角科作为上下构架间主要传载、受力部位，其结构作用应予加强，而明代由于用材日趋减小，角科在承托上部已加大的梁架时，就必须加大斗栱整体尺度，尤其是大斗的受力面积，以防压垮损坏。采用附角斗形式即缓解了这一矛盾。

（2）由于明代平身科数量骤增，斗栱间距趋密，在梢间常会出现攒档距不一致现象。特别是楼阁建筑，因仍保留侧脚做法而呈现上小下大形象。故而为使上、下檐在对应开间内斗栱分布均匀，常在下檐或上檐角科加附角斗以填空档，使之起到一定的调距作用。从一些明代建筑实例上亦可看出附角斗做法的来源所在，例如在明初建筑西安城门箭楼上檐角科、北京先农坛庆成宫前二座琉璃拱门及天坛西坛门（后二者均为琉璃宫门）之角科斗栱看，附角斗与角大斗之间是分开的，而其上出跳外拽瓜栱因距离近而部分重叠在一起。重叠的瓜栱与万栱在相交处做成鸳鸯交首栱式样。这一做法在山东长清区灵岩寺一处明代遗存的殿宇建筑千佛殿[13]中也有体现，可见并非个别现象。当梢间的距离足够小时，附角斗与角大斗终于合并一处，为一块整木上刻出两个或多个大斗形象（见图 5-16）。附角斗做法在清代也有所继承，在清工部《工程做法》城角楼示例中被称为“连瓣科”，但多用于城楼等较大型建筑，一般建筑中逐渐式

13 灵岩寺千佛殿：唐代始建，宋代拓修，现存殿宇为明代建筑。其前檐下柱础仍为唐宋遗物。殿阔七间，进深四间，单檐庑殿顶。斗栱疏朗宏大，出檐深远（详见国家文物事业管理局主编《中国名胜词典》，上海辞书出版社，1981 年）。

微。清初顺治四年（1647 年）所建之故宫箭亭角科中虽也有连瓣做法，但仅在前后檐用连瓣做法，两山则被省略，估计也是为协调立面形象，调节档距所致。

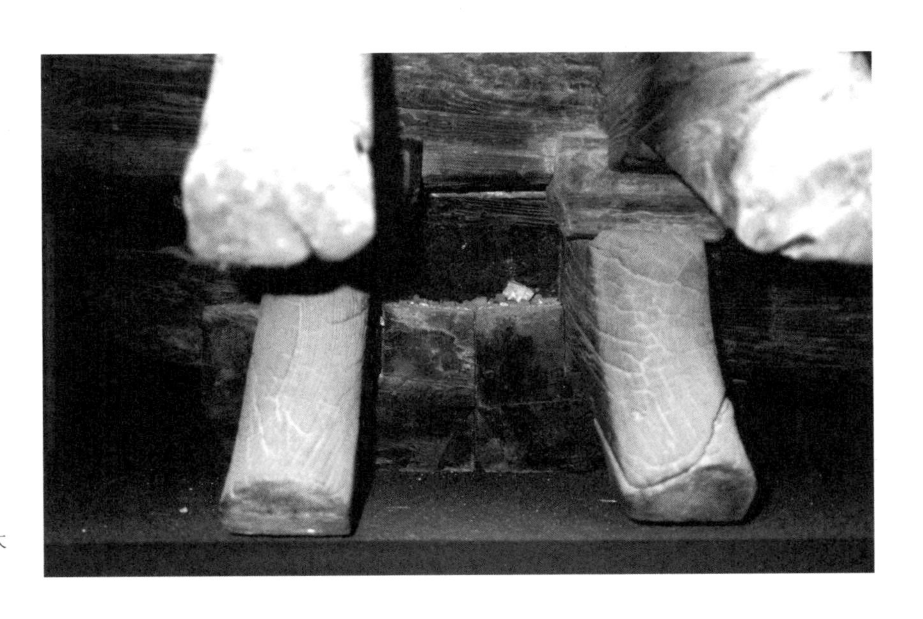

图5-16　北京宝禅寺大殿角科大斗[14]（作者拍摄）

5.6　溜金斗栱

溜金斗栱是指斗科后尾与“金桁”相联系的斗栱。斗栱外跳部分与一般斗栱完全相同，而中线以里，后尾杆件特别加长，顺着举架的角度向上斜起秤杆，以承受上一架的金桁。各层秤杆之间，横着安栱或三幅云、麻叶云，直着用覆连销连在一起，没有这几种构件的有序组合，便不成其为溜金斗栱。溜金斗栱只用于平身科，柱头科因后尾平置于梁下而无“溜金”之法。

从发展脉络及施用部位来看，明代溜金斗栱的形成系以宋式厅堂檐下斗栱为原型，在保持平衡檐口出挑重量的结构作用的同时，逐渐向装饰化方向演变发展而来。然而，溜金斗栱与其原型之间毕竟已有较大差别，如斗栱后尾挑斡较多以及出现折线杆件等。这些不同于前人的做法，则是明代的独创之处。

5.6.1　各主要构件成因分析

溜金斗栱的成熟与定型是经过较长时间的实践与改进才逐渐完成的。其中，昂嘴形栱件的运用、斗栱后尾多重折线挑斡的形成及卯合构件覆莲销的出现，都经历了较长时期的酝酿与发展。也正是这些主要构件的形成与不断完善，才促使溜金斗栱在明代的迅速诞

14　北京宝禅寺大殿：明代建筑，现已拆毁，平身科、柱头科、角科斗栱实物现存北京建筑大学建筑系馆。

生与成熟。

（1）昂嘴形栱件

昂嘴形栱件前端伸出昂嘴，后尾出跳为华栱，实为一平置构件。从构造上看，因柱头铺作梁头外伸挑承檐部，梁下斗栱中不再有下昂伸至金步。为了与补间铺作的下昂在外观上保持一致，采用了平置昂身贯通内外跳的昂嘴形华栱形式。这种形式在元代后期逐渐不局限于柱头铺作，在补间铺作中亦也常以此调节斗栱高度（见图 5-17）。至明代，在官式建筑中亦得到普遍应用，而且形式更趋多样化。昂嘴形华栱因可调节斗栱立面高度，在头、二跳中运用较多，外跳栱端常刻扒腮，伸出微薄于栱身的昂嘴，并在昂嘴两侧刻出假华头子（见图 5-18）。

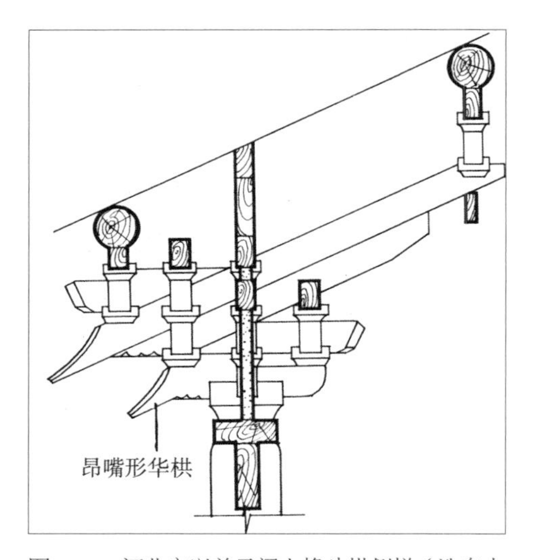

图5-17　河北定兴慈云阁上檐斗栱侧样（选自中国科学院自然科学史研究所主编《中国古代建筑技术史》）

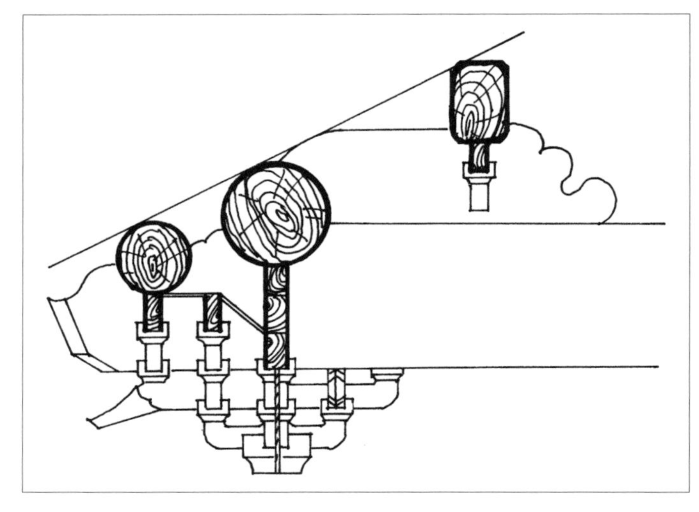

图5-18　北京故宫钟粹宫柱头科侧样（根据郑连章《紫禁城钟粹宫建筑年代考实》图片绘制）

（2）折线形斜杆

折线形斜杆的产生是溜金斗栱发展中的重要转折，也是溜金斗栱的主要特征之一。

明代溜金斗栱中折线形斜杆的产生是简化各构件间交榫构造的结果。在明初一些建筑如北京故宫神武门城楼、北京社稷坛前殿、湖北武当山紫霄宫大殿等建筑中，都出现过耍头前端平置承檩，后尾斜上承托金桁（枋）的杆件（见图 5-19）。这种折线杆件的运用，将上部的挑斡与下部平置构件脱开，使交榫上下无涉，不必顾虑宋构中当下昂置于令栱下时，耍头与斗栱相交的斜面交接必须丝毫不

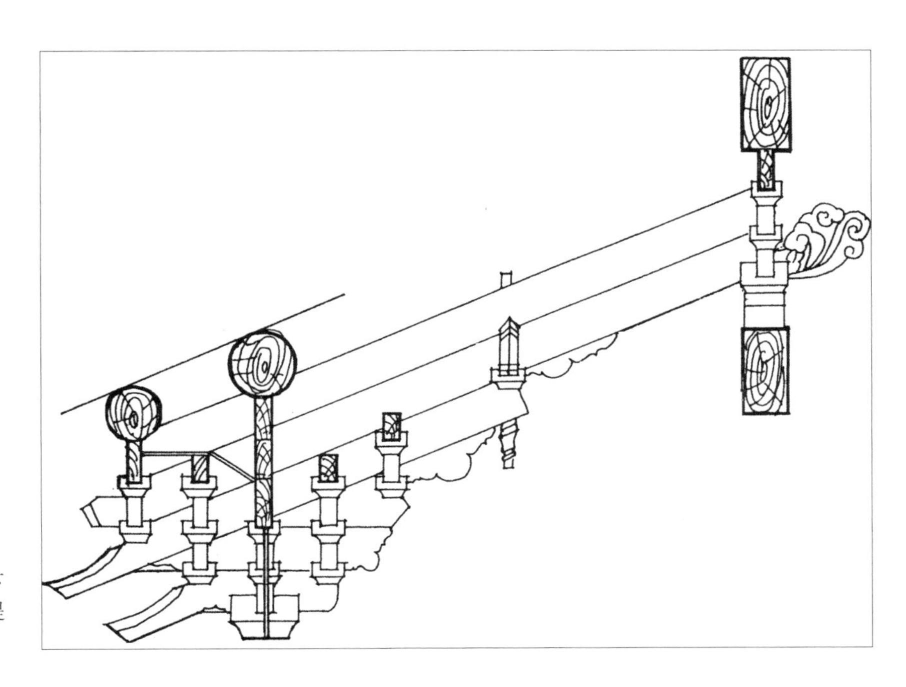

图5-19　湖北武当山紫霄殿下檐平身科侧样（湖北省文管会提供）

差的问题，结构上也无下昂做法之繁琐，使耍头加工更趋简洁、便利。至明代中期以后，不仅耍头后尾呈折线形，而且出现了撑头木后尾、华栱头后尾、昂嘴形栱后尾、华头子后尾等折线形杆件，这在北京故宫钦安殿、先农坛具服殿等建筑之平身科中均有所见。

然而，随着斗栱后尾挑斡数量的不断增加，各斜杆的折点却并不一致（见图 5-20）。如既有以挑檐桁位置为折点的，又有以头跳华栱栱头位置为折点的，亦有以正心桁为折点位置的。这样一来，从施工角度看，每幢建筑斗栱都需经单独设计，不利于构件的大量生产与快速施工。同时还会造成后尾的杆件之间结合不够紧密，在各杆件间留有空隙而削弱其结构作用。因此，明代后期斗栱上部的耍头、撑头木后尾仍以挑檩桁位置为折点，而下部的各斜杆则逐渐将折点定于正心枋一线，从而形成一组斗栱中两个折点位置。但终明之世，未见有一组斗栱中所有折线斜杆折点均在正心缝之例。即便是清初顺治四年（1647 年）重建之北京故宫午门城楼正殿下檐平身科中，耍头与其他折线挑斡折点也不都在正心桁位置。可见，溜金斗栱斜杆折点定于正心缝当是清代雍正十二年（1734 年）颁布工部《工程做法》之后的事。

（3）多重挑斡叠置

多重挑斡的叠加是明代溜金斗栱的又一特征。在明初官式建筑中，常只见到单根挑斡（多是耍头或撑头木后尾）下昂伸至金步，其下再垫托一根挑斡的做法。至明中期，斗栱后尾使用多重挑斡叠置的做法才普遍起来，形式也日趋多样。但为何在这一时期逐渐增多

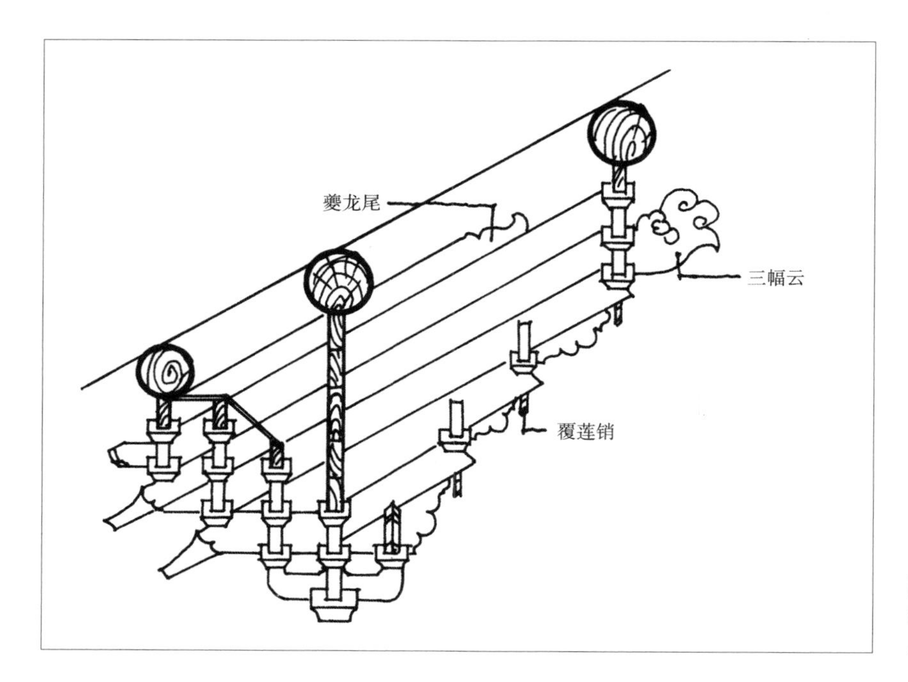

图5-20 北京先农坛太岁殿平身科侧样（根据北京古建公司草图及建筑实物比照绘制）

挑斡杆件，其意义何在？从结构角度分析，有两点理由。

①多重挑斡并置满足了明代斗栱用材变小后，溜金斗栱承受弯矩、剪力的需要。

宋《营造法式》规定，下昂昂身高一材（15 分°）。由于殿阁选材一般取 2~3 等，厅堂建筑选材多在 3～5 等，因此昂身断面多为 7.5 寸 ×5 寸，7.2 寸 ×4.8 寸，即 24 厘米 ×16 厘米，23.0 厘米 ×15.4 厘米（1 宋尺约合 32 厘米）。而宋构中檐步架深一般在 1.9 米 ~2.1 米。如此，在承受弯矩最大的支点位置，下昂所受的最大弯矩和最大剪力一般均能保证在木材的许可应力与所能承受的最大弯矩之内。因此，宋构中单根下昂（或附一根挑斡）是足以胜任悬挑及杠杆平衡作用要求的受弯构件。

明代则由于斗栱用材减小，殿宇建筑斗栱用材随之削减。实例显示，现存明代官式建筑中，如北京故宫神武门城楼及太庙诸大殿等，斗栱斗口最大值仅为 4 寸，即 12.7 厘米左右（1 明尺合 31.75 厘米），因此昂身断面最大值仅为 4 寸 ×5.6 寸（约 12.7 厘米 ×17.8 厘米），相当于宋制六等材用料；一般性殿堂建筑斗栱选材则更小，1 斗口 2.2～2.5 寸（相当于 7～8 厘米）是常选尺寸。这样，昂身截面多为 8 厘米 ×12 厘米左右，如北京故宫钟粹宫等建筑之斗栱。但是，明构中檐步架深并不随斗栱尺度减小而减小（在所调查的明构实例中，檐步做檐廊时，架深多取 2.2~2.85 米，比一般宋构要大得多）。因此在明代官式建筑中，以单根下昂作为悬挑檐口及

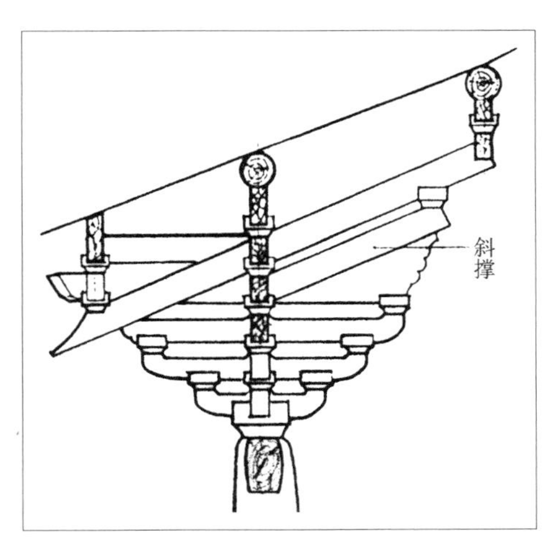

图5-21 宋《营造法式》厅堂用六铺作（两抄一昂，逐跳偷心）

屋架荷重的杠杆就显得过于单薄，相较而言，过小的昂截面与较大的进深不仅使昂所受弯矩加大，受弯性能无法满足结构需要，同时也使结构的整体稳定性受到影响。为了解决这一问题，明构中曾出现过采用加粗挑斡后尾，但主要是利用下昂后尾垫托多重挑斡，形成叠合构件的做法来解决用材减小后构件的受弯与稳定需要。

②多重叠合杆件的运用使构造简化，施工更趋灵活。

在宋《营造法式》中，厅堂檐下斗栱中下昂上挑下平槫通常是以华栱出跳支撑昂尾或以挑斡为斜撑支撑下昂昂尾的方式完成（见图 5-21）。这种做法一来结构自重较大，二来构件交榫较复杂。明代建筑则以内跳斗栱上挑金桁采用多重叠合挑斡并置，共同伸至金步代替宋制做法，不仅避免了复杂而要求精确的交榫，简化了施工，而且通过去除内跳多重栱件承托，减轻了构架自重。加之斜杆后尾还可随檐步架深的大小灵活伸缩，使檐步架深更少受到限制，增加了整个构架的灵活性。

因此，多重叠合挑斡的运用是结构自身受力的需要及顺应明代大木构架整体化、施工简洁化趋势的结果。

（4）覆莲销

由于明代溜金斗栱后尾挑斡杆件由少到多，加之挑斡折点不一，造成了一组斗栱中后尾多重杆件结合不够紧密的缺点，因此，以联固为主的后尾卯合构件覆莲销便应运而生。

所谓覆莲销，是将溜金斗栱后尾层层叠合的木枋贯穿联结起来所用的木销（栓），其作用与今天的“板销”“键”“销钉”相似，都是木材结合中传递木块内力时起受剪作用的销栓，是加强杆件相互联系，增强牢固性的构件。

在宋代建筑中，下昂的联结仅用昂栓，是一种并不外露的暗销。至明代，由于溜金斗栱的发展，覆莲销不断发展成熟，直至定型。从所调查的明构看，在明中期以前的建筑中覆莲销时有时无，这可能是因为此时斗栱后尾挑斡数量时多时少，只用暗销有时也足以将斗栱固定，因此囿于传统做法，在明代一些官式建筑如昌平明十三陵长陵祾恩殿及北京故宫钦安殿下檐平身科斗栱并未用覆莲销，而是采用暗销。但明永乐十八年（1420 年）建故宫神武门城楼时，斗栱后尾出现五重挑斡及昂身，便使用了 2 个覆莲销。看来，使用覆莲销的建筑一般檐步架深较大（多在 2.2~2.9 米），内跳斗栱后尾有多重挑斡，或各挑斡间结合不够紧密。因此覆莲销的使用与

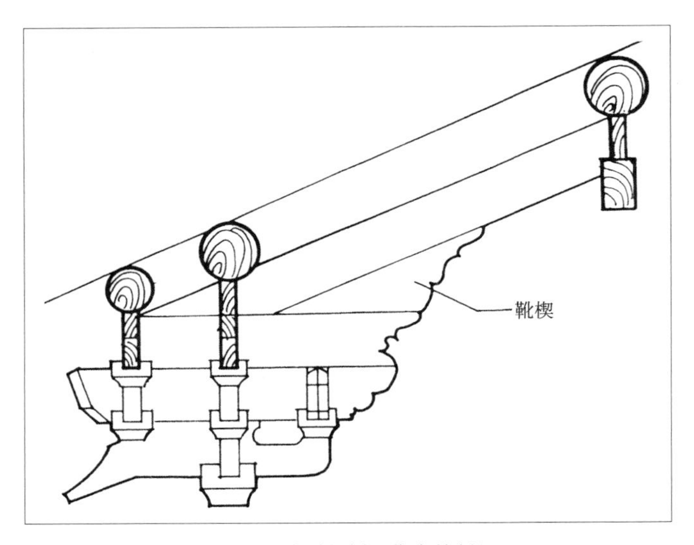

图5-22　曲阜孔庙承圣门平身科侧样（作者绘制）

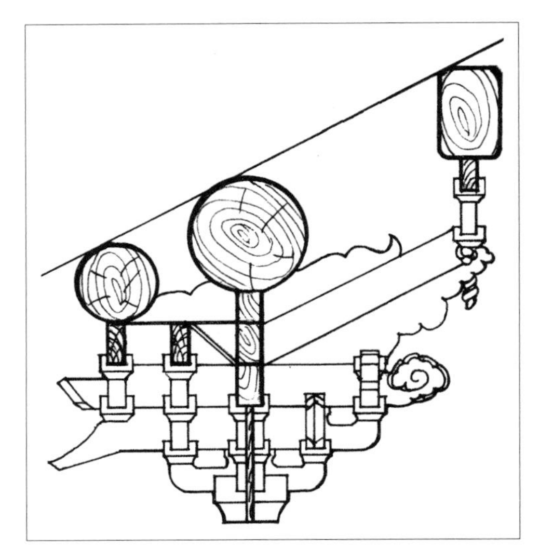

图5-23　北京故宫钟粹宫平身科侧样（根据郑连章《紫禁城钟粹宫建筑年代考实》插图绘制，《故宫博物院院刊》1984年第4期）

定型是伴随多重折线挑斡发展而来的。它的出现加强了斗栱自身的整体性。

（5）菊花头、六分头、三幅云

菊花头是从宋代的靴楔[15]发展而来的。它的侧立面一般刻作三瓣，在早期明构实例中，当斗栱后尾挑斡与华栱等平置构件间距离较大时，原先的三角形靴楔也随之加长，图案向翼形卷瓣靠拢，如曲阜孔庙承圣门（见图 5-22）。北京故宫钟粹宫、北京先农坛庆成宫前殿及明长陵祾恩殿下檐平身科后尾中也可见到类似做法，即在挑斡与平置构件间插入楔形木块，其卷瓣直接包住挑斡尾端，不做六分头（见图 5-23）。明中期以后，溜金斗栱后尾挑斡数量增加较多，菊花头也增多了，几乎在每一挑斡下都由菊花头从下部斗口处楔入。有些斗栱最下部的菊花头因楔入华栱，尚有支撑作用，但上部多数只具装饰作用。

六分头即指在宋代上昂昂尾出头处留有六分° 而言。下昂昂尾则历来形式多样，明代溜金斗栱中，挑斡后尾形象也并不整齐划一，如北京天坛皇穹宇正殿檐下溜金斗栱后尾呈砍去六分头形式，而皇穹宇正殿之金柱上溜金斗栱挑斡后尾仍为六分头。由此看来，六分头形式至明代后期才定型下来。

三幅云在宋代本是偶尔用于偷心华栱中的一根简单的纵向翼状构件，至明代，则发展成为附在昂尾上的云饰，以加强室内装饰效果。清代则多用麻叶云取代三幅云。

15　靴为鞾的简体，该构件古代称“鞾楔”，是宋式大木作斗栱组合构件名称。其与昂身榫卯相结，一般用于上昂的下部与下昂尾部昂底之下，是真昂构造中不可或缺的构件之一。《营造法式》规定靴楔造型为“三卷瓣”。

5.6.2　明、清溜金斗栱的异同

明、清两代溜金斗栱之间有着明显的承继关系，因此在外形上、构件做法上都有诸多相同之处。但明代溜金斗栱尚未完全定型化，因而具有较多随宜性、过渡性，也能更明显地看出溜金斗栱的演变过程。而清代溜金斗栱经过长时期的发展，更趋定型化，并被赋予严格的等级含义。试将二者的区别分析如下。

（1）明代溜金斗栱中经常使用贯通内外跳的真下昂，昂尾还常与其他挑斡一道伸至下金桁位置，清代溜金斗栱中已难觅真下昂，均为前端平置，后尾折起上伸的昂嘴形折线挑斡（见图 5-24）。

（2）明代溜金斗栱在檐步架深较大、后尾挑斡过长时，会在檐步架中间置承椽枋来增加支点，如北京故宫钟粹宫与先农坛庆成宫正殿的平身科均是（见图 5-25），即显示出一定的过渡性与灵活性。清代檐步架深因规定为 22 斗口，比例、形式固定，故无此虞。

（3）明代溜金斗栱耍头、撑头木后尾常在挑檐桁位置斜上起挑斡，而下部的挑斡折点位置常不固定，这与清代规定一律以正心缝为折点位置的做法不同。

（4）在明代溜金斗栱中，菊花头、六分头、麻叶云、三幅云、夔龙尾等，随发展而形态各异，呈过渡状态，尚未定型。至清代，溜金斗栱中这些构件的位置、形象、做法均有一定之规，已不可擅变。

总之，溜金斗栱在结构上，以规整严谨的折线杆件加强了檐步与金步的联系。在斗栱悬挑作用减弱的同时，加强了构架的整体联系；在形象上，以较强的装饰性丰富了无天花殿宇的室内空间，无疑是明代建筑室内艺术处理的一个重要发展。

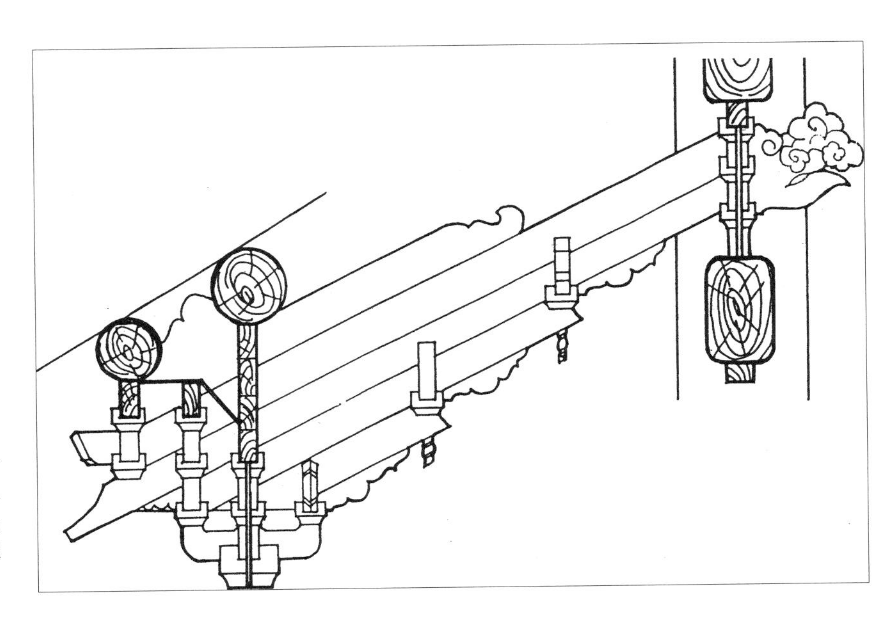

图5-24　北京故宫神武门城楼下檐平身科侧样［根据于倬云《斗栱的运用是我国古代建筑技术的重要贡献》插图绘制，载《科学史文集（第5辑）》］

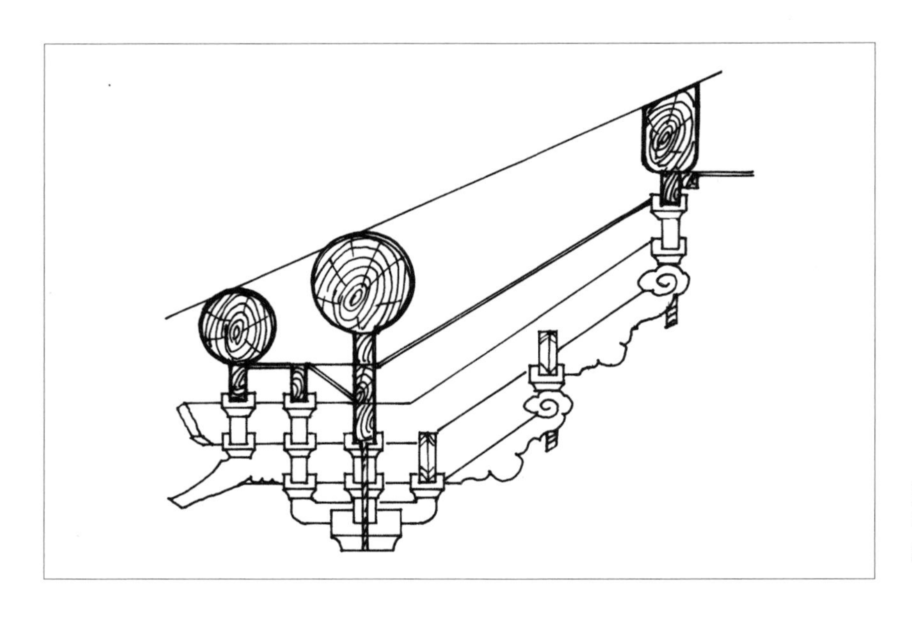

图5-25　北京先农坛庆成宫正殿平身科侧样（摹自北京建筑大学建筑系测绘图）

5.7　室内斗栱

在不用天花的殿宇中使用室内斗栱来加强梁、檩、枋之间的联系，并增加室内装饰效果，是明代官式建筑的一个重要特点。这是宋代"厅堂"类建筑做法的延续与发展，也是明代与清代建筑有着明显区别之处。在明代，室内斗栱根据施用位置及自身特点的不同而大致分为品字科、十字科、隔架科、檩下斗栱及丁头栱等几种类型。

5.7.1　品字科

品字科斗栱是指里外出跳只用栱头不用昂。它主要用于楼房或城楼平坐之下或里围额枋上承托天花之用。用于楼房或城楼平坐之下的品字科斗栱常只装迎面半攒，而内跳仅为平置踏头。因属外檐斗栱，故不赘述。而室内的内里品字科斗栱则数量较多，占据了室内斗栱的主角地位。从构造上看，内里品字科与宋《营造法式》身槽内斗栱相似，但又有诸多演变。

宋《营造法式》所载身槽内斗栱通常有两种形式：一是以层层出挑的华栱支持上部构架；二是以上昂代替华栱出挑支承天花。明代的室内品字科则将二者结合起来，即采用平置构件出挑两端，但在上两层栱件后尾，以上昂六分头、菊花头形象作为装饰符号收尾，这样可使品字斗栱在达到同样高度的情况下比完全采用华栱出挑的宋式斗栱减少一跳跨度（见图 5-26）。

同时，室内品字科也根据施用位置不同分为平身科、柱头科、

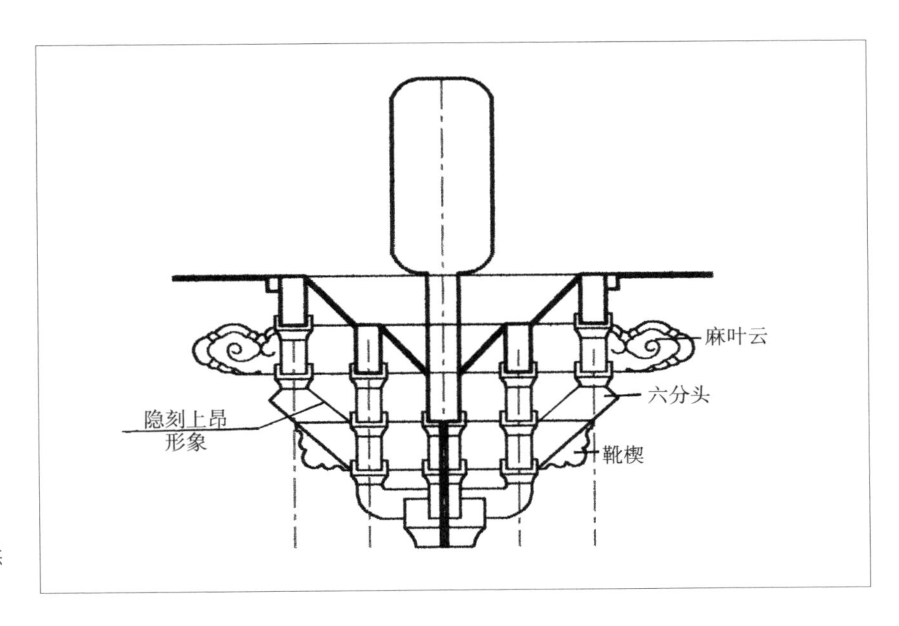

图5-26　明长陵祾恩殿内檐斗栱侧样（作者绘制）

角科三类，变化规律与外檐斗栱相似。如外檐柱头科在立面正中一线出挑翘、昂宽度加大，角科在 45° 的斜向构件厚度比正心栱厚度增多等特点也在室内斗栱中得以反映。唯此处角科由于承托梁枋，因此在其与外檐柱头科对应处常采用加宽的华栱出挑，跳口出雀替支托梁底，从而兼具角科与柱头科特点。

5.7.2　檩下斗栱

这种斗栱主要用于彻上明造的各层檩下，是联系檩、枋的构件。檩下斗栱在位置上与外檐正面的平身科对应，在形式上则多采用一斗三升单栱造、一斗六升重栱造等类型（见图 5-27），具有一定的装饰性。但是，从大木加工角度看，其做法稍嫌复杂。因此明代在草架中只用檩、垫板、枋三件而不用檩下斗栱。至清代，这种檩、垫、枋三合一的做法则在露明构架中亦大行其道了。

檩下斗栱在柱头缝位多采用十字科承托，因此十字科是指檩、梁、柱交接点上起承托与传递檩上荷载作用的斗栱。其做法为：瓜栱十字交叉，置于大斗上，下置驼峰或童柱，明末有改为荷叶墩的（见图 5-28）。当平身科采用一斗六升重栱造时，十字科也会相应地在纵架方向出重栱与之呼应。

十字科形式在明代厅堂建筑中运用得相当广泛，具有较强装饰性，但随着做法简化和整体性加强趋势，明代已出现了以整块柁墩隐刻出驼峰式样的例子，显示出明代在大木加工上极为细腻的特点。至清代，不仅工部《工程做法》中未载此做法，而且实例中也逐渐以梁下承短柱或柁墩代替十字科，虽简便实用，但装饰性明显降低。

图5-27　北京先农坛太岁殿明间襻间斗栱（作者拍摄）

图5-28（1）　北京先农坛太岁殿金檩下十字斗科

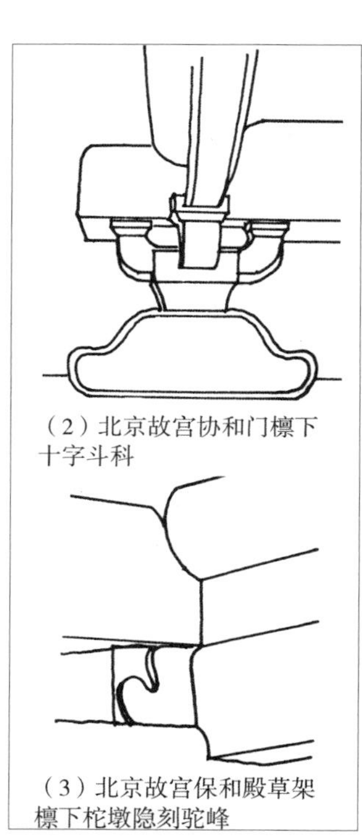

（2）北京故宫协和门檩下十字斗科

（3）北京故宫保和殿草架檩下柁墩隐刻驼峰

图5-28（2）　十字科斗栱

5.7.3　隔架科

隔架科多用于大梁和随梁枋空档之中，一般以两攒或一攒坐中安装。形式上分三段：最下用荷叶墩，当中置大斗，上安瓜栱一件，

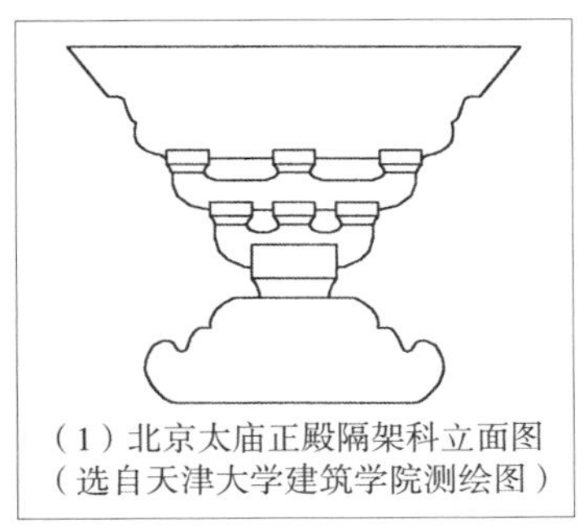
（1）北京太庙正殿隔架科立面图（选自天津大学建筑学院测绘图）

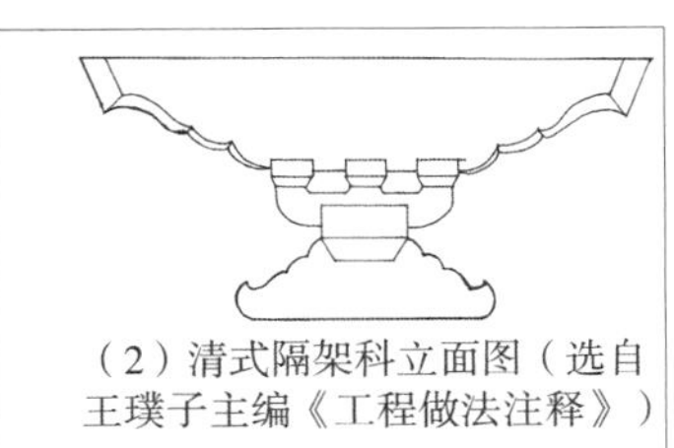
（2）清式隔架科立面图（选自王璞子主编《工程做法注释》）

图5-29　北京太庙正殿隔架科及清式隔架科

栱上托雀替。梁枋空档高的，瓜栱上另加万栱。由于隔架科极具装饰性，因此被广泛运用，如北京太庙大殿、二殿、三殿及北京先农坛太岁殿等。清代也继承了这一做法，并在工部《工程做法》中将之规范化。但二者相比，明代隔架科在立面比例上更为完整，不仅雀替与荷叶墩长度相差不大，而且立面高宽比也近乎方形。清代隔架科的雀替长度却比荷叶墩的两倍还大，立面高宽比超过 1 : 2（见图 5-29），表现出横向更为舒展的特点。

5.7.4　丁头栱

丁头栱即半截华栱。从它固定的部位看，有入柱和不入柱两种。在明代，不入柱丁头栱一般多插入梁身，主要用于使梁下柱头斗栱在出跳数上与平身科保持一致（见图 5-30）；入柱的丁头栱一般多采用单栱造或重栱造，跳头多安置踏头承托梁底或檩条。出跳构件宽度常与柱头科一样加大（见图 5-31）。在楼阁建筑中，由于明代多采用通柱造，因此暗层柱头科也会采用插于柱身的丁头栱（插栱）承托上部梁枋，曲阜孔庙奎文阁暗层斗栱即是（见图 5-32）。另外，在建筑的外檐廊下，以丁头栱托雀替下端入柱的方式因其增大了受剪面积而较为常用。

图5-30　北京智化寺万佛阁下檐明间柱头科后尾（作者拍摄）

图5-31　北京昌平明长陵祾恩门内金柱柱头斗栱（作者拍摄）

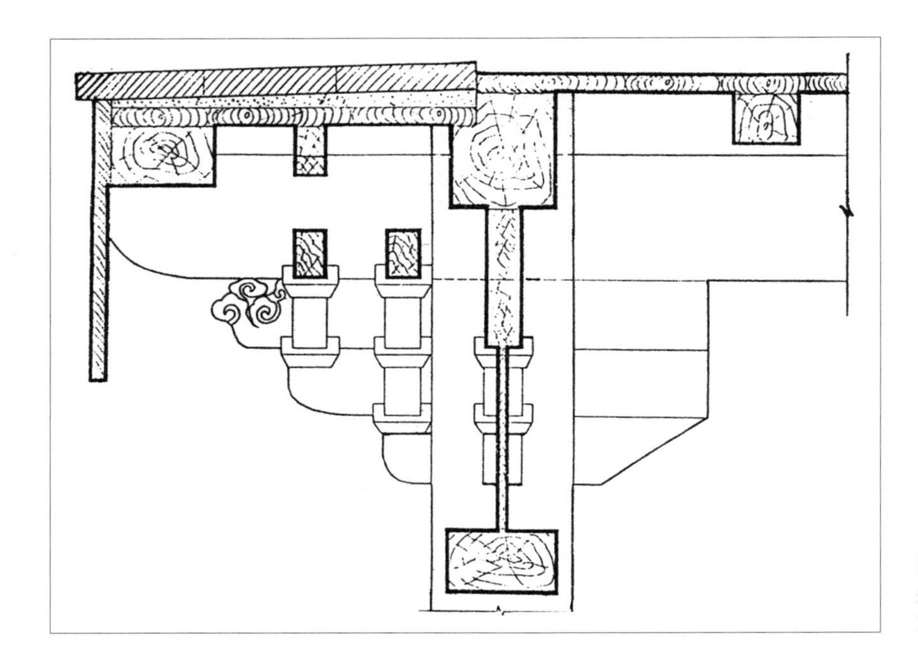

图5-32　山东曲阜孔庙奎文阁平坐柱头科（丁头栱）（选自曲阜文管会测绘图）

5.8　斗栱细部的变化

5.8.1　上昂的残留

在宋《营造法式》中载有：上昂“如昂桯挑斡者，施于内跳之上及平坐铺作之内”，规定了上昂一般用于内檐及平坐，主要用于解决铺作层数多而内跳斗栱过高时，减小内檐斗栱出跳长度的问题。从《营造法式》记载来看，上昂实际是斜插在跳头斗口中的斜向构件，不仅可用来支撑耍头前端和令栱之底，补华栱载重之不足，还可以防令栱下垂（见图 5-33），可见是明显具有结构作用的构件。然而由于上昂做法交榫复杂及费工费料等原因，在宋代亦使用不多，留存实例中仅苏州玄妙观三清殿等少数建筑中出现过［图 5-34（1）］。

至元代，上昂的构造做法就已发生较大改变。在山西芮城永乐宫纯阳殿内檐斗栱仅有隐刻或彩画画出的上昂形象，已是形存而实亡了［图 5-34（2）］。

明代官式建筑中，上昂这种构造复杂的斜撑式构件被进一步简化以至舍去。如昌平明长陵祾恩殿内槽斗栱、北京智化寺万佛阁下檐内跳斗栱、北京故宫角楼及南薰殿内檐斗栱中，尚如元构一样留有较深隐刻及彩画的上昂形象，可由此略窥宋代遗制；迨至明代后期，则往往仅在内跳留有上昂后尾六分头及菊花头形象，隐刻上昂形象已较少见到。此时的斗栱里跳中已无斜撑过柱心类似上昂的构件，六分头与菊花头也仅是内外跳贯通的平置构件在后尾上的装饰

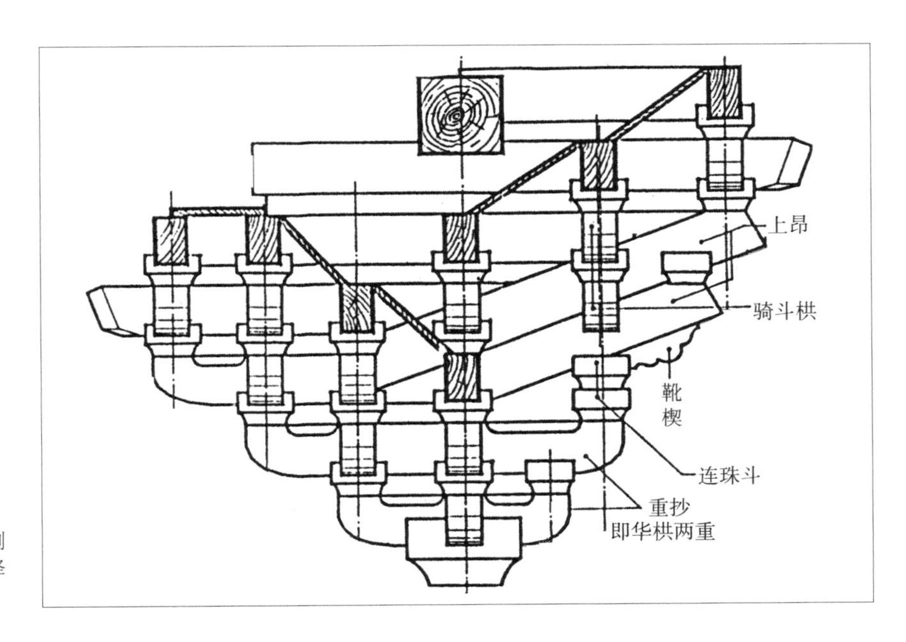

图5-33　宋《营造法式》上昂侧样［选自梁思成《营造法式注释（卷上）》］

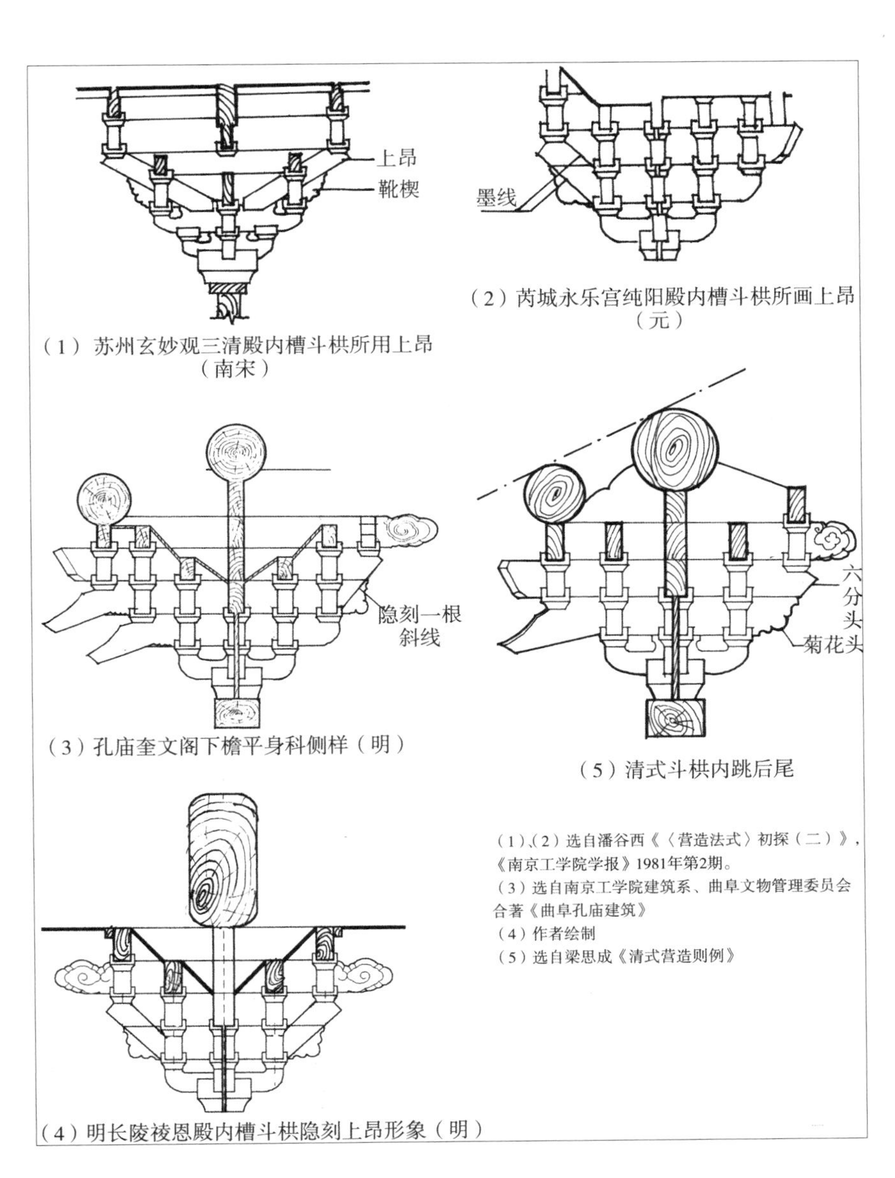

（1）苏州玄妙观三清殿内槽斗栱所用上昂（南宋）

（2）芮城永乐宫纯阳殿内槽斗栱所画上昂（元）

（3）孔庙奎文阁下檐平身科侧样（明）

（4）明长陵祾恩殿内槽斗栱隐刻上昂形象（明）

（5）清式斗栱内跳后尾

（1）、（2）选自潘谷西《〈营造法式〉初探（二）》，《南京工学院学报》1981年第2期。
（3）选自南京工学院建筑系、曲阜文物管理委员会合著《曲阜孔庙建筑》
（4）作者绘制
（5）选自梁思成《清式营造则例》

图5-34　宋、元、明、清代斗栱上昂形象演变比较

符号而已[图 5-34(3)、(4)]。

总之，上昂在宋代是一独立的斜撑构件，在建筑中有独特结构作用。至元代及明初建筑中便不断符号化，在斗栱后尾仅隐刻或彩画形象于其上，而不再是完整独立的斜撑构件了；至明中后期及清代，上昂更仅剩六分头、菊花头形象遗存，由此已很难想见其原先形象了[图 5-34(5)]。

5.8.2 栱长

比较宋清两代斗栱官式做法后可知，宋、清斗栱栱长的分值都是一致的。即宋代规定瓜栱长 62 分°，清代为 6.2 斗口；宋代的万栱为 92 分°，清代为 9.2 斗口；宋代厢栱为 72 分°，清代为 7.2 斗口，可见清构斗栱只是实际尺寸减小，其斗栱的外形及各部分比例仍袭宋制。

从实测资料看，明代官式建筑的栱长尺寸与宋清规定也基本一致。但是，明代常有以改变栱长调节斗栱攒档距来改变视觉形象的做法，这在曲阜孔庙奎文阁、青海乐都瞿昙寺隆国殿、北京智化寺万佛阁、北京法海寺大殿等建筑中均有所见(见图 1-2)，可见明构中栱长变化较之宋、清更灵活些。

5.8.3 昂及昂嘴

明代初期至中期均仍有使用真昂之例，如北京故宫神武门城楼下檐或北京先农坛太岁殿斗科。但假昂的使用已很普遍，其变化亦集中于斗栱的外跳部分，大体上可分四种式样。

第一种，外观及正面式样与真昂极相似，而后尾平置[图 5-35(1)]，如北京天坛皇穹宇正殿、明长陵祾恩门中均中有此类平置昂。

第二种，自十八斗平出一段至前一跳中心线再斜向下，做琴面昂，平出部分刻三～四卷瓣，习惯上称为“假华头子”[图 5-35(2)]。在北京先农坛具服殿、天坛祈年门、山东曲阜孔庙奎文阁等建筑斗栱中均可见到。

第三种，在平出部分不刻假华头子，而在昂斜出向下的起点，在昂上刻两卷瓣向上，做成亦栱亦昂式样。昂嘴部分被削薄，做扒腮，多用于柱头科，使之与平身科宽窄差距不致太悬殊[图 5-35(3)]。这种形式在明构中广泛运用，并延及至清代。

第四种，在平出部分不仅刻假华头子，而且在昂斜向下的起点，于昂身上刻华栱形纹。多用于柱头科，昂嘴部分并不削薄。如

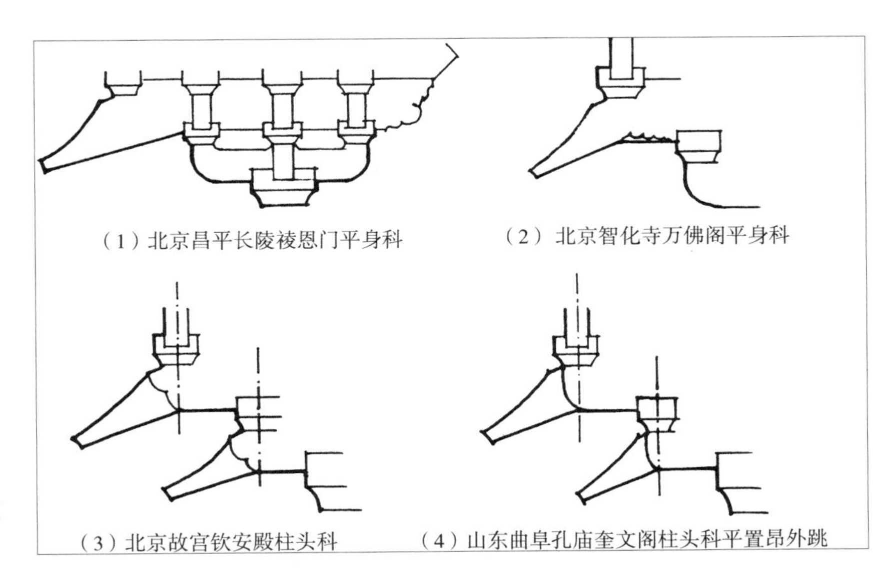

图5-35　假昂外跳部分的四种做法

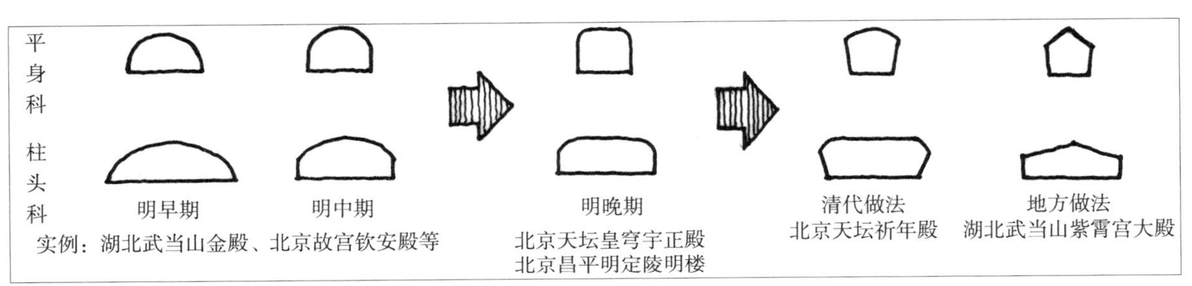

图5-36　昂嘴形象演变示意

曲阜孔庙奎文阁柱头科上即有［图 5-35（4）］，颇有宋式插昂遗意。

明代之昂嘴细长，有因柱头科与平身科昂嘴宽窄不一而变，也有因各时期装饰趣味不同而有所差异的（见图 5-36）。

5.8.4　耍头与齐心斗

元代以前官式建筑中斗栱耍头都使用单材，因而在耍头与厢栱相交处施齐心斗。至元代，由于在柱头铺作中出挑的梁头也常做成耍头形，因此元构中耍头常用足材，不施齐心斗。但在明初官式建筑中，溜金斗栱若只有耍头后尾向上起斜杆，则耍头多用足材，不用齐心斗，如北京大慧寺大殿的外檐及北京智化寺万佛阁上檐平身科；但后尾平置或随多重斜杆上伸时，耍头多数复用单材，仍做齐心斗，这在明初许多重要遗构上都有体现，如明长陵祾恩门、祾恩殿及北京社稷坛前殿、正殿等。乃至明中期嘉靖间建的北京先农坛太岁殿、拜殿、具服殿中均如此。明代许多仿木构的琉璃建筑中，包括明代初、中、晚期的实物，大多都置有齐心斗。由此可知，明初沿袭宋代旧制，在耍头之上置齐心斗的做法曾较普遍。至清代，这种做法在木构建筑中已完全绝迹，仅在琉璃建筑中仍有遗存。

第六章　大木构件分述

第六章 大木构件分述

6.1 柱

6.1.1 柱的种类与式样

明代柱的种类与宋代相似，也依施用位置的不同而分副阶檐柱、正身檐柱、内金柱及屋架中的瓜柱；依形状不同而分圆柱、方柱、八角柱等。柱的式样在宋《营造法式》中主要为梭柱，但由于其制作较为繁复在明代渐不采用，仅于明初一些建筑如北京故宫钟粹宫之檐柱、金柱柱头稍作卷杀，略如梭柱。明代后期建筑中则更多的是在立柱柱身上下做适当收分，柱头处在正面斜抹一段，不做更多的艺术加工。另外，宋代常见的瓜楞柱在明代并不多见，而拼镶柱、包镶柱的做法则有所继承。虽然明代的重要建筑多以整料楠木为柱及梁枋构件，有些更是仅在柱身上烫蜡，不饰髹漆，以楠木自身的材质、色彩表达古朴与端庄，如北京太庙大殿内柱。但亦有采用拼帮做法的实例及记载。明嘉靖年间工匠出身的工部官吏徐杲在主持故宫“三大殿”重建工程时，就曾“易砖石为须弥座，积木为柱”[1]。其中“积木为柱”即指“拼帮”“包镶”做法，利用木材易于拼合的性能，将小块木料经过拼合、斗接、捆扎，使之粗壮加高，做柱子，发挥大料作用来节省用料。明代北京故宫端门城楼的柱、梁，北京先农坛庆成宫东庑的山墙柱和北京天坛神乐署后殿檐柱均有拼镶做法，后者更以外扎铁箍（见图 6-1、图 6-2）方式包镶柱子，较之宋代以榫卯斗接更加简洁、实用，利于施工。明代皇陵北京昌平十三陵建筑中亦不乏此类做法。至于瓜柱，殿阁建筑之草架中常为方柱抹四角形式，而在厅堂建筑彻上明造屋架中，瓜柱形式较为多样。与檐柱、金柱柱头相对应的瓜柱在做法上完全仿效之。而相对独立的脊瓜柱常做成方形，由于径值常大于梁身之厚，因此立于梁上时，多采用骑栿做法，在梁栿两侧的延伸部位刻凿花样；这在明代北京先农坛太岁殿、拜殿及社稷坛前后殿中均可见到，较

1 焦竑《国朝献征录》卷五十。

图6-1　北京先农坛庆成宫东庑北墙檐柱（作者拍摄）

图6-2　北京天坛神乐署后殿角柱（作者拍摄）

常见。而在柱根入础做法上，明代初期南京故宫的官式建筑中尚未用管脚榫，但在建于明弘治年间的山东曲阜孔庙奎文阁及北京多处明代建筑遗构中已采用管脚榫，如北京故宫钟粹宫等。

6.1.2　柱径

由表 6–1、表 6–2 可见，明代建筑柱径取值换算成斗口数后显示，其柱径取值总体上大于宋代的规定而趋近清代制度。具体特征如下：

对于重檐殿阁建筑而言，表中檐柱实为副阶檐柱，金柱为殿身檐柱。这类建筑的副阶檐柱柱径在 5.0~6.0 斗口，殿身檐柱柱径则在 6.0~8.7 斗口，如北京故宫神武门城楼、太庙大殿等。对于单檐殿阁建筑而言，则有两种情况：一类是檐柱与金柱取值不等的。其中既有北京先农坛庆成宫前后二殿及法海寺大殿因构架有厅堂式特征，檐、金柱不等高造成二者柱径不等的；更多的则是檐柱与金柱柱高相等时，内金柱径取值略大，如北京太庙二殿、三殿等，是较为普遍的取值方式。另一类檐柱与金柱径相等的殿阁建筑则略少见，仅北京故宫中和殿、太庙戟门等少数建筑采用之。

厅堂建筑檐柱、金柱柱径的取值也处在 5.0~6.0 斗口及 6.0~7.5 斗口之间，如北京先农坛太岁殿、拜殿及故宫钟粹宫等，与殿阁式建筑相差不大。然而在明代后期，尤其是万历年间，建筑物的柱径合斗口数变得很大，如故宫中和殿、保和殿的檐柱柱径分别为 7.5 斗口和 8.0 斗口，保和殿的殿身柱径甚至达到 11.0 斗口，比清代《工程做法》规定亦大很多，而与清初重建的故宫太和殿、乾清宫取值相当。盖因此时这些建筑斗栱用材急剧减小，而柱径实际尺寸并未有太大改变，因而换算出的斗口数有明显增加之势，见表 6–2。

表 6–1　明代官式建筑柱径值（合斗口数）一览表

建筑	檐柱柱径合斗口数	金柱（内柱）柱径合斗口数	斗口取值（厘米）	备注
北京故宫神武门城楼	5.12	6.32	12.5	重檐殿阁
北京故宫钦安殿	5.3	/	10	重檐殿阁
北京故宫中和殿	7.5	7.5	8	单檐殿阁
湖北武当山紫霄宫大殿	6.4	7.4	11.0	重檐殿阁
北京故宫保和殿	8.0	11.0	8	重檐殿阁
北京故宫角楼	5.32	—	8	重檐殿阁
北京故宫钟粹宫	5.87	7.07	7.5	单檐厅堂
北京故宫翊坤宫	5.70	7.07	7.5	单檐厅堂
北京故宫储秀宫	5.70	7.07	7.5	单檐厅堂
北京故宫协和门	5.79	6.32	9.5	单檐厅堂
北京太庙大殿	6.08	8.70	12.5	重檐殿阁
北京太庙二殿	5.92	6.56	12.5	单檐厅堂
北京太庙三殿	5.92	6.56	12.5	单檐厅堂
北京太庙戟门	5.32	5.60	12.5	单檐厅堂
北京智化寺万佛阁（下檐）	4.63	6.25	8	重檐楼阁殿堂
北京法海寺大殿	4.33	5.44	9	单檐殿堂
北京先农坛太岁殿	5.82	6.9	11	单檐厅堂
北京先农坛拜殿	5.36	6.18	11	单檐厅堂
北京先农坛具服殿	4.83	—	9	单檐厅堂
北京先农坛庆成宫正殿	5.63	6.25	8	单檐殿堂
北京先农坛庆成宫后殿	5.63	6.25	8	单檐殿堂
北京社稷坛后殿	5.25	6.0	12.0	单檐厅堂
北京先农坛神厨井亭	5.07	—	7.5	单檐厅堂
北京先农坛神厨正殿	330毫米	400毫米	—	柱梁作
北京先农坛神厨东配殿	340毫米	—	—	柱梁作
北京先农坛神厨西配殿	340毫米	—	—	柱梁作
北京先农坛神厨宰牲亭	310毫米	375毫米	—	重檐柱梁作

注：部分数据选自中国营造学社测绘图，天津大学建筑学院测绘图，北京古代建筑研究所测绘图，北京建筑大学建筑系测绘图。

表 6–2　宋《营造法式》、清《工程做法》规定及清初部分实例柱径取值一览

《营造法式》《工程做法》及清初建筑	檐柱径合斗口数	金柱径合斗口数	斗口取值（厘米）	备注
宋《营造法式》殿阁	4.2~4.5		10分°	
厅堂	3.6		10分°	
余屋	2.1~3.0		10分°	
清《工程做法》	6.0	7.2		
北京故宫午门正殿	6.74	8.0	9.5	重檐殿阁
北京故宫太和殿	8.67	11.78	9.0	重檐殿阁
北京故宫乾清宫	6.67	9.04	9.0	重檐殿阁
北京故宫坤宁宫	6.44	9.56	9.0	重檐殿阁

6.1.3　檐柱径与柱高之比

檐柱的径高比历代均不一致。同时代的建筑也各不相同，明代亦然。如表 6–3 所示，明代檐柱径高比多在 1/10~1/8 之间取值，较之清代建筑粗壮一些。但比值并无规律。

例如在一组建筑群中，同一轴线上的几座建筑因等级高低，檐柱径高比也略有差别，如北京太庙大殿、二殿、三殿、戟门的檐柱径高比为 1/8.9、1/10.3、1/10、1/7.79，而其配殿却达到 1/8.57，比三殿大殿的檐柱还显粗壮一些；又如北京社稷坛前后二殿，在开间大小，檐柱柱径相当的情况下，正殿因柱高较大，其径高比为 1/9.5，反而小于前殿的 1/7.77。同样的情况也见于北京先农坛太岁殿与拜殿。可见明构檐柱径高比总体上在 1/10~1/8 之内，具体比例则未有定值。

表 6–3　檐柱径高比（*D*/*H*）一览表

建筑	檐柱径高比（*D*/*H*）	建筑	檐柱径高比（*D*/*H*）
北京故宫神武门城楼	1/9.7	北京太庙正殿	1/8.9
北京故宫角楼	1/8.19	北京太庙二殿	1/10.3
北京故宫钟粹宫	1/8.07	北京太庙三殿	1/10
北京故宫翊坤宫	1/8.26	北京太庙戟门	1/7.79
北京故宫储秀宫	1/8.26	北京太庙大殿配殿	1/8.57
北京故宫协和门	1/10.2	北京法海寺大殿	1/11.8
北京故宫钦安殿	1/8.57	北京智化寺万佛阁	1/9.57
北京故宫中和殿	1/9.53	北京智化寺诸殿	1/12.1~1/11
北京故宫保和殿	1/10.44	北京社稷坛正殿	1/9.56
北京先农坛太岁殿	1/9.69	北京社稷坛后殿	1/7.77
北京先农坛拜殿	1/11.5	北京先农坛神厨正殿	1/11.52
北京先农坛具服殿	1/8.62	北京先农坛神厨东配殿	1/9.71
北京先农坛庆成宫前殿	1/9.33	北京先农坛神厨西配殿	1/9.71
北京先农坛庆成宫后殿	1/9.24	北京先农坛神厨井亭	1/8.09
北京先农坛宰牲亭（下檐）	1/8.39		

注：部分数据选自营造学社测绘图，天津大学建筑学院测绘图，北京古代建筑研究所测绘图，北京建工学院测绘图。

6.2　梁的形制与断面

在明代梁多采用直梁，月梁形制渐不使用，但大木加工上仍留有痕迹。如梁截面四角微抹，作圆转的倒角，梁背呈圆弧形，以及在梁端略做卷杀以插入或搁置于柱中等，在明初北京故宫钟粹宫之三架、五架梁及随梁枋和神武门城楼之七架梁上都有表现，可谓仍存月梁遗意。至明中期以后，这些痕迹亦日渐减少，直梁做法逐渐占据了主导地位。另外，明代的梁栿加工可谓细腻精致，无论明栿还是草栿，一律采用刨光的明栿做法。

至于梁栿的断面尺寸，明代梁栿断面高度的绝对尺寸与宋代、清代比较相差无几，但折合成斗口数后，明代就远大于宋《营造法式》规定数值，如表 6–4 所示，梁高多在 7.0~8.1 斗口之间，大于宋代 60 分°（合 6 斗口）之规定，略小于清 8.4 斗口。五架梁、三架梁的梁高取值也有些规律。这也是由于明代斗栱取值骤减所致。另外，梁栿宽度较之宋代则大得多，盖因明代梁栿高度比例不若宋式 3 : 2 的窄长，而趋于方整，这一现象不仅在明初建筑中已有表现，至明中后期更是日趋普遍。如明初北京故宫钟粹宫与角楼的梁栿断面比例尚在 10 : 7.5 左右，而明中期的北京先农坛太岁殿、拜殿之五架梁高宽比已达 10 : 8.2，北京智化寺万佛阁五架、七架梁高宽比更是达 10 : 9.5，几成方形，显示出明代梁栿为断面向 10 : 8 或 10 : 10 靠拢之趋势（见表 6–4）。

表 6–4　明代建筑梁栿截面高宽值及比值一览表（单位：斗口）

建筑	三架梁	五架梁	七架梁	九架梁	单步梁	双步梁	三步梁	高厚比平均值
	广×厚	广×厚	广×厚	广×厚	广×厚	广×厚	广×厚	
	比值	比值	比值	比值	比值	比值	比值	
北京太庙正殿	6.0×5.0	6.68×5.44	8.12×7.57	10.4×7.12		—	—	
	10:8.3	10:8.1	10:9.3	10:6.8				
北京太庙二殿	5.68×4.24	6.16×5.12	6.32×5.6	9.76×5.16		—	—	
	10:7.5	10:8.3	10:8.9	10:5.3				
北京太庙三殿	5.68×4.24	6.16×5.12	6.32×5.6	9.76×5.16		—	—	
	10:7.5	10:8.3	10:8.9	10:5.3				
北京太庙戟门	5.22×4.61	5.63×5.02	6.22×5.42	6.79×5.88	—	—	—	10:8.8
	10:8.8	10:8.9	10:8.7	10:8.7				
北京故宫保和殿	7.5×5.6	8.5×7.4	8.8×8.1	—		7.5×6.9	—	
	10:7.5	10:8.7	10:9.2			10:9.2		
北京故宫中和殿	—	—	—	—	6.3×4.5	6.1×4.1	7×5.8	10:7.1
					10:7.2	10:6.7	10:8.2	
北京故宫钟粹宫	6.7×5.1	7.7×5.9	6.9×5.2	—	6.9×5.2			10:7.5
	10:7.6	10:7.6	10:7.5		10:7.5			
北京故宫角楼	4.6×	6.9×5.1	—	—	6.4×4.8	—	—	10:7.5
		10:7.4			10:7.5			
北京故宫钦安殿	5.0×4.5	5.5×4.7	7.2×6.2	—	—	—	—	10:8.7
	10:9.0	10:8.5	10:8.6					
北京先农坛太岁殿	5.45×4.36	6.3×5.1	8.1×6.0	—	5.2×3.6	5.3×4.5	8.6×5.5	10:7.5
	10:8	10:8.1	10:7.4		10:6.9	10:8.4	10:6.4	
北京先农坛拜殿	5.5×5.3	5.6×4.6	7.4×5.5	—	5.4×3.8	6.8×4.8	—	10:7.9
	10:9.7	10:8.2	10:7.4		10:7.1	10:7.1		
北京智化寺万佛阁	4.6×4.4	5.8×5.6	7.8×6.1	—	—	—	—	10:9.1
	10:9.5	10:9.8	10:7.9					
北京法海寺大殿	4.8×4.3	5.2×4.2	5.6×4.4	—	5.6×5.2	5.7×3.7	—	10:8.2
	10:9.1	10:8.0	10:7.9		10:9.4	10:6.4		
北京故宫协和门	—	—	—	—	4.8×4	4.8×4	5.7×4.1	10:7.9
					10:8.3	10:8.3	10:7.2	

续表

建筑	三架梁	五架梁	七架梁	九架梁	单步梁	双步梁	三步梁	高厚比平均值
	广×厚	广×厚	广×厚	广×厚	广×厚	广×厚	广×厚	
	比值	比值	比值	比值	比值	比值	比值	
北京先农坛神厨正殿[1]	340×240	470×390	480×440	—	350×310	—	—	10:8.5
	10:7.6	10:8.3	10:9.2		10:8.9			
北京先农坛神厨东配殿[2]	437×320	440×425	540×420	—	—	—	—	10:8.3
	10:7.3	10:9.7	10:7.8					
北京先农坛神厨西配殿[3]	410×380	415×400	500×465	—	—	—	—	10:9.4
	10:9.3	10:9.6	10:9.3					

注：[1] 柱梁作建筑，无斗栱，此处单位为毫米，数据取自北京建筑大学建筑系测绘图。

[2] 柱梁作建筑，无斗栱，此处单位为毫米，数据取自北京建筑大学建筑系测绘图。

[3] 柱梁作建筑，无斗栱，此处单位为毫米，数据取自北京建筑大学建筑系测绘图。

6.3 额枋与平板枋

在唐、辽时期建筑中，常常只有阑额而无普柏枋（清称平板枋），如山西五台山佛光寺东大殿、天津蓟州独乐寺观音阁及山门均如此。至宋代，普柏枋才大量使用，并且将外槽柱柱头联成一体，形成“圈梁”。但在宋《营造法式》中，规定阑额高宽为 3 材 ×2 材（用补间铺作），普柏枋则未具体规定。实例中阑额高宽比多为 3∶2，亦有 3∶1 的。而在元代及辽、金时期建筑中，阑额（大额枋）高厚比为 3∶1，普柏枋（即清平板枋）与大额枋的断面尺寸相同，两构件搭交成“T”字形。

明代的额枋与平板枋断面比例与尺寸已不等，二者在断面形状上也由“T”字形逐渐变为上下等宽，及至后来平板枋宽度小于额枋宽度。

明代额枋的高度合斗口数要大于宋《营造法式》规定的 4.5 斗口，高宽比则与宋制较为接近而略显方整，多在 10∶6.7~10∶4.9 之间取值。平板枋的断面高宽尺寸变化较大，断面宽度明显减小，与额枋宽度相当，而高度则在 1.7~2.3 斗口，高宽比约为 2∶3.6，与清《工程做法》规定相近，不若以前薄而宽的断面。平板枋断面由宽薄到窄厚的变化是因为宽薄便于安置硕大的栌斗；窄厚则有利于至角柱相交时，保存较多开榫后的截面，利于增强“圈梁”的拉结力。明代斗栱的减小也促进了平板枋的这一变化。

额枋与平板枋在位置上相近，二者在截面上的比例关系在明代有三种：一是平板枋宽度稍窄于额枋，差值在 0.3~1.0 斗口之内，为表 6–5 中所注①类，在明中期建筑中最为普遍；二是平板枋宽度大于额枋宽度，仍具早期建筑特征，在明初有少量遗存，为表 6–5 中②类，三是平板枋宽度明显小于额枋，且差值在 1.1~1.9 斗口，为表

6-5 中③类。在明代后期及清初建筑中运用较多。

明代实测值中额枋枋高常较大，而枋宽则与明以前建筑大致相当。这是因为大额枋是“两头入柱心”的构件，明代柱径、柱高实际数值并未有太大变化，因此大额枋宽度也与前代相仿。

表 6-5　额枋、平板枋断面高宽值一览表

建筑	平板枋高×宽（斗口）	额枋高×宽（斗口）	重檐平板枋高×宽（斗口）	重檐额枋高×宽（斗口）	二者关系
北京太庙正殿	2.48×4.16	6.76×5.29 10∶7.8	2.8×4.92	9.44×5.96 10∶6.3	③
北京太庙二殿	2.48×3.6	6.96×4.8 10∶6.9	—	—	③
北京太庙三殿	2.48×3.6	6.96×4.8 10∶6.9	—	—	③
北京太庙戟门	1.90×3.52	4.35×4.35 10∶10	—	—	①
北京故宫神武门城楼	2.08×3.36	5.36×3.52 10∶6.6	2.08×3.36	8.4×3.68 10∶4.4	①
北京故宫角楼	2×4.25	6.25×6.5 9.6∶10	2×4.25	7.75×5.25 10∶6.8	③
北京故宫钟粹宫	2.1×3.3	6.4×4.13 10∶6.5	—	—	①
北京故宫钦安殿	1.6×3.2	5.6×3.4 10∶6.1	1.6×3.2	5.3×3.4 10∶6.4	①
北京故宫保和殿	2.5×3.75	9.38×5.63 10∶6.0	2.5×3.75	11.13×6.13 10∶5.5	③
湖北武当山紫霄宫大殿	2×3.1	6.8×2.55 10∶3.7	2×3.1	5×2.55 10∶5.1	②
湖北武当山金殿	2×3.5	6.5×4.8 10∶7.3	2×3.5		③
湖北武当山遇真观真仙殿	2.1×4.4	6.43×3.65 10∶5.7	—	—	②
北京先农坛太岁殿	2.27×3.36	6.64×3.95 10∶5.9	—	—	①
北京先农坛拜殿	2.36×3.64	7.09×3.82 10∶5.4	—	—	①
北京智化寺万佛阁	2×3.31	5.25×3.48 10∶6.6	2.35×3.51	5.48×4.2 10∶7.8	①
北京法海寺大殿	1.73×3.17	4.89×2.39 10∶4.9	—	—	②
曲阜孔庙奎文阁	2.1×3.24	4.95×3.80 10∶7.6	1.9×2.86	5.43×3.6 10∶6.6	①

注：部分数据选自中国营造学社测绘图，天津大学建筑学院测绘图，北京古代建筑研究所测绘图，北京建筑大学建筑系测绘图。

6.4　檩

明代建筑檐部普遍采用挑檐檩取代撩檐枋。屋架中由上而下的脊檩、金檩、正心檩及挑檐檩，檩径取值也与前代略有区别。大致有以下五种：

（1）脊檩 = 金檩 = 正心檩>挑檐檩。这种情况在明构中出现最

多，如表 6-6 中所列北京故宫角楼、神武门城楼、保和殿及北京先农坛诸殿等均是。（见附录 1 图版六）

（2）脊檩＞金檩（1，2，3…）= 正心檩＞挑檐檩。实例亦较多，如北京智化寺万佛阁（见附录 1 图版九）、北京法海寺大殿，北京太庙三殿、戟门等。

（3）脊檩 = 金檩（1，2，3…）＞正心檩＞挑檐檩，实例见北京太庙二殿（见附录 1 图版三）。

（4）脊檩＞金檩＞檐檩，实例如北京先农坛宰牲亭［见附录 1 图版八（3）］。

（5）脊檩＞金檩 1 ≥金檩 2 ＜正心檩＞挑檐檩。这种情况往往是因多檩屋架中构造的特殊需要所致，为数较少，仅见于北京故宫中和殿及北京先农坛神厨正殿［见附录 1 图版八（1）］。

另外，檩的加工亦采用上下取平，脊檩上金平宽度略同扶脊木底。其余檩条金平多为檩径的 30% 左右。

表 6-6　明代建筑的檩径值（合斗口数）一览表

建筑	脊檩	金檩（上金—中金—下金）					正心檩	挑檐檩
北京故宫神武门城楼	3.84	3.84	3.84				3.84	3.28
故宫角楼	4.13	4.13					4.13	3.5
故宫保和殿	4.75	4.75	4.75	4.75	4.7		4.75	3.5
故宫中和殿	—	5.5	5.88	4.5	4.5	5	4.5	3
故宫协和门	4.42	4.42	4.42	4.42			4.42	3.26
北京先农坛太岁殿	4.36	4.36	4.36	4.36			4.36	不详
先农坛拜殿	4.18	4.18	4.18	4.18			4.18	3.36
北京太庙正殿	不详	4.4	4.4	4.4			4.4	3.84
太庙二殿	4.4	4.4	4.4	4.4			3.6	3.04
太庙三殿	4.96	4.4	4.4	4.4			4.4	3.36
太庙戟门	4.38	4.06	3.96	4.0			4.0	3.36
北京社稷坛前殿	4.0	4.0	4.0				4.0	3.6
北京智化寺万佛阁	4.38	3.63	3.63				3.63	3.13
北京法海寺大殿	3.94	3.56	3.56	3.56			3.33	2.89
先农坛神厨东配殿	360毫米	360毫米	360毫米				360毫米	—
先农坛神厨西配殿	320毫米	300毫米	300毫米				300毫米	—

注：部分数据选自中国营造学社测绘图，天津大学建筑学院测绘图，北京古代建筑研究所测绘图，北京建筑大学建筑系测绘图。

6.5　大木构件及其制作

明代由于木工具的突破性发展，使大木加工与制作工艺均达到较高水平。由于中国古代木构建筑各构件均采用榫卯技术连接，因此从榫卯的制作工艺水平上亦可管窥明代大木技术的特征与发展状况。

榫卯技术从河姆渡文化遗址中即已出现，至宋代已相当成熟。《营造法式》中将其加以总结，概括为“鼓卯”“螳螂头口”“勾头搭掌”“藕批搭掌”等数种。这些榫卯在柱与枋、柱与梁的交接，槫与槫及其与梁头交接和普柏枋的搭接构造中大量运用。他们设计巧妙，搭接严密，构造合理，结构功能很强，因此在明初的大木构架中不但得到了很好的继承，而且表现出更为精细成熟的特色，与清代木构架榫卯之注重简单实用相比有诸多不同。以下仅以北京故宫钟粹宫、角楼，北京先农坛拜殿及昌平明献陵明楼几处建筑为例，略窥明代大木构件制作及榫卯构造特点。

6.5.1 扶脊木

扶脊木的出现是明代大木构架注重整体联系的结果。它的主要作用在于加强脊檩、脑椽和正脊之间的联系。扶脊木最早出现于何时已不可考，但其雏形似可在北宋大中祥符六年（1013 年）建成的浙江宁波保国寺大殿[2]之脊部略窥一二（见图 6-3）。此时的扶脊木为置于脊檩上部的一根圆形檩木，用于插置脑椽后尾。但这一做法并未在其他宋、元时期的建筑中重复出现。推测并非宋、元时期建筑之主流做法。扶脊木普遍施用于脊部则是始于明代初期。在明永乐年间所建的北京故宫角楼、钟粹宫及明嘉靖间建的北京先农坛诸殿之脊部均可见之。扶脊木与脊檩同长，制作上同样是以榫卯连接。截面形状为近似五边形，稍异于后来清代规定并采用的六边形截面。断面高度与脊檩相近。下皮的宽度亦与脊檩金盘宽度相当。

2 保国寺大殿：北宋大中祥符六年（1013年）建成。由于经历代多次重修，不排除屋顶椽檩在维修中更换改变的情况。

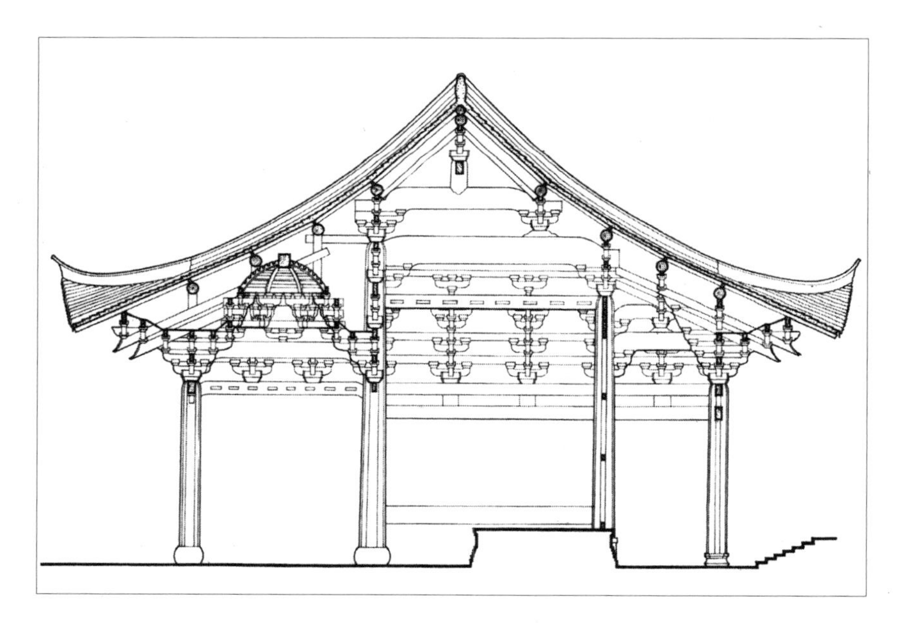

图6-3 浙江宁波保国寺大殿剖面示意图（选自中国科学院自然科学史研究所编《中国古代建筑技术史》）

另外，扶脊木上须凿脊桩眼插置脊桩以扶持正脊，并在两侧剔凿椽窝固定脑椽。因此制作上类似承椽枋。较之宋、元时期建筑中大多将脑椽直接搁置于脊檩上的做法，扶脊木的运用使明代大木构架在脊部联系更紧密，构架更规整有序（见图 6-4）。

图6-4（1）　北京故宫角楼脊部构造看1:10模型（作者拍摄）

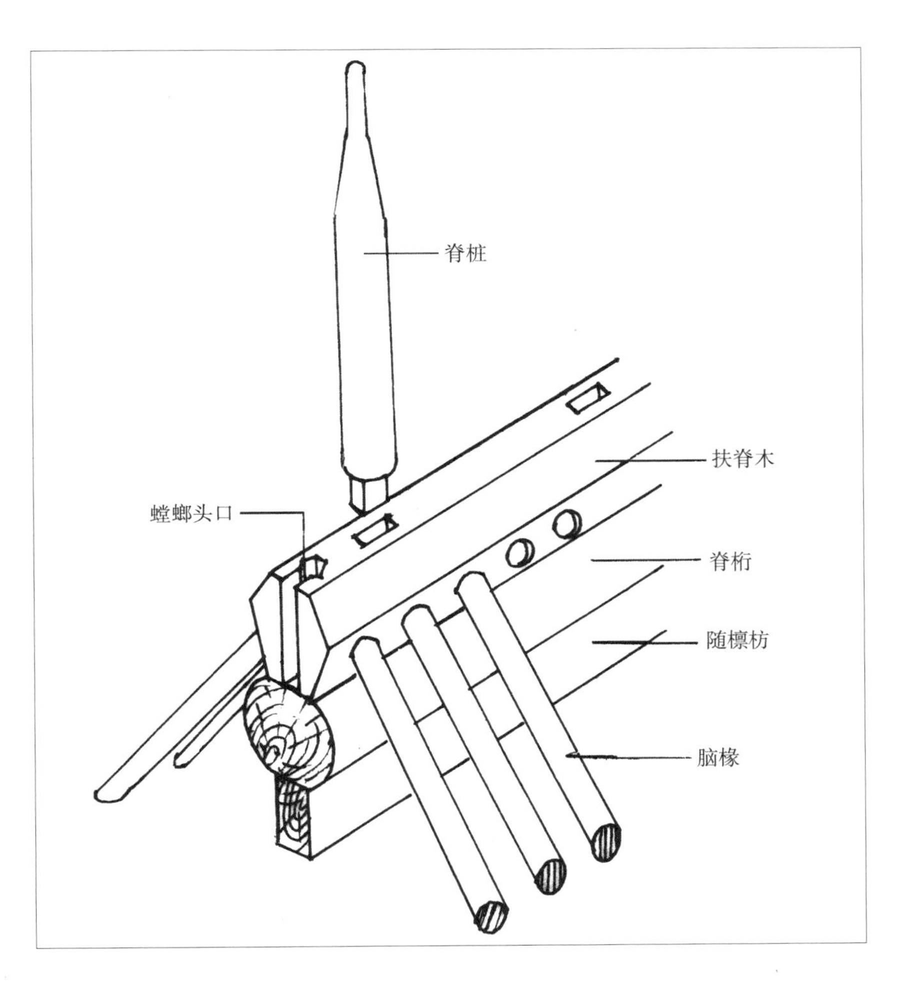

图6-4（2）　北京故宫角楼脊部构件分解示意图（作者绘制）

6.5.2 檩的交接及其与梁头的关系

明代檩的交接依位置与方向的不同，分为同向相续和交叉相接两种（见图 6-5、图 6-6）。

同向相续的檩条端部仍沿用宋《营造法式》中记载的螳螂头口做法，在檩径的上半部刻榫与卯，下半部互相接合。若骑于梁身，则削去梁身宽度，使二者卯合时正好骑在梁身上。对于圆形建筑如

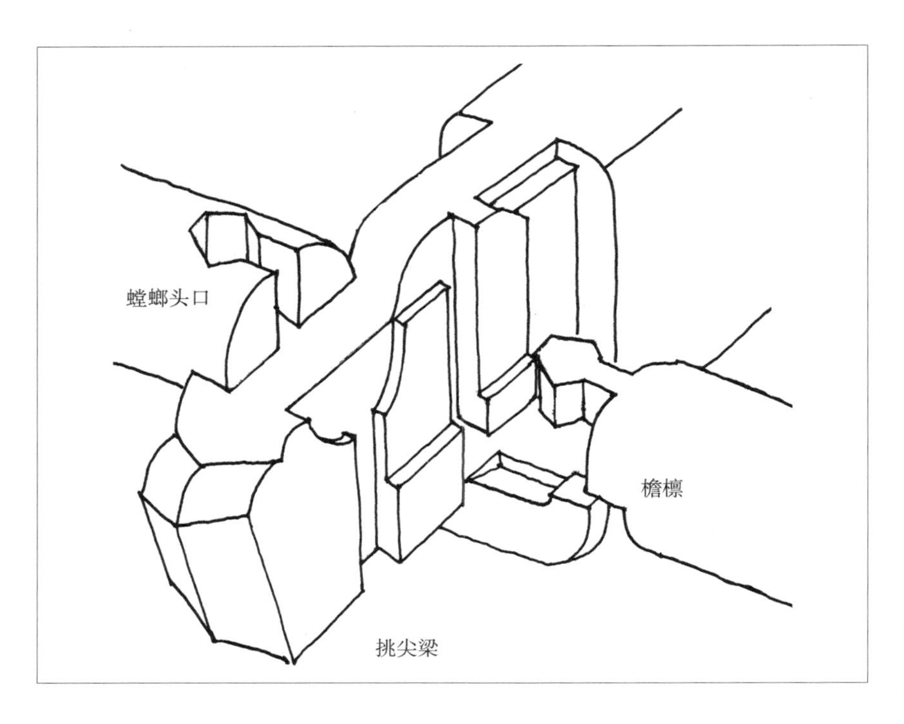

图6-5　明式檩条交接方式之一：同向相续（明献陵明楼上檐檐檩交接，作者绘制）

图6-6　明式檩条交接方式之二：十字搭交相接（故宫角楼下檐转角，选自于倬云主编《紫禁城宫殿》）

北京天坛皇穹宇正殿及北京故宫千秋亭、万春亭两座重檐攒尖顶建筑而言，檩条常弯成圆弧状，相交仍采用螳螂头口的相续交接方式。螳螂头口的做法加工虽较复杂，不若清式鸽尾榫简洁，但其严密、细致，不易拉脱，一直为明代所继承。

交叉相接的檩头多出现于角部，按 90° 角搭交的正搭交檩通常做深各及檩径一半的卡腰榫。斜搭交檩的构造做法与正搭交檩相似，仅搭交角度不同。由于上部需放置角梁，因此二者在交角的平分线上部亦削去一部分以搁置角梁。另外，柱梁作构架中，檩头常直接搁置在梁端。因此在梁头多剔凿檩椀放置檩头。

6.5.3　柱梁交接

（1）瓜柱

瓜柱置于梁背上时，常因柱径尺寸与梁身厚度不等，在柱梁交接时往往采用几种不同办法。一是当瓜柱柱径大于梁身厚度时，采用骑栿做法［见图 6–7（1）、图 6–8］。即瓜柱下口除了居中做榫，两侧还做插肩夹皮榫。这在北京先农坛太岁殿，拜殿、具服殿及北京社稷坛二殿中均可见到，是明代厅堂构架中极常见的。其柱根两侧还常做成鹰嘴等式样。二是将瓜柱下端插置于一大斗中，大斗置于梁背来解决这一问题，如北京先农坛太岁殿、北京历代帝王庙正殿及昌平明长陵祾恩殿之山面构架均采用之［见图 6–7（2）、图 6–9］。另外，殿阁草架中的瓜柱多采用方柱抹去四角的小八角柱形式。柱根处虽包住梁栿，但下垂部分并不做三角形的鹰嘴雕刻，较简洁朴素，如北京太庙正殿、戟门及智化寺万佛阁屋架童柱［见图 6–7（3）、图 6–10］。

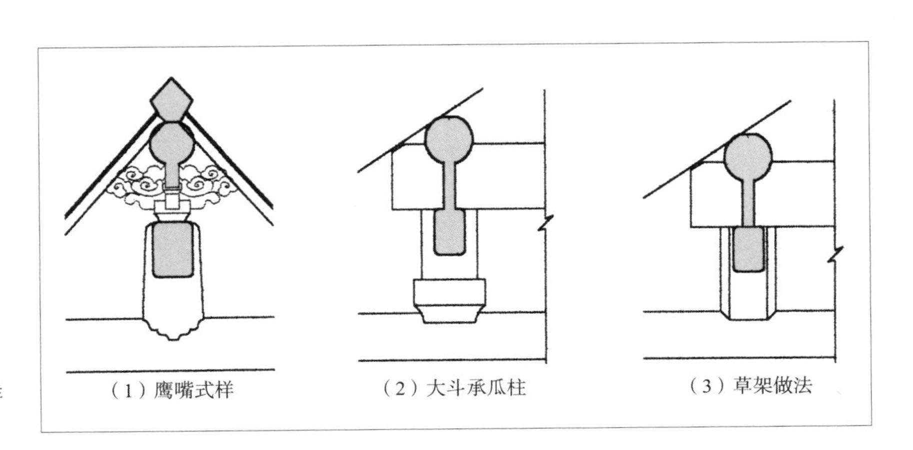

图6–7　明构瓜柱下端构造式样（作者绘制）

图6-8　北京先农坛太岁殿明间下金檩下斗栱（作者拍摄）

图6-9　北京先农坛太岁殿梢间梁架——采步金檩下瓜柱柱脚以大斗垫托，置于挑尖梁背（作者拍摄）

图6-10　北京太庙正殿上檐草架之梢间柱架交接（作者拍摄）

（2）雀替与丁头栱的使用

雀替与丁头栱均用于横置的梁、枋和竖立的柱的交接处，用以缩短梁枋的净跨长度，减小梁与柱相接处剪力，防阻横竖构件间角度倾斜，加固构架。二者有时同时使用，有时分开单独用于梁下。雀替的装饰性较强，在明代建筑中使用颇多，如北京先农坛太岁殿、拜殿、具服殿及社稷坛前后殿等厅堂构架建筑，以及北京太庙各殿的檐下露明部分，在梁下一般都加施雀替或丁头栱来增强节点处榫卯的拉结。尤其在梁枋和柱节点做透榫的情况下，仍然辅以雀替或丁头栱，且雀替、丁头栱入柱也作透榫（见图 6–11）。

在外檐有廊的明代建筑中，柱与额枋的交接处也做雀替，此时的雀替常做成整木骑在开口的柱头上，因此也称通雀替（见图 6–12）。不同于清代建筑之仅以插榫插入柱身的做法。

明代雀替的轮廓形象与其他时期也略有不同。它是宋代的踏头形绰幕与元代的卷云踏头蝉肚曲线的结合。即前端为踏头，后部为蝉肚形式。明代初期的雀替已在前部采用直线踏头，摒弃了元代的卷云踏头，但后部的蟑肚曲线仍变化不大。并且雀替卷瓣均匀，每瓣卷杀都是前紧后缓，很有弹性和力度。相比之下，到明代中期以后，踏头下垂开始变长；至明末，北京故宫保和殿及御花园澄瑞亭（方亭部分）的檐下雀替前踏头部分已约占总长度的 1/3，并且卷瓣日趋圆合。到清代早期，雀替的卷瓣更为圆合，踏头所占比例更大，且在最外端处下垂较多（见图 6–13）。

图6–11　北京太庙正殿下檐挑尖梁后尾入柱，下以丁头栱与雀替承托（作者拍摄）

图6-12　北京太庙戟门檐柱柱头雀替（作者拍摄）

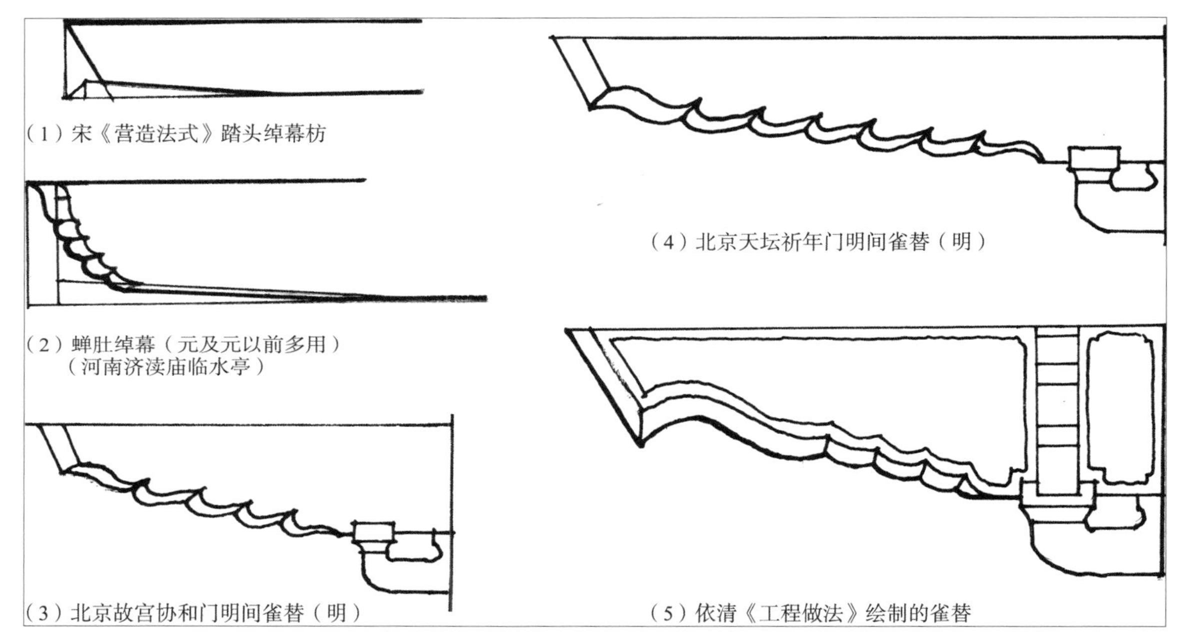

图6-13　雀替轮廓的演变（作者绘制）

6.5.4　平板枋、额枋与柱头的相交

明代的额枋与柱头的交接在顺搭接不出柱头时，主要是采用梁额两侧带袖肩的做法（见图 6-14），额枋端部的榫头即插置其中，如北京故宫钟粹宫、先农坛拜殿等即是。宋代藕批搭掌和箫眼穿串做法于明代实例中则不见使用。在建筑的梢间或转角处，额枋常常做箍头榫与角度相交。箍头枋有单面与搭交箍头枋两种（见图 6-15）。前者多用于悬山建筑梢间；后者多用于庑殿、歇山或多角

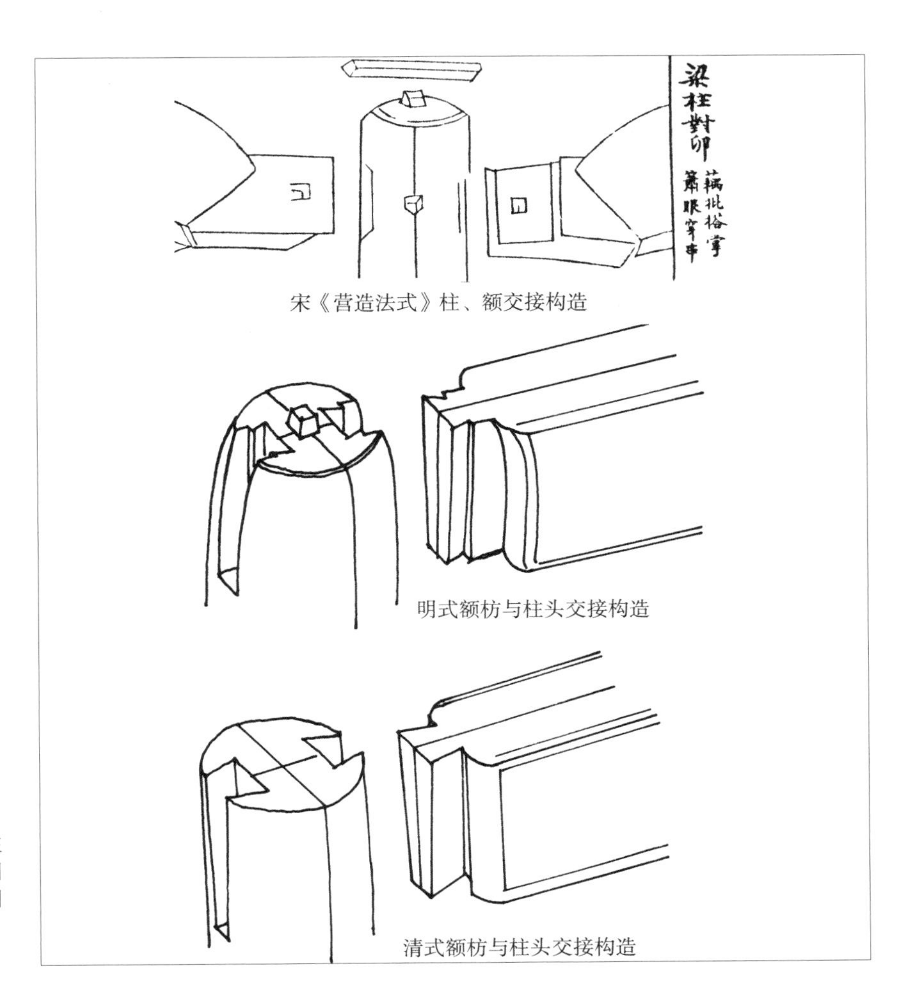

图6-14　宋、明、清额枋与柱头交接对比（选自马炳坚《明清官式木构建筑的若干区别（中）》，《古建园林技术》1992年第36期）

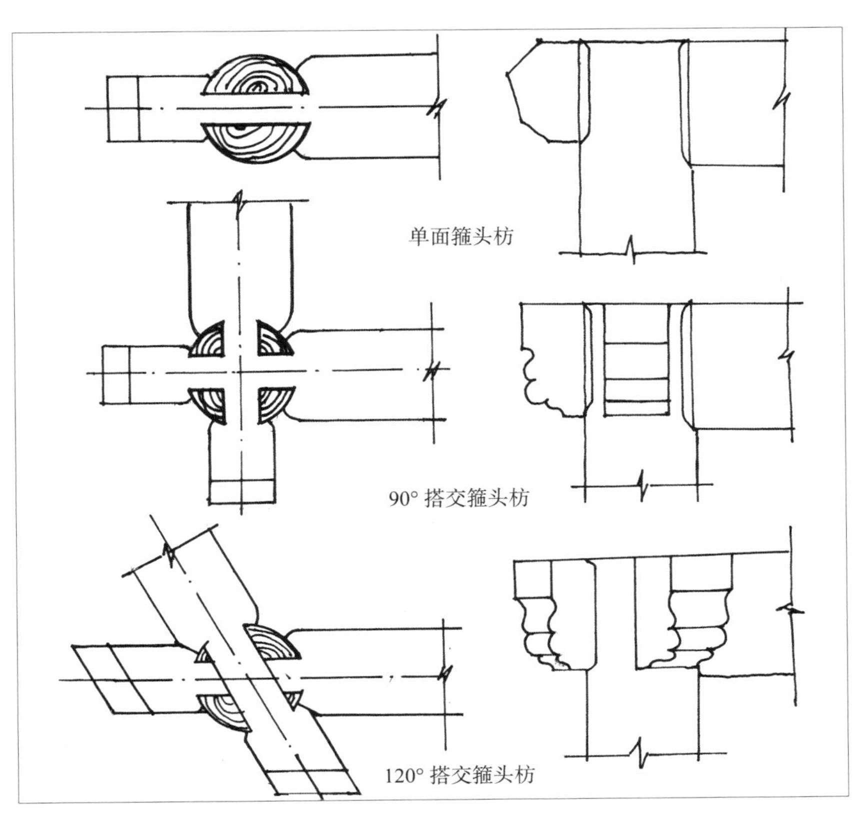

图6-15　明代建筑中额枋与柱头交接的三种常见方式（作者绘制）

形建筑转角，并随搭接角度不同形式各异。箍头枋也分大式、小式两种，无斗栱的小式建筑常做成三岔头形状，带斗栱的大式建筑相交的额枋在柱头处上下相扣，出柱头刻作霸王拳式样。箍头枋的使用对于改善角部的联系是至关重要的。它使额枋在扣交后被牢固固定，不易拉脱，较之辽、宋时期相交的额枋不出头或出头与卯口同宽的做法更加牢固。霸王拳的宽度也与平板枋基本一致或略小（见图 6-16）。

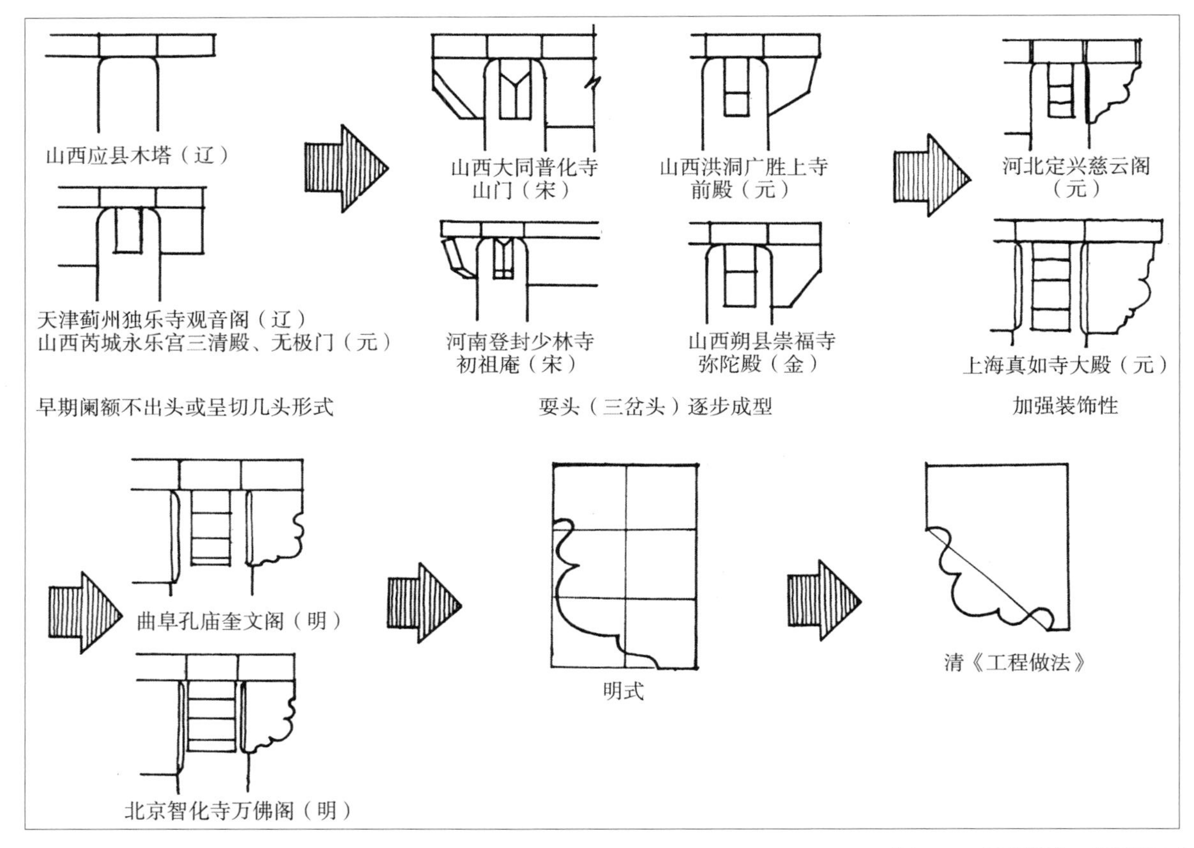

图6-16　历代额枋、平板枋出柱头形象演变（作者绘制）

平板枋之间的相交多采用螳螂头口或银锭榫，勾头搭掌做法已不见使用。平板枋在角部正、斜搭交后出头常刻海棠纹式样装饰，与霸王拳在形式上有所呼应，在北京先农坛井亭及智化寺万佛阁中均有所见。

6.5.5　椽的做法

（1）椽椀

椽椀多安置于檐檩或挑檐檩之上，是用以封堵圆椽之间椽档并固定檐椽的木构件。明代在椽椀的制作上颇为讲究。它将整块木板分成上下两半，上下各做半个椽椀。上下椀合扣处做龙凤榫，将椽子严丝合缝地扣在椀中。安装时，先钉置下半椀，安装椽子后，再扣上上半个椽椀，工艺水平很高。在北京故宫钟粹宫、角楼，北京先农坛神厨两座井亭及昌平明十三陵献陵明楼中均如此（见图 6-17）。有时当檐椽较长，檐、金檩跨度较大时，常在中部置承椽枋，承椽枋上也设椽椀，以便更好地固定檐椽，如故宫钟粹宫即是。

（2）里口木，大连檐

里口木是联系檐椽椽头并兼堵挡飞椽椽档的木构件。制作上通常为整木料上凿出飞椽宽度的槽口搁置飞椽，并在槽口处用钉子与下部檐椽椽头固定。槽口处厚度同望板。与望板相交处亦作榫头与之扣搭相交。里口木在梢间随角椽一同向角梁头冲出，因此呈变曲状，端部插置角梁中（见图 6-18、图 6-19）。

里口木的使用一直延至清早、中期。清工部《工程做法》中仍对此规定："凡里口以面阔定长……以椽径一份再加望板厚一份定高……厚与椽径同。"至清晚期，才开始以小连檐加闸档板代替之。

大连檐则主要用于联系飞椽椽头，并随飞椽在角部的生起而略向上弯曲，其断面形状与里口木相同但并不凿椽档，为一整木，上栽瓦口，端部于仔角梁头上皮槽口内 45° 相交。

（3）通椽与重椽

"通椽"是明代木构中一种特殊做法，即椽长有两个步架。在北京先农坛拜殿中，檐步、金步二步所用椽为一根整椽。跨越檐、金步的通椽本身在老檐檩处有一定折角，使椽身略呈折线以适应屋顶

图6-17　北京先农坛神厨西井亭椽椀构造（作者拍摄）及明清做法的对比

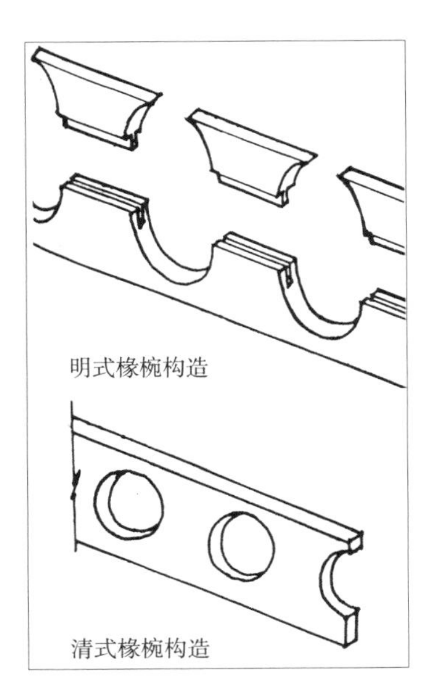

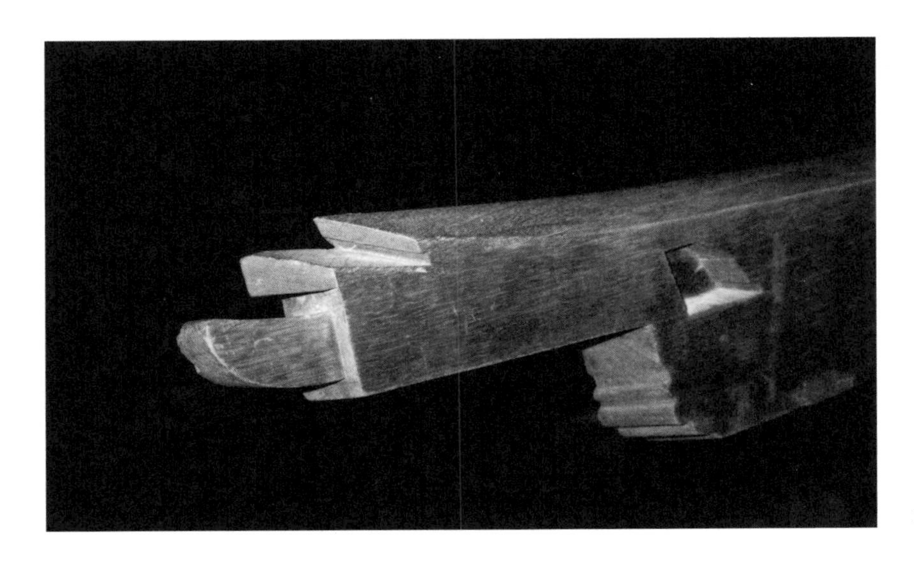

图6-18　北京故宫角楼角梁1:10模型（作者拍摄）

举折[3]。其做法目的在于加强构架整体性，避免因檐出过长大于步架而引起倾覆。但该做法加工较为繁复，需将一整根长及两架的木椽烤热微弯后使用，工艺十分讲究。

北京天坛皇穹宇正殿的每根椽长也跨越两个步架。但皇穹宇正殿屋架中的各椽是上下交叠，各椽本身则并不弯折（见图 4-23），形式上更类似于重椽。所谓重椽，即上下两层椽子，其历史可追溯至很早，苏州的宋构瑞光塔顶层即用重椽，受我国唐塔影响颇深的日本木塔也用重椽。而皇穹宇正殿为了利于形成圆转的屋顶曲面，使各椽在檩缝处折角较小，在各檩缝位置上下交叠地布置椽的做法估计也是受到了早期建筑重椽做法的影响。

另外，青海乐都瞿昙寺的一些建筑屋顶坡度平缓，举折变化不大，因此屋架常采用两步一折或多步一折的做法，用椽也相应地有

3　马炳坚《明清官式木构建筑的若干区别（中）》，《古建园林技术》1992 年第 36 期。

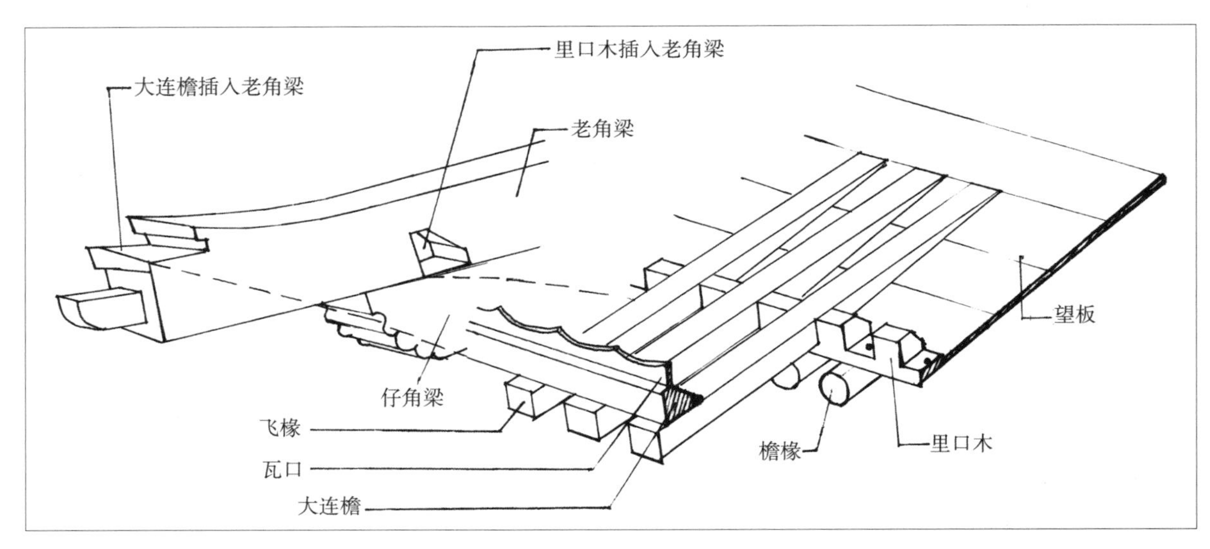

图6-19　明代建筑角梁与里口木、大连檐的交接示意（作者绘制）

椽长两步或更多步。这是当地气候干燥、雨水较少，形成屋顶平缓的地方做法，在明代不具普遍性。

（4）椽的搭接与加工

上下椽的搭接在元代及以前的建筑中仍采用上下交叉相错的方式（见图 6–20），而在明代建筑中各步架椽的搭接则均采用巴掌搭接。这也是明代屋顶椽构造做法的一大改变。在明初建筑青海乐都瞿昙寺隆国殿、明中期所建北京先农坛太岁殿及拜殿等建筑中均已可见到。其做法是将上下步架的椽子端部削平，将平口压合在一起（见图 6–21），并以铁件将椽头固定于檩条上。这样一来，各步架椽从上到下一一对应，较之以往上下椽相互错开搁置于檩上而言，巴掌搭接做法的整体性更好。

另外，明代各椽椽身上为便于搁置构件，亦作金盘，与檩条做法相同（见图 6–22）。飞椽椽头与仔角梁头均做卷杀，这在明初建筑中表现尤为明显，并延及明中后期。直至明末，飞椽椽头卷杀才逐渐减少，但仔角梁头卷杀一直沿用。

图6–20　山西芮城永乐宫龙虎殿屋面上下椽的搭接模型（现藏于北京中国古代建筑博物馆，作者拍摄）

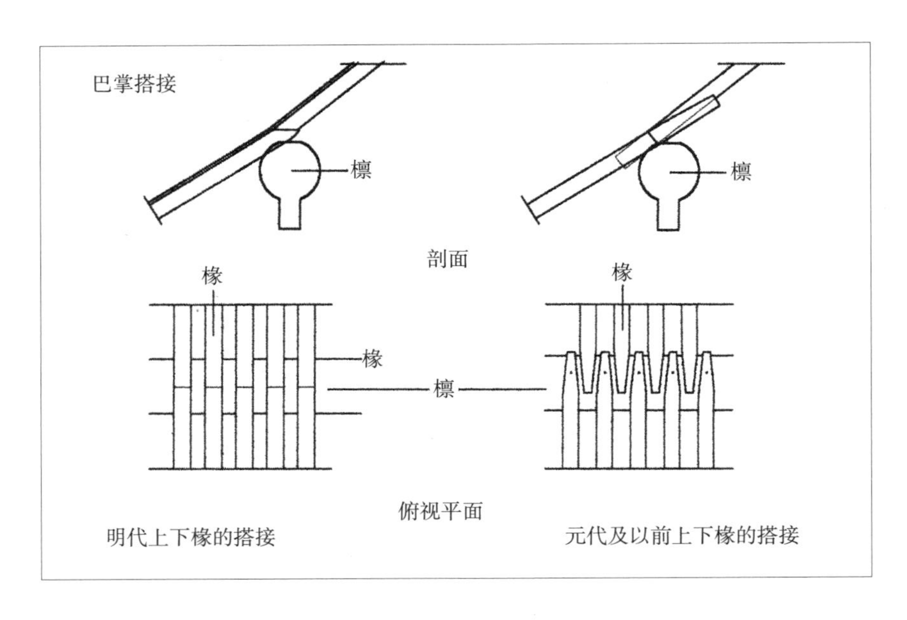

图6-21　明代建筑上下椽搭接示意图及其与宋元时期的比较（作者绘制）

图6-22　北京先农坛神厨东井亭屋面椽的加工（作者拍摄、绘制）

附录

附录1　明代官式建筑大木作范式图版（一~三十七）

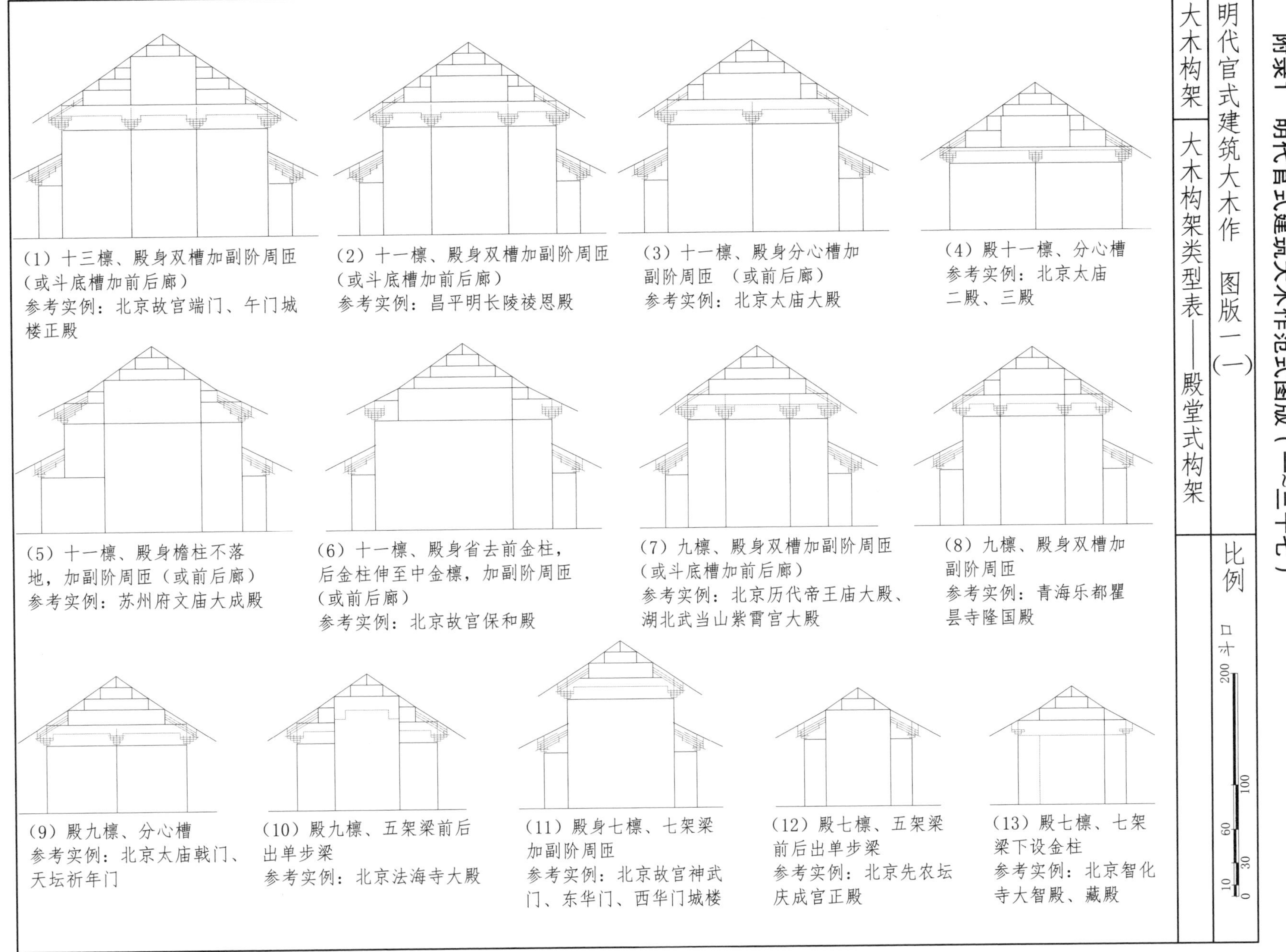

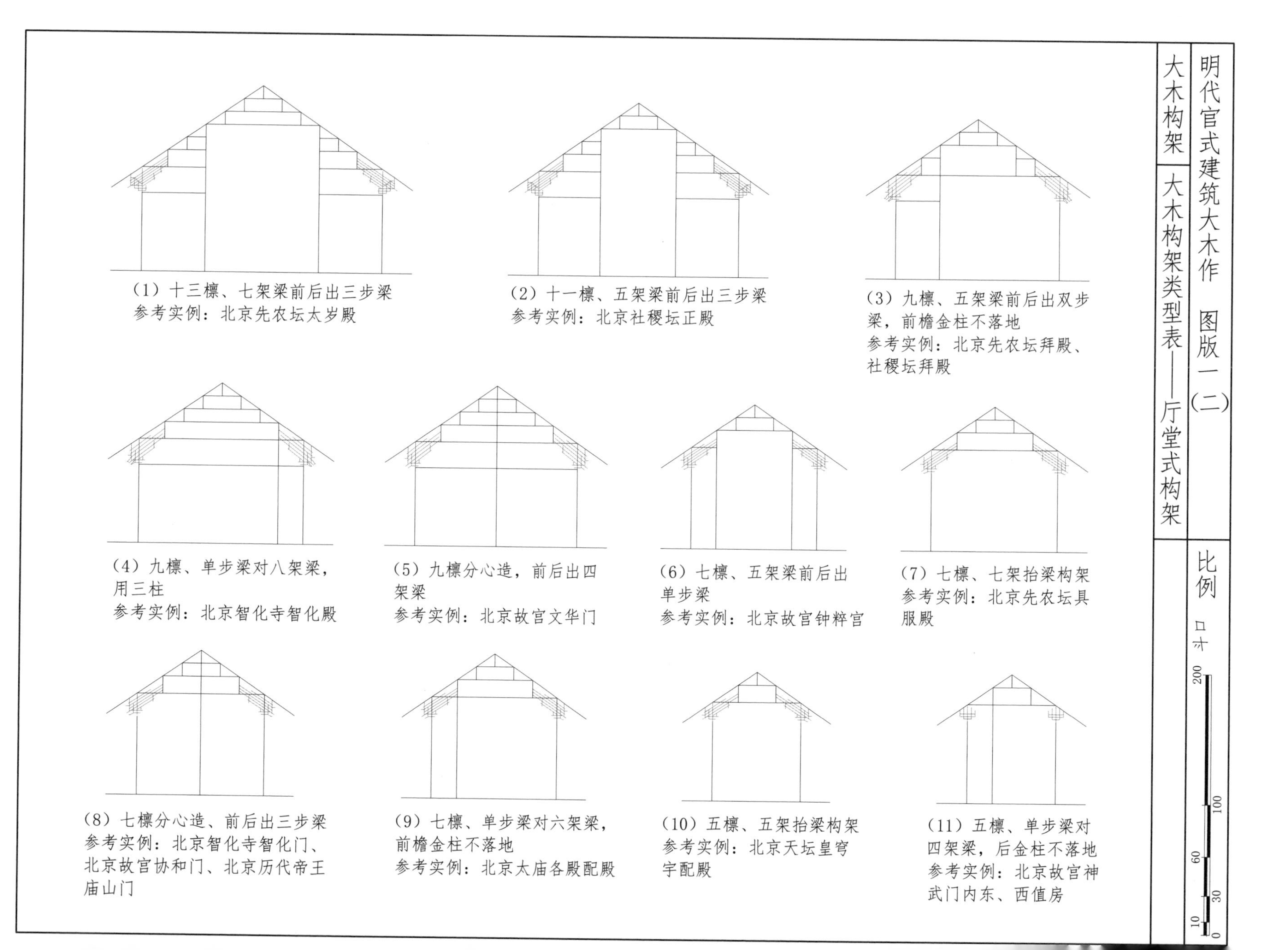
明代官式建筑大木作 图版一（二）
大木构架
大木构架类型表——厅堂式构架
比例
尺寸
0 10 30 60 100 200
（1）十三檩、七架梁前后出三步梁
参考实例：北京先农坛太岁殿
（2）十一檩、五架梁前后出三步梁
参考实例：北京社稷坛正殿
（3）九檩、五架梁前后出双步梁，前檐金柱不落地
参考实例：北京先农坛拜殿、社稷坛拜殿
（4）九檩、单步梁对八架梁，用三柱
参考实例：北京智化寺智化殿
（5）九檩分心造，前后出四架梁
参考实例：北京故宫文华门
（6）七檩、五架梁前后出单步梁
参考实例：北京故宫钟粹宫
（7）七檩、七架抬梁构架
参考实例：北京先农坛具服殿
（8）七檩分心造、前后出三步梁
参考实例：北京智化寺智化门、北京故宫协和门、北京历代帝王庙山门
（9）七檩、单步梁对六架梁，前檐金柱不落地
参考实例：北京太庙各殿配殿
（10）五檩、五架抬梁构架
参考实例：北京天坛皇穹宇配殿
（11）五檩、单步梁对四架梁，后金柱不落地
参考实例：北京故宫神武门内东、西值房

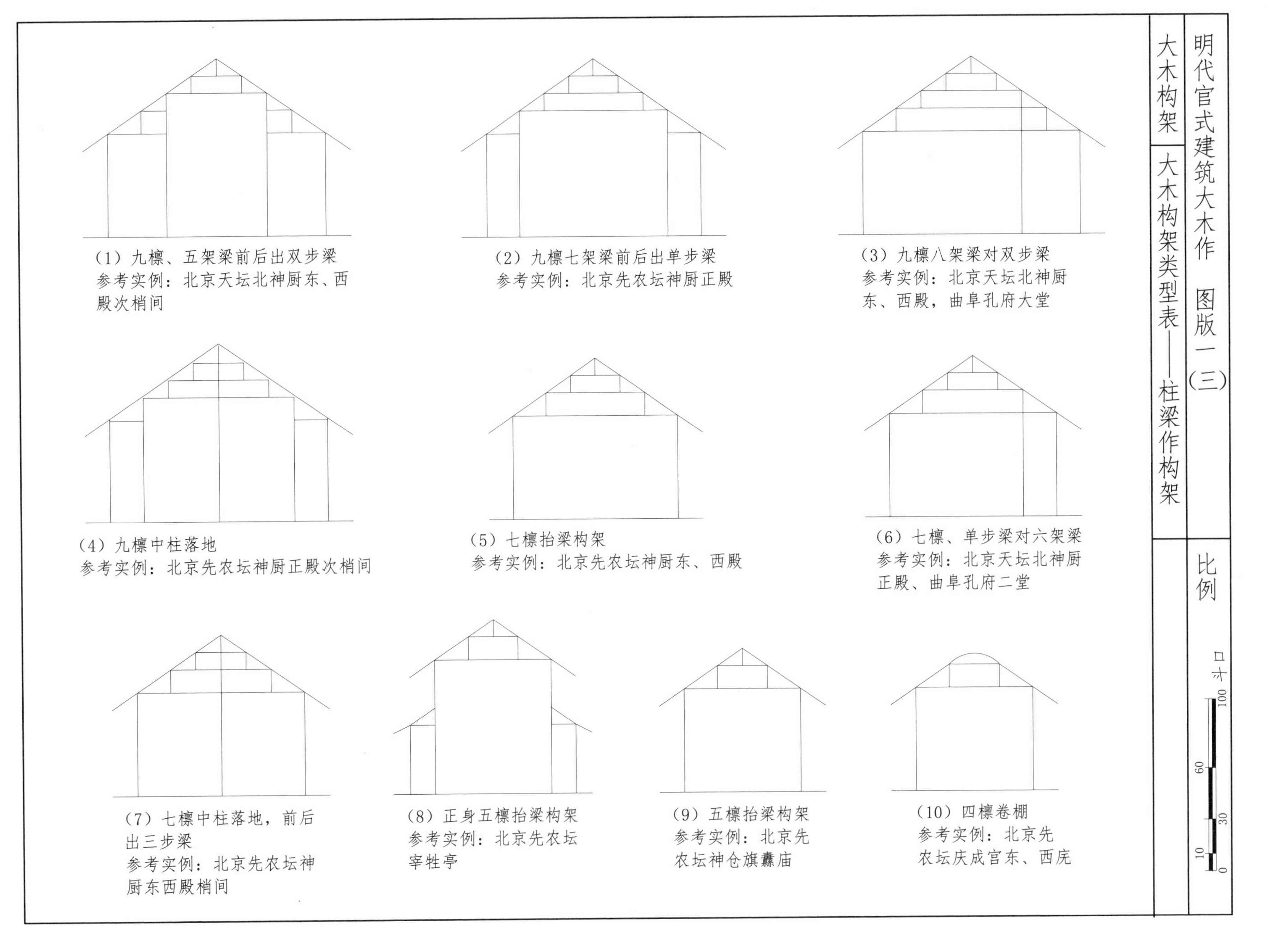
明代官式建筑大木作 图版一（三）
大木构架
大木构架类型表——柱梁作构架
比例
0 10 30 60 100 斗口
（1）九檩、五架梁前后出双步梁
参考实例：北京天坛北神厨东、西殿次梢间
（2）九檩七架梁前后出单步梁
参考实例：北京先农坛神厨正殿
（3）九檩八架梁对双步梁
参考实例：北京天坛北神厨东、西殿，曲阜孔府大堂
（4）九檩中柱落地
参考实例：北京先农坛神厨正殿次梢间
（5）七檩抬梁构架
参考实例：北京先农坛神厨东、西殿
（6）七檩、单步梁对六架梁
参考实例：北京天坛北神厨正殿、曲阜孔府二堂
（7）七檩中柱落地，前后出三步梁
参考实例：北京先农坛神厨东西殿梢间
（8）正身五檩抬梁构架
参考实例：北京先农坛宰牲亭
（9）五檩抬梁构架
参考实例：北京先农坛神仓旗纛庙
（10）四檩卷棚
参考实例：北京先农坛庆成宫东、西庑

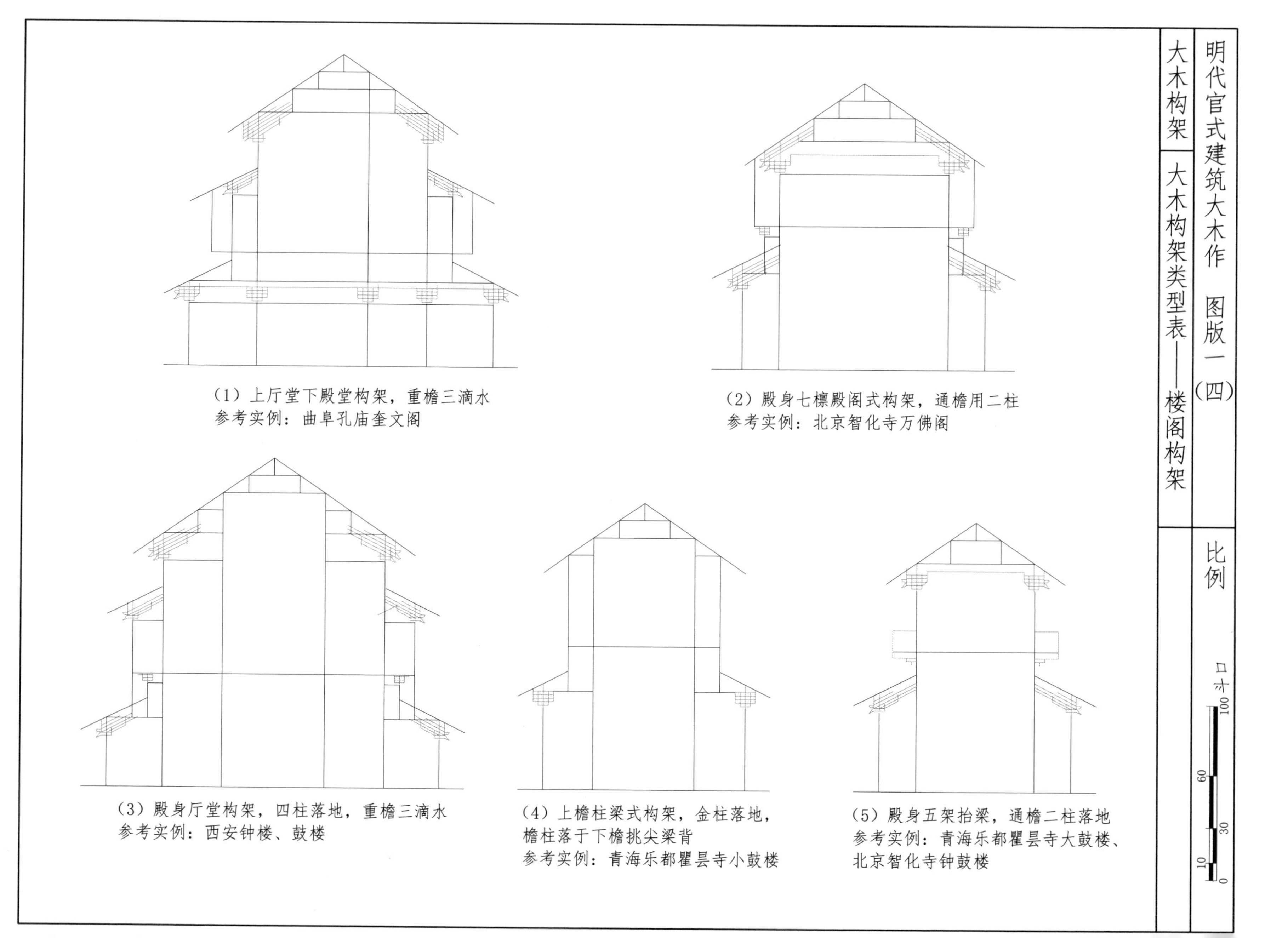
明代官式建筑大木作 图版一（四）
大木构架
大木构架类型表——楼阁构架
比例
100 60 30 10 0
（1）上厅堂下殿堂构架，重檐三滴水
参考实例：曲阜孔庙奎文阁
（2）殿身七檩殿阁式构架，通檐用二柱
参考实例：北京智化寺万佛阁
（3）殿身厅堂构架，四柱落地，重檐三滴水
参考实例：西安钟楼、鼓楼
（4）上檐柱梁式构架，金柱落地，檐柱落于下檐挑尖梁背
参考实例：青海乐都瞿昙寺小鼓楼
（5）殿身五架抬梁，通檐二柱落地
参考实例：青海乐都瞿昙寺大鼓楼、北京智化寺钟鼓楼

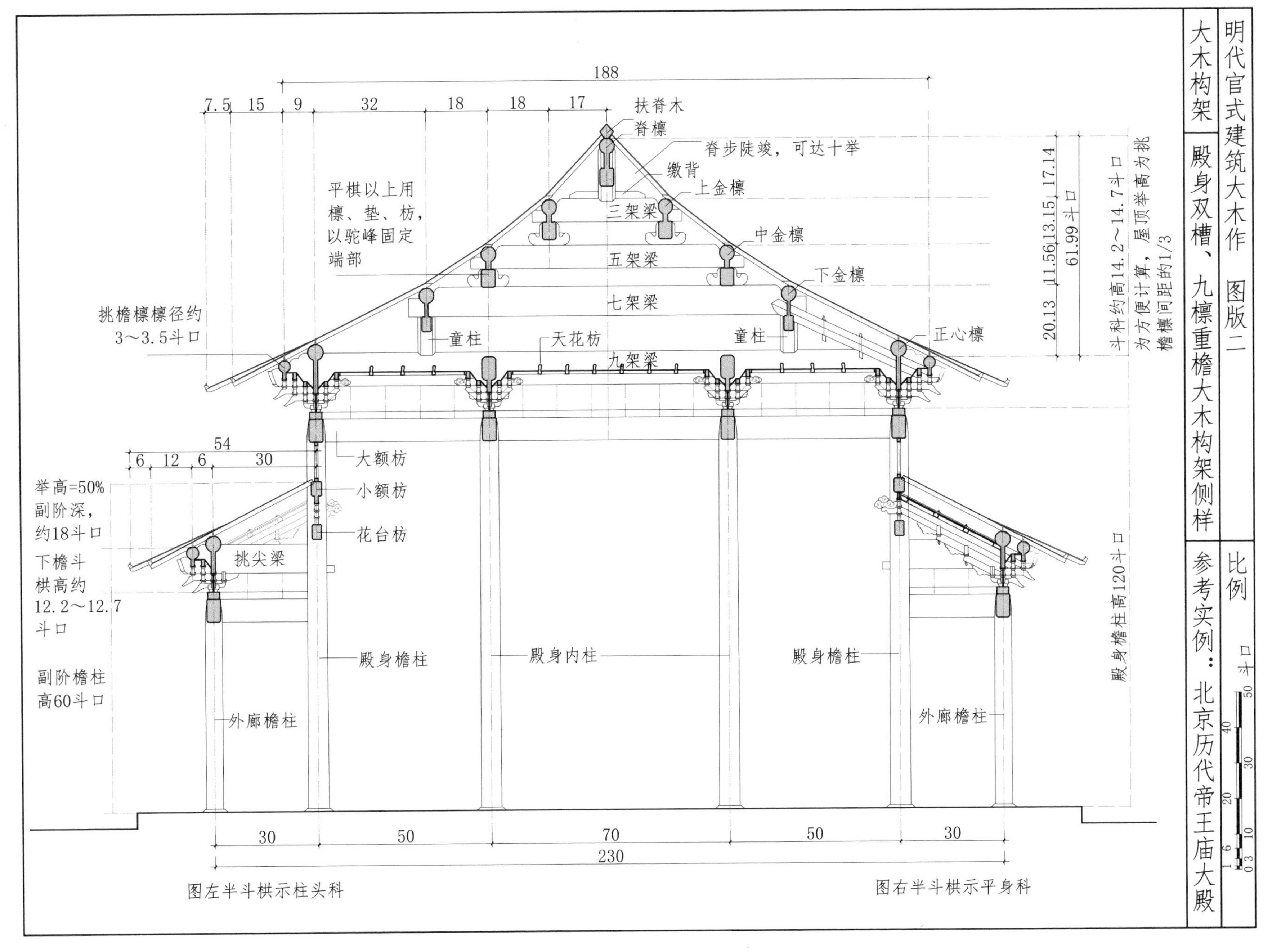
明代官式建筑大木作 图版二
大木构架
殿身双槽、九檩重檐大木构架侧样
比例
0 3 10 30 50
1 6 20 40 斗口
参考实例：北京历代帝王庙大殿
188
7.5 15 9 32 18 18 17
扶脊木
脊檩
脊步陡竣，可达十举
墩背
上金檩
三架梁
中金檩
五架梁
下金檩
七架梁
正心檩
童柱
天花枋
童柱
九架梁
平棋以上用
檩、垫、枋，
以驼峰固定
端部
挑檐檩檩径约
3～3.5斗口
20.13 11.56 13.15 17.14
61.99斗口
斗科约高14.2～14.7斗口
为方便计算，屋顶举高为挑
檐檩间距的1/3
54
6 12 6 30
大额枋
小额枋
花台枋
举高=50%
副阶深，
约18斗口
下檐斗
栱高约
12.2～12.7
斗口
挑尖梁
副阶檐柱
高60斗口
殿身檐柱
殿身内柱
殿身檐柱
外廊檐柱
外廊檐柱
殿身檐柱高120斗口
30 50 70 50 30
230
图左半斗栱示柱头科
图右半斗栱示平身科

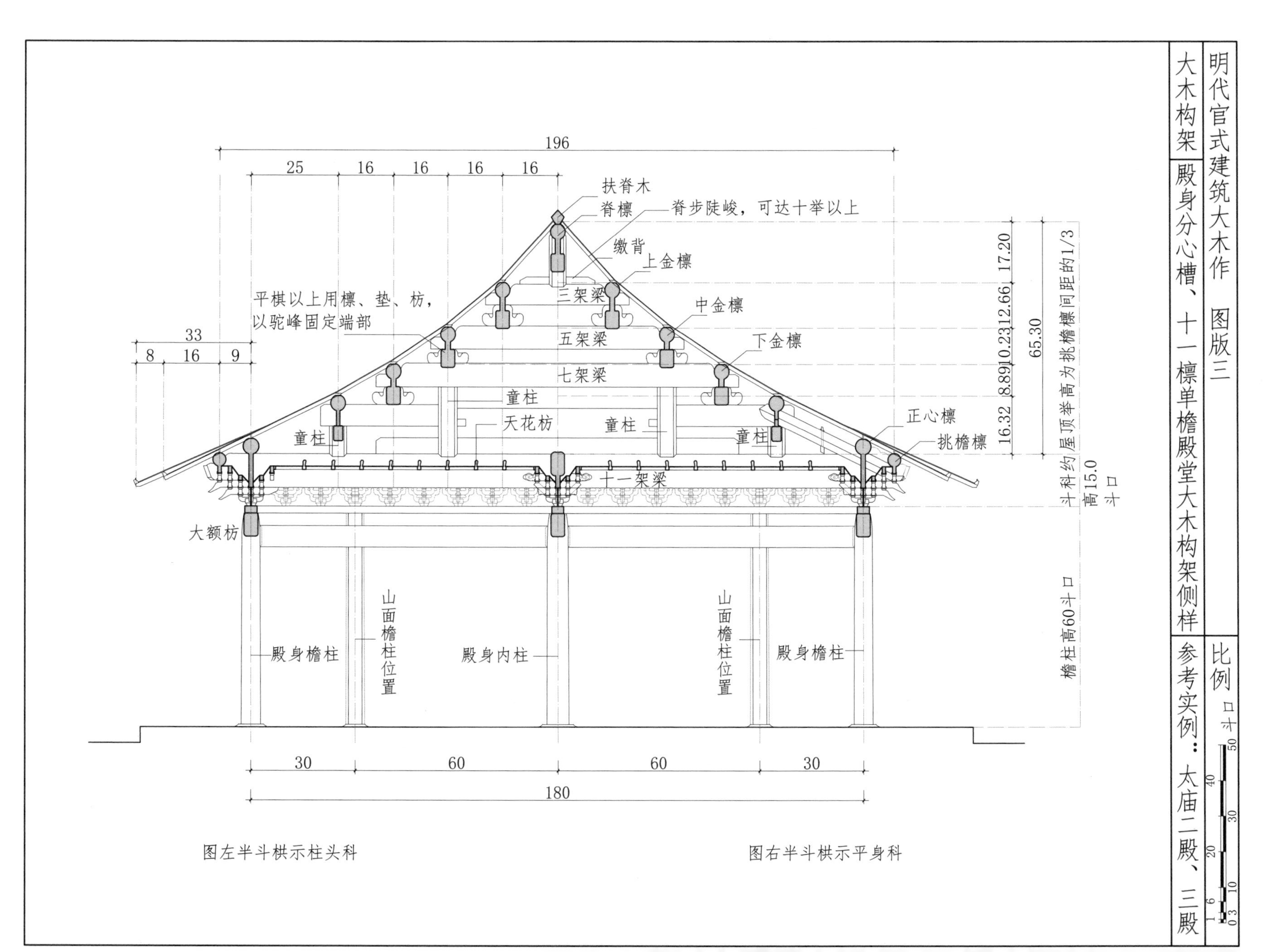

明代官式建筑大木作 图版三
大木构架 殿身分心槽、十一檩单檐殿堂大木构架侧样
比例 斗口
参考实例：太庙二殿、三殿
196
25
16
16
16
16
扶脊木
脊檩
脊步陡峻，可达十举以上
缴背
上金檩
三架梁
中金檩
五架梁
下金檩
七架梁
平棋以上用檩、垫、枋，以驼峰固定端部
33
8
16
9
童柱
天花枋
正心檩
挑檐檩
十一架梁
大额枋
17.20
12.66
10.23
8.89
16.32
65.30
斗科约屋顶举高为挑檐檩间距的1/3
高15.0斗口
檐柱高60斗口
殿身檐柱
山面檐柱位置
殿身内柱
30
60
180
图左半斗栱示柱头科
图右半斗栱示平身科

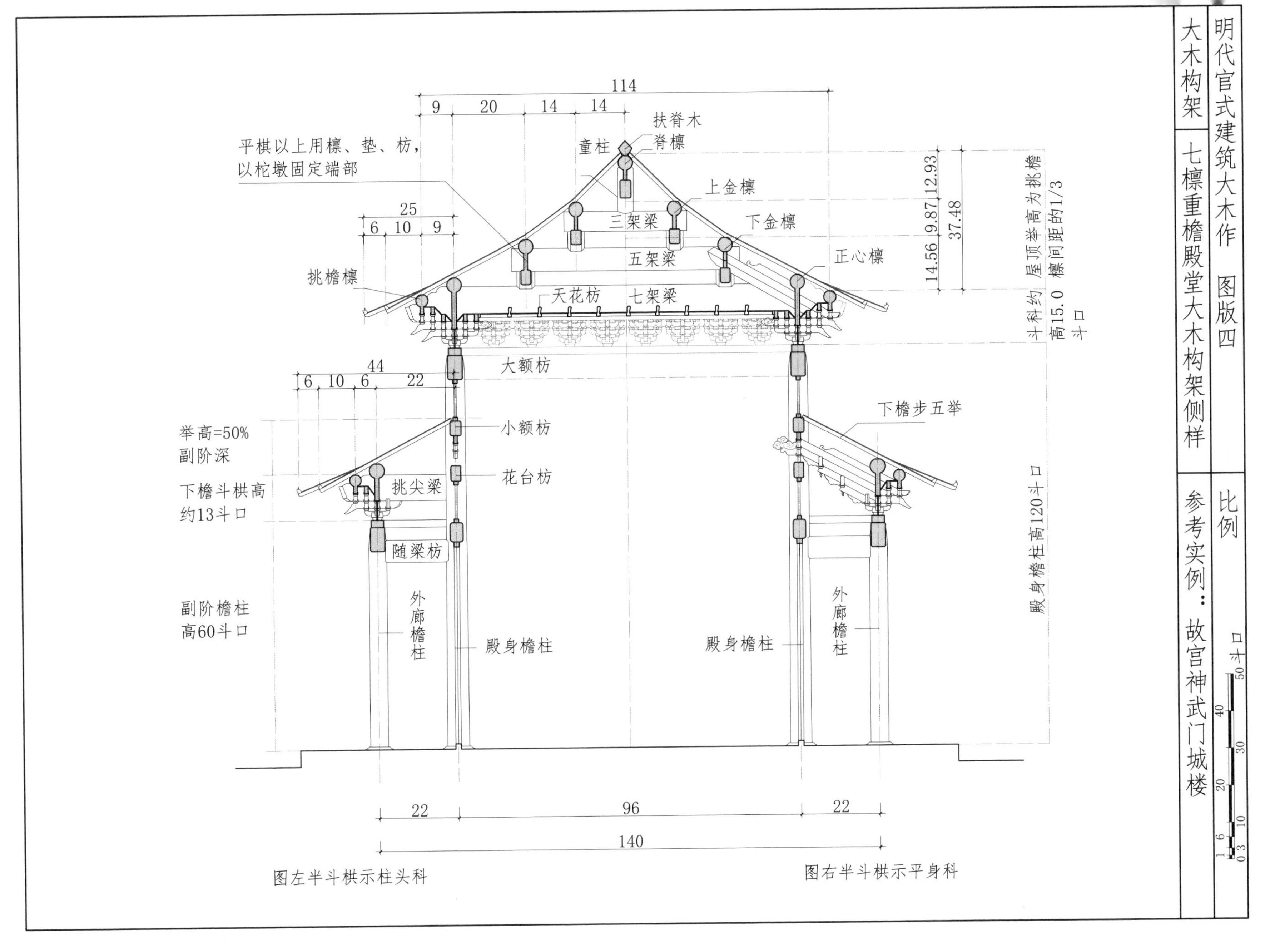

明代官式建筑大木作 图版四
大木构架
七檩重檐殿堂大木构架侧样
比例
参考实例：故宫神武门城楼
斗口
114
9
20
14
14
扶脊木
脊檩
童柱
平棋以上用檩、垫、枋，以柁墩固定端部
上金檩
三架梁
下金檩
五架梁
正心檩
挑檐檩
天花枋
七架梁
25
6
10
9
14.56
9.87
12.93
37.48
屋顶举高为挑檐檩间距的1/3
斗科约高15.0斗口
大额枋
44
6
10
6
22
小额枋
花台枋
下檐步五举
举高=50%副阶深
下檐斗栱高约13斗口
挑尖梁
随梁枋
殿身檐柱高120斗口
副阶檐柱高60斗口
外廊檐柱
殿身檐柱
殿身檐柱
外廊檐柱
22
96
22
140
图左半斗栱示柱头科
图右半斗栱示平身科

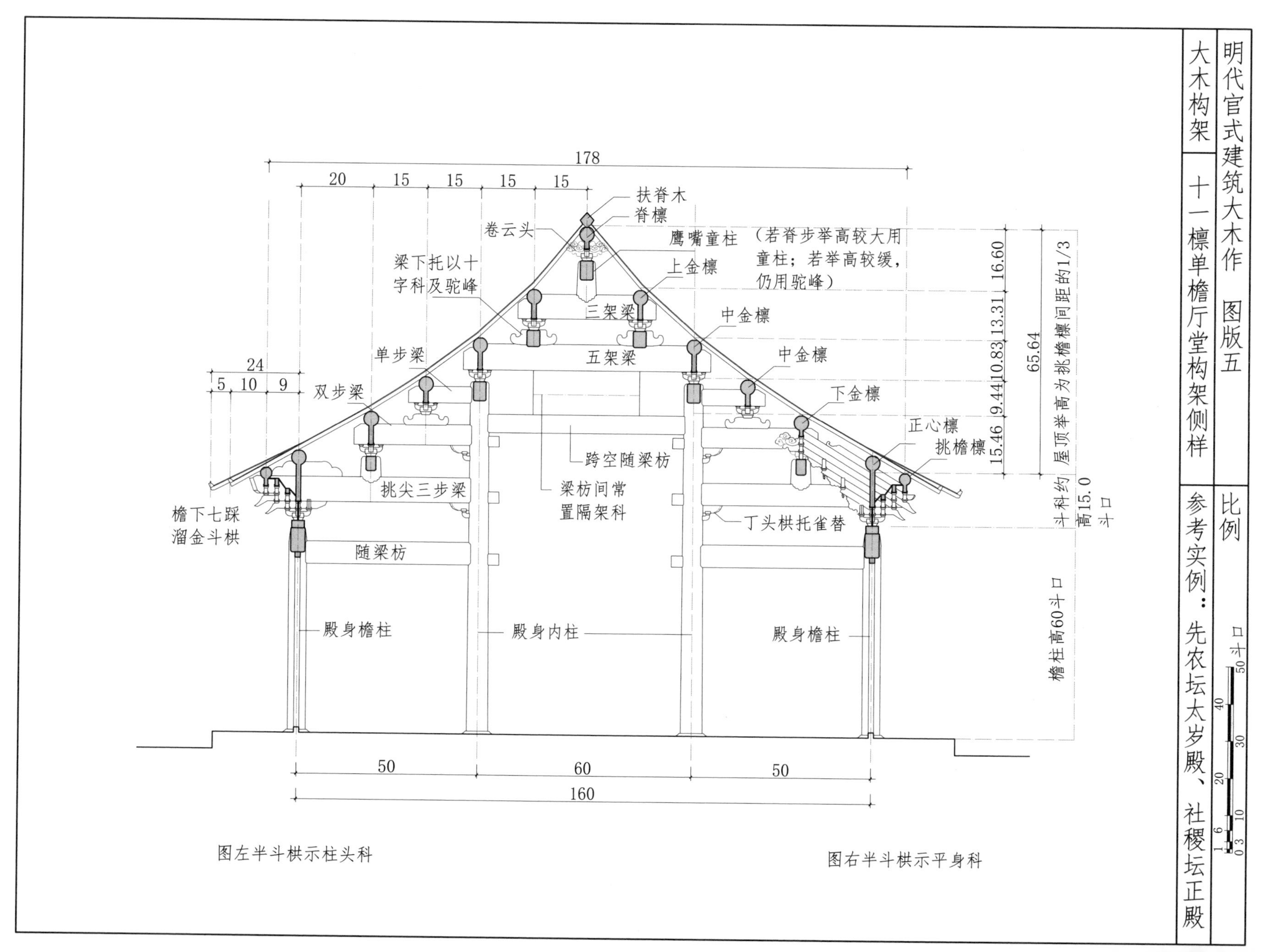

明代官式建筑大木作 图版五
比例
大木构架
十一檩单檐厅堂构架侧样
参考实例：先农坛太岁殿、社稷坛正殿
178
20
15
15
15
15
扶脊木
脊檩
卷云头
鹰嘴童柱
（若脊步举高较大用童柱；若举高较缓，仍用驼峰）
上金檩
梁下托以十字科及驼峰
三架梁
中金檩
五架梁
单步梁
中金檩
24
5
10
9
双步梁
下金檩
正心檩
挑檐檩
跨空随梁枋
挑尖三步梁
梁枋间常置隔架科
檐下七踩溜金斗栱
丁头栱托雀替
随梁枋
16.60
13.31
10.83
9.44
15.46
65.64
屋顶举高为挑檐檩间距约1/3
斗科约高15.0斗口
檐柱高60斗口
殿身檐柱
殿身内柱
殿身檐柱
50
60
50
160
图左半斗栱示柱头科
图右半斗栱示平身科

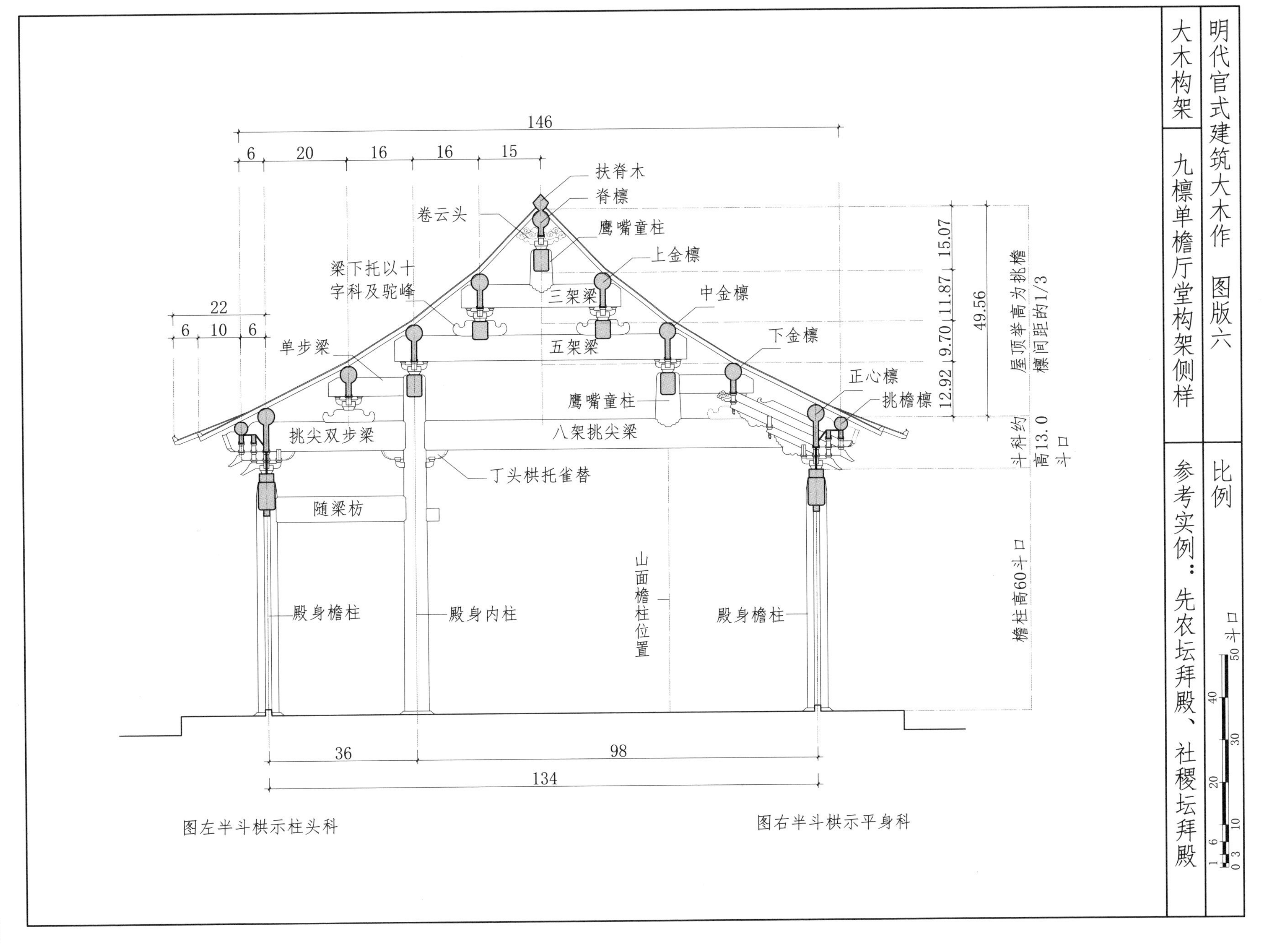
明代官式建筑大木作 图版六
大木构架
九檩单檐厅堂构架侧样
比例
参考实例：先农坛拜殿、社稷坛拜殿
0 3 10 30 50 斗口
1 6 20 40
146
6 20 16 16 15
扶脊木
脊檩
卷云头
鹰嘴童柱
上金檩
梁下托以十
字科及驼峰
三架梁
中金檩
五架梁
下金檩
22
6 10 6
单步梁
鹰嘴童柱
正心檩
挑檐檩
挑尖双步梁
八架挑尖梁
丁头栱托雀替
随梁枋
15.07
11.87
9.70
12.92
49.56
屋顶举高为挑檐
檩间距的1/3
斗科约
高13.0
斗口
檐柱高60斗口
山面檐柱位置
殿身檐柱
殿身内柱
殿身檐柱
36
98
134
图左半斗栱示柱头科
图右半斗栱示平身科

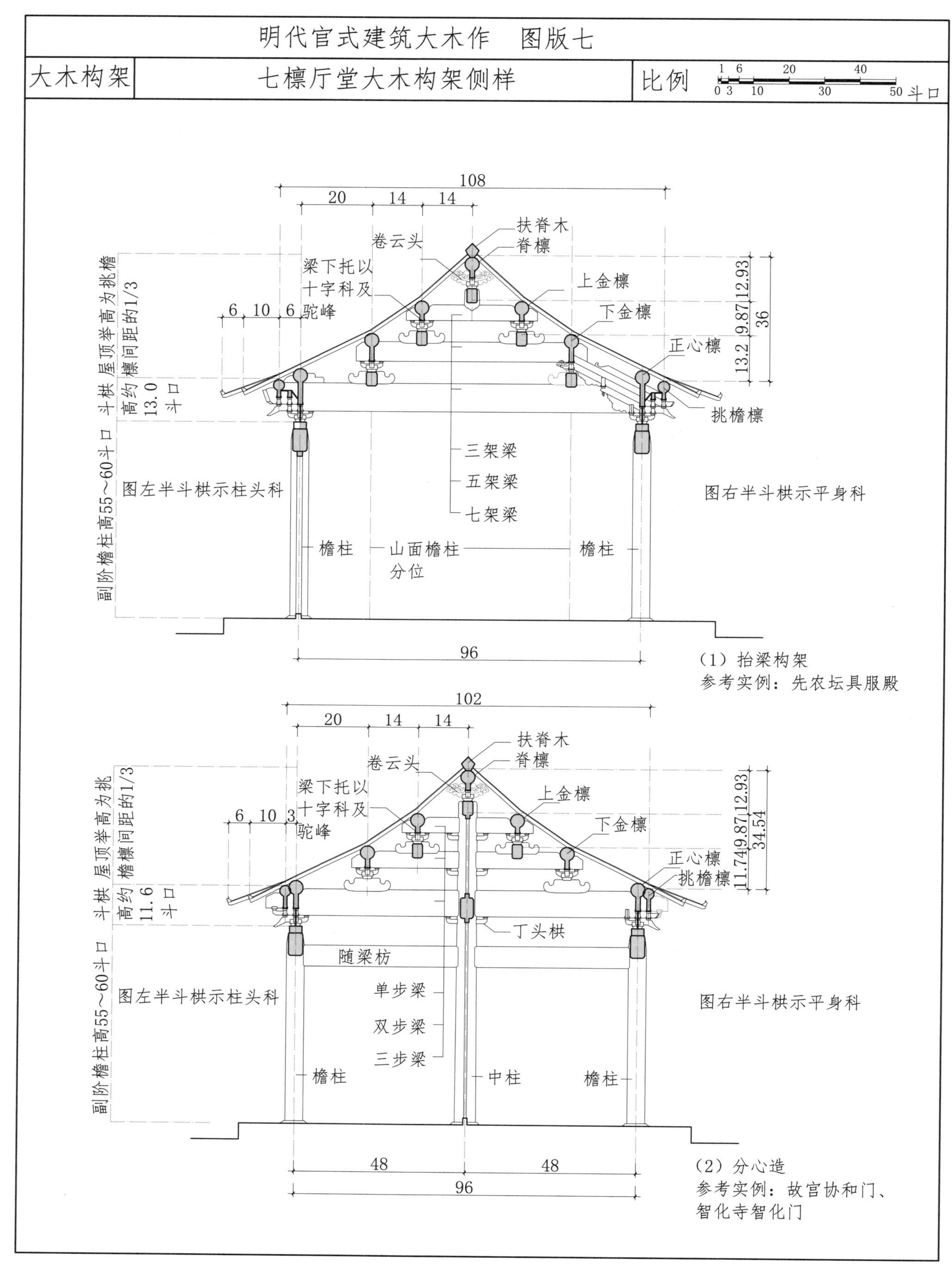

明代官式建筑大木作 图版七
大木构架
七檩厅堂大木构架侧样
比例
1 6 20 40
0 3 10 30 50 斗口
108
20
14
14
扶脊木
脊檩
卷云头
梁下托以
十字科及
驼峰
上金檩
下金檩
正心檩
挑檐檩
6
10
6
12.93
9.87
13.2
36
屋顶举高为挑檐檩间距的1/3
斗栱高约13.0斗口
副阶檐柱高55~60斗口
图左半斗栱示柱头科
图右半斗栱示平身科
三架梁
五架梁
七架梁
檐柱
山面檐柱分位
檐柱
96
（1）抬梁构架
参考实例：先农坛具服殿
102
20
14
14
扶脊木
脊檩
卷云头
梁下托以
十字科及
驼峰
上金檩
下金檩
正心檩
挑檐檩
6
10
3
12.93
9.87
11.74
34.54
屋顶举高为挑檐檩间距的1/3
斗栱高约11.6斗口
副阶檐柱高55~60斗口
图左半斗栱示柱头科
图右半斗栱示平身科
丁头栱
随梁枋
单步梁
双步梁
三步梁
檐柱
中柱
檐柱
48
48
96
（2）分心造
参考实例：故宫协和门、智化寺智化门

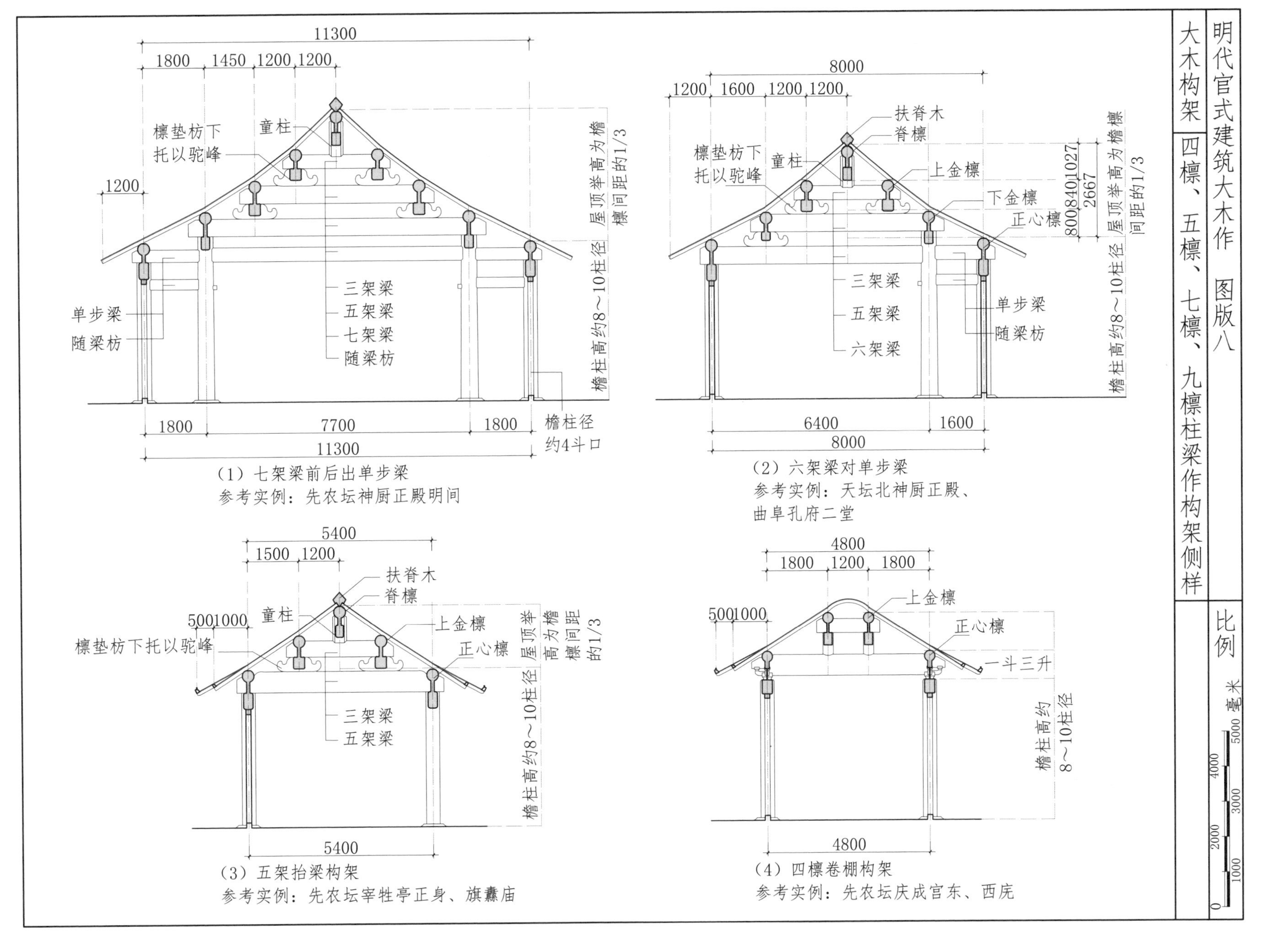
明代官式建筑大木作　图版八
大木构架
四檩、五檩、七檩、九檩柱梁作构架侧样
比例
毫米
0
1000
2000
3000
4000
5000
11300
1800
1450
1200
1200
1200
童柱
檩垫枋下托以驼峰
屋顶举高为檐檩间距的1/3
檐柱高约8～10柱径
三架梁
五架梁
七架梁
随梁枋
单步梁
随梁枋
1800
7700
1800
11300
檐柱径约4斗口
（1）七架梁前后出单步梁
参考实例：先农坛神厨正殿明间
8000
1200
1600
1200
1200
扶脊木
脊檩
檩垫枋下托以驼峰
童柱
上金檩
下金檩
正心檩
800
840
1027
2667
屋顶举高为檐檩间距的1/3
檐柱高约8～10柱径
三架梁
五架梁
六架梁
单步梁
随梁枋
6400
1600
8000
（2）六架梁对单步梁
参考实例：天坛北神厨正殿、曲阜孔府二堂
5400
1500
1200
扶脊木
脊檩
童柱
500
1000
檩垫枋下托以驼峰
上金檩
正心檩
屋顶举高为檐檩间距的1/3
檐柱高约8～10柱径
三架梁
五架梁
5400
（3）五架抬梁构架
参考实例：先农坛宰牲亭正身、旗纛庙
4800
1800
1200
1800
上金檩
500
1000
正心檩
一斗三升
檐柱高约8～10柱径
4800
（4）四檩卷棚构架
参考实例：先农坛庆成宫东、西庑

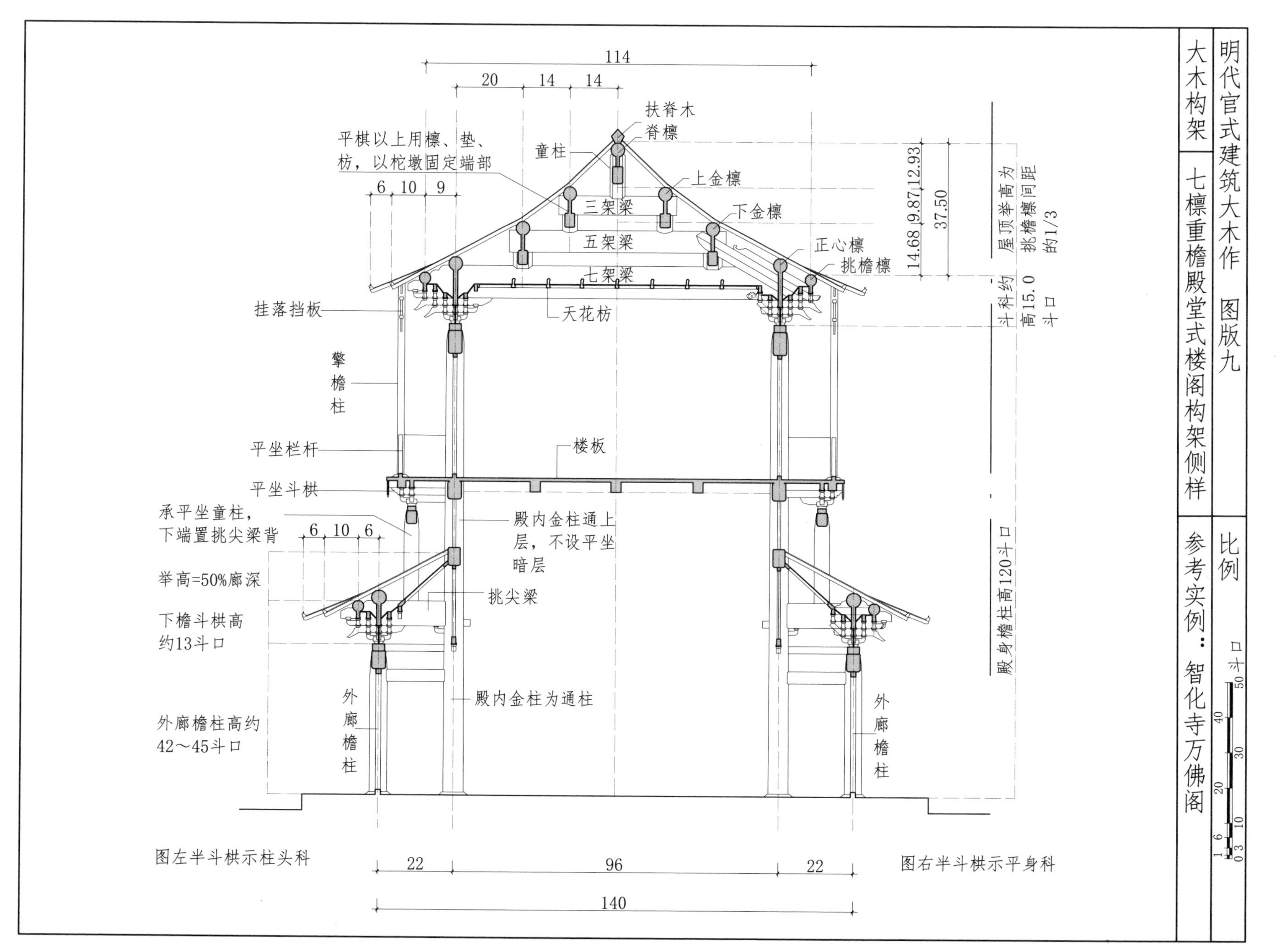

明代官式建筑大木作 图版九
大木构架
七檩重檐殿堂式楼阁构架侧样
比例
0 3 10 30 50斗口
1 6 20 40
参考实例：智化寺万佛阁
114
20
14
14
扶脊木
脊檩
童柱
平棊以上用檩、垫、枋，以柁墩固定端部
6
10
9
上金檩
三架梁
下金檩
五架梁
正心檩
挑檐檩
七架梁
天花枋
14.68 9.87 12.93
37.50
屋顶举高为挑檐檩间距约1/3
斗科约高15.0斗口
挂落挡板
擎檐柱
平坐栏杆
楼板
平坐斗栱
承平坐童柱，下端置挑尖梁背
6
10
6
殿内金柱通上层，不设平坐暗层
举高=50%廊深
挑尖梁
下檐斗栱高约13斗口
殿身檐柱高120斗口
殿内金柱为通柱
外廊檐柱
外廊檐柱高约42～45斗口
外廊檐柱
图左半斗栱示柱头科
22
96
22
140
图右半斗栱示平身科

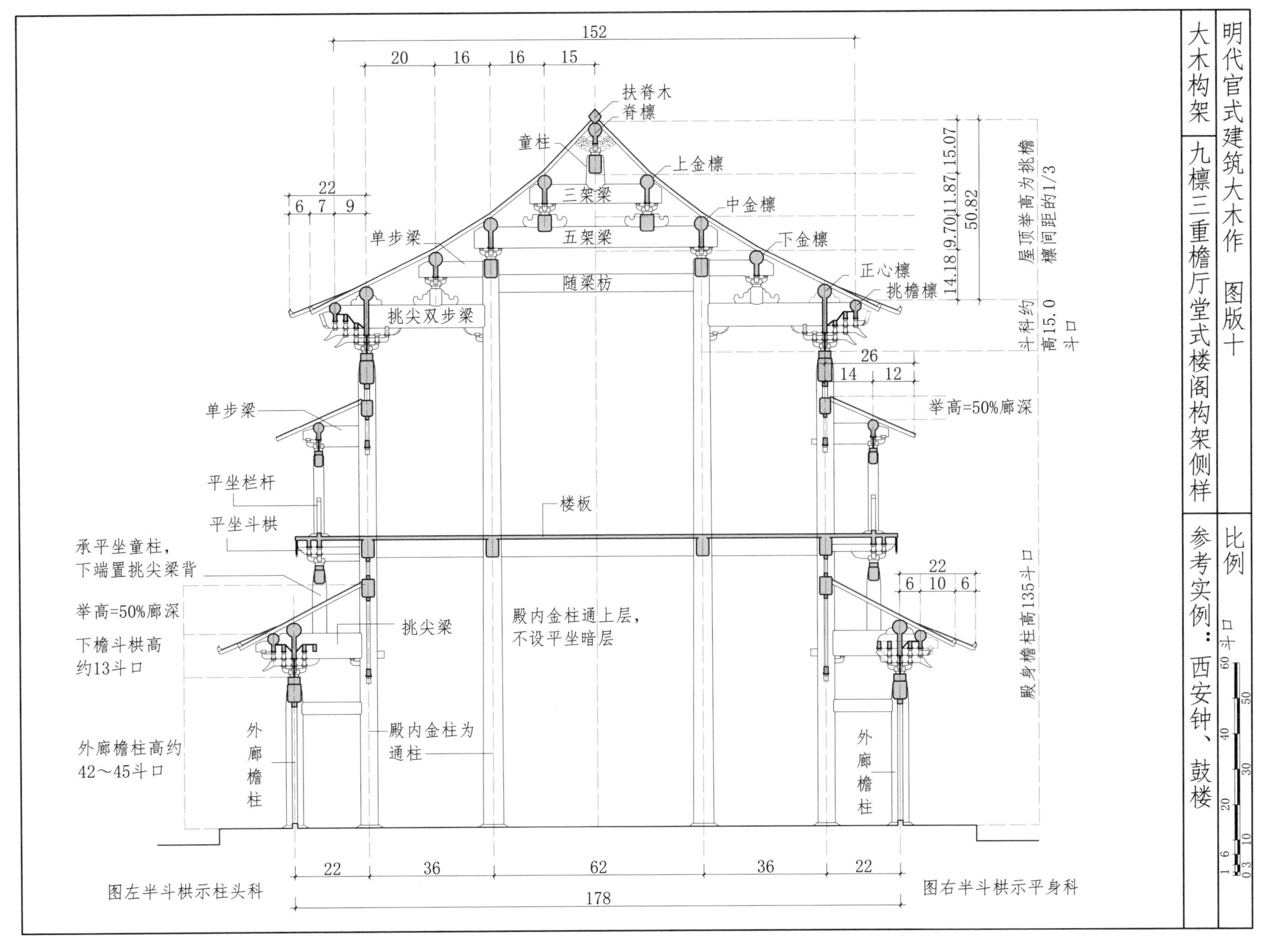
明代官式建筑大木作　图版十
大木构架
九檩三重檐厅堂式楼阁构架侧样
比例
寸口
0 3 10 30 50
1 6 20 40 60
参考实例：西安钟、鼓楼
152
20
16
16
15
扶脊木
脊檩
童柱
上金檩
三架梁
中金檩
五架梁
下金檩
单步梁
随梁枋
正心檩
挑檐檩
挑尖双步梁
22
6
7
9
14.18
9.70
11.87
15.07
50.82
屋顶举高为挑檐檩间距的1/3
斗科约高15.0斗口
26
14
12
举高=50%廊深
单步梁
平坐栏杆
楼板
平坐斗栱
承平坐童柱，
下端置挑尖梁背
22
6
10
6
举高=50%廊深
挑尖梁
殿内金柱通上层，
不设平坐暗层
殿身檐柱高135斗口
下檐斗栱高
约13斗口
外廊檐柱高约
42～45斗口
外
廊
檐
柱
殿内金柱为
通柱
外
廊
檐
柱
22
36
62
36
22
178
图左半斗栱示柱头科
图右半斗栱示平身科

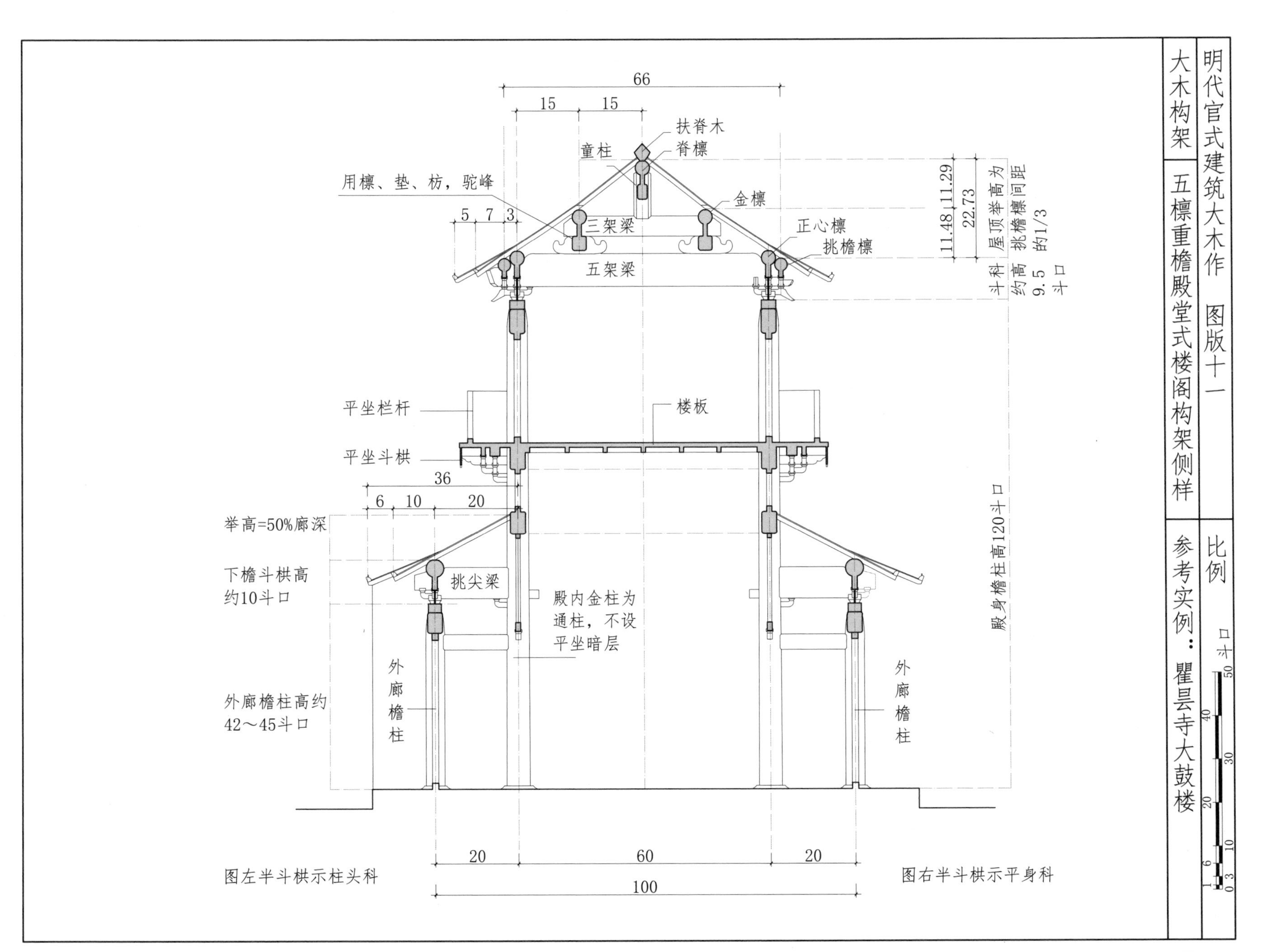

明代官式建筑大木作 图版十一
大木构架
五檩重檐殿堂式楼阁构架侧样
比例
斗口
参考实例：瞿昙寺大鼓楼
66
15
15
扶脊木
脊檩
童柱
用檩、垫、枋，驼峰
金檩
5
7
3
三架梁
正心檩
挑檐檩
五架梁
11.48
11.29
22.73
屋顶举高为挑檐檩间距约1/3
斗科约高9.5斗口
平坐栏杆
楼板
平坐斗栱
36
6
10
20
举高=50%廊深
下檐斗栱高约10斗口
挑尖梁
殿内金柱为通柱，不设平坐暗层
殿身檐柱高120斗口
外廊檐柱高约42～45斗口
外廊檐柱
外廊檐柱
20
60
20
100
图左半斗栱示柱头科
图右半斗栱示平身科

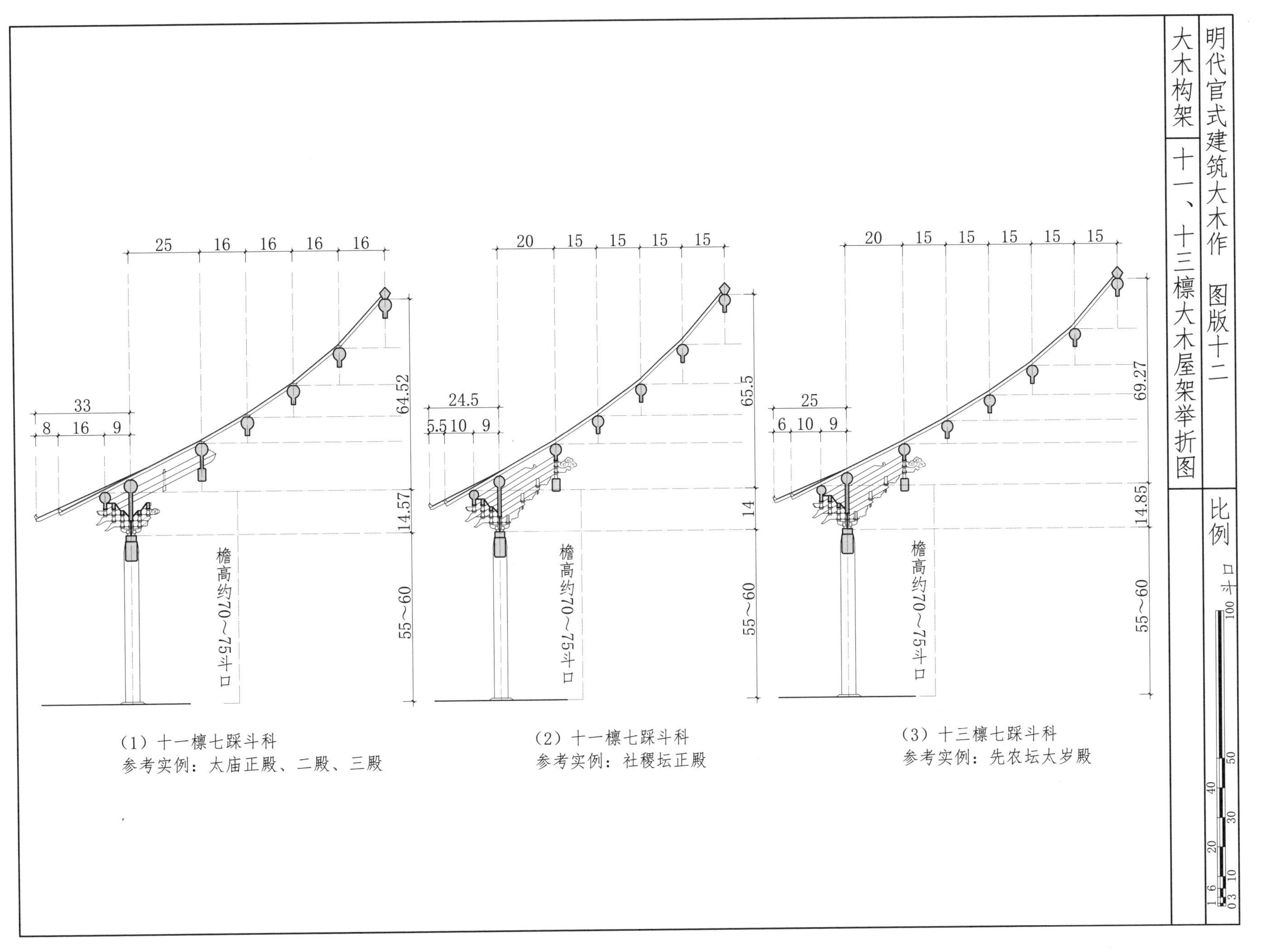

(1) 十一檩七踩斗科
参考实例：太庙正殿、二殿、三殿

(2) 十一檩七踩斗科
参考实例：社稷坛正殿

(3) 十三檩七踩斗科
参考实例：先农坛太岁殿

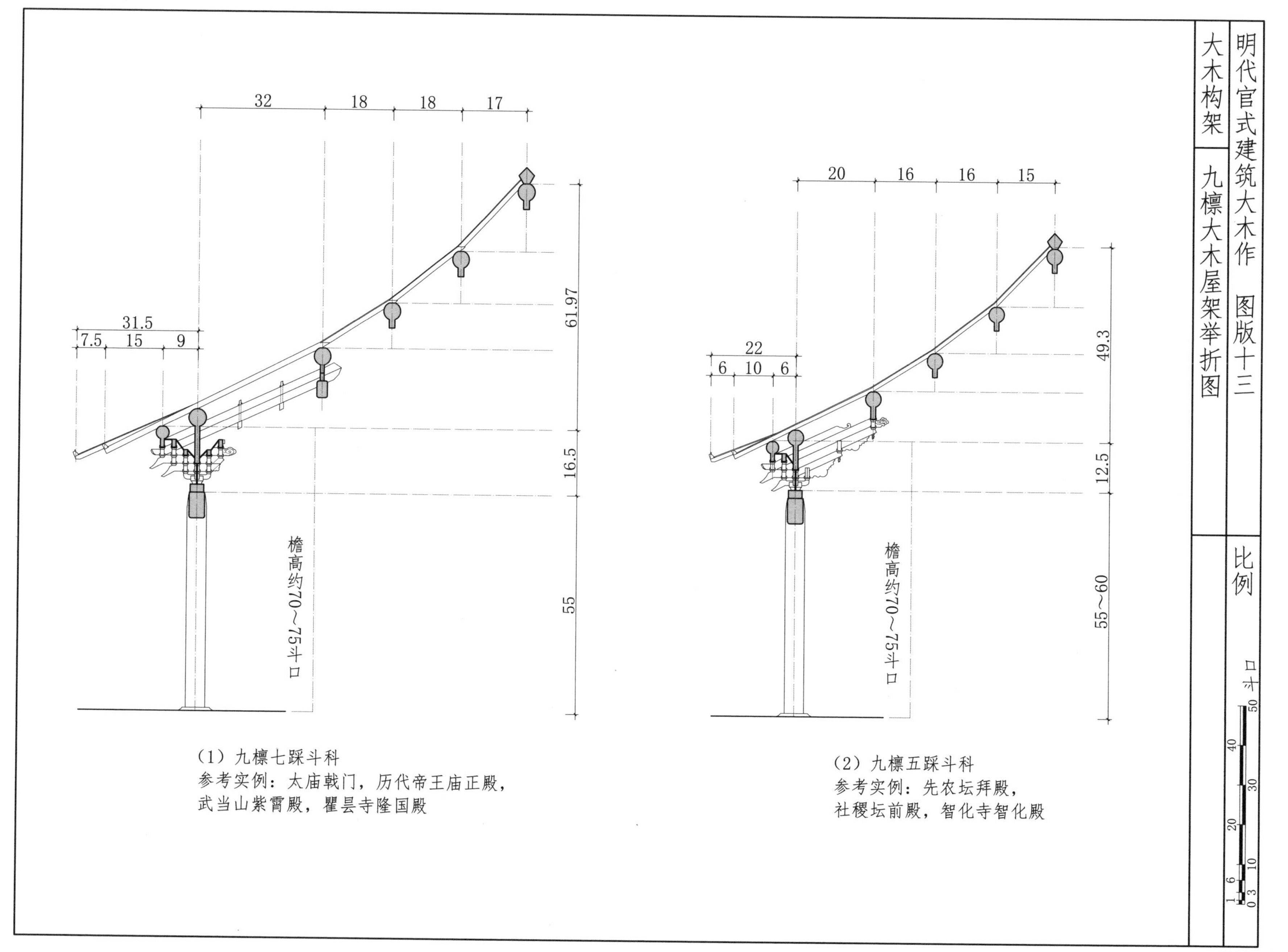
明代官式建筑大木作 图版十三
大木构架
九檩大木屋架举折图
比例
斗口
0 3 10 30 50
1 6 20 40
32
18
18
17
31.5
7.5
15
9
61.97
16.5
55
檐高约70～75斗口
（1）九檩七踩斗科
参考实例：太庙戟门，历代帝王庙正殿，
武当山紫霄殿，瞿昙寺隆国殿
20
16
16
15
22
6
10
6
49.3
12.5
55～60
檐高约70～75斗口
（2）九檩五踩斗科
参考实例：先农坛拜殿，
社稷坛前殿，智化寺智化殿

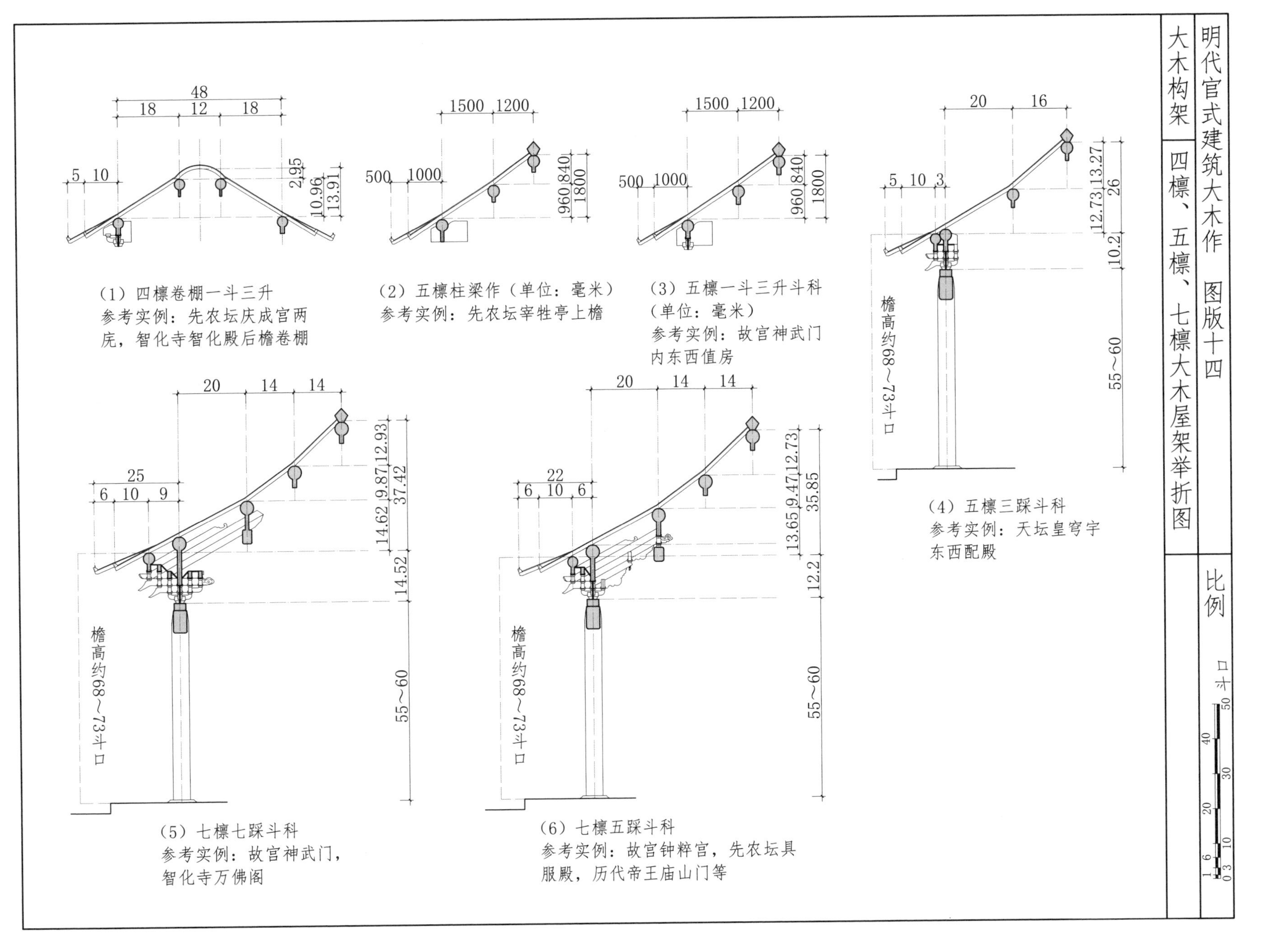

明代官式建筑大木作　图版十四
大木构架　四檩、五檩、七檩大木屋架举折图
比例
斗口
(1) 四檩卷棚一斗三升
参考实例：先农坛庆成宫两庑，智化寺智化殿后檐卷棚
(2) 五檩柱梁作（单位：毫米）
参考实例：先农坛宰牲亭上檐
(3) 五檩一斗三升斗科
（单位：毫米）
参考实例：故宫神武门内东西值房
(4) 五檩三踩斗科
参考实例：天坛皇穹宇东西配殿
(5) 七檩七踩斗科
参考实例：故宫神武门，智化寺万佛阁
(6) 七檩五踩斗科
参考实例：故宫钟粹宫，先农坛具服殿，历代帝王庙山门等
檐高约68～73斗口
55～60

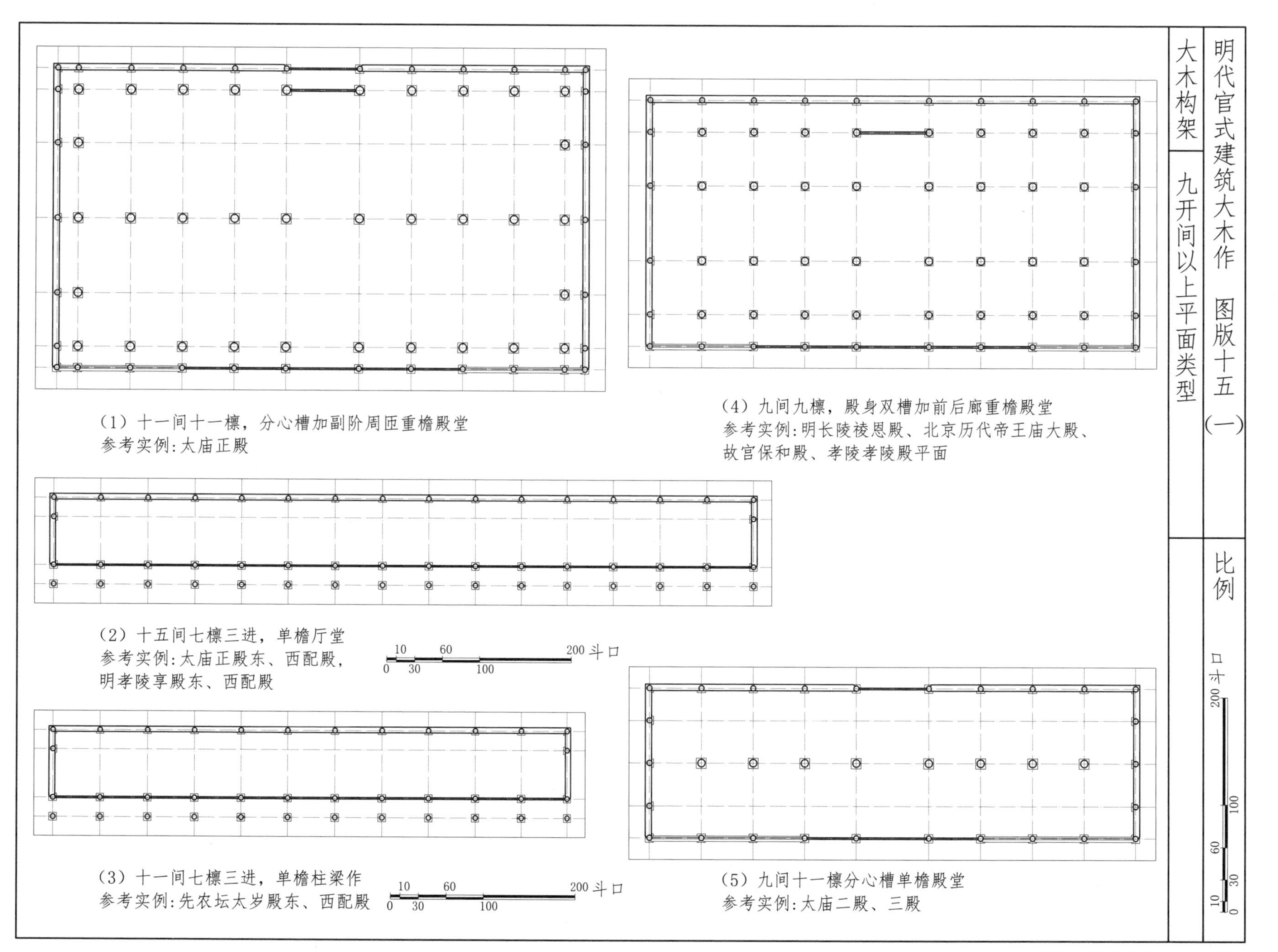
明代官式建筑大木作　图版十五（一）
大木构架
九开间以上平面类型
比例
0 10 30 60 100 200 斗口
（1）十一间十一檩，分心槽加副阶周匝重檐殿堂
参考实例：太庙正殿
（4）九间九檩，殿身双槽加前后廊重檐殿堂
参考实例：明长陵祾恩殿、北京历代帝王庙大殿、
故宫保和殿、孝陵孝陵殿平面
（2）十五间七檩三进，单檐厅堂
参考实例：太庙正殿东、西配殿，
明孝陵享殿东、西配殿
0 10 30 60 100 200 斗口
（3）十一间七檩三进，单檐柱梁作
参考实例：先农坛太岁殿东、西配殿
0 10 30 60 100 200 斗口
（5）九间十一檩分心槽单檐殿堂
参考实例：太庙二殿、三殿

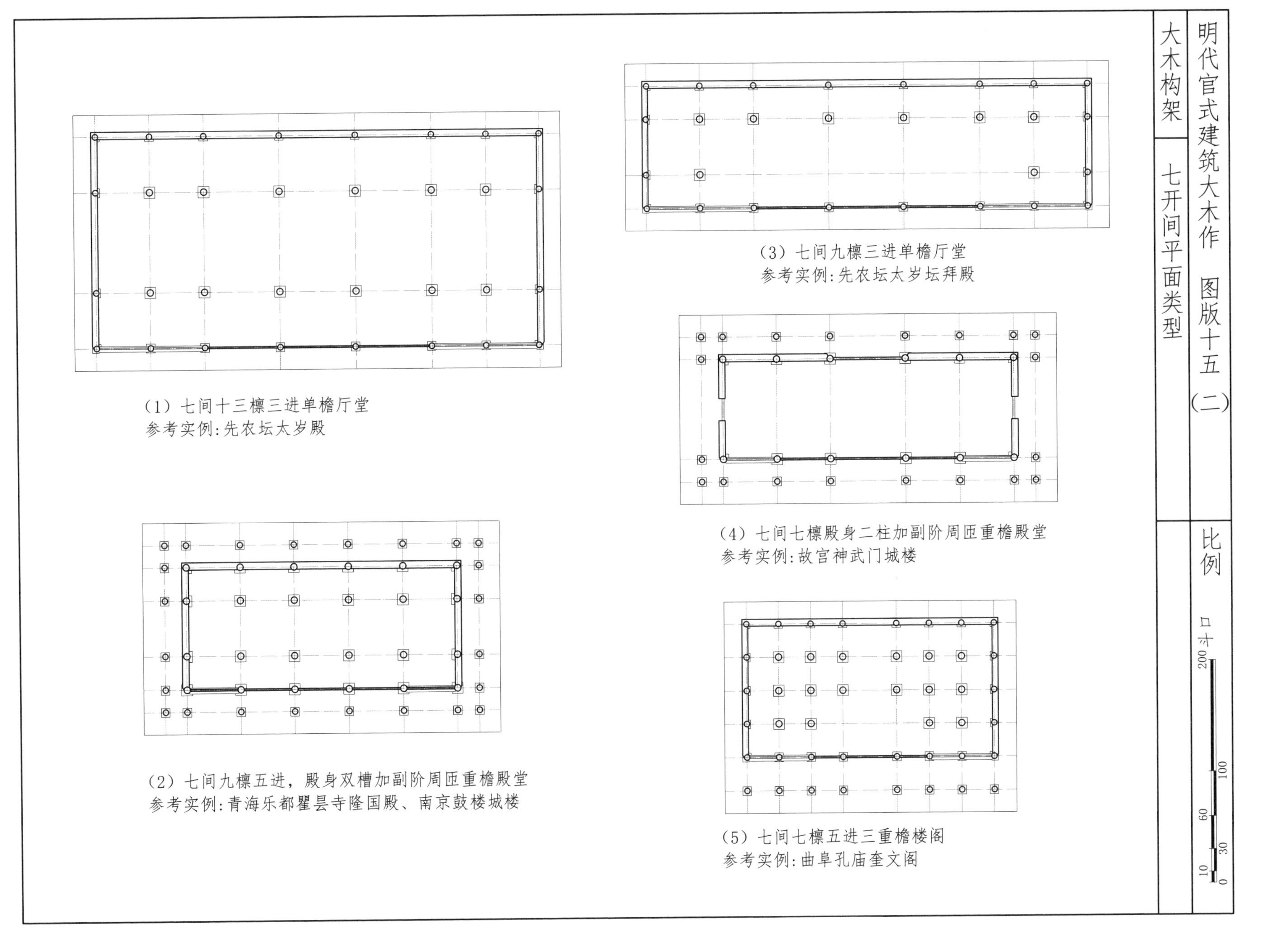
明代宫式建筑大木作　图版十五（二）
大木构架
七开间平面类型
比例
0 10 30 60 100 200
（1）七间十三檩三进单檐厅堂
参考实例:先农坛太岁殿
（2）七间九檩五进，殿身双槽加副阶周匝重檐殿堂
参考实例:青海乐都瞿昙寺隆国殿、南京鼓楼城楼
（3）七间九檩三进单檐厅堂
参考实例:先农坛太岁坛拜殿
（4）七间七檩殿身二柱加副阶周匝重檐殿堂
参考实例:故宫神武门城楼
（5）七间七檩五进三重檐楼阁
参考实例:曲阜孔庙奎文阁

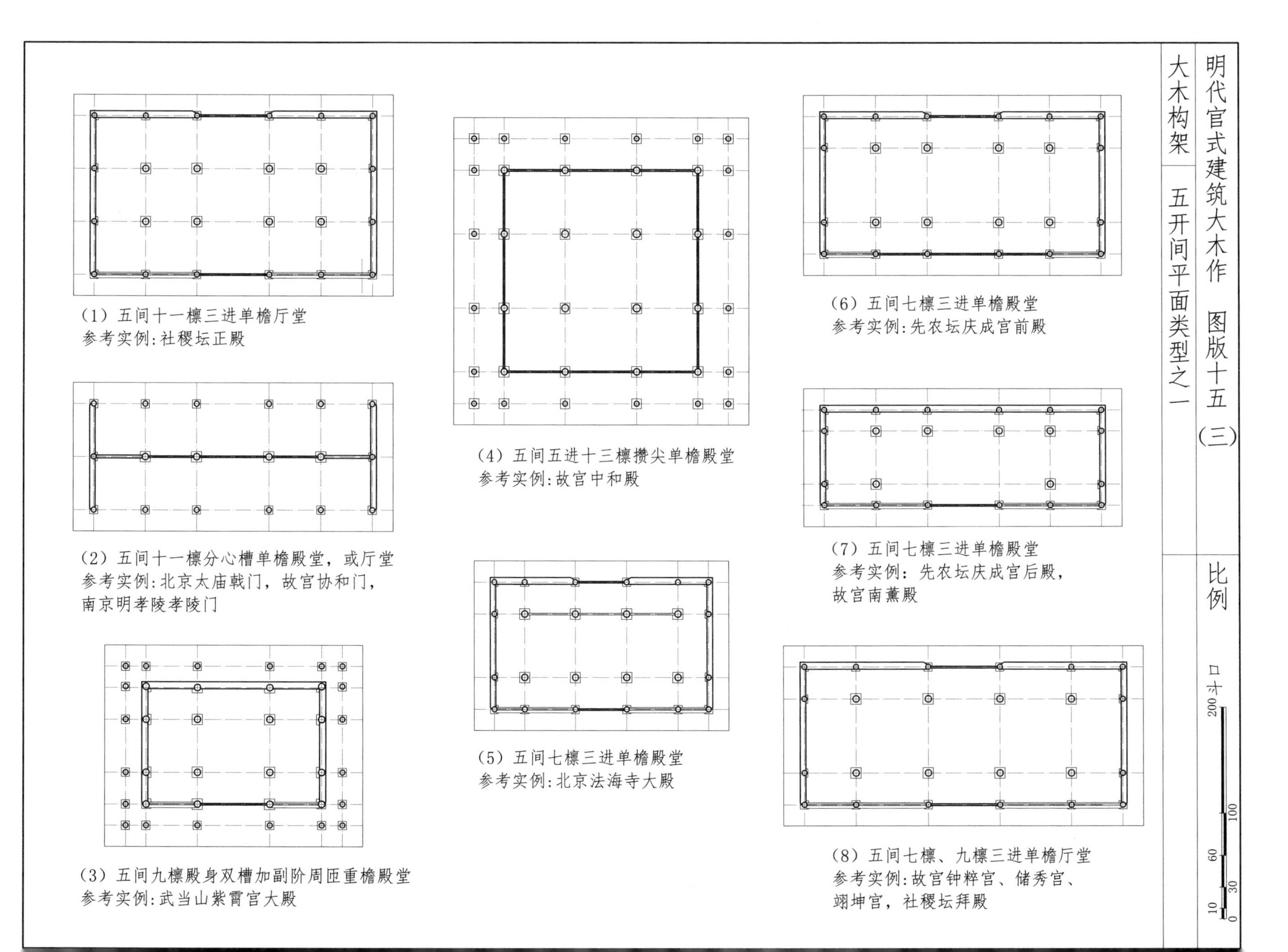
明代官式建筑大木作 图版十五(三)
大木构架 五开间平面类型之一
比例
口寸 200 100 60 30 10 0
(1) 五间十一檩三进单檐厅堂
参考实例:社稷坛正殿
(2) 五间十一檩分心槽单檐殿堂，或厅堂
参考实例:北京太庙戟门，故宫协和门，
南京明孝陵孝陵门
(3) 五间九檩殿身双槽加副阶周匝重檐殿堂
参考实例:武当山紫霄宫大殿
(4) 五间五进十三檩攒尖单檐殿堂
参考实例:故宫中和殿
(5) 五间七檩三进单檐殿堂
参考实例:北京法海寺大殿
(6) 五间七檩三进单檐殿堂
参考实例:先农坛庆成宫前殿
(7) 五间七檩三进单檐殿堂
参考实例:先农坛庆成宫后殿，
故宫南薰殿
(8) 五间七檩、九檩三进单檐厅堂
参考实例:故宫钟粹宫、储秀宫、
翊坤宫，社稷坛拜殿

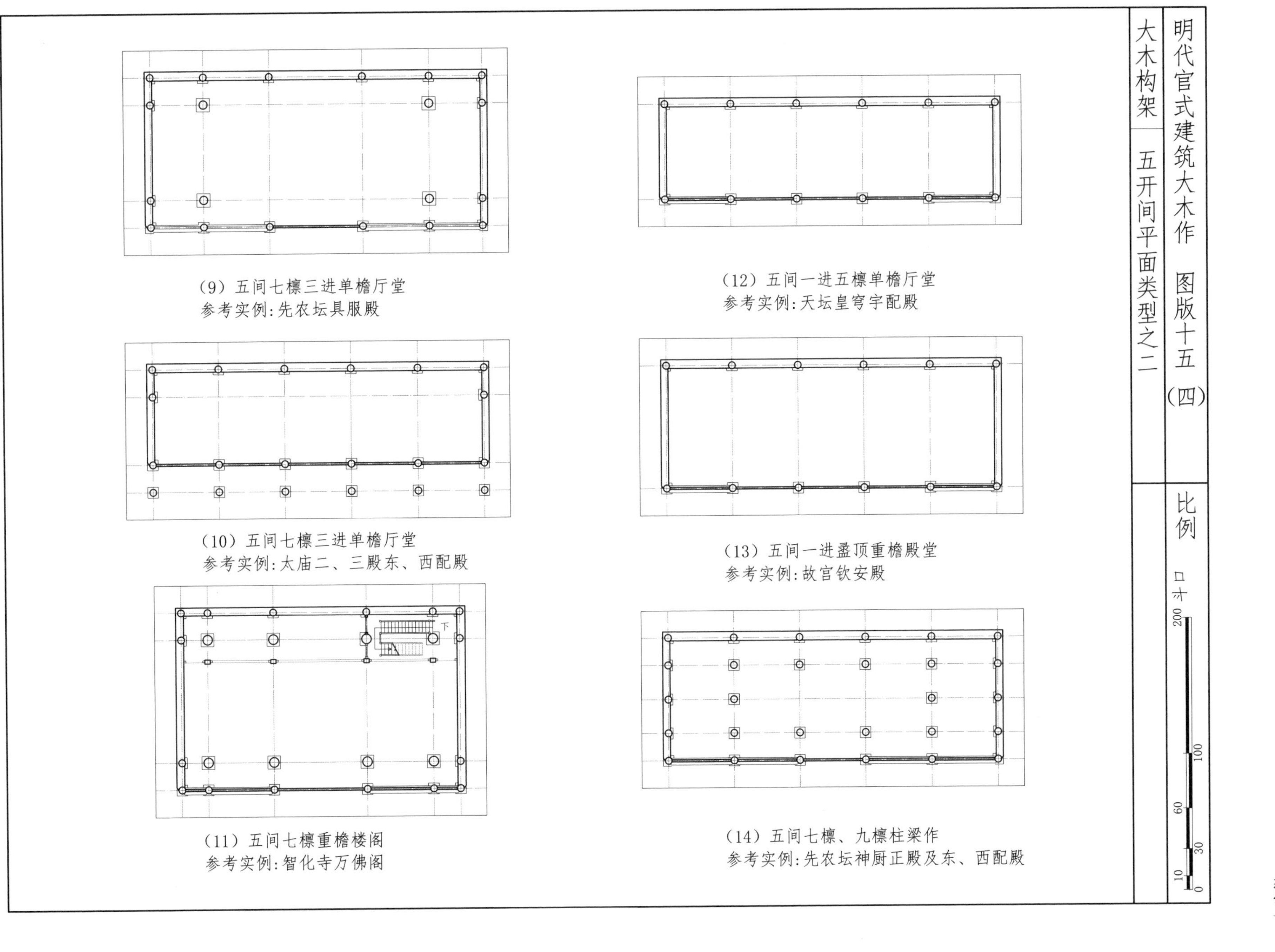
明代官式建筑大木作 图版十五（四）
大木构架
五开间平面类型之二
比例
口寸
200
100
60
30
10
0
下
(9) 五间七檁三进单檐厅堂
参考实例：先农坛具服殿
(10) 五间七檁三进单檐厅堂
参考实例：太庙二、三殿东、西配殿
(11) 五间七檁重檐楼阁
参考实例：智化寺万佛阁
(12) 五间一进五檁单檐厅堂
参考实例：天坛皇穹宇配殿
(13) 五间一进盝顶重檐殿堂
参考实例：故宫钦安殿
(14) 五间七檁、九檁柱梁作
参考实例：先农坛神厨正殿及东、西配殿

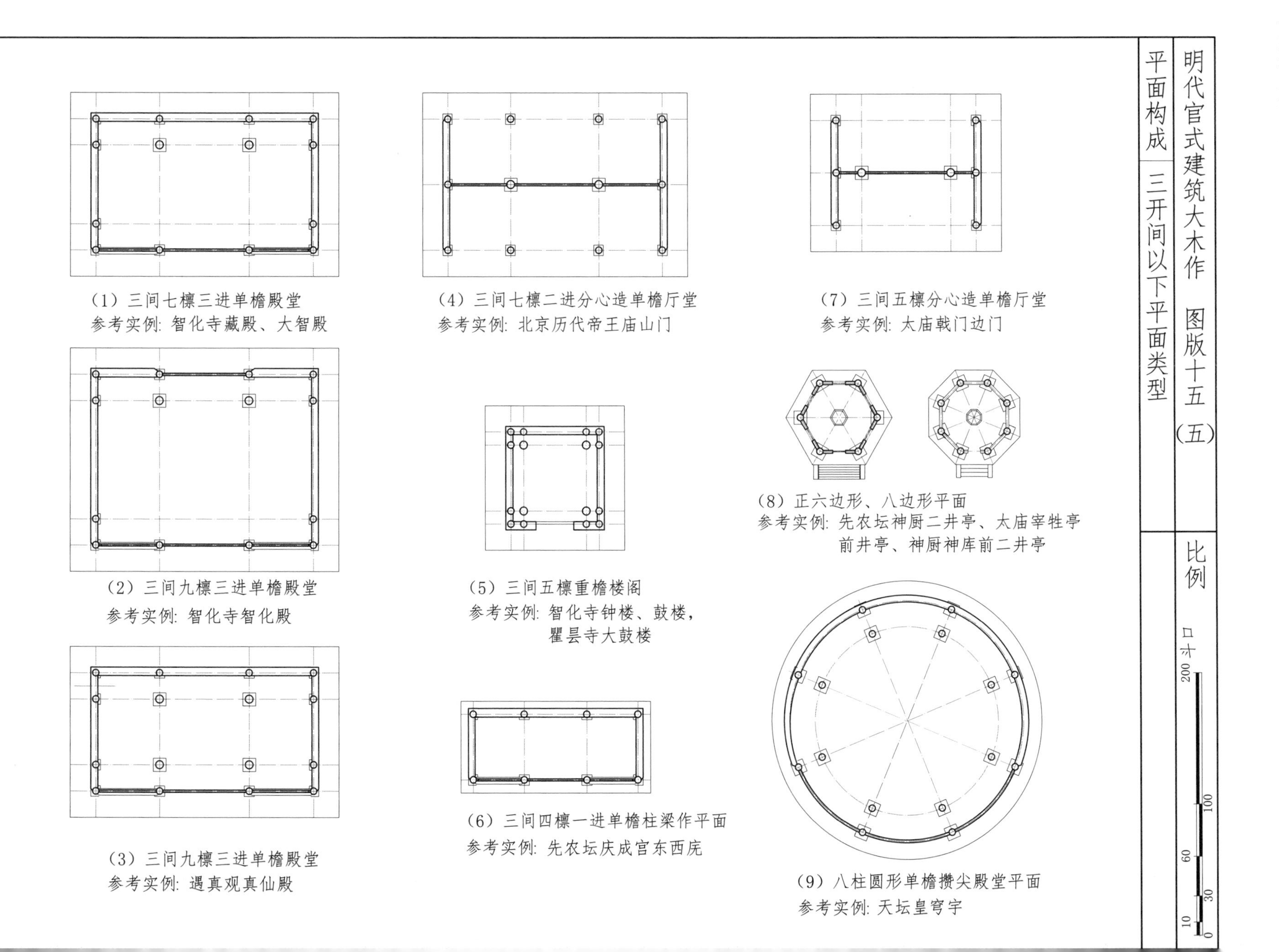

明代官式建筑大木作 图版十五（五）
平面构成 三开间以下平面类型
比例
口寸
200 100 60 30 10 0
（1）三间七檩三进单檐殿堂
参考实例：智化寺藏殿、大智殿
（2）三间九檩三进单檐殿堂
参考实例：智化寺智化殿
（3）三间九檩三进单檐殿堂
参考实例：遇真观真仙殿
（4）三间七檩二进分心造单檐厅堂
参考实例：北京历代帝王庙山门
（5）三间五檩重檐楼阁
参考实例：智化寺钟楼、鼓楼，
瞿昙寺大鼓楼
（6）三间四檩一进单檐柱梁作平面
参考实例：先农坛庆成宫东西庑
（7）三间五檩分心造单檐厅堂
参考实例：太庙戟门边门
（8）正六边形、八边形平面
参考实例：先农坛神厨二井亭、太庙宰牲亭
前井亭、神厨神库前二井亭
（9）八柱圆形单檐攒尖殿堂平面
参考实例：天坛皇穹宇

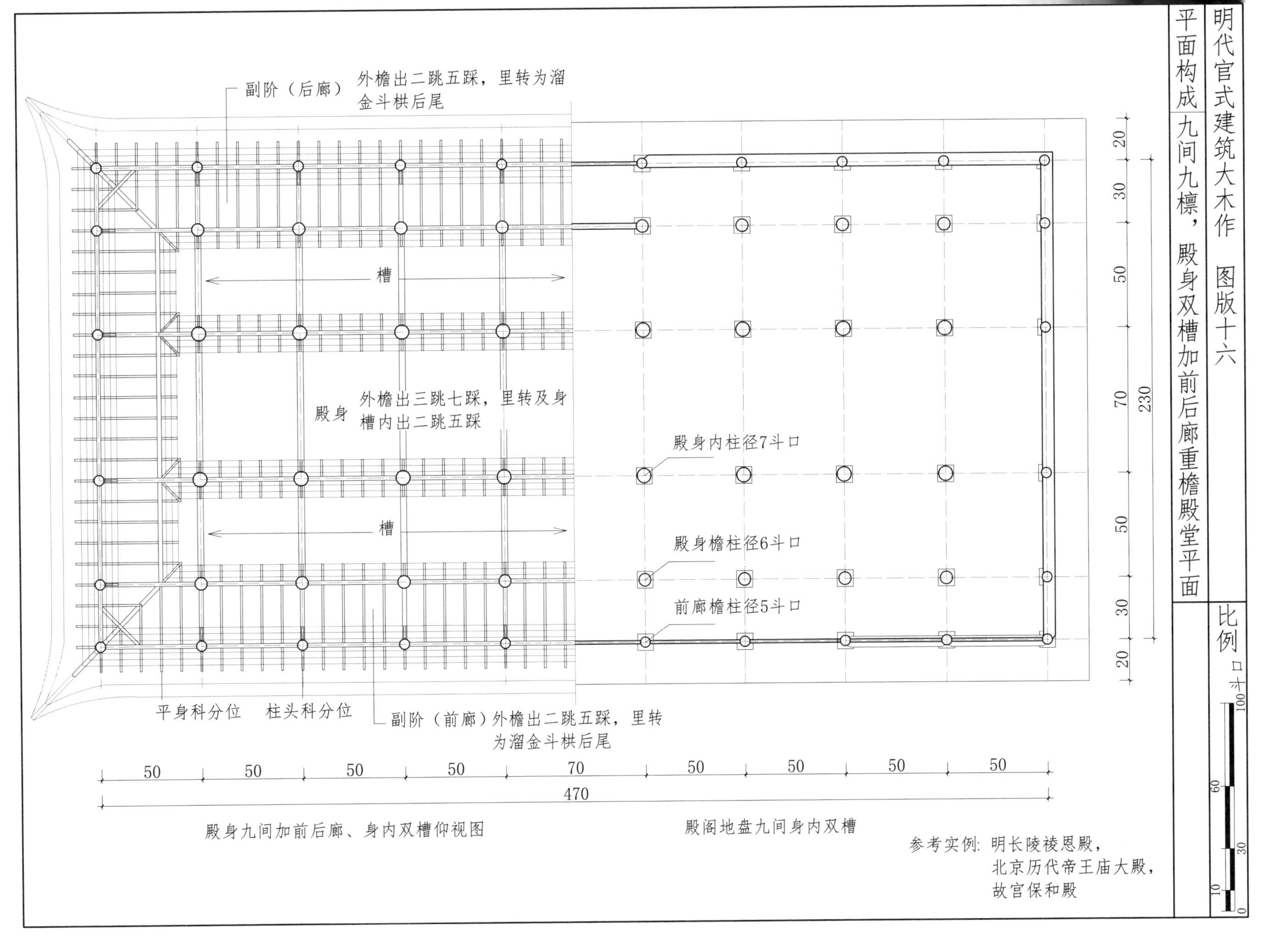

明代官式建筑大木作 图版十六
平面构成
九间九檩，殿身双槽加前后廊重檐殿堂平面
比例
100斗口
0
10
30
60
副阶（后廊）外檐出二跳五踩，里转为溜金斗栱后尾
槽
殿身
外檐出三跳七踩，里转及身槽内出二跳五踩
槽
殿身内柱径7斗口
殿身檐柱径6斗口
前廊檐柱径5斗口
平身科分位
柱头科分位
副阶（前廊）外檐出二跳五踩，里转为溜金斗栱后尾
20
30
50
70
50
30
20
230
50
50
50
50
70
50
50
50
50
470
殿身九间加前后廊、身内双槽仰视图
殿阁地盘九间身内双槽
参考实例：明长陵祾恩殿，
北京历代帝王庙大殿，
故宫保和殿

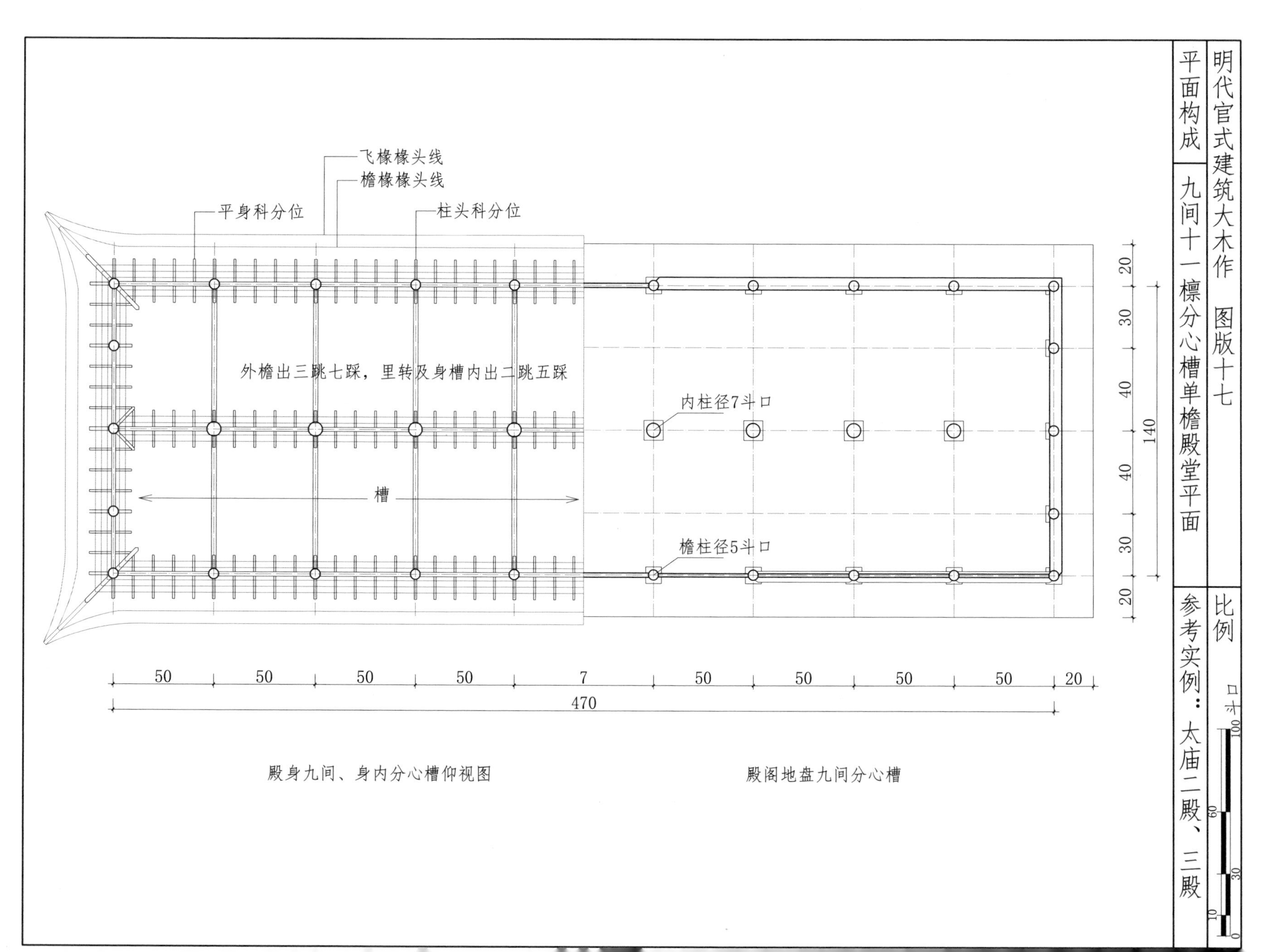

明代官式建筑大木作 图版十七
平面构成
九间十一檩分心槽单檐殿堂平面
比例
参考实例：太庙二殿、三殿
飞椽椽头线
檐椽椽头线
平身科分位
柱头科分位
外檐出三跳七踩，里转及身槽内出二跳五踩
槽
内柱径7斗口
檐柱径5斗口
20 30 40 40 30 20
140
50 50 50 50 7 50 50 50 50 20
470
殿身九间、身内分心槽仰视图
殿阁地盘九间分心槽

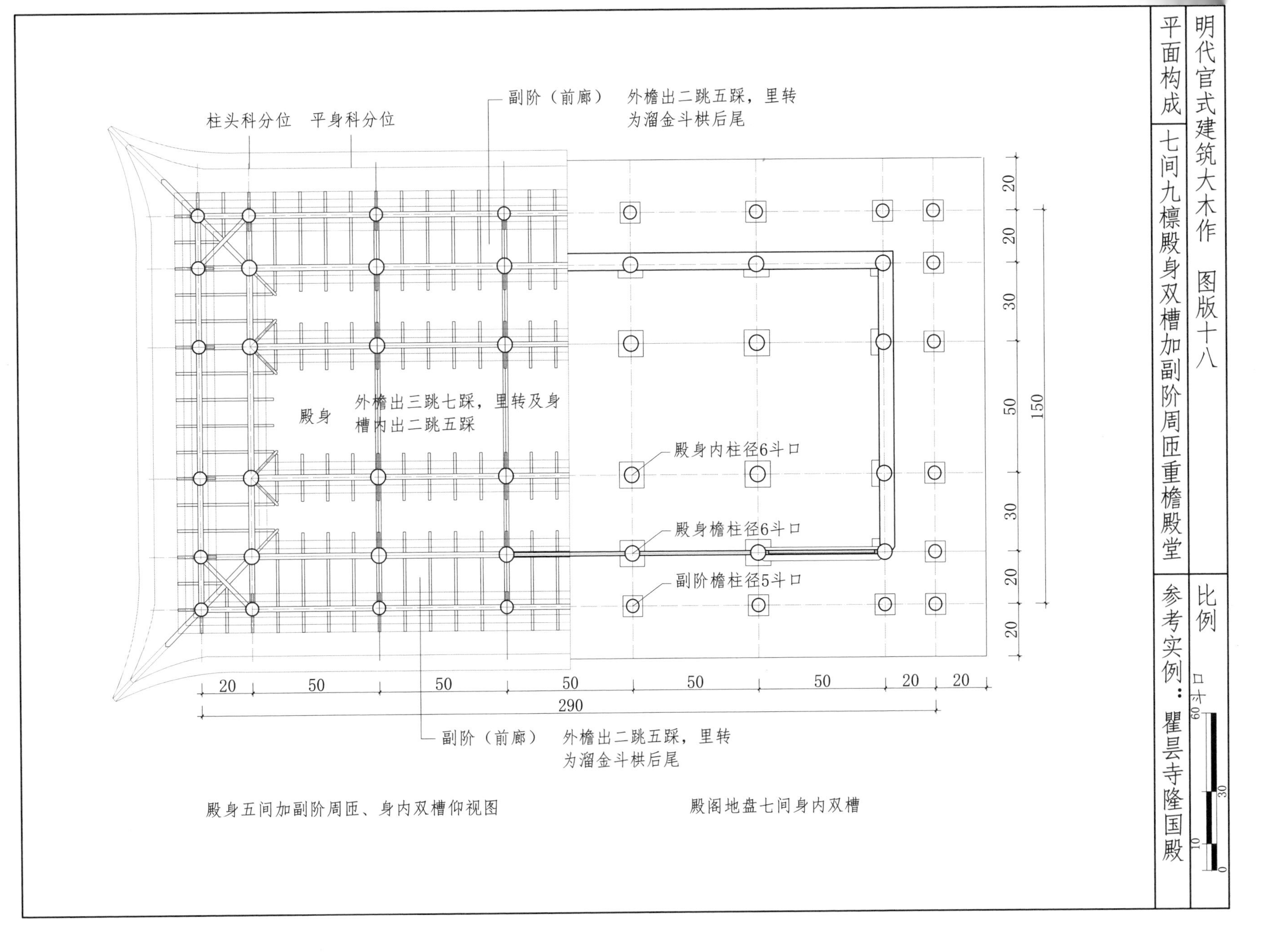

明代官式建筑大木作 图版十八
平面构成
七间九檩殿身双槽加副阶周匝重檐殿堂
比例
口寸 60 30 10 0
参考实例：瞿昙寺隆国殿
柱头科分位
平身科分位
副阶（前廊） 外檐出二跳五踩，里转为溜金斗栱后尾
殿身
外檐出三跳七踩，里转及身槽内出二跳五踩
殿身内柱径6斗口
殿身檐柱径6斗口
副阶檐柱径5斗口
20 20 30 50 30 20 20
150
20 50 50 50 50 50 20 20
290
副阶（前廊） 外檐出二跳五踩，里转为溜金斗栱后尾
殿身五间加副阶周匝、身内双槽仰视图
殿阁地盘七间身内双槽

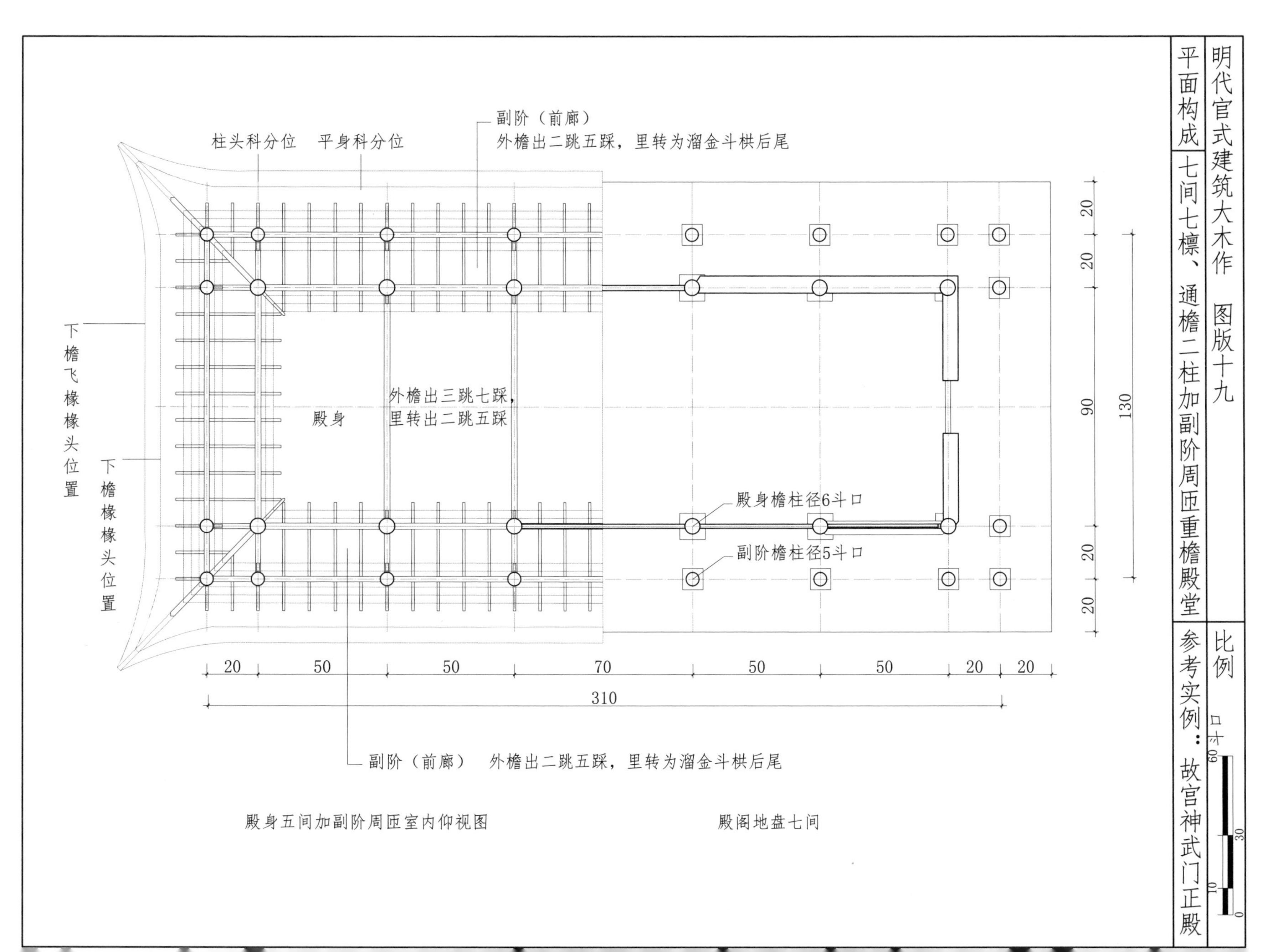
明代官式建筑大木作　图版十九
平面构成
七间七檩、通檐二柱加副阶周匝重檐殿堂
比例
参考实例：故宫神武门正殿
柱头科分位
平身科分位
副阶（前廊）
外檐出二跳五踩，里转为溜金斗栱后尾
下檐飞椽椽头位置
下檐椽椽头位置
殿身
外檐出三跳七踩，
里转出二跳五踩
殿身檐柱径6斗口
副阶檐柱径5斗口
20
20
90
20
20
130
20
50
50
70
50
50
20
20
310
副阶（前廊）　外檐出二跳五踩，里转为溜金斗栱后尾
殿身五间加副阶周匝室内仰视图
殿阁地盘七间

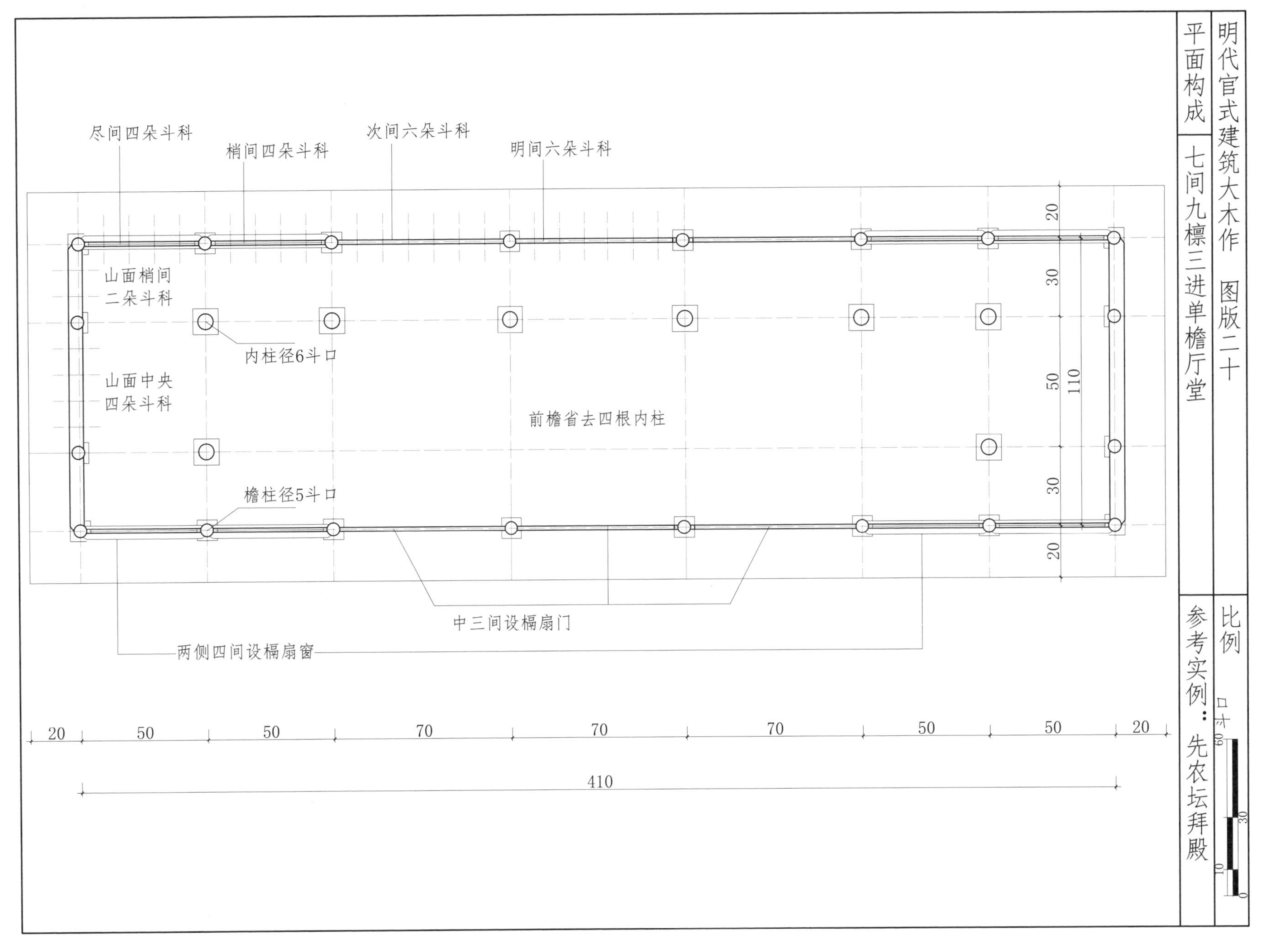

明代官式建筑大木作 图版二十
比例
斗口
0
10
30
60
平面构成
七间九檩三进单檐厅堂
参考实例：先农坛拜殿
尽间四朵斗科
梢间四朵斗科
次间六朵斗科
明间六朵斗科
山面梢间
二朵斗科
山面中央
四朵斗科
内柱径6斗口
前檐省去四根内柱
檐柱径5斗口
中三间设槅扇门
两侧四间设槅扇窗
20
30
50
30
20
110
20
50
50
70
70
70
50
50
20
410

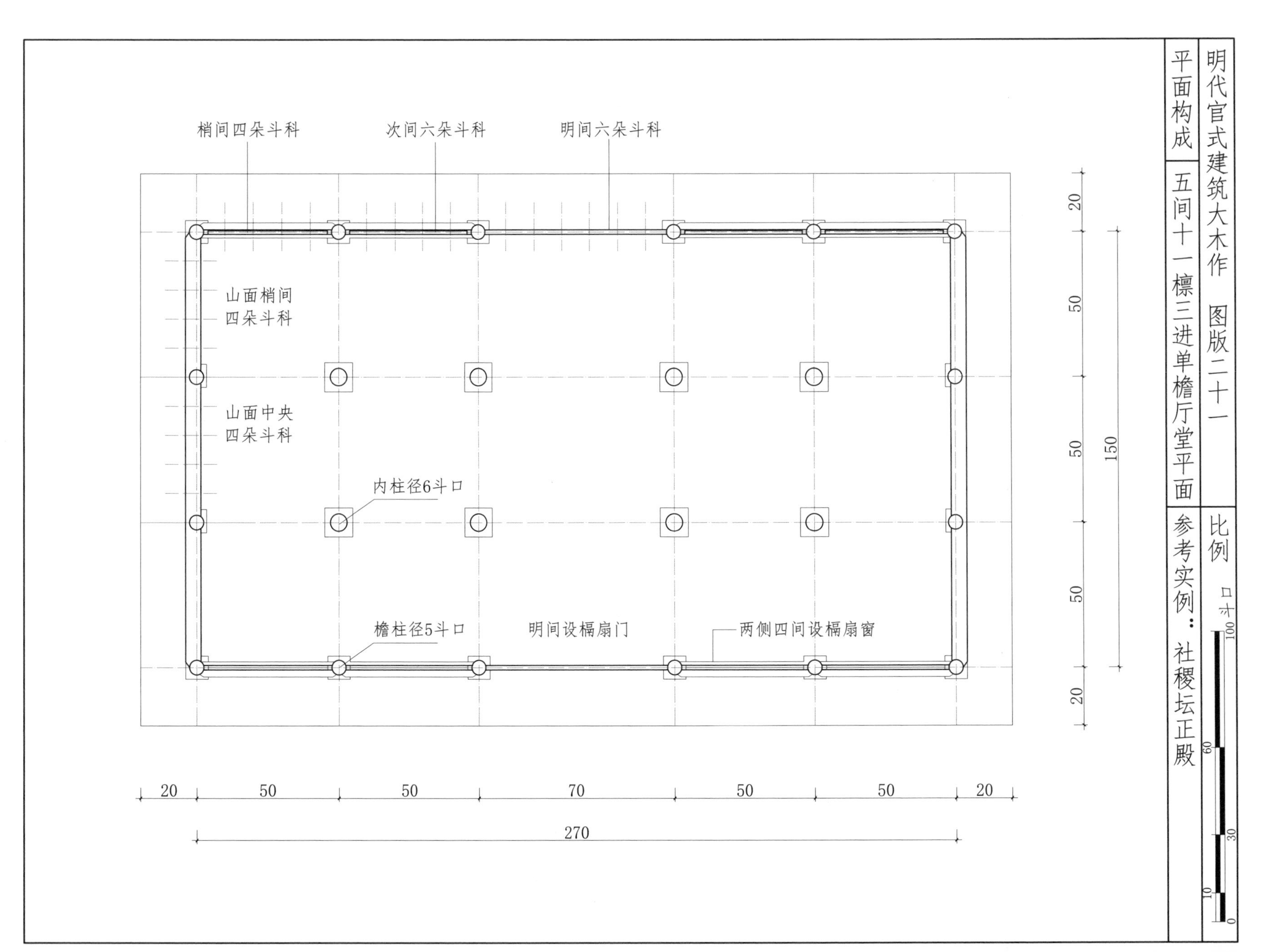

明代官式建筑大木作 图版二十一
平面构成
五间十一檩三进单檐厅堂平面
比例
斗口
0
10
30
60
100
参考实例：社稷坛正殿
梢间四朵斗科
次间六朵斗科
明间六朵斗科
山面梢间
四朵斗科
山面中央
四朵斗科
内柱径6斗口
檐柱径5斗口
明间设槅扇门
两侧四间设槅扇窗
20
50
50
50
20
150
20
50
50
70
50
50
20
270

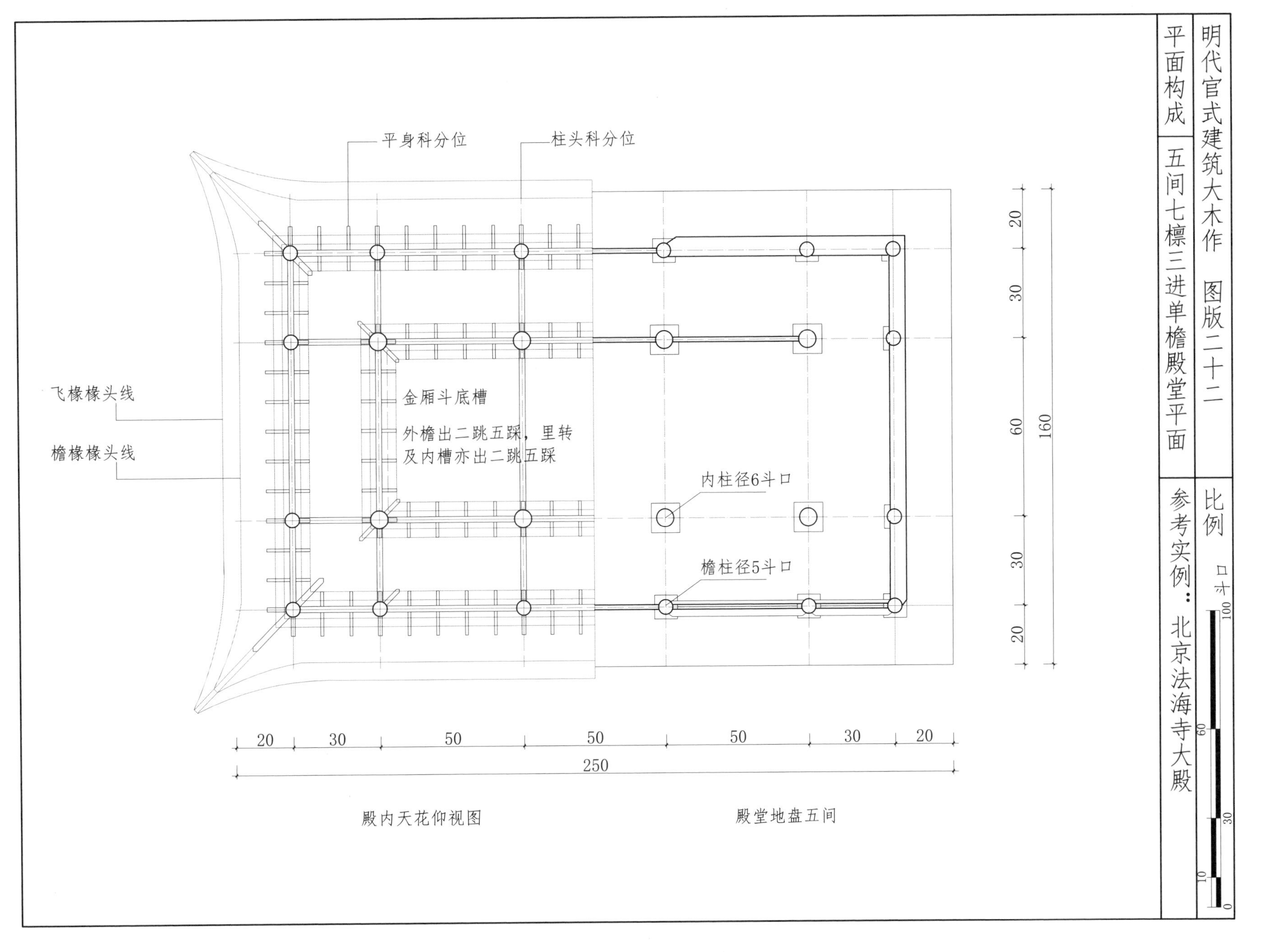
明代官式建筑大木作　图版二十二
平面构成
五间七檩三进单檐殿堂平面
比例
口寸
100
60
30
10
0
参考实例：北京法海寺大殿
平身科分位
柱头科分位
飞椽椽头线
檐椽椽头线
金厢斗底槽
外檐出二跳五踩，里转
及内槽亦出二跳五踩
内柱径6斗口
檐柱径5斗口
20
30
60
30
20
160
20
30
50
50
50
30
20
250
殿内天花仰视图
殿堂地盘五间

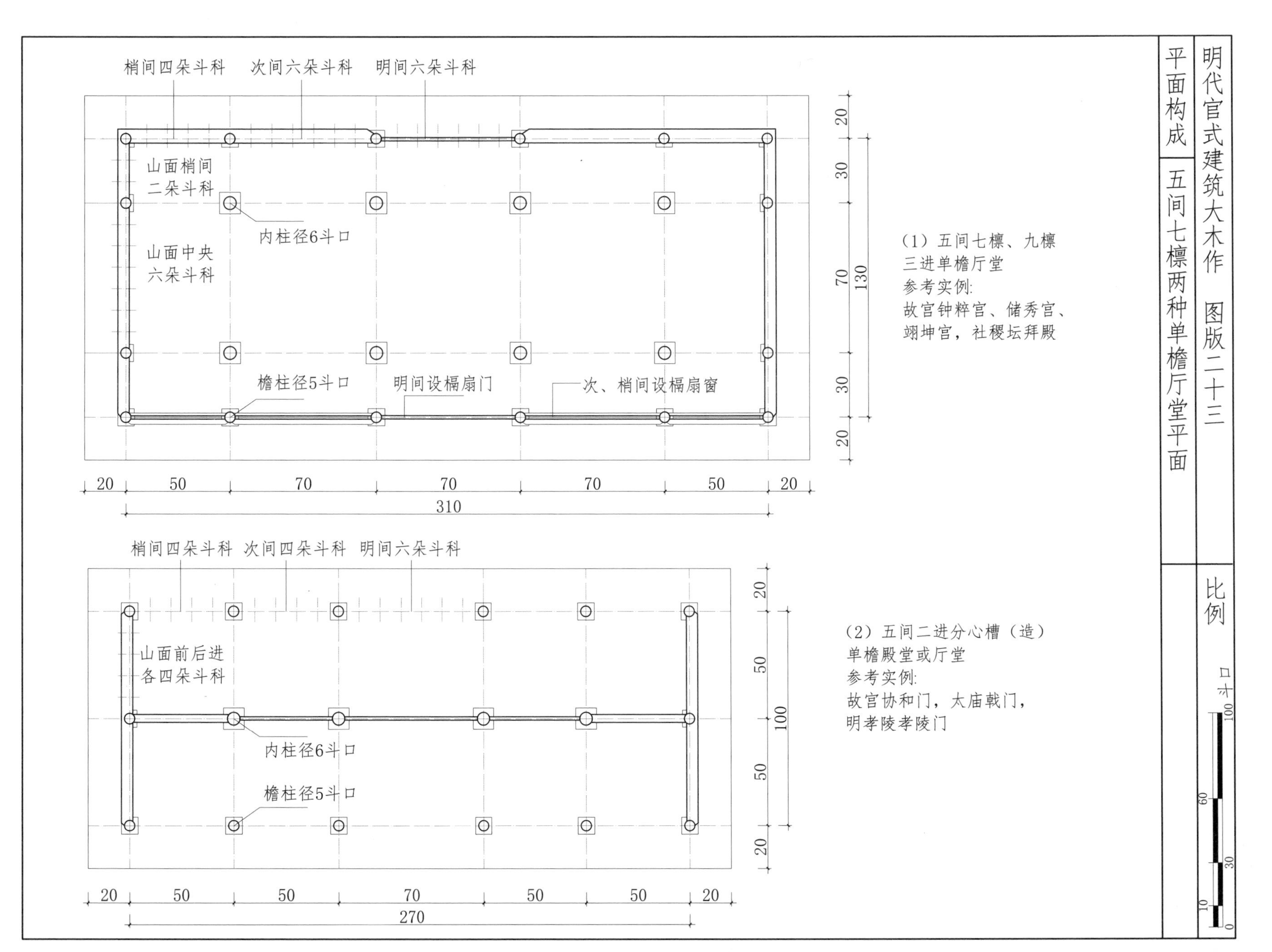
明代官式建筑大木作 图版二十三
平面构成
五间七檩两种单檐厅堂平面
比例
口寸
梢间四朵斗科
次间六朵斗科
明间六朵斗科
山面梢间
二朵斗科
山面中央
六朵斗科
内柱径6斗口
檐柱径5斗口
明间设槅扇门
次、梢间设槅扇窗
20 50 70 70 70 50 20
310
20 30 70 30 20
130
（1）五间七檩、九檩
三进单檐厅堂
参考实例:
故宫钟粹宫、储秀宫、
翊坤宫，社稷坛拜殿
梢间四朵斗科
次间四朵斗科
明间六朵斗科
山面前后进
各四朵斗科
内柱径6斗口
檐柱径5斗口
20 50 50 70 50 50 20
270
20 50 50 20
100
（2）五间二进分心槽（造）
单檐殿堂或厅堂
参考实例:
故宫协和门，太庙戟门，
明孝陵孝陵门

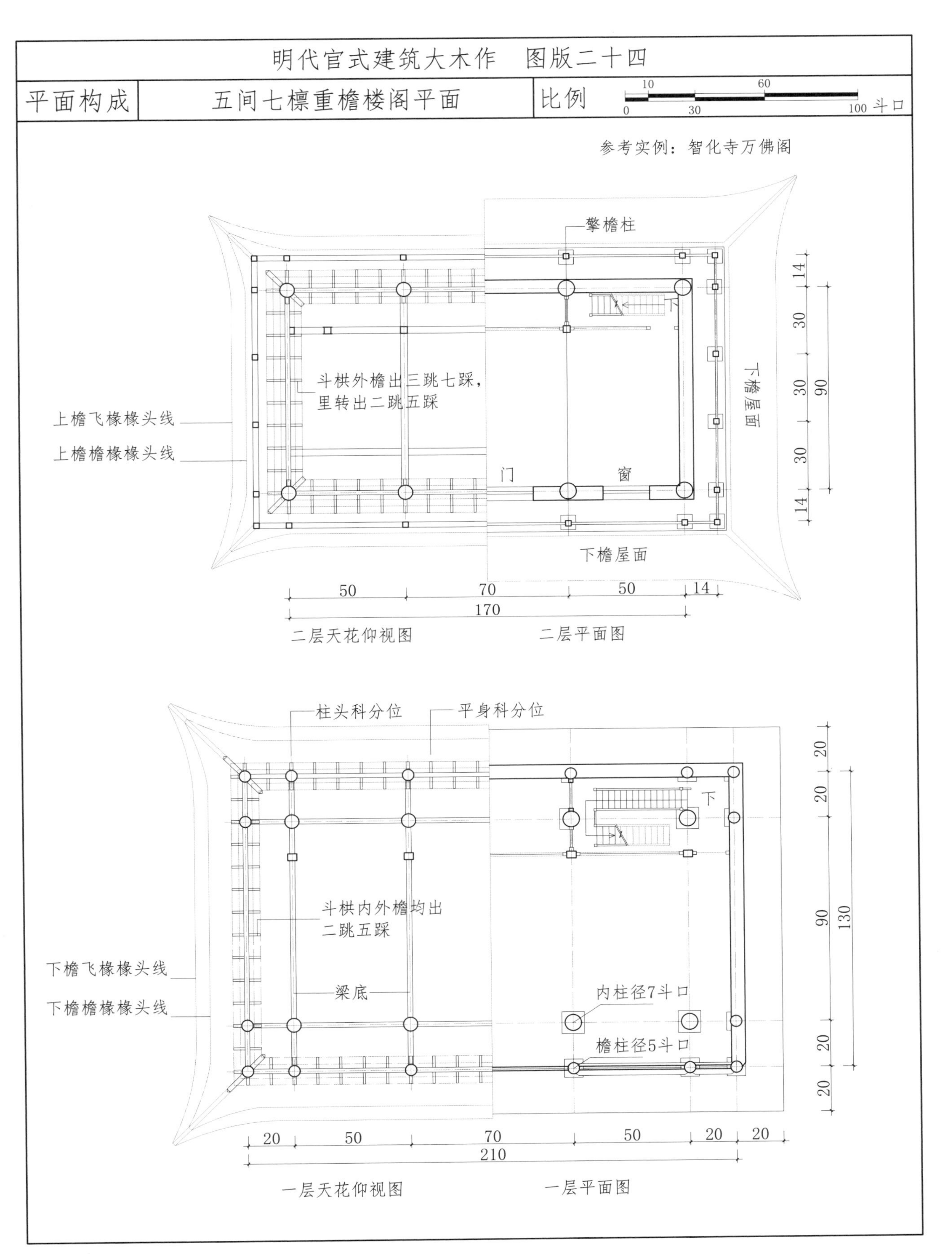
明代官式建筑大木作　图版二十四
平面构成
五间七檩重檐楼阁平面
比例
10
60
0
30
100 斗口
参考实例：智化寺万佛阁
擎檐柱
斗栱外檐出三跳七踩，
里转出二跳五踩
上檐飞椽椽头线
上檐檐椽椽头线
下
门
窗
下檐屋面
下檐屋面
14
30
30
30
14
90
50
70
50
14
170
二层天花仰视图
二层平面图
柱头科分位
平身科分位
下
斗栱内外檐均出
二跳五踩
下檐飞椽椽头线
下檐檐椽椽头线
梁底
内柱径7斗口
檐柱径5斗口
20
20
90
130
20
20
20
50
70
50
20
20
210
一层天花仰视图
一层平面图

明代官式建筑大木作　图版二十五		
斗栱	厅堂式室内彻上明造斗栱类型一	比例 0 1 3 5 10 斗口

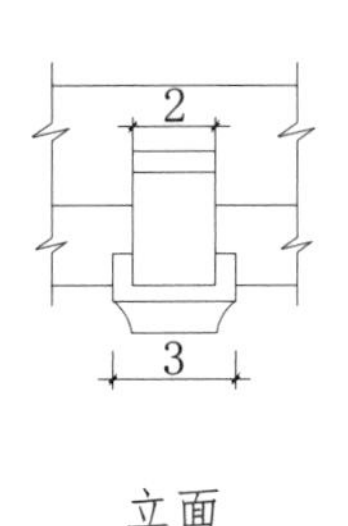

立面

3
2
1.25
3.2
剖面

(1) 单斗素枋
参考实例：先农坛神仓
太岁殿配殿

3
4
立面

6
剖面

(2) 把头绞项作(之一)

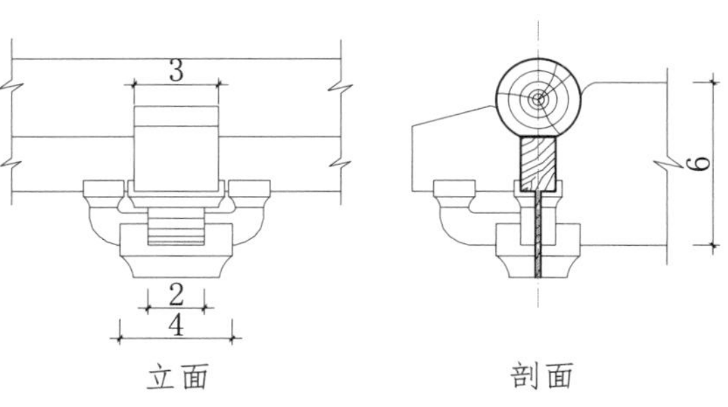
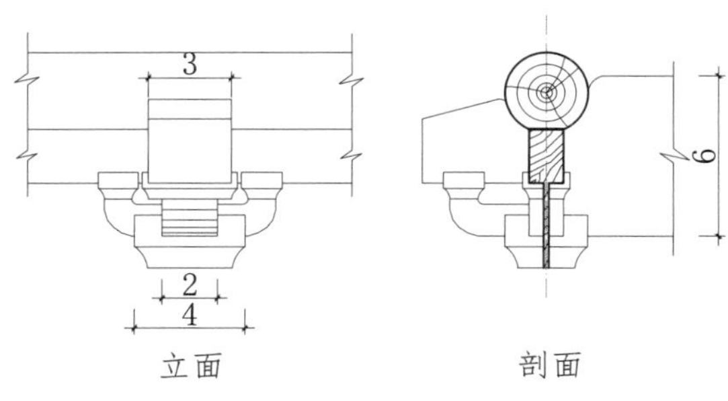

立面　剖面

把头绞项作（之二）参考实例：太庙神库、神厨，
（梁头下刻出华栱）　　　　　先农坛庆成宫东、西庑

6.2
1.3 1.3 1.3
3
立面

3.13
3
2
2
1.2
1.25
3.2
剖面

把头绞项作平身科—— 一斗三升
参考实例：故宫神武门内东值房、
御花园位育斋、钟粹宫后殿，
先农坛庆成宫东、西庑

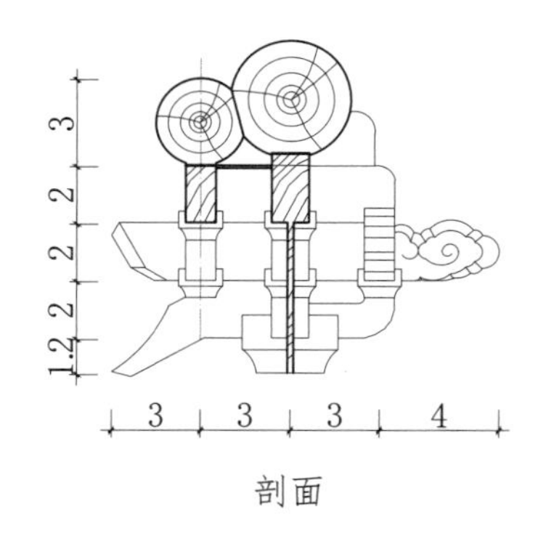

剖面

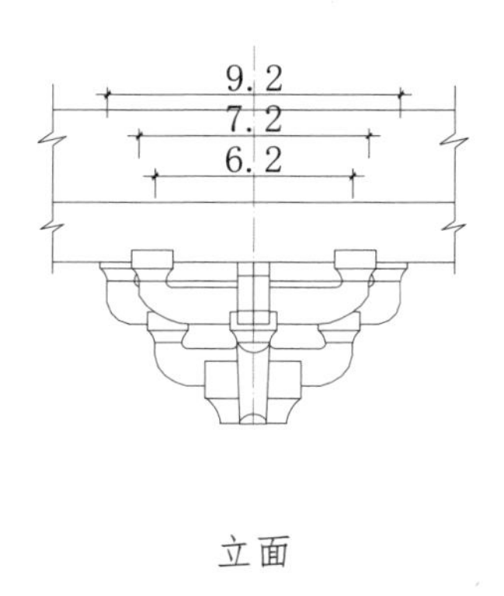

立面

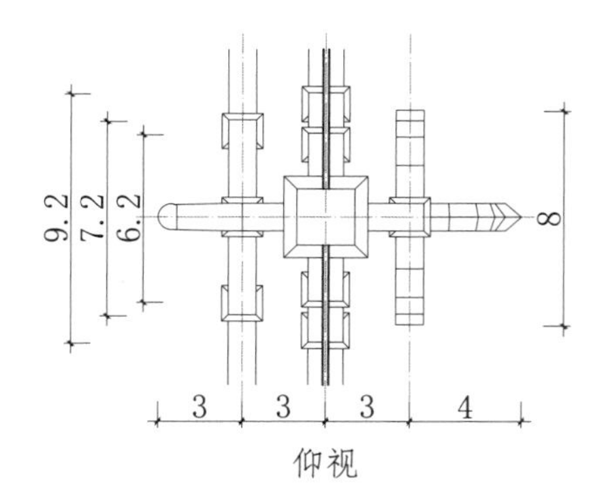

仰视

(3) 三踩单昂后尾平置
参考实例：智化寺智化门、藏殿，
天坛神乐署正殿

明代官式建筑大木作　图版二十六		
斗栱	厅堂式室内彻上明造斗栱类型二	比例 0 1 3 5 10 斗口

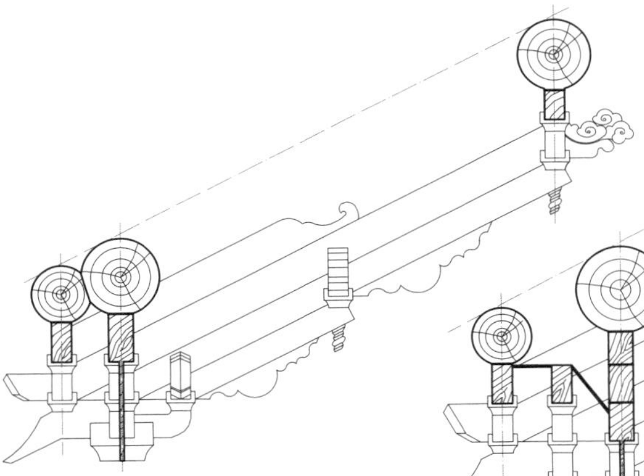

（4）三踩单昂溜金斗栱
参考实例:先农坛井亭
太庙戟门边门

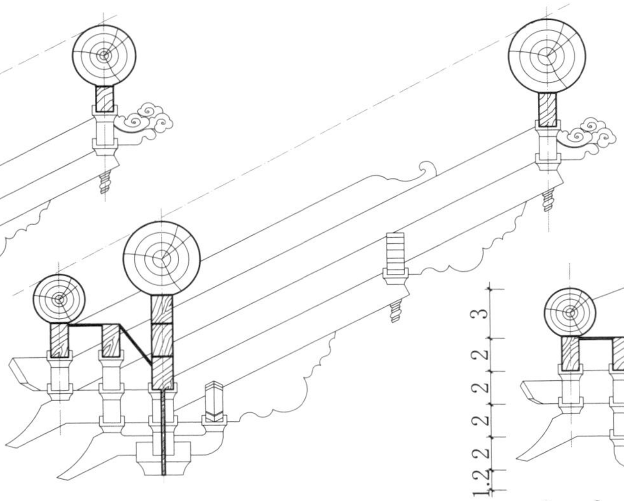

（5）五踩重昂溜金斗栱
参考实例：湖北武当山紫霄宫大殿下檐，
大慧寺大殿下檐，社稷坛拜殿

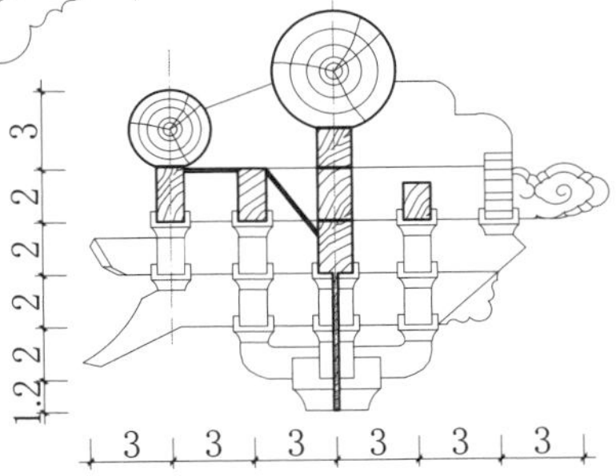

（6）五踩单翘单昂后尾平置

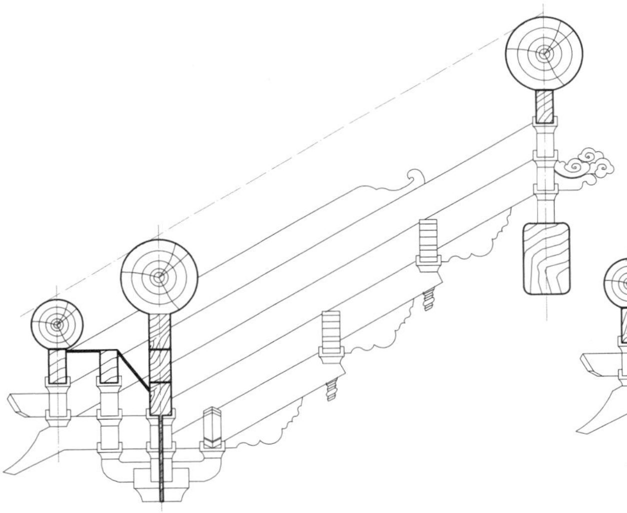

（7）五踩单翘单昂溜金斗栱
参考实例：先农坛拜殿、具服殿，
太庙井亭，故宫神武门城楼下檐

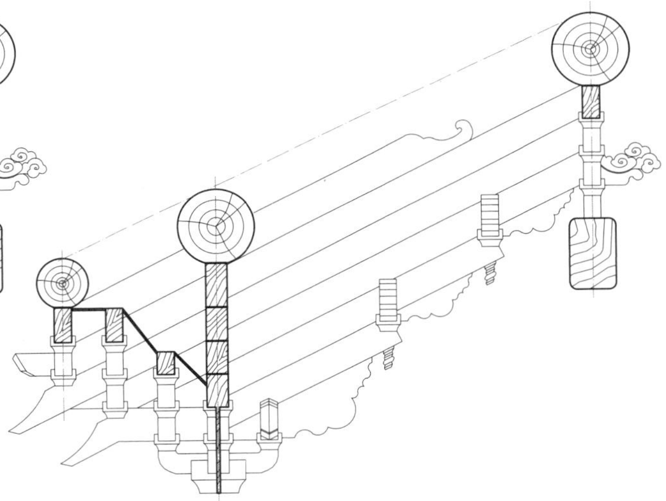

（8）七踩单翘重昂溜金斗栱
参考实例：太庙正殿下檐
长陵祾恩殿下檐
先农坛太岁殿

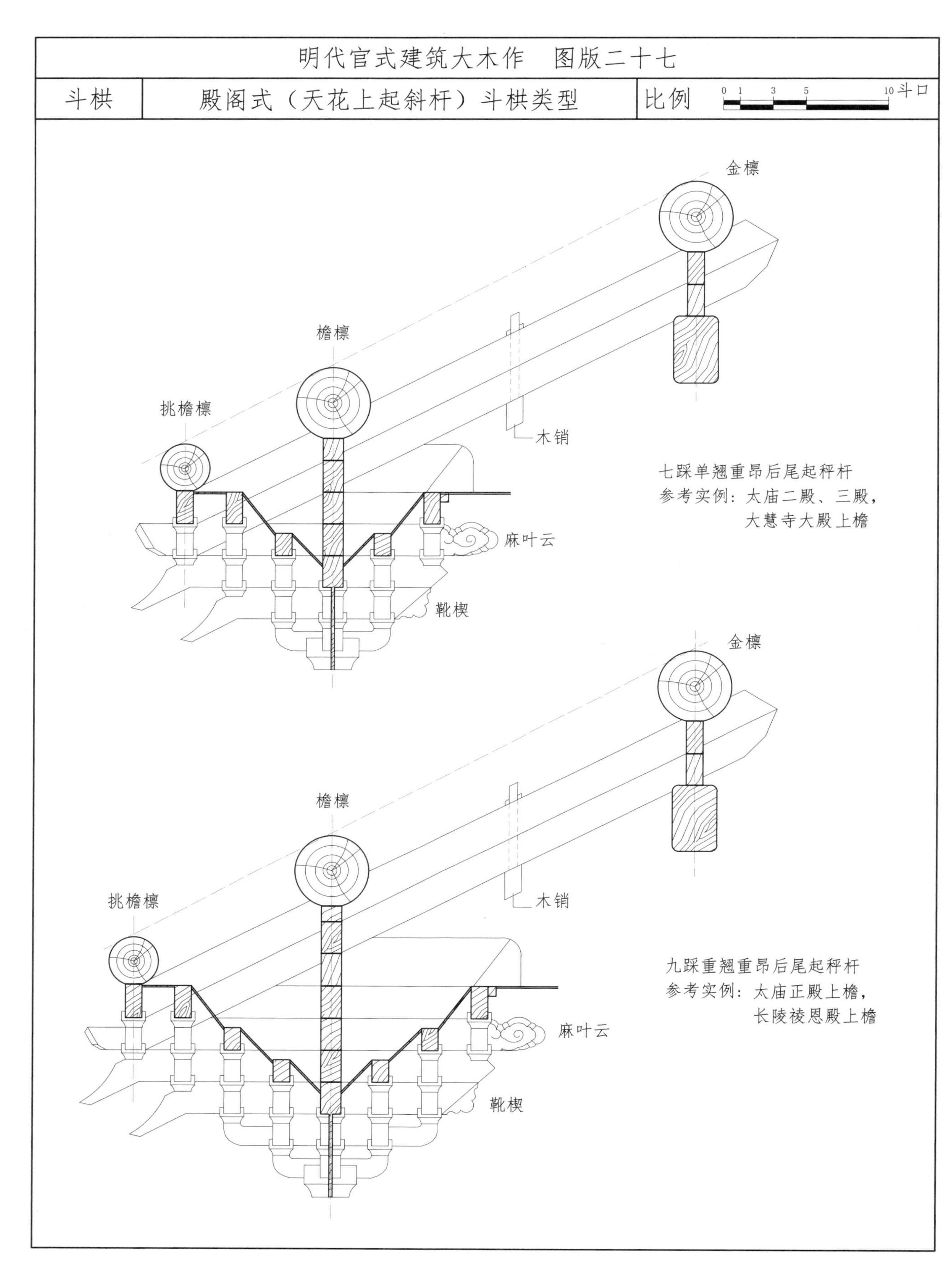
明代官式建筑大木作　图版二十七
斗栱
殿阁式（天花上起斜杆）斗栱类型
比例
0 1 3 5 10斗口
金檩
檐檩
挑檐檩
木销
七踩单翘重昂后尾起秤杆
参考实例：太庙二殿、三殿，
大慧寺大殿上檐
麻叶云
靴楔
金檩
檐檩
挑檐檩
木销
九踩重翘重昂后尾起秤杆
参考实例：太庙正殿上檐，
长陵祾恩殿上檐
麻叶云
靴楔

明代官式建筑大木作　图版二十八		
斗栱	殿阁式后尾平置承天花斗栱类型	比例 0 1 3 5 10 斗口

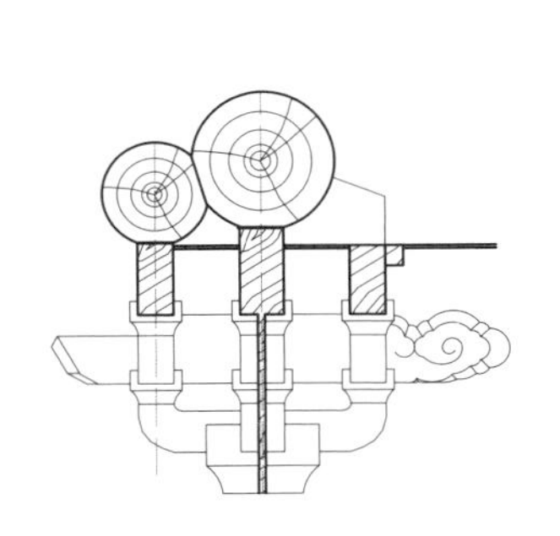

三踩单翘后尾平置
承天花

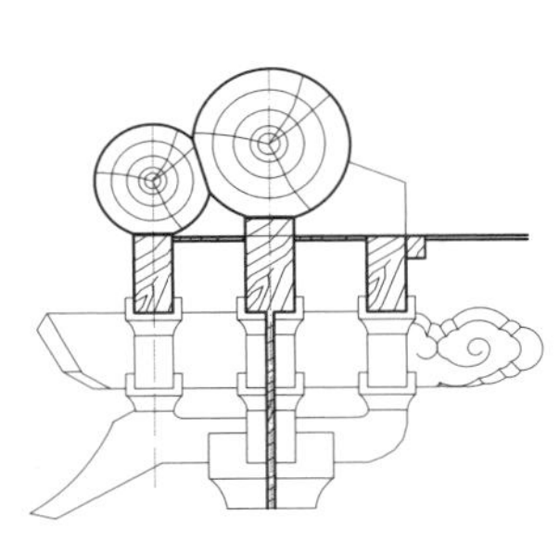

三踩单昂后尾平置
承天花
参考实例：智化寺智化殿

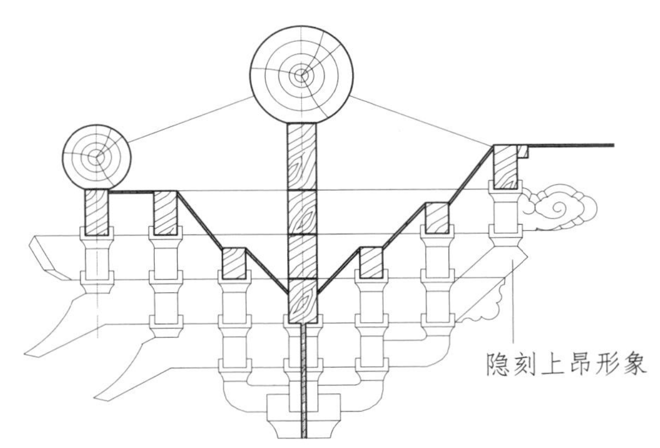

七踩单翘重昂后尾平置承天花
参考实例：孔庙奎文阁上檐，
故宫中和殿、故宫保和殿上檐

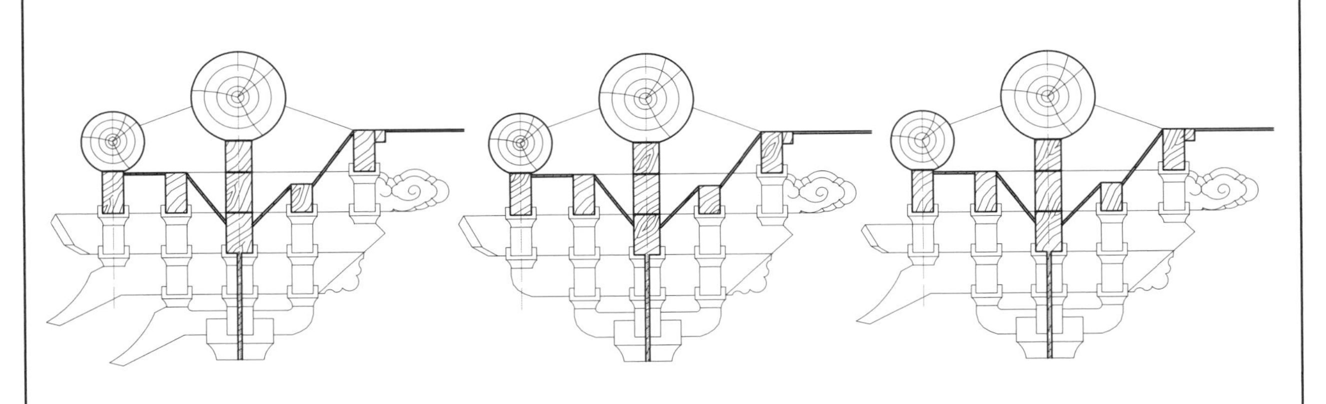

五踩重昂后尾平置承天花
参考实例：孔庙奎文阁下檐
瞿昙寺隆国殿下檐

五踩重翘后尾平置承天花
参考实例：太庙正殿配殿

五踩单翘单昂后尾平置承天花
参考实例：智化寺万佛阁下檐

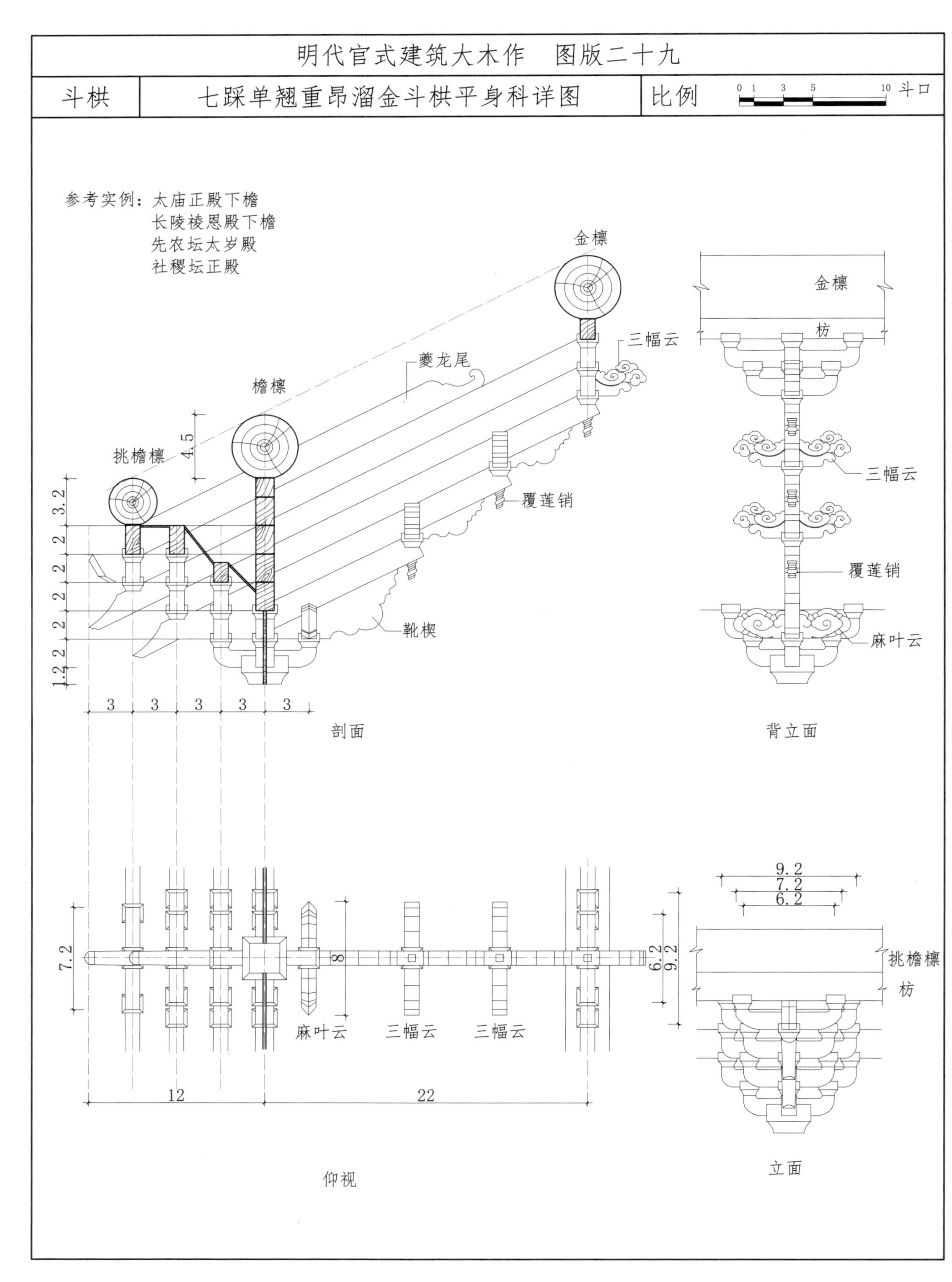

明代官式建筑大木作　图版二十九
斗栱
七踩单翘重昂溜金斗栱平身科详图
比例
0 1 3 5 10 斗口
参考实例：太庙正殿下檐
长陵祾恩殿下檐
先农坛太岁殿
社稷坛正殿
金檩
三幅云
夔龙尾
檐檩
挑檐檩
4.5
覆莲销
靴楔
3.2
2
2
2
2
2
1.2
3
3
3
3
3
剖面
金檩
枋
三幅云
覆莲销
麻叶云
背立面
7.2
8
6.2
9.2
麻叶云
三幅云
三幅云
12
22
仰视
9.2
7.2
6.2
挑檐檩
枋
立面

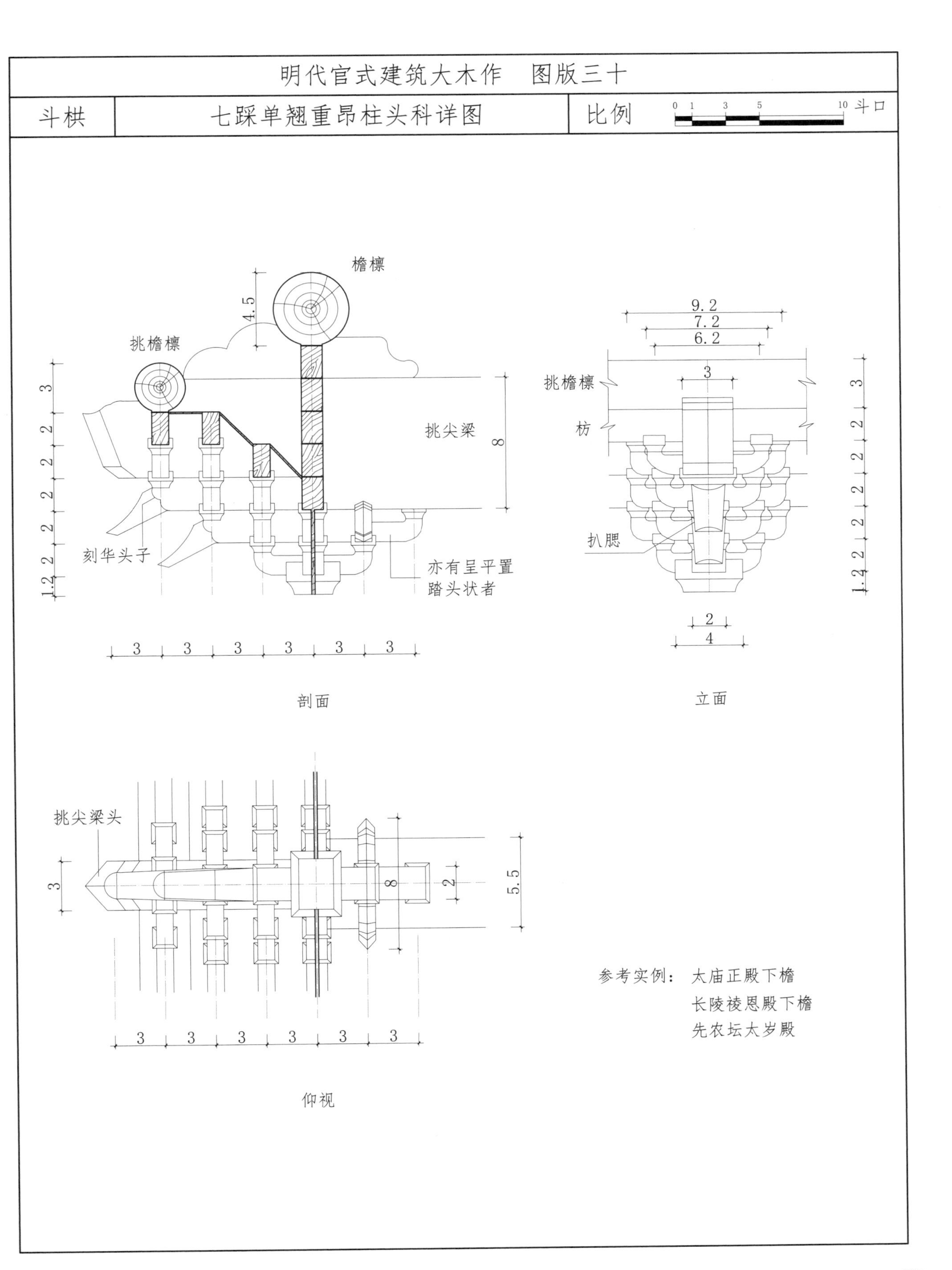
明代官式建筑大木作 图版三十
斗栱
七踩单翘重昂柱头科详图
比例
0 1 3 5 10 斗口
檐檩
4.5
挑檐檩
挑尖梁
8
刻华头子
亦有呈平置
踏头状者
3 3 3 3 3 3
剖面
9.2
7.2
6.2
3
挑檐檩
枋
扒腮
2
4
立面
挑尖梁头
3
8
2
5.5
仰视
参考实例：太庙正殿下檐
长陵祾恩殿下檐
先农坛太岁殿

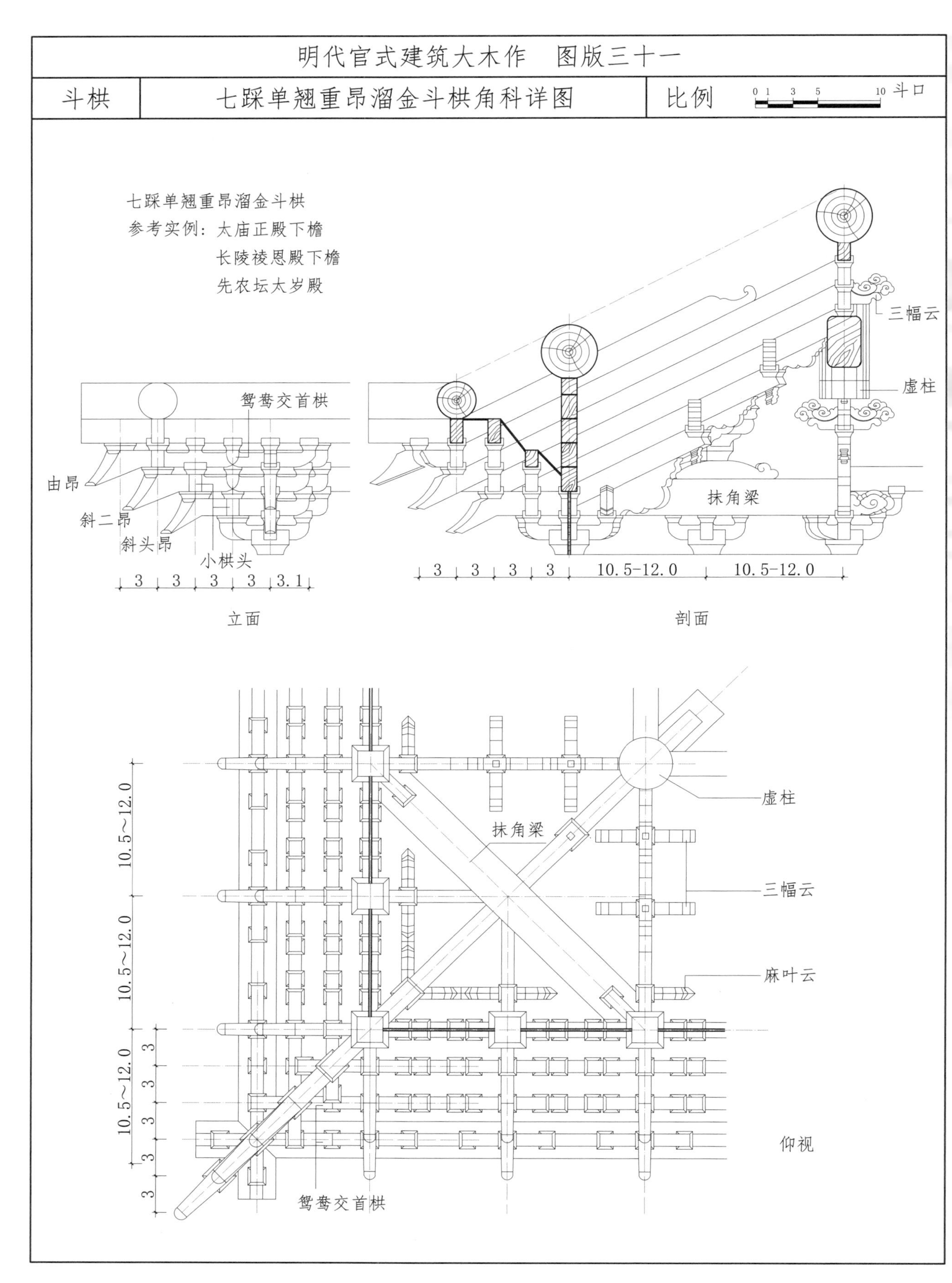

明代官式建筑大木作 图版三十一
斗栱
七踩单翘重昂溜金斗栱角科详图
比例
0 1 3 5 10 斗口
七踩单翘重昂溜金斗栱
参考实例：太庙正殿下檐
长陵祾恩殿下檐
先农坛太岁殿
鸳鸯交首栱
由昂
斜二昂
斜头昂
小栱头
3 3 3 3 3.1
立面
三幅云
虚柱
抹角梁
3 3 3 3 10.5-12.0 10.5-12.0
剖面
10.5~12.0
10.5~12.0
10.5~12.0
3
3
3
3
3
虚柱
抹角梁
三幅云
麻叶云
鸳鸯交首栱
仰视

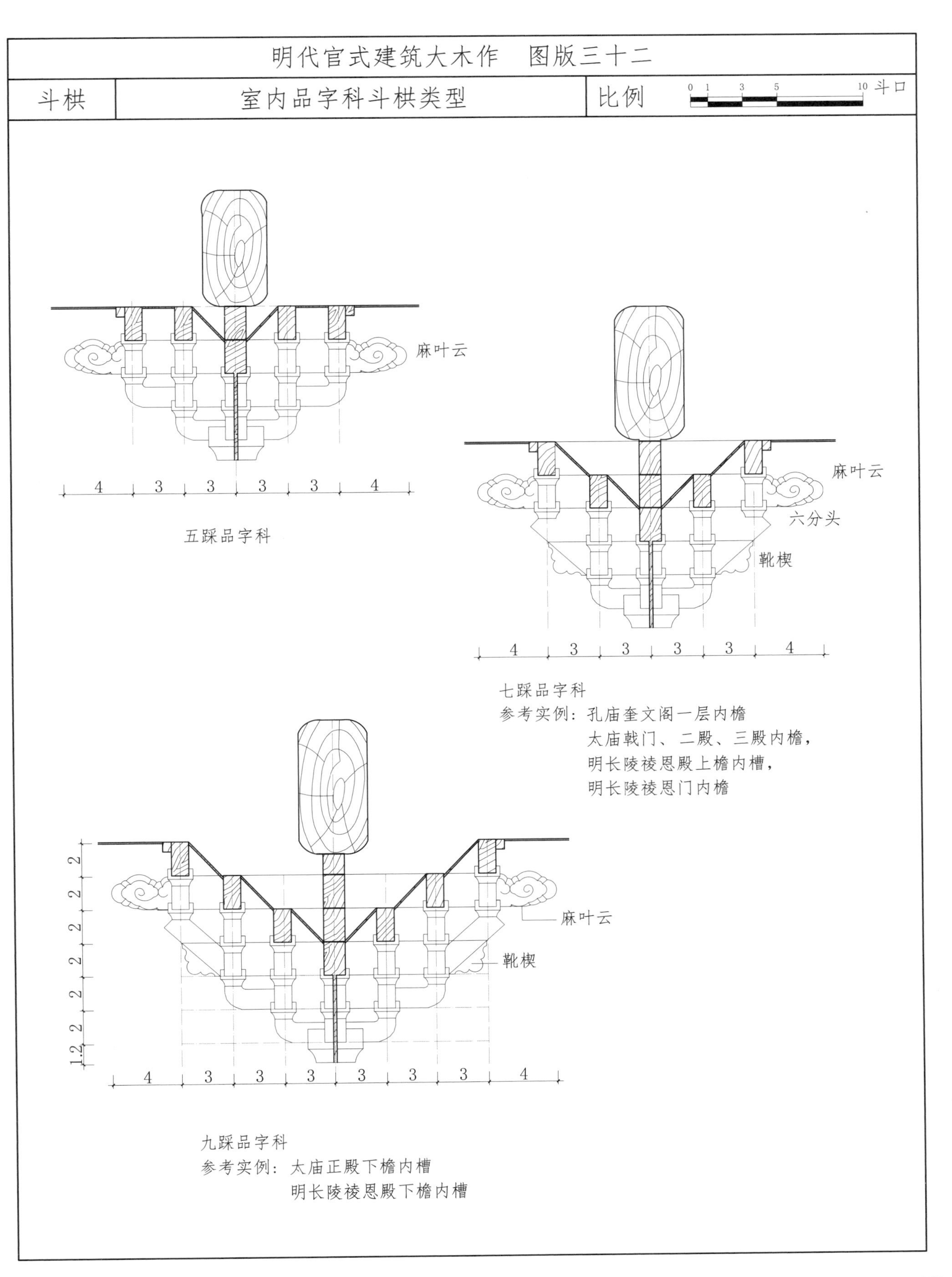
明代官式建筑大木作　图版三十二
斗栱
室内品字科斗栱类型
比例
0 1 3 5 10 斗口
麻叶云
4 3 3 3 3 4
五踩品字科
麻叶云
六分头
靴楔
4 3 3 3 3 4
七踩品字科
参考实例：孔庙奎文阁一层内檐
太庙戟门、二殿、三殿内檐，
明长陵祾恩殿上檐内槽，
明长陵祾恩门内檐
2 2 2 2 2 2 1.2
麻叶云
靴楔
4 3 3 3 3 3 3 4
九踩品字科
参考实例：太庙正殿下檐内槽
明长陵祾恩殿下檐内槽

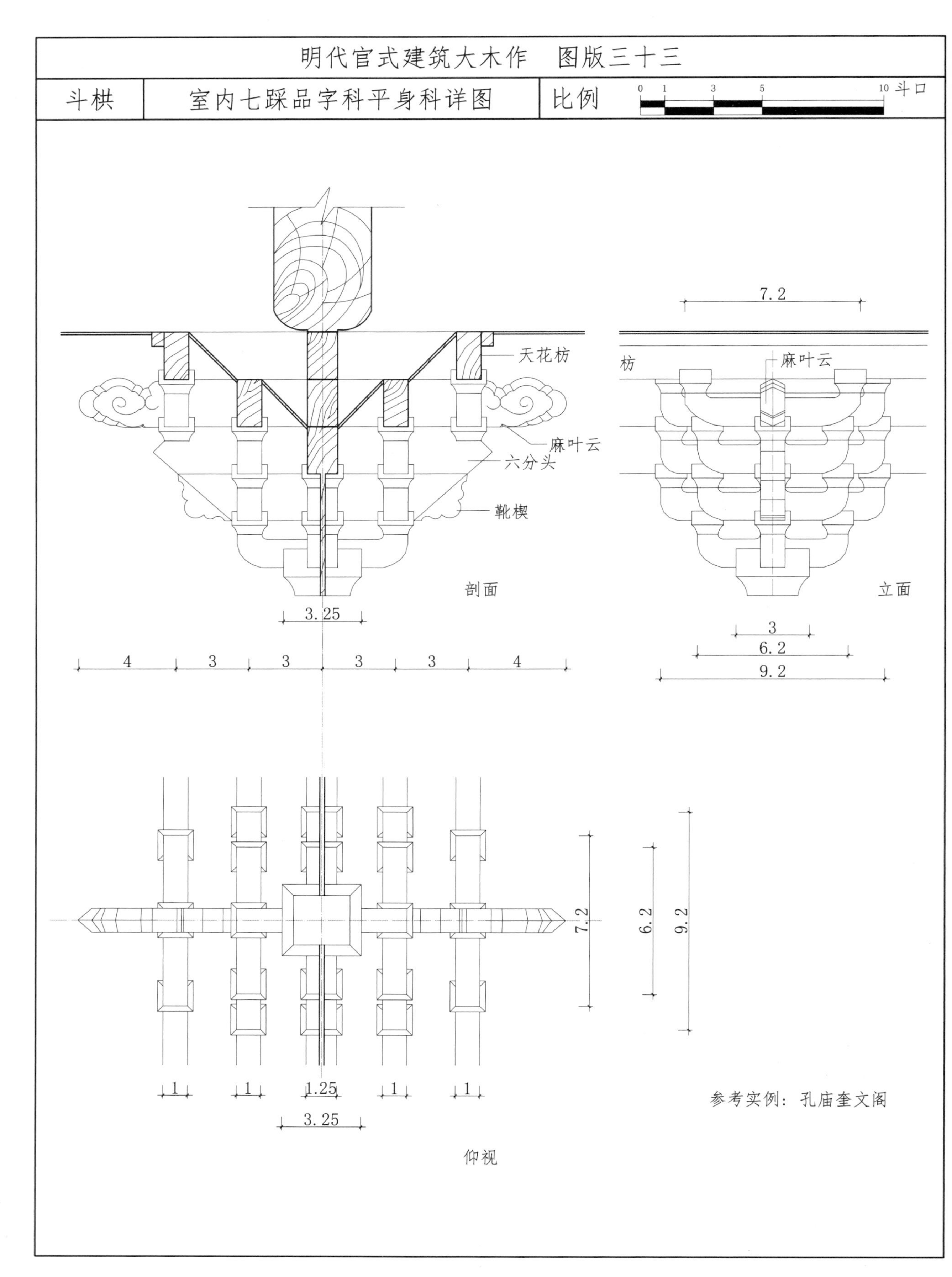

明代官式建筑大木作　图版三十三
斗栱
室内七踩品字科平身科详图
比例
0 1 3 5 10 斗口
天花枋
麻叶云
六分头
靴楔
剖面
3.25
4 3 3 3 3 4
7.2
枋
麻叶云
立面
3
6.2
9.2
7.2
6.2
9.2
1 1 1.25 1 1
3.25
仰视
参考实例：孔庙奎文阁

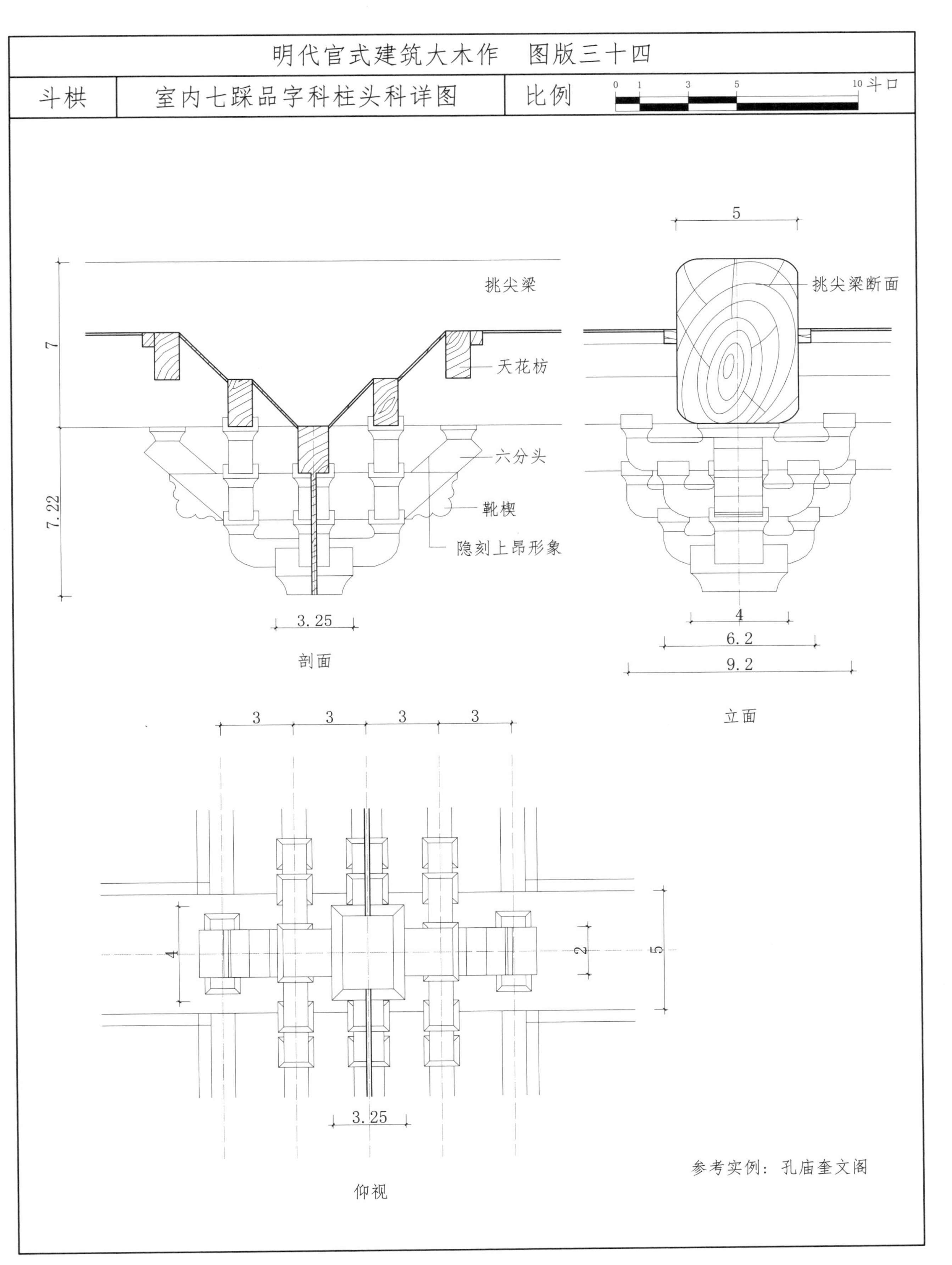
明代官式建筑大木作 图版三十四
斗栱
室内七踩品字科柱头科详图
比例
0
1
3
5
10
斗口
7
7.22
挑尖梁
天花枋
六分头
靴楔
隐刻上昂形象
3.25
剖面
5
挑尖梁断面
4
6.2
9.2
立面
3
3
3
3
4
2
5
3.25
仰视
参考实例：孔庙奎文阁

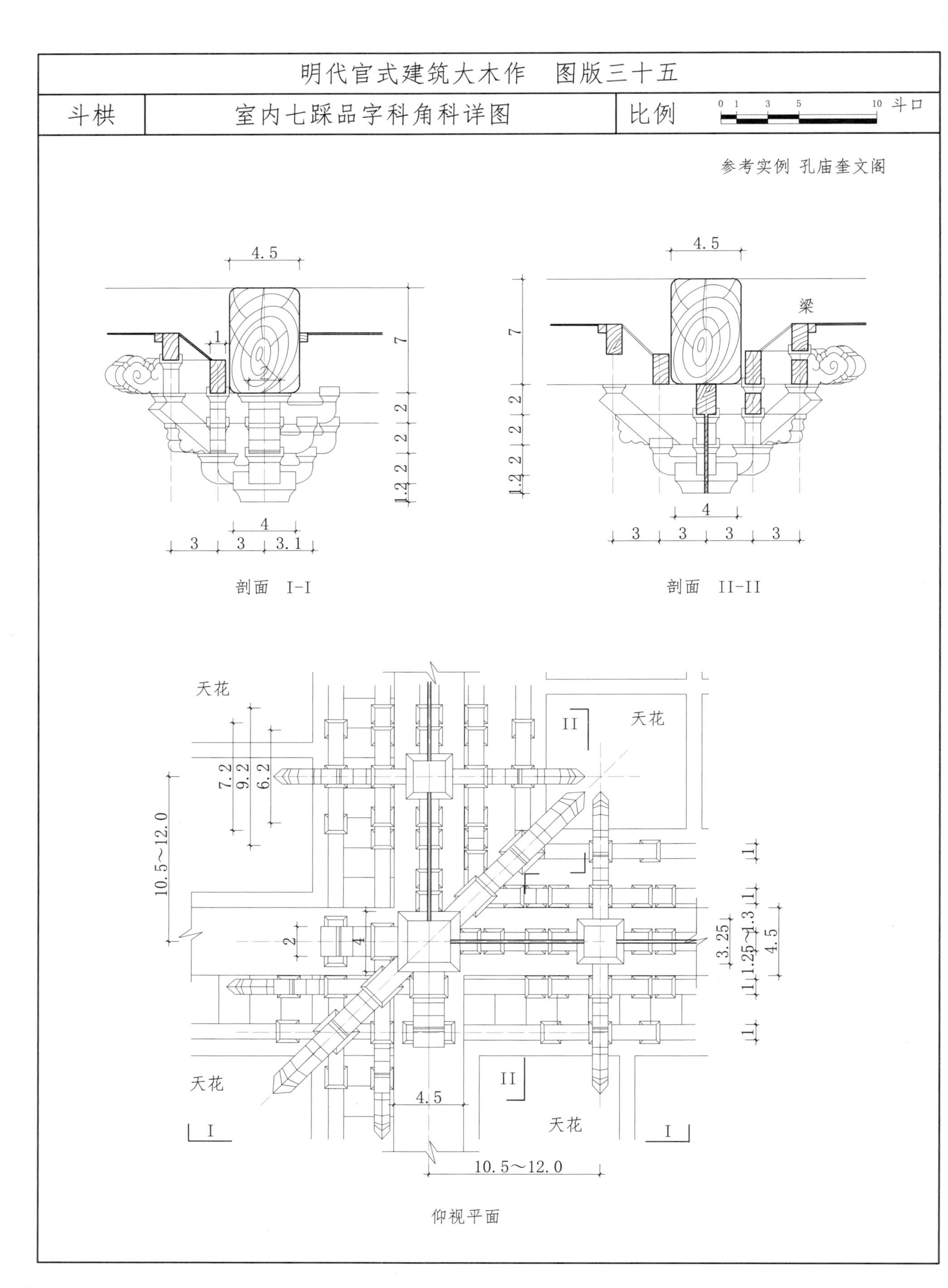
明代官式建筑大木作　图版三十五
斗栱
室内七踩品字科角科详图
比例
0 1 3 5 10 斗口
参考实例 孔庙奎文阁
4.5
1
7
2
2
2
1.2
4
3
3
3.1
剖面 I-I
梁
剖面 II-II
天花
II
I
7.2
9.2
6.2
10.5～12.0
3.25
1.25～1.3
4.5
4.5
10.5～12.0
仰视平面

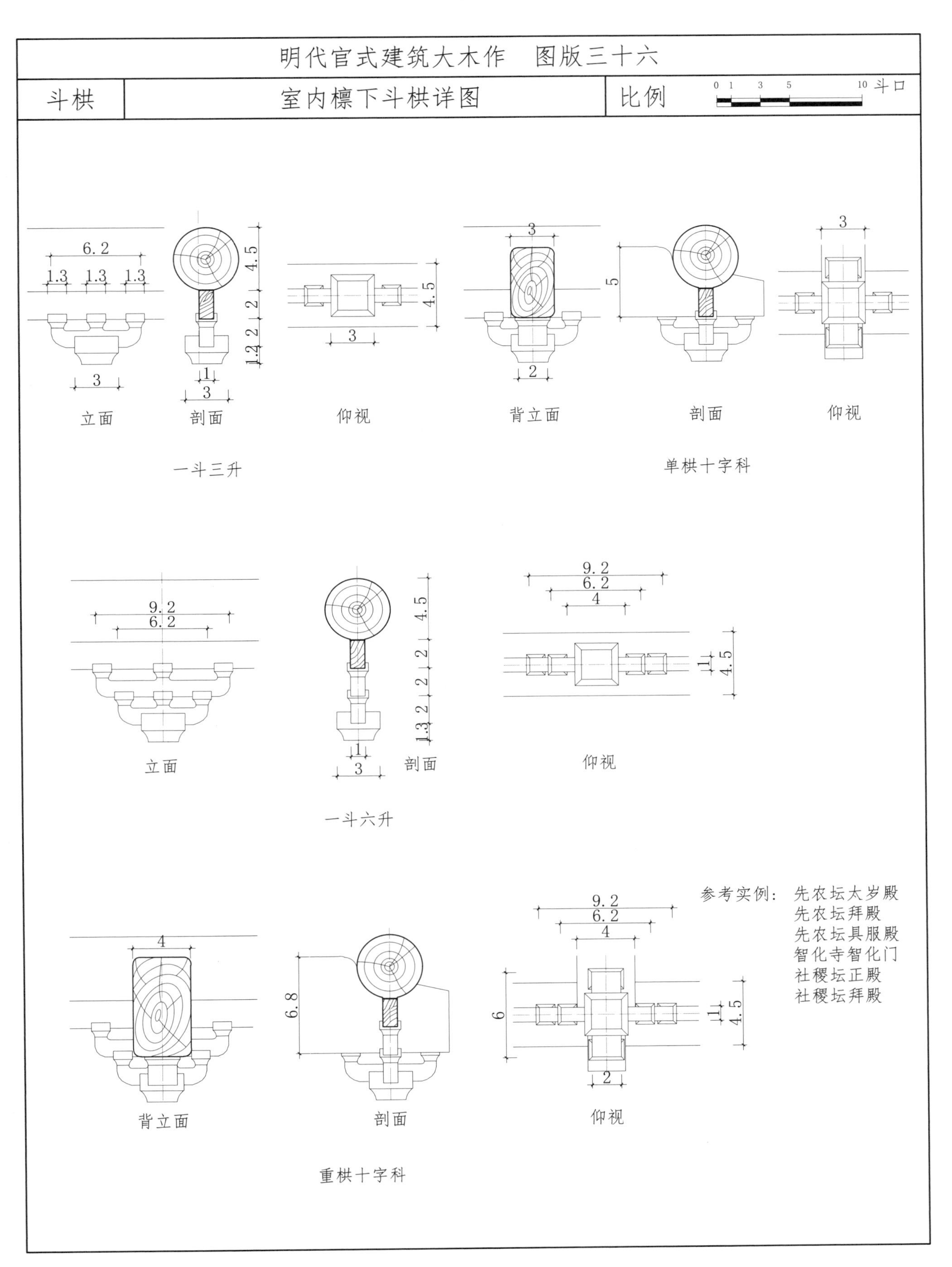
明代官式建筑大木作 图版三十六
斗栱
室内檩下斗栱详图
比例
0 1 3 5 10 斗口
6.2
1.3 1.3 1.3
3
立面
4.5
2
2
1.2
1
3
剖面
4.5
3
仰视
3
2
背立面
5
剖面
3
仰视
一斗三升
单栱十字科
9.2
6.2
立面
4.5
2
2
2
1.3
1
3
剖面
9.2
6.2
4
1
4.5
仰视
一斗六升
参考实例：先农坛太岁殿
先农坛拜殿
先农坛具服殿
智化寺智化门
社稷坛正殿
社稷坛拜殿
4
背立面
6.8
剖面
9.2
6.2
4
6
1
4.5
2
仰视
重栱十字科

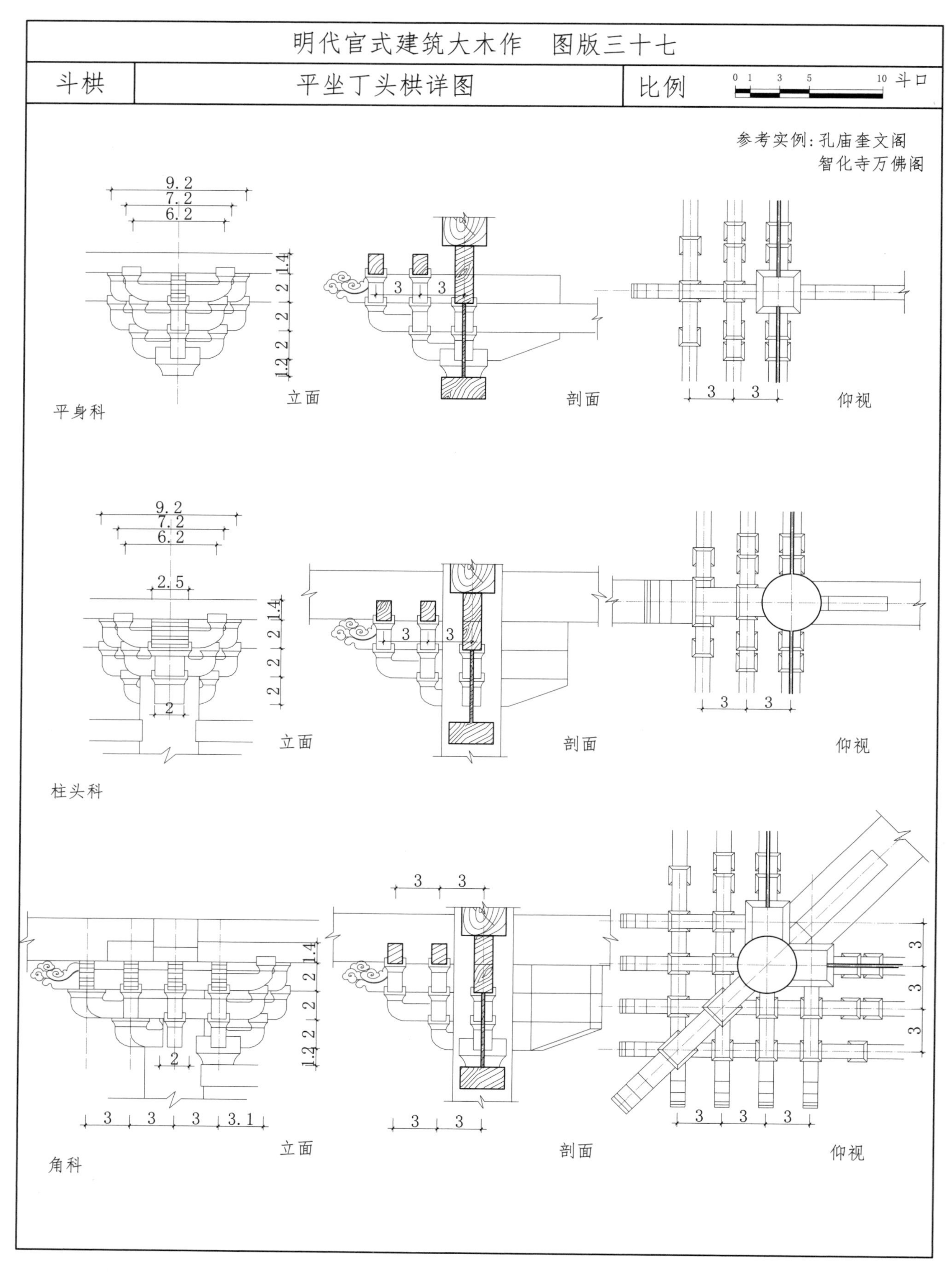
明代官式建筑大木作　图版三十七
斗栱
平坐丁头栱详图
比例
0 1 3 5 10 斗口
参考实例：孔庙奎文阁
智化寺万佛阁
9.2
7.2
6.2
1.4
2
2
2
1.2
3
3
立面
剖面
仰视
平身科
2.5
2
柱头科
3.1
角科

附录2　明代典型建筑年代考辑

一、北京紫禁城

1. 神武门城楼：明永乐十八年（1420 年）建成，未见有雷击、火灾记载，现存大木构架为明代原物。门楼殿身五间加副阶周匝，重檐庑殿顶，推山明显。檐柱有较明显侧脚、生起，是明代建筑中较少见的。用材较大，呈明初建筑风格。上檐草架内为规整叠梁构架，脊瓜柱根处施替木，内外檐均为旋子大点金彩画，不同于清代城楼中多采用的合玺彩画。上檐平身科斗栱后尾两根挑斡向上伸至金檩，其下栱件由外跳七踩成为五踩，在天花下平置，栱身刻上昂形象。这是明代殿堂七、九踩斗栱常用的做法。下檐为五踩溜金斗栱，仍使用真下昂及直线挑斡，与清代做法不同。

2. 午门正殿：《世宗实录》[1] 记载，嘉靖三十六年（1557 年）四月，午门廊房毁于火，三十七年（1558 年）新建竣工。明万历元年（1573 年）九月修理午门正楼。之后未见午门有遭火灾、雷击记载，直至清代顺治四年（1647 年）"重建"及嘉庆六年（1801 年）重修午门。清初名为重建，实为顶部大木构架的调整与拆换。据故宫于倬云、王仲杰二位先生言，1962 年午门修缮调查时，发现上檐梁栿有明代彩画痕迹，疑其构架为明代原构或为清初顺治修整时采用了明代构件。有文章认为午门在清初重修时对上部结构进行了调整，即下层中心的五个开间到上层改为七个开间，缩小了檩枋等构件的跨度，减小了各种承重构件的断面尺寸[2]。由此推断，午门的地盘甚至下檐构架均应系明代原物，上檐大木构架则在清初"重建"时进行了调整。一些楠杉旧材仍重复利用，因之构架中仍部分反映明式建筑特征。

3. 东华门城楼：明永乐十八年（1420 年）创建。现存建筑殿七间，重檐庑殿顶。下檐角科有坐斗两具，是明代城楼建筑中常见做法。据《神宗实录》[1] 载，明万历四十五年（1617 年），狂风骤起，吹落东华门楼兽吻。余未见东华门有遭灾害记载。城墙底部汉白玉须弥座雕刻为明式做法。涡卷卷瓣柔和，线条流畅舒展。

4. 西华门城楼：明嘉靖十年（1531 年）雷击西华门城楼西北角柱（《世宗实录》）[1]，明万历二十二年（1594 年），雷雨大作，西华门城楼发生火灾（《神宗实录》），明万历二十四年（1596 年），西华门城楼竣工（《神宗实录》）。此后未见有大的毁坏记载，现存遗构应系明末实物。

5. 太和殿：（清初重建，但保留了较多明代特征，故予收录。）明万历二十五年（1597 年），三大殿发生火灾，"至是火起归极门（清代称协和门），延至皇极（太和殿）等殿……周围廊房，一时俱烬"（《神宗实录》[1]）。明万历四十三年（1615 年）三大殿开始重建。天启七年（1627 年）三大殿竣工。清康熙八年（1669 年）太和殿又遭火灾。康熙三十四年（1695 年）重建，三十七年（1698 年）竣工。建时仍就原有地盘而起，基本沿袭明代规模。在开间、进深的确定上仍用明代旧制[3]，殿身内部梁架虽经清代重建，但组成方式与中和、保和二殿属于同一类型，仍沿用明代后期官式做法。清乾隆三十年（1765 年）重修。

6. 中和殿：明万历四十三年（1615 年）灾后重建，天启七年（1627 年）报竣，清乾隆三十年（1765 年）重修，从梁下题记看，现有大木构架为明代天启年间原物[4]。

7. 保和殿：明万历二十五年（1597 年）重建实物[4]。

8. 协和门：明万历三十六年（1608 年）建成（《神宗实录》），后经修缮。现存大木构架为明代原物，雀替、斗栱、梁枋等均呈典型明式风格。

9. 钦安殿、天一门：明嘉靖十四年（1535 年）始建钦安殿，以祀真武。殿前建天一门及围墙（《世宗实录》）。钦安殿现存实物均系明代旧物，于乾隆十年（1745 年）殿内油饰彩画过色见新[5]。该殿重檐盝顶，溜金斗栱无覆莲销，做

1　单士元、王璧文《明代建筑大事年表》，中国营造学社编辑并发行，1937年。

2　参见傅连兴、常欣《文物建筑维修的规模控制与防微杜渐——兼谈午门、畅音阁的维修工程》，载《紫禁城建筑研究与保护》，紫禁城出版社，1995年。

3　参见王璧文《清初太和殿重建工程——故宫建筑历史资料整理之一》，载《科技史文集（第二辑）》，上海科学技术出版社，1988年。

4　参见于倬云《紫禁城始建经略与明代建筑考》，《故宫博物院院刊》1990年第3期。

5　参见郑连章《紫禁城宫殿建筑大事年表》，载《紫禁城宫殿》，商务印书馆香港分馆出版，1982年。

法具有明中叶以前的特征，檐柱柱础雕龙，柱有明显侧脚、收分，但生起很不明显。

10. 养心殿：明嘉靖十六年（1537年）新作养心殿成（《世宗实录》）。清嘉庆七年（1802年）重修[1]。现存大木构架为大额式做法，梁架具明式特征。

11. 养心殿南库、咸若馆、英华殿：均系明代旧物，"减柱造"构架方式[2]。

12. 钟粹宫[3]：明永乐十八年（1420年）建成，现存大木构架系明初原物，楠木材质。1535年以前称咸阳宫。该宫梁架原为彻上明造，三架梁上有明代早期咸阳宫的彩画遗物，是宋代旋花与明代中叶旋花的过渡形式。五架梁上彩画为明中叶旋子彩画。可见此时已将该殿装上井口天花。五架梁以下为清代中叶的和玺彩画，最下部的天花与彩画都是清代光绪年间的遗物。

13. 钟粹宫后殿及东、西配殿：大木构架均为明代原物。山墙为悬山改为硬山式样。一斗三升斗科，部分斗欹有鰤，后殿山墙面以琉璃镶嵌出大木构架形象，呈明式风格。木质搏风板外贴琉璃砖，形成两层搏风板。

14. 储秀宫、翊坤宫、太极殿[2]：均为明永乐十八年（1420年）创建。近年测绘调查证实储秀宫上部桁条表面有明代彩画，梁架的法式特征和楠木原制证明其仍属明代原物，其余二殿亦然。各殿规制大小相似，同钟粹宫。柱头科均不施挑尖梁头，为刻出华栱托梁头形式。

15. 储秀宫东、西配殿：与钟粹宫后殿同，山面也是由悬山改为硬山式样，以琉璃砖贴出大木构架式样。墀头包至檐檩，木制搏风板外贴琉璃搏风，角科一侧正心瓜栱被砌于墙中，呈不对称式，显示改造痕迹。檐下雀替呈明中期风格。

16. 角楼：四座角楼均系明初创建时之原物，大木构件的做法显示对宋《营造法式》的沿袭。西北角楼在1956年维修时，构件、手法均严格依照原来形式。琉璃大吻、须弥座、梁架均系明代原物。

17. 箭亭：清雍正年间建，七间厅堂。角科正面有连瓣斗，山面没有。

18. 御花园集福门、延和门、承光门：均为单间一楼二柱庑殿顶木门。从实物看斗栱及大木做法均呈明式特征。斗栱有齐心斗，耍头单材，角科为鸳鸯交首栱相连，柱有收分、侧脚。

19. 千秋亭、万春亭：明代嘉靖间创建，所存大木构架应系明代原物。

20. 南薰殿：五间三进，现存大木构架为明代原物。殿内明间藻井雕刻呈典型明式风格，天花、梁枋上均有明代遗留旋子彩画。该殿山面柱头科在外檐为正心线栱、昂加宽做法，内檐因无梁头搁置转而与平身科宽度一致，颇为灵活，柱头科均不施挑尖梁头，而是刻出华栱托梁头形式。

21. 长泰门、大成右门、永康左门、大成左门、迎瑞门：均为明代琉璃宫门，琉璃彩画呈明式风格。

22. 御花园浮碧亭、澄瑞亭[4]：二亭的方亭部分为明代中期所建原物，前三间抱厦均为清雍正时添加，二亭均为三间方形攒尖顶。一斗二升出麻叶头斗科。柱头科云头加宽。雀替、绦环板均体现明中期风格，清代彩画地仗破旧脱落时可见梁枋上原有的明式彩画。

23. 神武门内东、西值房：均为三间二进厅堂构架黑琉璃悬山顶建筑。外檐柱及金柱柱头均为一斗三升斗科。脊檩下施脊瓜柱托十字科，金檩下以驼峰托十字斗科，均为明式厅堂构架典型做法。施雅乌墨彩画，飞椽头做卷杀，边椽加大断面，与搏风板贴合。

二、湖北武当山道观

1. 金殿：明永乐十四年（1416年）建[5]，三间重檐庑殿顶仿木构铜殿。由工部烧制后将构件运抵武当山金顶装配而成，是明初大木、琉璃、彩画、装修等方面做法的真实表现。该殿斗栱下檐七踩单翘重昂，上檐九踩重翘重昂。耍头均足材，无齐心斗。柱头科不施挑尖梁头，为刻出华栱托梁头形式。梁下各跳栱昂宽度均与梁头同宽，约2斗口。昂面做扒腮，刻华头子。下檐角科设附角

1 参见郑连章《紫禁城宫殿建筑大事年表》，载《紫禁城宫殿》，商务印书馆香港分馆出版，1982年。

2 参见于倬云《紫禁城始建经略与明代建筑考》，《故宫博物院院刊》1990年第3期。

3 参见郑连章《钟粹宫明代早期旋子彩画》，《故宫博物院院刊》1984年第4期。

4 参见周苏琴《试析紫禁城东西六宫的平面布局》，载于倬云主编《紫禁城建筑研究与保护》，紫禁城出版社，1995年。

5 国家文物事业管理局主编《中国名胜词典》，上海辞书出版社，1981年。

1　国家文物事业管理局主编《中国名胜词典》，上海辞书出版社，1981年。

2　参见国家文物事业管理局主编《中国名胜词典》，上海辞书出版社，1981年。另据2003年7月25日《现代快报》载，“今年1月19日的一场大火”，已将遇真宫真仙殿“几乎烧毁殆尽”。该建筑现已不存在。

斗，仅附角斗正心一线耍头伸出，余皆做鸳鸯交首栱连接。明、次间山面斗科间距完全相等，约在 9~10 斗口，推测此时的斗科间距应已成为设计中的控制性因素之一。

2. 紫霄宫大殿：明永乐十一年（1413 年）建[1]，五间重檐歇山殿堂，大木构架为明初原构。下檐溜金斗栱使用真昂，并于后尾有假上昂形式代替华栱，应是溜金斗栱由宋至明演变的过渡形态。大殿在平面布局与举折方式上亦反映明代官式建筑做法特征。

3. 遇真宫真仙殿：明永乐十五年（1417 年）建[2]，三间单檐歇山顶殿堂，梁架尚存元代营造手法，但更多体现了明初的营造样式。仅外檐斗栱形式有四种，其平身科所用之真昂斗栱与北京社稷坛大殿相似。斗栱用材较大，排布较疏朗，槅扇门在绦环板及毬纹窗棂的刻画上均反映明初特色。

4. 紫禁城四座仿木构石殿：为紫禁城之东、南、西、北天门城楼，均系工部制作完成后运抵武当山装配而成，为明代原物。殿皆单檐歇山顶，四周围以石栏杆，下为城门。石栏杆栏板镂空，为南方建筑风格。四角柱均有明显侧脚，柱身仿木构略有收分，加工十分精细。槅扇门正面六扇，山面四扇，为四抹横格，图案均为斜格纹。裙板式样与金殿、真仙殿类似。平板枋宽度略大于额枋，额枋出柱头刻作霸王拳。斗栱均为五踩重翘，耍头单材，上置齐心斗。翼角处老、仔角梁上下叠置，仔角梁头向上翘起，与金殿略有不同。屋角垂脊上骑凤仙官面部朝向与金殿一致，顺脊侧坐，其后置走兽两只，垂脊置于筒瓦背，不同于清代置当沟。

5. 南岩宫燎炉：琉璃烧制，现存实物应为明代原物。顶已不存。从现状推测应为单檐歇山顶。斗栱五踩重昂，耍头雕作卷云头。正面平身科 12 朵，山面 8 朵。老、仔角梁上下重叠，仔角梁头向上起翘较高。檐下大小额枋上均饰以明式彩画，柱础为覆盆式，与太庙戟门内燎炉类似。

6. 玉虚宫大门、二门：均为三孔砖拱木檐门。两侧为八字墙照壁。两座门屋顶均不存，但角梁仍在，其形制与特点同南京孝陵大红门与北京十三陵大红门。仔角梁起翘较大，与金殿不同。

三、北京天坛

1. 祈年门：与太庙戟门型制相同。斗栱、梁枋做法反映明代风格。柱有明显侧脚，用材较祈年殿大，推测为明代嘉靖间原物。

2. 皇穹宇正殿：明嘉靖十八年（1539 年）建，十九年（1540 年）建成（《世宗实录》）。万历十四年（1586 年）九月至十六年九月期间大修（《万历实录》）。现存大木构架为明代原物。

3. 皇穹宇东配殿：与皇穹宇正殿应为同时期建筑。史籍中未见有遭灾害重建记载，厅堂构架，斗栱、梁架均表现为明式建筑特征。三踩单昂斗栱，刻华头子。

4. 神乐署正殿：明初永乐年间即已创建，单檐歇山顶，削割瓦绿琉璃剪边。大殿面阔五间，明间面阔较大，约 9 米，8 朵平身科，次梢间均为 6 朵，角科正侧两面各有两只附角斗。柱头科梁头为刻华栱托梁头形式。部分斗欹有䫜，门窗槅扇做法古朴，尺度较大，其分隔及绦环板装修与明初武当山各建筑相似，反映明初官式建筑风格。内檐为厅堂构架，旋子点金彩画，枋心装饰题材多样，有花草、鸟类图案。该建筑原为奏乐、排练场所，周围市井聚集。檐柱为楠木材质，檐、金柱均有向心侧脚。

5. 神乐署后殿：单檐七间，削割瓦悬山顶。总面阔与正殿同，各开间面阔均等。柱梁作构架，呈清代建筑风格。悬山出际五椽五档，檐柱均为包镶柱，以铁箍捆扎箍紧。

6. 皇乾殿：现存建筑斗栱用材较小，斗口约 2.2~2.5 寸（7.5 厘米）。五间单檐庑殿顶。草架中明间脊檩及随檩枋上有明代旋子大点金彩画，大木构架为楠木材质。

四、青海乐都瞿昙寺（1392—1427年）[1]

1. 隆国殿：宣德二年（1427年）建成，现存大木构架为明初原物。据王其亨先生介绍，大殿草架明代题记中有“单步梁、双步梁”字样，说明明初即有此提法。

2. 东、西御碑亭：西亭为明宣德二年（1427年）建，东亭为明洪熙元年（1425年）建。

3. 大鼓楼：上下用通柱的楼阁构架，梁枋彩画为明早期官式彩画中的珍贵实例，以墨绿色为主，不用青色。

五、西安

1. 钟楼[2]：明洪武十七年（1384年）创建，明万历十年（1582年）移至现址。后经清乾隆五年（1740年）重修，大体仍保持明代建筑特征。

2. 鼓楼[2]：建于明洪武十三年（1380年），清康熙三十八年（1699年）、乾隆五年（1740年）曾两次重修。仍较好保存了明代建筑面貌。

3. 东门城楼[2]：据《西安府志》记载，明嘉靖五年（1526年）曾重修。

4. 北门箭楼[2]：正楼和箭楼均系明嘉靖年间所形成，非明洪武年间创建时原物。

六、北京社稷坛：位于皇城内，今为中山公园

1. 前殿[3]：明永乐十九年（1421年）创建。现为北京市政协所在地。该殿建成于明洪熙元年（1425年），后经多次修缮。现存建筑大木构架仍系明代原物。五间三进，单檐黄琉璃歇山顶，厅堂构架。

2. 后殿：是社稷坛正殿，建造年代与前殿同，现名中山堂。建筑五间三进，面阔同前殿，而进深较大。室内厅堂构架呈明式风格，溜金斗栱做法古朴，反映明前期风格。

七、北京太庙

明永乐十四～十八年（1416—1420年）创建。初时太庙内只有前殿、寝殿二重，明弘治四年（1491年）在寝殿之后增建后殿，形成前、中、后三殿相重的布局。明嘉靖二十年（1541年），旧太庙与新建各庙都毁于雷火。明嘉靖二十四年（1545年）重修的新庙竣工（《世宗实录》），所建即现存的太庙。这次重建，建筑的“间座丈尺宽广俱同旧”[4]，仅有少量改动。清代沿用明代太庙，顺治至嘉庆各朝屡有修建。其中以乾隆三年（1738年）、四年、二十八年和嘉庆四年（1799年）工程最大。现存建筑中有一些明清两朝的建筑构件与手法共处于一个殿堂之中，是乾嘉时大规模修葺明代建筑的结果。据此推断，太庙建筑应是明代中期的格局制度与大木构架，杂有清代修葺时留下的一些建筑手法。

1. 太庙戟门及两侧边门：戟门为五间门殿，庑殿顶不推山。草架为规整抬梁构架，三、五、七、九架梁依次叠架，楠木材质，明间脊檩及垫、枋上均有明式旋子彩画。柱有明显侧脚做法，斗栱为七踩单翘重昂，后尾有挑斡两根伸至金檩。柱头科昂面有扒腮做法，隐刻华头子，角科做鸳鸯交首栱。梢间小额枋类似宋《营造法式》绰幕枋，伸至次间刻为雀替形式。雀替卷瓣急促紧凑，不同于清式的圆转。大木构架表现为明式建筑特征。两侧边门从雀替、斗栱做法看，与戟门完全一致，檐柱有侧脚、收分，亦应是明代原物。

2. 太庙正殿：殿身九间、副阶周匝。有文章称清代乾隆年间曾改殿九间为殿十一间[5]，应是明代仍延宋代叫法指殿身九间，而清代称殿十一间，以至讹传。据《清史稿》宗庙之制记载，顺治初年时的燕京太庙各大殿建筑的开间是“前殿十一楹……中殿九楹……后殿亦九楹……戟门五，中三门”[6]，而清初立国不久，尚无能力重建太庙，因此太庙乃是继承明代建筑。太庙正殿的十一开间也是明代旧有格局，大木构架中亦有多处反映。如正殿梢间金柱与殿内金柱无论做法、材质（整料楠木）均相同；大殿上檐草架为规整叠梁构架，明间脊檩及

1 参见吴葱《青海乐都瞿昙寺建筑研究》，天津大学硕士论文，1995年。

2 参见赵立瀛主编《陕西古建筑》，陕西人民出版社，1989年。

3 国家文物事业管理局主编《中国名胜词典》，上海辞书出版社，1981年。

4 参见傅熹年《关于明代宫殿坛庙等大建筑群总体规划手法的初步探讨》，载《建筑历史研究》，中国建筑工业出版社，1992年。

5 参见《二十五史》之《明史》卷五十一，礼志，庙制。

6 参见《清史稿》八六，礼志五，宗庙之制。

随脊枋上饰以浑金旋子彩画为典型明式彩画构图及手法，相邻两次间脊檩及枋上也画有明式构图的旋子大点金，足证其为明代原物。另外，大殿草架中柱、梁、枋等绝大多数构件均系整料楠木，只有少量檩、椽木质稍异。而清代已无力再以楠木建造。即便是清初康熙三十年（1691 年）重建太和殿时，所用亦均为松木，且多包镶梁柱，草架亦采用插金做法[1]。因此仅从木材材质判断，太庙大殿不可能在清代经过大的改动或重建。另外，正殿草架童柱题记中亦写有“太庙前殿……左一缝五架梁前桐柱……”字样，桐与童谐音，童柱之称谓见于《园冶》，为南方工匠所用术语，清代《工程做法》及《营造算例》均称瓜柱。从明代的工官制度看，明代工匠的流动性很大，官式建筑受江南地区建筑影响较多。参与北京的官式建筑营造的南方工匠也很多。而五架梁的称谓在明初瞿昙寺隆国殿草架题记中亦已出现，并非是清代才有之称谓。太庙正殿上檐椽椀做法多为明式的上下分开，以龙凤榫扣合方式，亦有清代在固椽板上挖圆洞的方式，也证明了太庙正殿所用大木构件及构架主体应系明嘉靖间原物，清代仅拆换了部分糟朽构件，并未做大规模改动[2]。

3. 太庙二、三殿：两殿构架基本相同，为九间四进、分心造殿堂建筑。单檐庑殿顶，推山做法已趋成熟。大木构架为整料楠木构筑，规整叠梁构架。草架中明间脊檩、随檩枋上饰以青绿旋子大点金彩画，为明式彩画构图特征。脊瓜柱根辅以缴背，瓜柱均为四边倒角，梁下垫以驼峰，斗栱上部两根挑斡延伸至金檩下，其下栱件平置。梢间以弯曲的顺扒梁支承上部柱、檩，形成推山构架。太庙四座大殿梢间均是如此。

4. 东神库、西神厨：均为单檐悬山顶，山面墙体封护至顶。檐下一斗三升斗科。斗栱斗欹有䫜，构架楠木材质，用料较大。

5. 神库、神厨前二井亭：二亭均以挑金斗栱悬挑井口枋梁，柱有明显向心侧脚，架深一步。斗栱用材较大，斗科与檐柱高度比约 1 ∶ 4。平板枋与额枋宽度大致相等，出头稍大于霸王拳。平身科昂底平出一段，刻华头子，角科附角斗与坐斗分开，上部相交，做鸳鸯交首栱。

6. 宰牲亭：三间重檐歇山，殿内无金柱，上檐角柱立于抹角梁背。

7. 宰牲亭井亭：挑金斗栱悬挑井口枋、梁，用材较大，平身科下昂自斗口内平出，刻华头子，角科附角斗与坐斗分开，上部相交处做鸳鸯交首栱，为明早期做法。柱有明显向心侧脚。

八、北京智化寺

明正统八年（1443 年）正月初九日始建，九年（1444 年）三月初一日成（《敕赐智化禅寺之记》[3]）。现存万佛阁、智化殿、藏殿、大智殿、智化门及钟鼓楼均为明代原物。黑琉璃瓦顶。该寺在 20 世纪 30 年代曾由基泰工程司负责修缮，是保存较完好的明代官式建筑群。

1. 万佛阁：重檐庑殿顶楼阁，下层为如来殿，上层为万佛阁。大木构架采用通柱造，无平坐暗层。檐柱、金柱均向平面的几何中心做侧脚。斗栱做法、大木构架、彩画等均呈典型明代中叶以前特征。如上檐平身科耍头后尾斜上起挑斡至金檩下；平置栱件后尾隐刻上昂轮廓；以弯扒梁承托山面构架等。由于梁头不在外檐伸出，因此其下斗科并不加宽。殿内门窗槅扇及室内经橱、佛像等小木作均雕刻精致，呈典型明式风格。唯万佛阁藻井不存。

2. 智化殿：三间三进带后檐卷棚悬山。该殿天花内金檩之下垫以雀替，可证雀替之起源乃基于梁枋两端之延长。角科坐斗则为二具并列，与钟、鼓二楼下檐同。该殿原有藻井，现已不存。

3. 藏殿、大智殿：两殿东西对立。形制、大小相同。均三间三进，省去前金柱，大木构架及斗栱仍具明代风格。藏殿内转轮藏及藻井均为明代原物，雕刻手法精美。

4. 智化门：亦名天王殿，单檐歇山分心造厅堂构架。梁架、斗栱均具明代特征。两山采用顺梁上托角梁后殿及采步金檩。

1　参见王璧文《清初太和殿重建工程——故宫建筑历史资料整理之一》，载《科技史文集（第二辑）》，上海科学技术出版社，1988年。

2　郭华瑜《北京太庙大殿建造年代探讨》，《故宫博物院院刊》2002年第3期。

3　参见单士元、王璧文《明代建筑大事年表》，中国营造学社编辑发行，1937年。

5. 钟楼、鼓楼：通柱式楼阁，无平坐暗层，下檐角科均有附角斗一只。

九、北京法海寺大殿

明正统四年（1439 年）创建，明弘治十七年（1504 年）重修，现存大木构架为明代原构。内檐明代彩画保存完整，壁画精美，为创建时原物。大殿斗科五踩重昂，平身科昂下皮平出一段，刻华头子，柱头科昂身刻华头子，做扒腮，正心一线各跳昂宽与挑尖梁头宽度相等；约为 2 斗口。挑尖梁头尚不发达。角科做搭角闹昂形式。各斗斗欹有顱，平板枋略宽于额枋。外檐彩画为修葺时重绘，但构图仍为明式风格。

十、北京大慧寺大殿[1]

明正德八年（1513 年）创建，明清两代历次重修，大殿上檐平身科耍头后尾斜起挑斡，与智化寺万佛阁上檐斗科做法相似。

十一、北京昌平明十三陵

1. 长陵祾恩殿[2]：明永乐年间建成。目前形制仍为明朝原制。楠木材质的大木构架亦系明朝旧物。清乾隆五十年（1785 年）曾作较大规模修葺。但对长陵祾恩殿则仅抽换糟朽的椽、望、枋、檩、梁、柱、斗栱等，大木构架未予改动。殿内除彩绘的井口天花外，36 根重檐金柱及内槽斗栱、溜金斗栱（里跳部分）、挑尖梁、随梁枋等均呈楠木本色，梁枋表面隐约可见昔日"一整二破"旋子彩画的遗迹。说明明朝原有的殿内彩画在清乾隆五十年修葺时确被去掉，与文献所载相符合。琉璃构件从形式上看，已不同于明式特征，多系清代烧制更换的。

2. 长陵祾恩门[3]：明永乐年间建成，清乾隆五十年（1785 年）修葺时未作大的变动，五间二进规制未改，大木构架仍为楠木材质，做法保留鲜明的明式特征。

3. 长陵陵内碑亭[3]：重檐歇山顶，四壁各辟券门，木构梁架和井口天花无石券顶结构，符合明朝旧制。可见清代修葺时未予改动。

4. 长陵陵门[3]：明永乐年间建成，玻璃宫门形制，琉璃烧制的旋子彩画保持了明确的明式特征，清代修葺时因其毁坏不严重而未予大动。

5. 大红门[3]：与南京明孝陵的大金门同制。

6. 龙凤门：系三门六柱，三门之间及左右门的外侧砌有砖墙。《帝陵图说》载，该门原制曾有"黄绿琉璃，甓甃如屏"。清乾隆年间修葺时尽将原制之黄绿琉璃屏拆去改建为砖墙。1999 年修葺该门时曾发现有黄色的琉璃方砖混砖、线砖以及黄绿二色的玻璃岔脚、额枋等琉璃屏的残件埋在门旁[3]，可证明之。

7. 永陵、定陵明楼[3]：二楼发砖券为明代旧物，二陵明楼瓦饰虽历代修葺时有所更换，但石雕的斗栱、额枋、椽飞、望板、榜额以及砖砌的楼内券顶仍为明代原物。

8. 长、献、景、裕、茂、泰、康、昭、庆、德十陵明楼[3]：原系木构架，乾隆五十年（1785 年）修葺时均增构石条券顶。十陵中仅康陵因重建时楼壁内缩，楼壁与石券一体构筑，其余九陵石券均在明楼原楼四壁内增构。

十二、北京历代帝王庙

建于明嘉靖年间，屡经修缮增减，总占地面积 18 000 平方米。建筑面积 6000 平方米，现存建筑面积约 4000 平方米。整个建筑群坐北朝南，主要建筑依中轴线纵深布局，由南及北依次为影壁、景德崇圣殿等，中轴线两侧分列庑殿、燎炉、钟楼、神库、神厨及宰牲亭等。[4]

1. 正殿（景德崇圣殿）：明嘉靖九年（1530 年）始建，十年（1531 年）建成（参见《世宗实录》），清雍正七年（1729 年）重修。大殿黄琉璃瓦，重檐庑殿顶，面阔九间，通宽 51 米，通进深 27.2 米。殿前有汉白玉石月台，东南三面

1　参见国家文物事业管理局主编《中国名胜词典》，上海辞书出版社，1981年。

2　参见单士元、王璧文《明代建筑大事年表》，中国营造学社编辑发行，1937年。

3　参见胡汉民《清乾隆年间修葺明十三陵遗址考证——兼论各陵明楼、殿庑原有形制》，载《建筑历史与理论（第5辑）》，中国建筑工业出版社，1997年。

4　参见汤崇平《历代帝王庙大殿构造》，《古建园林技术》1992年第1期。

有石护栏，南面三出陛，中为御路，东西各出一出陛。柱网平面为殿身七间加前后廊，但装修设于檐柱间而非通常的设于金柱间。下檐为五踩重昂斗科，平身科置溜金斗科，上檐为七踩斗科，内跳减为五踩，最上层挑斡二重，伸至下金檩位。和玺彩画，梁架为标准叠梁式构架，三、五、七、九架梁依次相叠，均为整料楠木。大殿推山较多，但脊部未设太平梁与雷公柱，而是将由戗直接搭至正身屋架上。诸多做法均表现鲜明的明式特征，大木构架系明代原物。

2. 庙门：黑琉璃筒瓦绿剪边，歇山顶调大脊。厅堂式大木构架系明代原物，单昂三踩斗科。三间二进，通宽 15.6 米，通进深 9.5 米，雀替、溜金斗栱均有鲜明明式特征，其建造年代应与大殿一致。

3. 景德门：位于庙门正北，黑琉璃筒瓦绿剪边，歇山顶调大脊。面阔五间，通宽 26.6 米，通进深 14.8 米，单昂三踩斗科，旋子彩画，四周绕有汉白玉石护栏，前后三出陛，中为御路，两侧有垂带踏步。

十三、北京先农坛

始建于明永乐十八年（1420 年），至嘉靖十一年（1532 年）主要建筑陆续建成。现存主要有太岁坛建筑群，神厨、神库建筑群，神仓、斋宫（后改为庆成宫）、观耕台及具服殿等。乾隆十九年（1754 年）曾对先农坛做过一次规模较大的修缮。

1. 太岁殿：明嘉靖十一年（1532 年）以前建成，后经清代修缮，大木构架系明代原物，黑琉璃筒瓦顶。

2. 拜殿：明嘉靖十一年（1532 年）以前建成，后经清代修缮，大木构架系明代原物[1]，黑琉璃筒瓦顶。

3. 具服殿：明永乐十八年（1420 年）建成，成化元年（1465 年）、弘治十八年（1505 年）进行过修理[2]。为绿琉璃瓦单檐歇山顶建筑。大木构件及斗栱均有明代早期建筑特征，如斗栱使用真昂、大小斗均有欹，耍头单材，上置齐心斗等，梁栿形式也颇有“月梁”遗意。从记载及现存大木状况分析，该殿建造年代应早于太岁坛二殿。

4. 庆成宫正殿：明天顺二年（1458 年）创建，后名为斋宫，清改称庆成宫。明弘治十八年（1505 年）修理（《孝宗实录》），清乾隆十九年（1754 年）修缮。据观察，该殿金柱柱头十字科及檩下一斗三升均系厅堂构架常用之斗科，平面为明间省去前金柱之减柱造平面。此殿天花疑为清代修葺时后加的，原先应是彻上明造厅堂构架。

5. 庆成宫后殿：与正殿相比等级稍低，斗栱为三踩单昂，无溜金斗栱。面阔与正殿一致，进深小于正殿。为单檐绿琉璃瓦庑殿顶，顶部大吻呈明式特征。该殿建造年代与正殿同。天花也疑为后世添加。清乾隆年间有过修缮。

6. 庆成宫东、西庑：建造年代同前、后殿，清乾隆年间修缮。为三间绿琉璃卷棚悬山顶。东庑山墙檐柱为包镶柱，以铁箍捆扎。平身科一斗三升，柱头科为把头绞项作。部分斗栱斗欹有䫜。罗锅椽与檐椽以巴掌搭接方式交接。清乾隆大修，屋顶琉璃瓦多数拆换。现存建筑前后檐装修均无。

7. 神厨院门：二柱一间一楼柱不出头式悬山顶木牌楼门。斗栱及大木构架均为明代原物。昂下皮刻华头子，斗欹有䫜，柱头科无坐斗，头跳华栱直接入柱身。

8. 神厨内二井亭：两座井亭形制、做法、尺寸均基本相同。井亭为单檐布瓦盝顶六角亭，有明显向心侧脚。井亭大木与斗栱明显受到宋《营造法式》的影响。如斗栱斗底有䫜，角科大斗用圆斗，圆栌斗在《营造法式》中有记载，国内也有早期建筑实物（如河南登封初祖庵大殿），但北京实为罕见。另外，溜金斗栱中使用真下昂，耍头单材用齐心斗，均可证其斗栱系明代原物。大木构架上，垂脊下的老角梁与仔角梁为一根木料做成，与明初的故宫角楼相同。井亭各面均用单额枋，其上平板枋与额枋同宽，也说明其大木具有明代早期风格。

9. 神厨正殿：削割瓦悬山顶，九檩前后廊无斗栱大木。梁间以驼峰架起。

1　参见马炳坚《明清官式木构建筑的若干区别（中）》，《古建园林技术》1992年第36期。

2　参见北京建筑大学《北京先农坛部分建筑群测绘法式报告》，1995年。

10. 东神库：削割瓦悬山顶，七檩无廊大木，无斗栱，檐柱有侧脚，无生起，山面柱子也有侧脚。梁下以驼峰垫托，除两山两缝柁架外，中间四缝柁架的五架梁均做成宋《营造法式》月梁形式，梁架举架与清代规制接近，檐步正好五举，金步接近七举，脊步接近九举。

11. 西神厨：大木构架及做法与东神库基本相同。

12. 宰牲亭：无斗栱重檐悬山顶建筑，为国内孤例。上檐五檩大木，檐步五举，脊步七五举，下檐翼角翘飞椽为偶数，14 根，与清代不同。翼角处老角梁与仔角梁为一根木料做成，与二井亭相同[1]。

十四、山东曲阜孔庙[2]

1. 奎文阁：明弘治十七年（1504 年）改奎文阁五间为七间。现存大木构架为明代弘治年间重建时的原物。现存书楼七间五进，外部看去二层三檐，内部空间实为三层，两明一暗。大木构架未采用明代已通行的通柱式，而是上下两层柱子分为二段，上层柱立于下层的斗栱上，仅在暗层与上层间采用通柱，为上厅下殿式，这是功能要求之结果。屋顶举高是进深的 1/3.3。坡度及翼角舒展轻逸。上檐角科有多只附角斗，明、次间栱长短不一。

2. 圣迹殿：明万历二十年（1592 年）建成，康熙二年（1663 年）重修。

3. 承圣门：明永乐二十年（1422 年）建。

4. 德侔天地、道冠古今二坊：二坊均为三间五楼，东西相向而立，屋顶用黄琉璃，明间覆庑殿顶，两次间用歇山顶，明、次间相交处有小屋顶作过渡。由于屋顶极小，不易发现，外观与三间三楼相似。但斗栱出跳不同。明间六跳，次间四跳，小屋顶下三跳。每跳跳头各加 45° 斜间栱。屋檐出跳深远，斗栱高度较大，为明代原物。

5. 金声玉振坊、太和元气坊、至圣庙坊[2]：前二坊建造年代相近，形式与大小也基本相同，都是三间四柱冲天柱式石坊。柱下端以抱鼓石夹持，构件之间用榫卯联结，嘉靖间建成。至圣庙坊建造年代略早于前二坊，从弘治十七年（1504 年）所刻《重建阙里孔子庙图》记载及现存石坊雕刻看，属明中叶无疑，应是弘治间的遗构。

6. 圣时门：砖身木屋顶建筑。明弘治时建立，清代虽经大修，但式样似未变动，故至今仍保持许多明代特点。

7. 弘道门：是孔庙二门，原来也是三开间，弘治十七年（1504 年）改为五开间。外檐石柱有生起、侧脚，呈明代作风，但木构部分已经清代改建，平板枋高而窄，柱头科头昂宽约 2 斗口，角科头昂宽约 1.5 斗口，与清《工程做法》相符。

十五、山东曲阜孔府[2]

1. 大门：大门三间，五檩悬山，中柱落地，柱顶直接承脊檩。边柱略有侧脚。双步梁上的瓜柱施通长缴背，单、双步梁下均垫以替木。明、次间皆设门。檐下采用一斗二升云栱，施雀替。云栱作三幅云状，雕刻略拘谨，出头平而无锋，每间二朵，柱头科的云栱明显变大。只个别坐斗斗欹有顱，说明已经后代修葺替换。屋面总坡度约 3.3 分举一，较平缓，柱子高径比为 10.5∶1，用料显得粗壮。综合这些做法来看，大门的主体结构和外观仍保持着明代的式样和风格。

2. 仪门：又称重光门，是一道四柱三间三楼的垂花门，四面临空。该门明间略高。中设一门，前后有垂莲柱各四个，四柱立于抱鼓石须弥座上，有抱牙板夹持，边柱略有侧脚。比例匀称，造型庄重。从大木构架特征及做法看，该门是孔府中式样最古朴的一座建筑，其年代当不晚于嘉靖，很可能是弘治重建时的原物。

3. 大堂：九檩悬山顶。明间省去两根前金柱，前七架梁、后双步，梁的断面几成圆形。梢间则中为五架梁，前后双步。明间后双步梁与七架梁下有通长替

1　参见北京建筑大学《北京先农坛部分建筑群测绘法式报告》1995年。

2　南京工学院建筑系、曲阜文物管理委员会合著《曲阜孔庙建筑》，中国建筑工业出版社，1987年。

木，雕作雀替形式，双步梁下的穿插枋出榫成为七架梁下的丁头栱。丁头栱二侧出三幅云翼形栱。每间四攒，间距稍密，麻叶头出锋，柱头科的麻叶头为3斗口，坐斗斗欹少数有䫜，平板枋略大于额枋。次、梢间的檩条有升起，形成纵向凹曲的屋面线。总坡度约三分举一，檐柱高径比为9.6∶1。这些做法都仍有明代建筑的特征。虽经后世修葺，主要梁架结构仍保留明代的式样。斗栱做法显示年代较晚，可能经后世修补替换。

4. 二堂：五间七架悬山柱梁作，七架大梁上立驼峰大斗承五架梁，但大斗已与驼峰连成一体，不辨其形，仅起垫块作用。梁断面呈矩形，四角砍斜抹圆，施松文彩画。梁柱用料较粗壮，檐柱高径比为10∶1，屋顶坡度与大堂同。

5. 三堂：五间七架悬山柱梁作，前廊后架，明间结构是五架梁加后单步，梢间为后上金柱落地，前四架梁后双步。梁的断面同二堂，三架梁上用叉手。瓜柱两翼扶以驼峰状缴背。檩枋之间隔以荷叶墩，应是后来修葺时所加，整座建筑比例低矮，檐柱高径比为10∶1，屋面总坡面约三分举一，较平缓，屋脊线两端有明显生起，具有明代风格。但三堂形制与其两厢相比，柱梁作比用一斗三升斗栱等级低，可证明三堂经后世局部修改。

6. 内宅门：三间五檩悬山顶。中柱到顶，以一斗三升云栱承脊檩。双步梁下垫以通替木，刻作雀替状，单步梁上用叉手，梁架断面矩形抹圆，檐部一斗二升云栱，每间二朵，云栱雕成三幅云状，平头，无出锋。图案较之重光门略有变化，时代略晚于重光门。该门建筑尺度较低矮，柱高径比为10.6∶1，外柱有侧脚，屋脊生起，应是明代遗构。

十六、四川平武报恩寺[1]

始建于明正统五年（1440年），完成于正统十一年（1446年），是明代龙州（平武）土官佥事王玺奏请朝廷为报答皇恩所建。由于当时王玺进京朝贡获准建庙之时，正值紫禁城内一项大型工程竣工，因此得以招聘一批熟谙官式做法的工匠来到龙安。该寺建筑表现出明代官式建筑风格。现存明代遗构主要有大雄宝殿、万佛阁等。各殿在天花以下明栿用抬梁式，天花以上则采用四川地区常见的穿斗构架。斗栱做法也体现出官式与地方做法共存之局面。

十七、山西太原崇善寺大悲殿[2]

明洪武十四年（1381年）建成，七间重檐歇山顶，木构架严谨，斗栱疏朗，反映了明代初期官式建筑简约、严谨的气质。

十八、北京宝禅寺大殿

明成化年间（1465—1487年）建。已拆毁，平身科、柱头科、角科三只斗栱现存于北京建筑大学建筑系馆。其用材、法式特征均反映明代官式建筑风格。

十九、苏州府文庙大成殿

宋仁宗景祐元年（1034年）范仲淹以所得钱氏南园创建，经明代天顺、成化年间改作，规模始具。清代又多次修葺，现存实物具有宋、明、清三代建筑特色及江南地方建筑手法，其中明代特征较为明显。斗栱斗口用3.4寸，平身科数量较多，明间4朵，次间3朵，斗栱中折线挑斡与真下昂并存等。大殿举高较大，高深比大于1/3。该殿庑殿推山从檐步即开始，是极少见的。另外，该殿金柱、檐柱侧脚向平面中心点倾侧，与宋式不同，而与明代智化寺万佛阁相似。

二十、山东聊城光岳楼[3]

在山东聊城市旧城中心，明洪武七年（1374年），为"远眺料敌与严更漏"，以修城余料建，名余木楼或鼓楼。东昌府在聊城设治所后，又称东昌楼。弘治九年（1496年），取其近鲁有光于岱岳之意，遂易今名。楼台基为砖石结构，

1 参见潘谷西主编《中国古代建筑史 第四卷 元、明建筑》，中国建筑工业出版社，1999年。

2 参见国家文物事业管理局主编《中国名胜词典》，上海辞书出版社，1981年。

3 乔迅翔《山东聊城光岳楼》，同济大学硕士论文，2002年。

高 9 米，上部为木构楼阁四层五间，歇山十字脊顶。斗栱斗口用材 4 寸，为明清之际楼阁所用之最高材等。斗栱形式繁多，有 17 种，排布疏朗，朵档间距在 11~12 斗口之间。柱头科已采用挑尖梁头伸出承檩，但梁头以下与平身科无异，反映了明代初期建筑特征。

二十一、南京明孝陵

南京明孝陵是明朝开国皇帝朱元璋的陵寝，位于东郊紫金山南麓独龙阜玩珠峰下，是第一批全国重点文物保护单位，2003 年荣膺世界文化遗产。明孝陵的营造跨越洪武、建文、永乐三朝，从洪武十四年 (1381 年) 正式动工，前后延续了近 40 年，先后调用军工 10 万，耗费了大量人力、物力，规模巨大。明孝陵是如今分布于北京、河北、湖北等地的明清皇家陵寝的摹本，可谓开创了明清帝陵的一代新制，在中国帝陵发展史中具有里程碑的价值和地位。清末战乱，南京明孝陵地面木构建筑及建筑的木构部分都荡然无存，或仅余砖砌基座及其顶部柱础石，或仅余台基柱础。但从有些建筑遗址的柱础分布仍可一窥大木构架平面构成规律，故收录于此以资参阅。

1. 神功圣德碑亭：始建于明永乐三年 (1405 年)，永乐十一年（1413 年）全面完工，是明成祖朱棣标榜自己的孝道，为已安葬孝陵六年的父亲朱元璋树碑立传之所。这座高 8.73 米、宽 2.26 米的“大明孝陵神功圣德碑”是南京地区规模最大的碑刻。碑亭也以各面逾二十六米的面阔、进深，成为迄今留存下来之最大碑亭建筑。碑亭四面见方，每面中开券洞，砖砌基座外檐高 9.37 米，边缘四角带柱洞的柱础石与压檐石犹在。基座顶部四围厚 7.6 米，根据柱础石位置可知有三圈柱框。外檐 12 件柱础，放置下檐柱；中部 12 个柱础面，放置上檐柱；内檐顶部四角有四个平整柱础面，是上檐金柱所在。清末太平天国兵燹后仅余四壁，近代一直称“四方城”，取其四方如城垣之意。现在的木构屋架及重檐歇山屋顶为 2011 年加顶保护后所留。

2. 孝陵门：明洪武年间始建，五间二进分心槽门殿，现存遗址仅余木构柱础合一层汉白玉须弥座台基，但明显可看出明初建筑平面。

3. 孝陵殿：明洪武时期建成之孝陵最大的地面建筑，殿九间（殿身七间三进加副阶周匝），柱础径有 1060 毫米（合明 3.3 尺），980 毫米（合 3.1 尺），850 毫米（合 2.75 尺）三种，明、次、梢间开间分别为三丈、二丈、二丈、一丈；进深为二丈八尺、七尺、一尺。

4. 明楼：明洪武时期建成，为孝陵最早完成的殿堂建筑。明楼四壁砖砌立于方城之上，墙垣均厚 3 米，上列檐柱、金柱承托木构屋架，为砖木混合结构。不同于后来明清帝陵之明楼为碑楼的形制特征，孝陵明楼南面开三孔砖砌门洞，北面、东西两侧各开一孔门洞，室内内壁相距达 13 米，但无金柱落地，在三孔拱券之间的内墙下部有四组扁方形壁柱柱础，暗示其上部开间与构架位置关系。跨空构架应是搁置于壁柱与墙垣短柱共同形成的组合立柱上，其形式推测与宋永定柱式颇相类似。

二十二、南京鼓楼

始建于明洪武十五年（1382 年，）为朱元璋亲自制定“左列鼓架，右建钟楼”制度后建造。鼓楼立于南京城中高岗——黄泥岗上，现存明代城台。2018 年修缮后，将城台上掩埋百年的明代四十余处柱础揭露出来，明确为五间三进副阶周匝的重檐殿堂建筑。依出土构件可知为黄琉璃瓦（三样瓦），与同时期及后来的鼓楼均不同。南京鼓楼于明末清初建筑坍毁，后于康熙二十四年（1685 年）重建为畅观楼，清末又改为江南地方风格的碑楼，其规模与明初不可同日而语。

参考文献

[1] 陈明达 . 营造法式大木作制度研究 [M]. 北京：文物出版社，1993.
[2] 陈绍棣 . 试论明代从工匠中选拔工部官吏 [M]//《建筑史专辑》编辑委员会 . 科技史文集（第 11 辑）：建筑史专辑（4）. 上海：上海科学技术出版社，1984.
[3] 陈增弼 .《鲁班经》和《鲁班营造正式》[M]. 中国建筑学会建筑历史学术委员会 . 建筑历史与理论（第三、四辑）：1982—1983 年度 . 南京：江苏人民出版社，1984.
[4] 单士元，王璧文 . 明代建筑大事年表 [M]. 北京：中国营造学社编辑发行，1937.
[5] 单士元 . 明代营造史料 [J]. 中国营造学社会刊，1933，4（1）.
[6] 傅连兴，常欣 . 文物建筑维修的规模控制与防微杜渐：兼谈午门、畅音阁的维修加固工程 [M]// 于倬云 . 紫禁城建筑研究与保护 . 北京：紫禁城出版社，1995.
[7] 傅熹年 . 关于明代宫殿坛庙等大建筑群总体规划手法的初步探讨 [M]// 贺业钜 . 建筑历史研究 . 北京：中国建筑工业出版社，1992.
[8] 郭黛姮 . 论中国古代木构建筑的模数制 [M]// 清华大学建筑系 . 建筑史论文集（第五辑）. 北京：清华大学出版社，1983.
[9] 郭黛姮，徐伯安 .《营造法式》大木作制度小议 [M]//《建筑史专辑》编辑委员会 . 科技史文集（第 11 辑）：建筑史专辑（4）. 上海：上海科学技术出版社，1984.
[10] 郭湖生 . 关于《鲁班营造正式》和《鲁班经》[M]//《建筑史专辑》编辑委员会 . 科技史文集（第 7 辑）：建筑史专辑（3）. 上海：上海科学技术出版社，1981.
[11] 郭华瑜 . 明代官式建筑斗栱特点研究 [M]// 单士元，于倬云 . 中国紫禁城学会论文集（第一辑）. 北京：紫禁城出版社，1997.
[12] 郭华瑜 . 明代官式建筑侧脚、生起的演变 [J]. 华中建筑，1999（4）：100-102.
[13] 郭华瑜 . 试论明代的溜金斗栱 [J]. 华中建筑，1997（4）.
[14] 郭华瑜，孙璨 . 从"四方城"到神功圣德碑亭：南京明孝陵神功圣德碑亭修缮设计记思 . 建筑史，2016(2)：97-103.
[15] 郭华瑜 . 南京明孝陵明楼建筑形制研究 . 建筑史，2009(2)：81-92.
[16] 郭华瑜 . 明鼓清碑：南京鼓楼的前世今生（上）. 紫禁城，2012(2)：28-31.
[17] 郭华瑜 . 明鼓清碑：南京鼓楼的前世今生（下）. 紫禁城，2012(3)：8-11.
[18] 何融 . 关中明代大木结构研究 [M]// 中国科学院中华古建筑研究社 . 中华古建筑 . 北京：中国科学技术出版社，1990.
[19] 黄希明 . 明清建筑评价及其相关问题 [C]// 第二届中国建筑传统与理论学术研讨会论文集（三），1992.
[20] 黄滋 . 江浙宋塔中的木构技术 [J]. 古建园林技术，1991（3）：25-29.
[21] 胡汉民 . 清乾隆年间修葺明十三陵遗址考证：兼论各陵明楼、殿庑原有形制 [M]// 中国建筑学会建筑历史学术委员会 . 建筑历史与理论（第 5 辑）. 北京：中国建筑工业出版社，1997.
[22] 矩斋 . 古尺考 [J]. 文物参考资料，1957（3）：25-28.
[23] 姜舜源 . 论北京元明清三朝宫殿的继承与发展 [C]// 第二届中国建筑传统与理论学术研讨会论文集（三），1992.
[24] 蒋惠 . 宋代亭式建筑大木构架型制研究 .[D]. 南京：东南大学，1996.
[25] 蒋剑云 . 浅谈殿堂与厅堂 [J]. 古建园林技术，1991（2）：38-42.
[26] 李燮平 . 从明代的几次重建看三大殿的变化 [M]// 于倬云 . 紫禁城建筑研究与保护 . 北京：紫禁城出版社，1995.
[27] 梁思成 . 图像中国建筑史 [M]. 天津：百花文艺出版社，1998.
[28] 梁思成 . 中国建筑史 [M]. 天津：百花文艺出版社，1998.
[29] 刘致平，傅熹年 . 麟德殿复原的初步研究 [J]. 考古，1963（7）.
[30] 刘敦桢 . 北平智化寺如来殿调查记 [M]// 刘敦桢 . 刘敦桢文集（一）. 北京：中国建筑工业出版社，1981.
[31] 梁思成 . 斗栱简说汉～宋 [M]// 梁思成 . 梁思成文集（二）. 北京：中国建筑工业出版社，1984.
[32] 刘敦桢 . 中国古代建筑史 [M].2 版 . 北京：中国建筑工业出版社，1984.
[33] 刘敦桢 . 真如寺正殿 [J]. 文物参考资料，1951，1（8）：91-97.
[34] 梁思成，刘敦桢 . 大同古建筑调查报告 [M]. 中国营造学社，1933.
[35] 梁思成 . 清式营造则例 [M]. 北京：中国建筑工业出版社，1981.
[36] 梁思成 . 营造法式注释（卷上）[M]. 北京：中国建筑工业出版社，1980.
[37] 刘致平 . 中国建筑类型及结构 [M]. 北京：中国建筑工业出版社，1987.
[38] 刘临安 . 韩城元代木构建筑分析 [M]// 中国科学院中华古建筑研究社 . 中华古建筑 . 北京：中国科学技术出版社，1990.
[39] 李燮平 . 明清官修书城北京与都北京记载献疑 [M]// 单士元，于倬云 . 中国紫禁城学会论文集（第一辑），北京：紫禁城出版社，1997.
[40] 马炳坚 . 明清官式木构建筑的若干区别（上）[J]. 古建园林技术，1992（2）：61-64.
[41] 马炳坚 . 明清官式木构建筑的若干区别（中）[J]. 古建园林技术，1992（3）：59-64.
[42] 马炳坚 .《清式营造则例》图版中若干问题的探讨 [J]. 古建园林技术，1989（1）：42-50.
[43] 马炳坚 . 中国古建筑大木营造技术 [M]. 北京：科学出版社，1991.

[44] 马得志 .1959—1960 年唐大明宫发掘简报 [J]. 考古，1961（7）：341-344.
[45] 潘谷西 .《营造法式》初探（一）[J]. 东南大学学报（自然科学版），1980（4）.
[46] 潘谷西 .《营造法式》初探（二）[J]. 东南大学学报（自然科学版），1981（2）.
[47] 潘谷西 .《营造法式》初探（三）[J]. 东南大学学报（自然科学版），1985（1）.
[48] 潘谷西 .《营造法式》初探（四）[J]. 东南大学学报（自然科学版），1990（5）.
[49] 南京工学院建筑系，曲阜文物管理委员会 . 曲阜孔庙建筑 [M]. 北京：中国建筑工业出版社，1987.
[50] 潘谷西 . 中国古代建筑史 第四卷 元、明建筑 [M]. 北京：中国建筑工业出版社，1999.
[51] 祁英涛 . 北京明代殿式木结构建筑构架形制初探 [M]// 祁英涛 . 祁英涛古建论文集 . 北京：华夏出版社，1992.
[52] 王其亨 . 歇山沿革试析：探骊折扎之一 [J]. 古建园林技术，1991（1）：5.
[53] 王璞子 . 工程做法注释 [M]. 北京：中国建筑工业出版社，1993.
[54] 王贵祥 . 与唐宋建筑柱檐关系 [M]// 中国建筑学会建筑历史学术委员会 . 建筑历史与理论（第三、四辑）：1982—1983 年度 . 南京：江苏人民出版社，1984.
[55] 王天 . 古代大木作静力初探 [M]. 北京：文物出版社，1992.
[56] 吴葱 . 青海乐都瞿昙寺建筑研究 [D]. 天津：天津大学，1994.
[57] 喻维国，王鲁民 . 中国木构建筑营造技术 [M]. 北京：中国建筑工业出版社，1993.
[58] 王璧文 . 清初太和殿重建工程：故宫建筑历史资料整理之一 [M]//《建筑史专辑》编辑委员会 . 科技史文集（第二辑）. 上海：上海科学技术出版社，1979.
[59] [1] 王世仁 . 明清时期的民间木构建筑技术 [J]. 古建园林技术，1985（3）：2-6.
[60] 于倬云 . 紫禁城始建经略与明代建筑考 [J]. 故宫博物院院刊，1990（3）：9-22.
[61] 于倬云 . 故宫三大殿 [J]. 故宫博物院院刊，1960（2）：85-96.
[62] 于倬云 . 斗栱的运用是我国古代建筑技术的重要贡献 [M]//《建筑史专辑》编辑委员会 . 科技史文集（第 5 辑）：建筑史专辑（2）. 上海：上海科学技术出版社，1982.
[63] 于倬云 . 紫禁城宫殿 [M]. 香港：商务印书馆香港分馆，1982.
[64] 姚承祖 . 营造法原 [M].2 版 . 北京：中国建筑工业出版社，1982.
[65] 于倬云 . 宫殿建筑是古代建筑技术的重要鉴证 [M]// 山西古建筑保护研究所 . 中国建筑学术讲座文集 . 北京：中国展望出版社，1986.
[66] 杨宽 . 中国历代尺度考 [M]. 上海：商务印书馆，1938.
[67] 朱光亚 . 探索江南明代大木作法的演进 [J]. 南京工学院学报，1983.
[68] 张十庆 . 中日古代建筑大木技术的源流与变迁的研究 [M]// 郭湖生 . 东方建筑研究（上）. 天津：天津大学出版社，1992.
[69]《中国建筑史》编写组 . 中国建筑史 [M]. 北京：中国建筑工业出版社，2001.
[70] 郑连章 . 紫禁城钟粹宫建造年代考实 [J]. 故宫博物院院刊，1984（4）：58-67.
[71] 朱契 . 明清两代宫苑建置沿革图考 [M]. 上海：商务印书馆，1947.
[72] 张驭寰 . 山西元代殿堂的大木结构 [M]//《建筑史专辑》编辑委员会 . 科技史文集（第 2 辑）：建筑史专辑 . 上海：上海科学技术出版社，1979.
[73] 二十五史：清史稿 [M]. 上海：上海古籍出版社，1986.
[74] 郑连章 . 钟粹宫明代早期旋子彩画 [J]. 故宫博物院院刊，1984（4）：78-83.
[75] 周苏琴 . 试析紫禁城东西六宫的平面布局 [M]// 于倬云 . 紫禁城建筑研究与保护 . 北京：紫禁城出版社，1995.
[76] 朱光亚 . 清官式建筑中的屋角起翘值 [J]. 南京工学院学报，1987.
[77] 张十庆 . 古代建筑的尺度构成探析（一）：唐代建筑的尺度构成及其比较 [J]. 古建园林技术，1991（2）：30-33.
[78] 张十庆 . 古代建筑的尺度构成探析（二）：辽代建筑的尺度构成及其比较 [J]. 古建园林技术，1991（3）：42-45.
[79] 张十庆 . 古代建筑的尺度构成探析（三）：宋代建筑的尺度构成及其比较 [J]. 古建园林技术，1991（4）：11-13.
[80] 赵立瀛 . 陕西古建筑 [M]. 西安：陕西人民出版社，1989.
[81] 朱光亚 . 南京建筑文化源流简析 [J]. 东南文化，1990（4）：143-147.
[82] 赵正之 . 中国古建筑工程技术 [M]// 清华大学建筑系 . 建筑史论文集（第一辑）. 北京：清华大学出版社，1983.
[83] 赵立瀛，何融 . 中国宫殿建筑 [M]// 中国古建筑知识丛书 . 北京：中国建筑工业出版社，1992.
[84] 傅熹年 . 试论唐至明代官式建筑发展的脉络及其与地方传统的关系 [J]. 文物，1999（10）：81-93.
[85] 汤崇平 . 历代帝王庙大殿构造 [J]. 古建园林技术，1992（1）：6.
[86] 中国科学院自然科学史研究所 . 中国古代建筑技术史 [M]. 北京：科学出版社，1990.
[87] 国家文物事业管理局 . 中国名胜词典 [M]. 上海：上海辞书出版社，1981.
[88] 金其鑫 . 中国古代建筑尺寸设计研究：论《周易》蓍尺制度 [M]. 合肥：安徽科学技术出版社，1992.

后记

本书是在我的博士论文《明代官式建筑大木作研究》的基础上完成的。

论文的开始源于1994年初，当时我正就读潘谷西教授的硕士研究生。已到了论文开题阶段，潘先生列出了三个论文题目与我商讨，并指出明代官式建筑大木作的研究是一项很有意义但又颇为困难的工作。虽然当时对这一研究领域知之甚少，但凭着找寻挑战的念头，我选择了这一研究课题。随着学习的深入与调研工作的一步步开展，才越来越感到要完成这一工作，的确并非易事。好在从论文选题、调研、整理材料到写作成稿，每一阶段都得到了潘老师的悉心指导与帮助，论文的写作得以顺利进行。

硕士研究生毕业以后，我来到南京工业大学任教。1996年初，潘先生提出希望我继续攻读博士研究生，并拟将“明代官式建筑范式”课题申请为“九五”国家重点图书出版项目和国家博士点基金资助项目，希望弥补这一建筑史研究领域的缺环。于是1997年3月，我又一次迈进东南大学建筑系，师从潘先生进一步研究明代官式建筑。由于是在职攻读博士学位，不仅要完成教学工作，而且学习的压力也很大。幸运的是，在艰苦求学的过程中，我得到了潘老师的悉心指导与大力帮助。先生高瞻远瞩的学术见解，务实通达的工作方法，诲人不倦的精神与严谨求实、一丝不苟的作风都给了我极大的教益与帮助。在老师的悉心指导下，我理清思路，随着一些重点、难点问题的突破，论文的写作才得以顺利进行。

现在，论文的写作已经结束。回想10年来的研究工作，尤其不能忘记的是导师的教诲和那些对我的工作提供帮助的师长与朋友们。正是他们为我提供的许多参观调研的机会和许多珍贵的一手资料，使得本文在资料的引用上能有较充分的依据，并且他们的无私帮助与热情鼓励，使我得以克服困难，完成学业。在此我谨表示由衷的感谢。

感谢故宫博物馆于倬云、周苏琴、郑连章三位老师的指导及陈英华女士提供的帮助。

感谢天津大学王其亨教授的指导及测绘期间吴葱、何捷、庄岳等好友提供的帮助。

感谢北京古建公司马炳坚先生，北京古建筑博物馆方遒先生、董纪平馆长，北京昌平十三陵特区管理处文物科宋磊女士、胡汉民先生，北京古建筑研究所韩阳、张记平先生，湖北省文物管理委员会祝建华先生，中国文物局文保所杨新、查群、阎明、张之平等诸位师友的帮助。

感谢傅熹年院士、于倬云教授、郭黛姮教授、赵立瀛教授、路秉杰教授、王其亨教授、朱光亚教授、陈薇教授、张十庆教授、杜顺宝教授在博士论文评阅和答辩过程中提出的批评与指正，先生们高屋建瓴的评点对论文的修改和本书的形成起了极为重要的作用。

最后，感谢我的父母与丈夫张彤先生，在求学期间给我的生活提供了无微不至的关怀与照顾，并以他们的学识、见解给予本文的写作以有力的支持和帮助。

郭华瑜

2004年10月

再版后记

本书的第一版是在我的硕士与博士论文基础上完成的。从1994年硕士阶段论文选题确定这一研究对象后，我就与明代官式建筑大木作结下了不解之缘。1995年完成硕士论文答辩，1997年再次攻读博士学位，仍就此题作深化研究。2001年完成博士学位论文后，于2005年整理出版，历经十年完成了这一阶段成果的汇报。

时光匆匆，距离第一次出版又过去十七年了。这期间，虽因工作繁杂而对明官式大木作的研究时有缓滞，但从未抛开，反而由于主持了一些明代官式建筑遗产保护工程和相关传统建筑设计项目，得到了更多实践与验证的机会。

2006年，在恩师潘谷西先生的指导下，我受邀主持了世界文化遗产——南京明孝陵方城明楼加顶保护工程。这时候我已经在南京工业大学建筑学院做老师，并且也有了自己的研究生。项目伊始，潘先生亲自带着我和研究生们踏勘现场，开展对方城明楼这处形制极为特殊的明初洪武时期兴建之官式建筑遗构的复原研究工作，这也是我们全面准确认知建筑遗产、明确遗产价值的第一步。其实南京作为中国著名古都，历史积淀极为深厚，然而留存下来的古代建筑遗构从完整性到数量、质量均差强人意。究其原因，主要是近代以来屡遭战争侵害，尤其清末太平天国兵燹，使得整座城市建筑风貌大变。明故宫的明代官式建筑往往仅余基址，明城墙上的高大城楼木构遗存几乎殆尽。明孝陵也不例外，几乎所有的木构建筑与建筑的木构部分均荡然无存，仅有高大的城台与石构须弥座台基尚存。然而方城明楼遗迹上的柱础、墙壁与基座，却也在无声透露出原有建筑形制的讯息。因此基于对遗址进行的探索与发现，依据明楼室内原有遗址的痕迹，我们运用对明官式大木作研究成果较准确完成了复原研究，最终在修缮方案权衡后，于明楼四壁墙垣之上以贴近历史原貌的殿堂形式实施了加顶保护工程，项目于2009年竣工验收。

2010年，我又主持了南京明孝陵另一处重要建筑——大明孝陵神功圣德碑亭的加顶保护工程，这座同样只余四壁墙垣的明初砖木混合结构的官式建筑，在砖砌的四方墙垣顶部，遗留下了更为清晰的柱础痕迹。凭借着对明代官式大木作的熟知与了解，在充分研究其柱网规律基础上也首先做出复原设计方案。选取了以贴近明初官式大木构架历史形制进行上部屋顶加建建设方案，经国家文物局专家审阅批复，历时三年，完成了这一工程。这两组明代官式建筑中，明楼是洪武时期最早建成的，神功圣德碑亭则是永乐时期孝陵最后完成的一座建筑。短短几十年，明孝陵这两组官式建筑就鲜明反映出其明代建筑形制经历初创，趋于成熟的历程。因此对这两座明初官式建筑包括大木作的研究与加顶重现，让我不仅对明代官式建筑有了更为全面的认识和把握，也对本书的研究结果有了充分验证，对明初官式大木作范式的形成有了更深体会。

在这之后，明孝陵成了我带领学生不断研究、测绘、勘察的场所，它的每一处建筑遗址都蕴含着丰富历史信息，潜藏着跌宕的时代变迁下的故事。2017年，我受邀参加并中标了安徽凤阳明中都文化旅游中心、非遗展示中心、云霁社区活动中心三个工程项目。这三组建筑均位于凤阳明中都的城市横轴云霁街上，是明代立国之后第一座着力打造的都城——明中都中重要的三组国家级祠庙建筑——历代帝王庙、开国功臣庙、都城隍庙基址所在。明中都与明南京作为明初二都，是明代官式建筑最早进行大规模规划与建设的重要实践场所，一直是我感兴趣并关注的焦点。虽然同南京一样，时代变迁下的中都遗址中明代建筑也仅余基址，大木部分基本无存，但遗址上的柱础、基座等也在无声透露出大木构架的很多信息。在详细考察了明中都中轴线上的明皇故城遗址和钟楼、鼓楼遗址后，通过安徽凤阳明中都的一系列明官式建筑风格的工程实践，我对明初官式建筑草创时期的认识更加全面而深刻了。

2012年至2018年，也是因修缮工作需要，我对南京鼓楼开展了较长时间的研究。钟、鼓楼是明初定都南京之后新建的洪武时期的重要官式建筑。明太祖朱元璋在南京都城建设基本完成后，亲自制定了“左列鼓架，右建钟楼”的策略，将南京鼓楼建于城市地理位置的中心。因历代多次毁与建，鼓楼已包裹了厚厚的“茧”，原先的历史信息已混杂不清或埋没无存。因此在南京地铁四号线穿鼓楼施工结束后，2016年重新开始主持修缮设计研究工作时，出于对大木作的敏感，我认为南京鼓楼在明初应是一个巨大体量的高等级官式建筑，于是在有限的历史资料研究与现场勘察中，逐渐判断出南京鼓楼可能存在的三个历史形制。继而在清理城台顶面时，循着研究思路随即发现了明初洪武年间鼓楼初创时候的明代柱础、清初康熙年间建设畅观楼的清代格局，以及清末太平天国战争后重建的碑楼，进而得以明确明初鼓楼建筑形制与柱网布局特点。有意义的是，南京鼓楼与南京明孝陵的孝陵门一样，其建筑的木构主体均毁损于明末清初，又都在清康熙二十四年（1685年），即康熙南巡后次年，由两江总督王新命在鼓楼城台立戒碑树畅观楼，在孝陵门立“治隆唐宋”碑并建碑殿。而后同样在清末毁于太平天国兵燹，又都由曾国荃所率清军在原先阔大的基址上建设了明显小于原明代建筑的江南地方风格的鼓楼“碑楼”和孝陵“门（碑）屋”。然而仅余基址的鼓楼和孝陵门、孝陵殿一样，均保留了明初清晰准确的柱础，为我们认识明洪武时期的官式建筑平面布局、木构架尺度提供了更多的验证。这是在原先的研究中所涉不多的部分。

此外，我还对南京聚宝门城楼开展过复原研究，也研习过师长们对明故宫主要建筑的研究成果。在一次次对明官式建筑大木作的形制推演与复原研究中，利用本书的成果去再验证、再修订、再思考，为更全面把握明代官式建筑大木作起到重要启发作用。可以说，二十年前学生时代开始的研究，仿佛给了我一把开启之后十几年里研究之门的钥匙。我庆幸并愈加感激当年恩师潘谷西先生选定并指导我完成这个课题。先生授我以渔的教诲亦使我受益终生。

十几年的研究工作中，我遇到很多学者也在研究明代官式建筑，这无疑从深度、广度上大大拓展了这一领域的成果，实令人欣喜并令我受教。也有学者在做明代官式建筑的修缮保护工作时，告诉我用到了本书的研究成果，令我十分荣幸。我的感受是，对明代官式建筑大木作的研究不仅对文物建筑保护具有重要意义，而且对中国传统建筑设计与营造的研究解析也具有重要价值。只有当我们准确认知与理解了自身建筑的传统，才能更好继承与弘扬优秀传统文化。同时，明官式大木作研究还有很多值得一探再探的地方。这往往得益于遗产保护技术的发展，使我们获得了比以往手工测绘更准确、更精细的数据成果，从而更准确解读建筑尺度，解释构造细节，也为遗产建筑保护提供准确判断依据。从这个角度讲，对明代官式建筑的精准测绘及研究更要拓展深度与广度。因此本书的成果仍然是一个阶段性成果，仍有继续深化和推进研究的必要。

回想近三十年来的研究工作，再次由衷感谢恩师潘谷西先生对我的培养、提携、教诲。感谢在我学习与研究过程中给予我指导、帮助的各位先生、朋友与师长们。

由潘谷西先生、陈薇先生主持，经过近二十年筹备的《明代官式建筑范式》也将要付梓印刷了。作为大木作的主要撰稿人之一，《明代官式建筑范式》大木作部分的观点和本书一致。唯因《明代官式建筑范式》一书包含了大木作、小木作、彩画作、石作、砖作等建筑各作的研究成果，内容全面，各部分内容构架均衡尤为重要。因此，从篇幅和侧重点考虑，明代官式建筑大木作的很多展开的观点论述、案例细节和基础图表便未能放入其中。

为了更全面表达明代官式建筑大木作的演变历程，本书提供更丰富更详细的明官式建筑案例信息给读者参考与自行判断；同时考虑到大木作在中国传统营造中的重要性与独特性，东南大学出版社的编辑们仍鼓励我补充完善图表，再单出一个明代官式大木作营造研究的较完整版本。加之之前第一版的《明代官式建筑大木作》印书已售罄多年，网络上翻印本、影印本泛滥，旧书网上价格已翻了十倍不止仍有需求，说明大家对本书尚有兴趣。因此，趁着虎年岁末，疫情结束，抖擞精神将本书第二版内容整理出来付诸印刷，一方面为有兴趣研究明代官式大木作的读者提供参考资料；另一方面，也算为我下学期讲授的“中国古典建筑法式制度”课程增加一本教学参考书吧。

郭华瑜

2022年12月

图书在版编目（CIP）数据

明代官式建筑大木作 / 郭华瑜著 . —2 版 . —南京：
东南大学出版社，2022. 12
ISBN 978-7-5766-0400-9

Ⅰ . ①明… Ⅱ . ①郭… Ⅲ . ①古建筑—建筑艺术—中
国—明代Ⅳ . ① TU-092. 48

中国版本图书馆 CIP 数据核字（2022）第 225300 号

明代官式建筑大木作（第 2 版）
Mingdai Guanshijianzhu Damuzuo (Di–er Ban)

著　　者：郭华瑜
责任编辑：贺玮玮
责任校对：张万莹
封面设计：有品堂
责任印制：周荣虎
出版发行：东南大学出版社
社　　址：南京市四牌楼 2 号
经　　销：全国各地新华书店
印　　刷：南京新世纪联盟印务有限公司
排　　版：南京布克文化发展有限公司
开　　本：889 mm×1194 mm　1/16　印　张：16.5　字　数：350 千字
版 印 次：2022 年 12 月第 2 版　2022 年 12 月第 1 次印刷
书　　号：ISBN 978-7-5766-0400-9
定　　价：150.00 元